KB201936

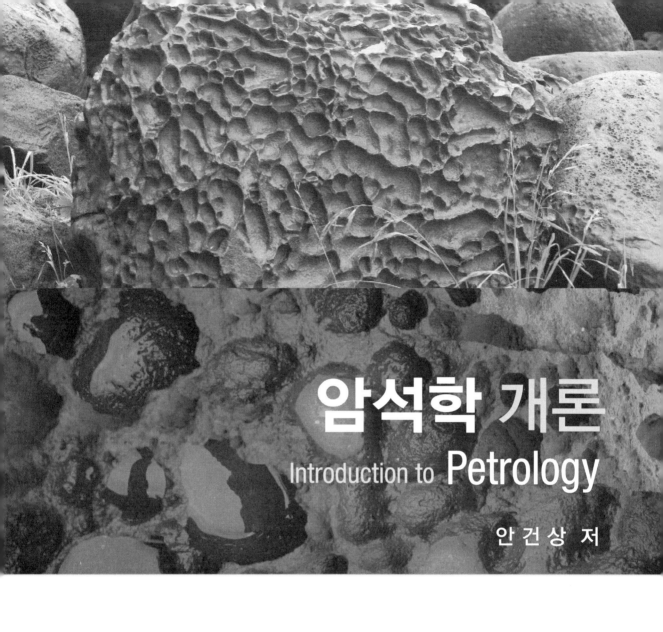

# 암석학 개론
## Introduction to Petrology

안 건 상 저

북스힐

**머리말**

　이 책은 교사를 지원하는 지구과학교육과 및 과학교육과 그리고 공과대학의 토목공학과·자원공학과 학생들이, 짧은 기간 동안 암석학 전반의 내용을 이해할 수 있도록 구성한 암석학 입문서이다.

　암석학은 지구과학의 60 % 정도를 차지하는 지질학의 핵심 분야이다. 그러나 짧은 기간에 암석학 전반을 학습하는 것은 교수나 학생 모두에게 어려운 일이다. 그나마 최근에는 암석학 관련 저서 및 번역서가 다수 출판되면서 암석학 학습에 많은 도움을 주고 있다. 하지만 한두 학기의 학부수업에서 암석학 관련 전문내용과 방대한 양을 습득하기에는 여전히 녹록치 않은 게 현실이다. 필자는 이러한 암석학 학습의 구조적 문제점을 해결하는 데 미력이나마 도움이 되고자 집필을 시작하였다. 책을 편성함에 기본 토대는 한국지구과학회가 편찬한『일반지구과학개론』및 정창희 교수님의『지질학개론』에 두고, 필자는 암석학 중 핵심적 내용을 간추려서 보다 용이하게 해설하고자 노력하였다.

　이 책은 총 5부로 구성한다. 1부는 원시태양성운에서 지구가 만들어지고 변천해가는 역사를 암석의 관점에서 서술하고, 끝부분에 SHRIMP 분석 자료를 바탕으로 우리나라 고생대와 선캄브리아기 역사를 새롭게 풀어내었다. 필자는 1990년대 초 일본 동경대학에서 마루야마[丸山] 교수를 도와서 지구사 프로젝트를 수행한 적이 있다. 그 결과로 호주와 그린란드의 이스아 지방의 자료를 바탕으로 판구조론 이론이 플룸구조론으로 옮겨가게 되었다. 또한 동경공업대의 이소자키[磯崎] 교수와는 부가체의 처트와 대륙성장에 관해 열띤 토론을 벌인 적이 있다. 이러한 경험을 살리고 최근의 학계 현황을 받아들여 지구사를 정리한 것이 1부이다. 2부는 암석을 구성하는 규산염 광물에 대하여 광물학적·지구화학적 관점에서 다루었다. 3부·4부·5부는 각각 화성암·변성암·퇴적암을 이해하기 위한 조직(구조)과 구성 광물 그리고 분류·생성기구나 환경을 중심으로 구성하였다.

　논문보다는 정리된 교과서나 전문서적을 많이 참조하였으며, 구체적 내용은 참고문헌에 정리하였다. 비교적 국내외 학계에서 기여도가 높고, 일목요연하게 정리된 것들이 주종을 이루고 있어서 독자들에게도 많은 도움이 될 것으로 생각된다.

　이 책을 집필하는 데 여러 가지 도움을 준 한국지질자원연구원의 윤현수, 홍세선, 김성원, 김복철 박사님 외 여러분께 이 자리를 빌려 감사드린다. 아직도 부족한 점이 많은 상태에서 필자의 손을 떠나가지만, 앞으로 여러 선후배·동료들의 도움을 받아 수정·보완해 나가고자 한다. 학생들이 암석학에 흥미를 갖고, 나아가 지구를 포함한 우주를 이해하는 데 작은 도움이라도 된다면 더 바랄나위가 없을 것이다. 척박한 지구과학 분야의 원고를 내치지 않고 흔쾌히 출판을 허락해 준 북스힐 조승식 대표에게 감사드린다. 더욱이 거친 원고를 다듬고, 귀찮은 도면 작업을 마다하지 않은 편집부 이진경과장과 이혜영씨가 아니었으면 이 책은 세상을 보지 못하였을 것이다. 끝으로 변함없이 지켜봐주는 귀여운 아내와 예쁜 현주, 잘 생긴 희수에게 고맙다고 전하고 싶다.

　2013년 3월에 발행한 수정판에 오자 및 일부 오류가 있어 수정 보완하였다.

2014년 7월 1일

안 건 상

# 차례

# 1부  암석의 생성과 진화 / 1

## 1장   태양계의 형성 ················································· 3

1. 태양계 형성 시나리오 ········································ 4
2. 운석 ······························································· 7
3. 태양계의 과거와 미래 ········································ 9

## 2장   층상의 지구 ···················································· 12

1. 지구의 성장과정 ·············································· 12
2. 핵의 발달 ······················································ 13
3. 핵의 조성 ······················································ 14
4. 맨틀의 조성과 분화 ········································· 15
5. 맨틀토모그래피와 플룸구조론 ···························· 18

## 3장   지각의 생성 ···················································· 21

1. 대륙지각과 해양지각의 차이 ······························ 21
2. 지각의 구조와 구성물질 ···································· 22
3. 대륙지각의 형성 ·············································· 25
4. 대륙의 성장 ··················································· 28
5. 19억 년 전후의 지각형성 ·································· 29

6. 지각의 합체 ································································ 31

### 4장  대륙의 진화 ·················································· 33

1. 명왕대의 대륙 ····················································· 33
2. 시생대의 대륙 ····················································· 34
3. 가장 오래된 지층-이스아(38억 년) ················· 37
4. 시생대의 대륙 발바라(35억 년) ······················ 39
5. 초대륙의 형성과 분열 ········································ 40

### 5장  우리나라의 암석 ·········································· 46

1. 한반도의 형성 ····················································· 46
2. 한국의 지체구조 ················································· 47
3. 시생대-원생대 지층 ··········································· 48
4. 고생대 ······························································· 50
5. 중생대 ······························································· 51
6. 신생대 ······························································· 52

1부  연습문제 ·························································· 55

# 2부  암석을 이루는 광물 / 61

### 6장  조암 광물 ······················································ 63

1. 규산염 사면체 ····················································· 63
2. 규산염 광물 ························································ 67
3. 광물의 화학성분 ················································· 78

### 7장  광물의 결정계와 광학적 특성 ···················· 85

1. 결정계 ······························································· 85
2. 결정의 변화 ························································ 92
3. 광학적 특성 ························································ 94

## 8장 광물의 상태도 ·········································· 104

1. 상률과 상태도 ·········································· 104

2. 2성분계의 경우 ·········································· 106

3. 3성분계의 경우 ·········································· 117

2부 연습문제 ·········································· 126

# 3부 화성암 / 135

## 9장 화성암의 산상과 구조 ·········································· 137

1. 화성암의 산상 ·········································· 137

2. 화성암의 조직과 구조 ·········································· 143

## 10장 화성암의 분류 ·········································· 154

1. 기본 분류 ·········································· 154

2. 광물 조합에 의한 분류 ·········································· 155

3. 화학조성에 의한 분류 ·········································· 157

4. 실리카 포화도와 놈 광물에 의한 분류 ·········································· 160

5. 알루미나 포화도와 관련된 분류 ·········································· 161

## 11장 화성암의 화학조성 ·········································· 164

1. 화성암의 화학적 특징 ·········································· 164

2. 화학조성의 제한성과 규칙성 ·········································· 167

3. 화성암에서 원소의 거동 ·········································· 167

4. 동위체에서 본 화성작용 ·········································· 170

## 12장 마그마의 생성과 분화 ·········································· 175

1. 다양한 마그마의 생성 ·········································· 175

2. 섭입대의 마그마 생성과 진화 ·········································· 177

3. 마그마의 다양성 ·········································· 180

4. 산성 마그마의 성인 ·········································· 183

## 13장　화성작용 ················································· 186

1. 화성암의 세계적인 분포 ································· 186
2. 해령의 화성작용 ··········································· 187
3. 오피올라이트(ophiolite) ································ 189
4. 해양도·해산의 화성활동 ································ 190
5. 대륙내부의 화산활동 ····································· 193
6. 호상열도의 화성활동 ····································· 196

## 14장　염기성 및 초염기성 화성암류 ················ 200

1. 현무암(basalt) ············································ 200
2. 조립현무암(dolerite) ···································· 202
3. 반려암(gabbro) ··········································· 204
4. 초염기성암(ultramafic rocks) ······················ 207
5. 램프로파이어(lamprophyre, 황반암) ··············· 211

## 15장　중성 및 산성화성암류 ·························· 213

1. 안산암(andesite) ········································· 213
2. 중성 심성암류(intermediate plutonic rocks) ···· 217
3. 산성 화산암류(felsic volcanic rocks) ············· 218
4. 산성 심성암류(felsic plutonic rocks) ············· 221
5. 기타 산성 화성암류 ······································ 223

3부　연습문제 ············································· 225

# 4부　변성암 / 231

## 16장　변성작용 ················································· 233

1. 변성작용이란 무엇인가? ································ 233

2. 변성작용을 지배하는 요인 ······················· 235

3. 변성과정 ·········································· 239

4. 변성 경로(P-T-t 곡선) ························· 240

**17장 변성작용의 유형** ······························· 245

1. 온도·압력에 의한 유형 ···················· 245

2. 광역변성작용 ································· 247

3. 국소변성작용 ································· 250

**18장 구조와 조직** ··································· 253

1. 구조 ·········································· 253

2. 조직의 분류 ·································· 255

3. 변형되지 않은 조직 ························· 257

4. 변형된 조직 ·································· 259

**19장 변성암의 분류** ································· 261

1. 변성암의 분류기준 ························· 261

2. 원암에 의한 분류 ··························· 262

3. 조직에 의한 분류 ··························· 263

4. 변성암 특유의 암석명에 의한 분류 ········ 266

**20장 변성상** ······································· 272

1. 변성상 구분 ·································· 272

2. 최저온의 변성상 ····························· 274

3. 녹색편암상 ··································· 275

4. 녹염석각섬암상 ····························· 275

5. 각섬암상 ····································· 276

6. 백립암상 ····································· 277

7. 청색편암상 ··································· 278

8. 에클로자이트상 ····························· 279

9. 저온의 혼펠스상 ····························· 280

10. 고온의 혼펠스상 ························· 281

11. 초고압변성암 ····························· 281

12. 초고온변성작용 ························· 282

## 21장　변성 상평형도 ······················· 284

1. 광물의 안정관계 ······················· 284

2. 상평형도의 구성 ······················· 286

3. ACF도 ······································· 287

4. AFM도 ······································ 288

5. 상률과 변성반응 ······················· 290

6. 상평형도에서의 반응관계 ········· 292

7. 지질온도 · 압력계 ···················· 295

## 22장　변성상 계열과 판구조론 ·········· 306

1. 등변성도선과 변성분대 ············ 306

2. 변성분대와 광물 조합 ·············· 307

3. 변성상 계열 ····························· 313

4. 변성상 계열과 판구조론 ··········· 320

4부　연습문제 ································· 322

# 5부　퇴적암 / 329

## 23장　퇴적암의 생성과정 ··············· 331

1. 풍화작용 ·································· 331

2. 운반과 퇴적작용 ······················ 337

3. 속성작용 ·································· 339

4. 퇴적학적 물질순환 ··················· 342

5. 퇴적암의 화학조성 ··················· 343

**24장  퇴적물의 종류와 조직** ···································· 348

   1. 퇴적물의 종류 ·········································· 348

   2. 퇴적물의 조직 ·········································· 355

**25장  퇴적구조** ···················································· 368

   1. 침식구조 ················································ 368

   2. 퇴적 동시 구조 ········································· 372

   3. 후퇴적구조 ·············································· 380

   4. 생물기원 및 화학적 퇴적구조 ······················ 383

**26장  쇄설성 퇴적암** ············································· 387

   1. 역암 및 각력암 ········································· 388

   2. 사암 ····················································· 389

   3. 세립질 퇴적암 ·········································· 396

**27장  비 쇄설성 퇴적암** ········································· 401

   1. 탄산염암 ················································ 401

   2. 화학적 퇴적암 ·········································· 408

   3. 유기적 퇴적암 ·········································· 410

   4. 처트(chert) ············································· 411

**28장  화산쇄설암** ················································ 414

   1. 화산 쇄설암의 분류 ···································· 414

   2. 화산 쇄설암의 형성과정 ······························ 418

   3. 화산 쇄설암의 속성작용 ······························ 422

**29장  퇴적환경** ···················································· 423

   1. 퇴적상 ··················································· 423

   2. 육성 퇴적 환경 ········································· 424

   3. 전이 퇴적환경 ·········································· 428

   4. 해양 퇴적환경 ·········································· 431

5. 부가체 ································································· 432

5부  연습문제 ························································· 435

**참고문헌** ································································· 443

**찾아보기** ································································· 446

**정답 및 해설** ························································· 453

# 1부

# 암석의 생성과 진화

1장 태양계의 형성
2장 층상의 지구
3장 지각의 생성
4장 대륙의 진화
5장 우리나라의 암석

# 태양계의 형성

지구는 약 46억 년 전에 태어나 현재에 이르기까지 수많은 사건을 겪으면서 진화해 왔다. 지구의 나이가 46억 년이라고 알려진 것은 그다지 오래된 이야기는 아니며, 지구의 나이에 관한 추론도 시대에 따라 변해왔다(그림 1.1).

지구의 나이를 밝히려는 최초의 시도는 아일랜드의 대사제인 어셔(James Ussher)에 의해 이루어졌는데, 그는 성서 창세기 기록을 근거로 천지창조가 이루어진 날부터 현재까지의 날 수를 세어 지구가 탄생한 날이 기원전 4004년 10월 22일이라는 결론을 내렸다. 뷔퐁(Buffon)은 철로 이루어진 뜨거운 구의 냉각속도로부터 지구의 나이가 10만 년 정도일 것으로 추정했다.

18세기에 들어와 지구의 나이를 기독교적인 관점에서 벗어나 과학적 사고로 추정하기 시작했다. 제임스 허튼은 우주와 지구의 역사는 너무나 길어 시작도 끝도 없다고 생각했다. 그리고 현재 지구의 표층에서 일어나는 현상은 과거에도 똑같이 일어났다고 하는 동일과정설을 제창했다. 그는 이탈리아에서 화산활동을 목격하고 1년에 일어나는 지형변화가 아주 미미한 것으로 미루어 보아 지구의 역사는

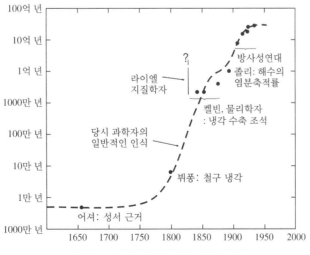

그림 1.1 지구의 나이에 관한 이론

매우 오래된 것이라고 생각했다. 이 추정이 성서의 내용과 다르다는 지적에 대하여 성서의 내용은 단지 비유일 뿐이라고 일축하였다. 허튼의 생각은『지질학원리』를 저술한 라이엘에게로 계승되었고, 진화론을 주장한 찰스 다윈에게도 큰 영향을 주었다.

영국의 물리학자 켈빈은 지구가 탄생할 당시에는 용융 상태였다가 서서히 냉각되어 현재에 이르렀다고 생각하고, 이 문제를 열역학적으로 해석했다. 물체의 냉각속도는 물체의 크기, 비열, 열전도율에 의해 결정되는데, 그는 여러 가지 변수를 적용하여 지구의 나이를 약 2000만 년 정도로 추정하였다. 이 연령은 다른 지질학자들의 의견과는 상당한 차이가 있었다. 즉 지질학자인 찰스 라이엘은 그랜드캐니언 등의 절벽에 노출된 지층의 두께를 1년에 쌓이는 퇴적암의 두께로 환산할 때, 지구의 형성은 적어도 1억 년 이상의 긴 시간이 필요하다고 보았다. 라이엘의 친구인 찰스 다윈 역시 생물의 진화에 많은 시간이 필요하다고 생각했다. 1899년 졸리는 해수 중의 나트륨 이온은 하천에서 운반되어 서서히 농도가 증가하기 때문에, 염분의 총량을 1년에 운반되는 양으로 나누면 해수의 나이는 약 9000만 년으로 계산된다고 했다.

19세기에 발견된 방사성동위원소를 이용한 절대연령 측정법의 발달로 지구상의 많은 암석과 광물의 나이를 측정하여 40억 년 이상의 연령을 확보했다. 또한 지구가 미행성(운석)의 집적에 의해 형성되었다는 태양계 형성론을 바탕으로 운석의 나이를 측정한 결과 45억~46억 년의 연령을 얻었으며, 이로부터 태양을 비롯한 행성들의 생성연대를 추정하고 있다.

## 1 　태양계 형성 시나리오

지금까지 태양계 형성에 관한 시나리오는 여러 가지가 제안되었다. 대표적으로 작은 물질이 집적되었다는 응집설과 큰 물체가 깨져 분리되었다는 충돌설이 있는데, 최근에는 응집설이 설득력을 얻고 있다. 응집설을 구체적으로 주장한 사람은 칸트(1755년)이며, 이를 1796년에 라플라스가 수정하였다. 이 모델은 태양 주위를 돌고 있는 성간물질이 굳어져서 행성이 형성되었다는 이론이다. 1969년 사프로노프(Safronov)는 태양과 원반형태의 성운이 동시에 형성되고, 이 성운 내에서 미행

그림 1.2  응집설에 의한 태양계의 형성과정

성이 만들어지고 미행성들이 충돌·합체하여 행성이 형성된다는 설을 내놓았다. 1970년 대에 교토[京都]대학 연구팀은 사프로노프 모델을 발전시켜 표준 모델을 제안하였다.

사프로노프 모델과 교토 모델은 모두 46억 년 전에 거대한 분자운이 중력수축을 시작하고, 회전하면서 가스원반을 만들고 가스가 응집하여 원시태양이 형성된다는 이론이다(그림 1.2). 그러나 사프로노프 모델은 지구가 형성되기 전에 원반 가스가 사라지는 반면, 교토 모델은 원반가스가 오랫동안 존재하여 지구는 가스 안에서 형성된다는 차이점이 있다.

태양계의 형성에 관해 표준 모델을 중심으로 간략하게 나타내면 그림 1.3과 같다. 가스원반의 크기는 현재 태양계 크기와 비슷하고, 질량은 태양 질량의 약 1/100 정도이다. 가스원반의 99 %는 수소와 헬륨으로 이루어진 가스이며, 1 % 정도의 먼지(고체 입자)가 포함되어 있다. 고체입자의 크기는 수 $\mu$m(1/1,000 mm) 이하의 매우 작은 것으로, 총질량도 현재 태양질량의 1/10,000에 불과하다. 가스원반의 중심부에서는 원반이 수축하면 중력에너지가 빛에너지와 열에너지로 전환된다. 빛에너지는 적외선 복사의 형태로 성운 밖으로 방출되지만, 열에너지는 성운의 온도를 높이는 데 사용된다. 따라서 원반의 온도는 중심부에서 높고 주변부로 갈수록 낮아진다. 이 두 온도 사이의 대략적인 경계를 설선(snow line)이라 하며, 현재 소행성군이 분포하는 곳(태양에서 2.7천문단위)에 해당한다. 고체입자의 구성물질은 태양으로부터의 거리에 따라 다소 다른데, 설선 안쪽은 주로 암석이, 설선 바깥쪽은 얼음성분이 많다[그림1.3(a)].

가스원반 내부에서 회전하고 있는 먼지(고체 입자)는 태양의 중력에 의해 끌려가기 시작한다. 원반의 적도면으로 모여든 고체입자들은 층을 형성하는데, 시간이 지날수록 이 층의 밀도는 증가한다. 원반의 적도면에서 고체입자들은 충돌과 합

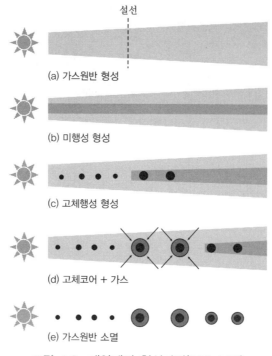

설선

(a) 가스원반 형성

(b) 미행성 형성

(c) 고체행성 형성

(d) 고체코어 + 가스

(e) 가스원반 소멸

그림 1.3 태양계의 형성과정(표준 모델)

체를 반복하며 성장해 나간다. 이 층은 원시태양으로 향하는 중력과 입자덩어리의 자체 중력 사이에서 힘의 균형을 이루지 못하고 분열하게 되며, 분열된 고체 입자 덩어리가 수축하면서 직경 10 km 정도의 천체가 된다. 이러한 초기 천체를 미행성이라 부른다[그림1.3(b)].

미행성들은 서로 충돌하여 파괴되거나 다시 합체하는 과정을 반복하면서 성장한다. 이때 수십 개의 원시행성이 형성되는데, 그들의 질량은 지구 질량의 0.1~10배로 태양에서 멀수록 크다. 원시행성의 구성 물질로는 태양과 가까운 쪽은 금속과 암석이, 태양과 먼 쪽은 얼음이 주체를 이룬다. 형성시간은 100만 년에서 10억 년으로 태양에서 멀수록 오래 걸린다[그림1.3(c)].

지구형 원시행성은 고체물질들의 충돌합체로 성장해 나가고, 목성형 원시행성은 고체코어를 중심으로 가스를 포획하여 성장해 나간다. 거대한 고체행성인 천왕성과 해왕성은 얼음으로만 구성된 행성으로, 현재까지 원시행성의 상태를 유지하는 것으로 생각된다[그림1.3(d)]. 시간이 흐름에 따라 행성 주변에서 끌어들일 미행성이나 가스가 존재하지 않으면 태양계 형성이 끝난다[그림1.3(e)].

이 표준 모델은 현재 행성들이 반시계방향으로 공전하고 있으며, 회전각운동량의 98 %가 행성의 공전운동에 집중되어 있는 사실과 잘 부합된다. 또한 달, 수성, 화성 표면에서 관찰되는 수많은 충돌자국은 태양계 형성기에 격렬했던 충돌현상의 결과로 해석되며, 행성의 회전축의 경사각이나 자전속도 등도 이러한 미행성의 집적과정을 반영하고 있다. 그러나 이 모델은 목성형 행성을 만드는 데 시간이 충분하지 않다는 약점을 가지고 있다. 즉 목성과 토성의 고체코어가 형성되는 시간이 길어 원반가스가 먼저 소실될 가능성이 있는데, 그렇게 되면 고체 주위로 가스를 끌어들일 시간이 부족하다. 또한 천왕성은 태양계가 완성되는 시간 내에 형성되기 어렵다는 문제도 있다.

## 2 운석

운석은 태양계의 기원이나 진화를 탐색하는 귀중한 증거 물질이다. 이것은 하늘에서 떨어지는 것이 목격된 낙하운석과 지상에서 발견된 발견운석이 있다. 그리고 크게 석질운석, 석철운석, 철질운석으로 나눌 수 있으며, 채집된 운석을 분류하면 표 1.1과 같다. 1980년대 남극대륙에서 대량의 운석을 채집하기 전, 발견되는 대부분의 운석은 철질운석이었다. 왜냐하면 석질운석은 지표환경에서 식별이 어렵고 풍화에 약하기 때문이다.

석질운석은 한 번도 용융이나 분화작용을 경험한 적이 없는 원시운석(콘드라이트)과 용융되어 마그마를 생성하고 결정분화작용을 받아 분화한 운석이 있다. 후자는 에이콘드라이트, 석철운석의 팔라사이트와 메소시데라이트, 철질운석으로 나눌 수 있다. 분화한 운석이란 운석을 포함하는 천체가 충돌하여 파괴된 것으로 에이콘드라이트는 맨틀, 팔라사이트는 핵과 맨틀의 경계, 철질운석은 금속질의 중심핵에서 기원한 것으로 추정된다.

미분화된 콘드라이트에는 콘드률이라 불리는 100미크론 정도의 구형 입자가 점토 광물, 금속 또는 불투명 광물로 구성된 석기 내에 포함되어 있다(그림 1.4). 탄소질 콘드라이트는 탄소, 물 등의 휘발성 성분을 다량 함유하는 가장 원시적인 운석이다. 이것은 휘발성원소의 함량에 따라 C1(최다), C2, C3, C4로 나눈다. 또한 탄소질 콘드라이트는 금속철을 포함하지 않으며, 철은 주로 규산염 광물 내에 포함되어 있다. 그러나 엔스타타이트 콘드라이트에는 금속상과 황화철(트로이라이트)로 존재한다. C1 콘드라이트의 조성은 태양 대기 성분과 유사하여 우주의 원소 존재도 및 희토류의 존재도, 동위원소비 등의 표준 시료로 사용되고 있다.

탄소질 콘드라이트의 하나인 아옌데(Allende) 운석(CV3 운석)이 1969년 멕시코의 아옌데 마을에 떨어졌다. 아옌데 운석은 검은 기질 중에 콘드률과 백색 덩어리가 불규칙하게 포함되어 있다. 이 백색 부분은 칼슘과 알루미늄이 풍부한 포유물(Ca, Al-rich inclusion, CAI)이다. 이 CAI 포유물은 스페넬 헤르시나트, 네펠린, 회장석, 페로브스카이트 등의 원시태양계에서 최초로 응축된 고온 광물로 추정된다. 이 운석의 기질부에는 저온에서 형성된 함수규산염 광물이 포함되어 있다.

철질운석은 주로 철과 니켈 합금으로 구성되어 있으며 트로일라이트(FeS)도 포

표 1.1 운석의 분류와 특성(Hartmann, W.K., 1999)

| 대분류 | | | 소분류 | 낙하빈도 (99.9 %) | 분화 상태 |
|---|---|---|---|---|---|
| 석질운석 (95 %)<br><br>규산염<br>Fe-Ni 합금<br>FeS | 콘드라이트 (86 %) | 탄소질 콘드라이트(5 %) | C1(C1, CI)-휘발성원소 최다<br>CM(C2, CⅡ)<br>CO, CV(C3, CⅢ) | 0.7<br>2.0<br>2.0 | 미분화 |
| | | 보통 콘드라이트(81 %) | E(엔스타타이트)<br>H(브론자이트)<br>L(하이퍼신)<br>LL(안포테라이트)<br>기타 | 1.5<br>32.3<br>39.3<br>7.2<br>0.3 | |
| | 에이콘드라이트(9 %) | | Ureilites(감람석-휘석)<br>Aubrites(엔스타타이트)<br>Diogenites(하이퍼신)<br>Howardites(하이퍼신-사장석)<br>기타 | 0.4<br>1.1<br>1.1<br>5.3<br>1.0 | 분화 |
| 석철질운석(1 %)<br>Fe-Ni 합금＋규산염＋FeS | | | mesosiderite<br>pallasite | 1.0<br>0.9 | |
| 철질운석(4 %)<br>Fe-Ni 합금＋FeS | | | ⅠA(중립, 조립 octahedrite)<br>ⅡA(hexahedrite)<br>ⅢA(중립 octahedrite)<br>ⅣA(세립 octahedrite)<br>ataxite 등 | 0.8<br>0.5<br>1.5<br>0.4<br>1.3 | |

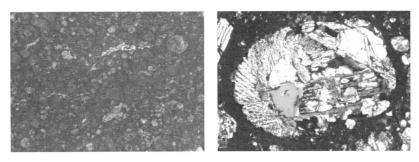

그림 1.4 아옌데 운석의 단면과 콘드라이트의 감람석·휘석으로 구성된 콘드률

함되어 있다. Ni의 함량에 따라 헥사하이드라이트(Ni 4~6 %), 옥타하이드라이트 (Ni 6~13 %), 아탁사이트(Ni 13 % 이상)로 나뉜다. 옥타하이드라이트는 독특한 단면구조인 Widmanstatten 조직을 보여 준다(그림 1.5). 현재 발견되는 운석의 상당수는 소행성군에서 온 것으로 해석한다. 이 팔면체의 무늬구조는 지구상에 존재하지 않으며, 이는 용융 상태에서 대단히 느린 속도로 냉각되고 형성된 것으로 설명하고 있다.

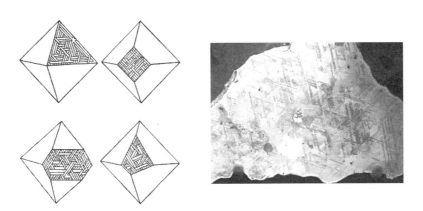

그림 1.5 철질운석 Widmanstatten 조직의 종류와 사진(Wlolzka, 1995)

## 3 태양계의 과거와 미래

태양계의 생성단계에서 가스원반의 중심은 각운동량 보존 법칙에 따라 물질이 응집하면서 점점 빠르게 회전한다. 대부분의 질량이 모인 중심부는 원반의 주변

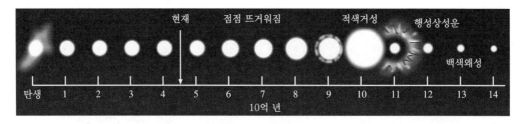

**그림 1.6  태양의 일생**

보다 훨씬 더 뜨거워지고, 밀도가 높아진 원시별이 자리 잡는다. 이때 중심부에서
성장한 원시태양은 항성 진화 단계를 거쳐 태양의 중심부에서 핵융합이 일어날
만큼 수소 밀도가 커진다. 태양은 유체 정역학적 균형 상태에 이를 때까지 계속
성장하여 젊은 주계열성의 별이 되어 현재에 이르렀다.

　앞으로 태양은 H–R도에서 주계열성을 벗어나기 전까지 현 상태를 유지할 것이
다. 또한 태양은 중심핵에 있던 수소를 모두 연소하면 스스로 붕괴한다. 이 붕괴
과정에서 증가하는 압력이 중심핵의 온도를 높여 연소가 더욱 빠르게 진행되므로
태양은 11억 년마다 10 % 정도씩 밝아진다. 지금부터 약 54억 년 뒤 태양의 중심
에 있던 수소가 모두 헬륨으로 바뀌면, 주계열성으로서 태양의 일생은 끝이 난다.
이 시점에서 태양의 반지름은 현재의 260배까지 부풀어 올라 적색 거성 단계에
진입한다. 표면적이 엄청나게 늘어나기 때문에 표면 온도는 크게 낮아져 2,600 °K
까지 내려가므로 외관상 붉게 보인다. 이후 태양의 외곽이 떨어져 나가면 중심부
는 극도로 압축되어 백색 왜성으로 진화해 갈 것이다.

　현재 태양계를 구성하는 가족은 태양을 중심으로 8개의 행성과 위성, 수많은
소행성과 혜성이다. 행성은 수성, 금성, 지구, 화성의 지구형 행성과 목성, 토성,
천왕성, 해왕성의 목성형 행성으로 나뉜다. 지구형 행성은 암석으로 구성되었고,
위성이 적거나 없으며 고리도 없다. 이들은 층상구조를 가지고 있으며, 지각과 맨
틀은 규산염 광물, 핵은 철과 니켈과 같은 금속으로 구성되어 있다. 지구형 행성
중 금성, 지구, 화성은 대기와 충돌 크레이터, 열곡, 지구대, 화산을 가지고 있다.
일반적으로 핵은 액체나 고체로 구성되는데, 화성과 금성은 고체로만 구성되어
자기장이 발생하지 않는다. 그림 1.7은 지구형 행성의 상대적인 반경과 핵의 부피
비를 나타낸 것이다. 달의 핵은 정확히 알 수 없으나 최대 추정량은 4 % 정도이다.

　목성형 행성의 질량은 태양을 공전하는 8개 행성의 99 %를 차지하며, 지구형

행성에 비해 무겁기 때문에 지구질량의 14~318배 정도이다. 그러나 밀도는 상대적으로 낮아 지구형 행성의 20 % 수준이다. 목성과 토성의 내부는 수소 분자로 이루어진 외곽층 속에 금속 수소가 존재하고, 가장 깊숙한 곳은 단단한 고체물질로 이루어진 핵이 있을 것으로 보인다. 그러나 이 '고체'는 우리가 흔히 생각하는 암석이나 금속만으로 이루어진 것이 아니라 수소나 헬륨과 같은 기체물질이 엄청난 압력을 받아 고체 상태로 존재할 가능성도 있어 보인다.

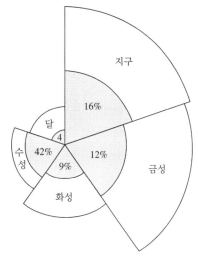

**그림1.7** 지구형 행성의 내부 구조와 크기 비교

천왕성과 해왕성의 가장 바깥쪽은 수소가 풍부한 대기로 이루어져 있는데, 소량의 메테인이 섞여 있어 푸른색으로 빛나 보인다. 내부물질은 대부분 얼음과 암모니아의 화합물이다. 목성형 행성은 모두 고리를 갖고 있으나 토성을 제외한 나머지는 지구에서 고리를 관측하기가 쉽지 않다.

소행성군은 화성과 목성 사이(2.3~3.3천문단위)에 존재하며, 생성 초기에 응집하지 못하여 행성으로 성장하지 못했다. 이들 대부분은 암석과 금속 같은 휘발성 없는 광물로 구성되어 있다.

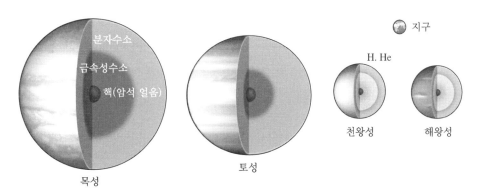

**그림 1.8** 목성형 행성의 상대적인 크기와 내부 구조

## 1 지구의 성장과정

　원시태양성운 내에서 현재 지구만큼 떨어진 거리에 위치한 가장 큰 미행성은 자체 중력으로 주변의 작은 미행성을 끌어들여 성장해 간다. 그림 2.1은 현재 지구(1.0지구반경)와 비교하여 지구의 성장과정을 나타낸 것이다.

　0.2지구반경보다 작을 때는 미행성의 집합체로 미분화된 상태이며, 0.2지구반경보다 커지면 미행성의 충돌속도가 빨라져서 충돌하는 미행성에서 휘발성 가스가 빠져 나오는 탈가스 현상이 일어난다. 충돌로 빠져 나온 가스는 이산화탄소, 물, 질소 등이다. 반경이 2,000 km 정도로 커지면(0.4지구반경) 휘발성가스들은 원시대기를 형성한다. 미행성의 충돌에 의해 해방된 열에너지는 지표를 가열하고 원시대기의 보온효과가 높아져 암석들이 용해되며, 이들이 모여 마그마 바다(Magma Ocean)를 형성한다(0.5지구반경).

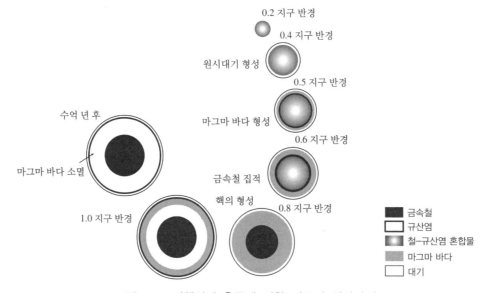

그림 2.1  미행성의 충돌에 의한 지구의 성장과정

원시지구의 표면이 용융 상태가 되면 밀도가 높은 금속철과 규산염 물질이 분리되기 시작한다. 분리된 금속철은 마그마 바다의 바닥으로 가라앉아 층을 이루는데, 이 금속철 층 하부는 상대적으로 가벼운 미행성들의 집합체이다(0.6지구반경). 무거운 금속철이 지구 중심부로 들어가 핵을 만들면, 중심부에 있던 미행성은 표층으로 상승한다. 지표를 향해 떠오르는 미행성도 용융되어 거대한 마그마 바다를 이룬다(0.8지구반경). 이후에 마그마 바다는 핵과 가까운 안쪽부터 굳어져 고체의 원시적인 맨틀을 형성한다.

원시지구로 모여드는 미행성의 수가 줄어들어 충돌에너지가 작아지면 지구는 냉각하기 시작한다. 0.9지구반경이 되면 최초로 비가 내려 원시해양이 형성되는데, 이는 아주 얇은 암석층 위에 형성되며 그 하부에는 마그마 바다가 존재한다. 1.0지구반경에서 냉각이 더욱더 진행되면 원시지각이 성장하고, 이후 1~2억 년 후에 마그마 바다가 모두 굳어져 원시맨틀이 완성된다.

## 2 | 핵의 발달

지구의 성장과정 중 0.6지구반경 단계에서 형성된 금속철층은 물방울 모양으로 천천히 중심에 떨어지게 되며(drop현상) 반대로 중심에 있던 미분화된 물질(미행성)은 자리바꿈하여 떠오르게 된다. 이 분화되지 않은 내부물질은 용융하여 금속철과 규산염으로 분리되거나[그림 2.2(a)], 어느 시점에서 특정한 방향으로 떠오르면서 파괴되어 금속철층과 서로 뒤바뀌게 된다[그림 2.2(b)].

위와 같은 내부 구조의 변화는 충돌하는 미행성의 대부분이 작을 경우에 성립된다. 지구가 현재의 크기에 가까울 정도까지 성장했을 무렵, 화성 크기의 거대한 미행성

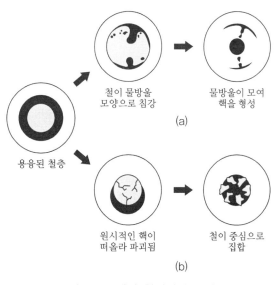

용융된 철층

철이 물방울 모양으로 침강

물방울이 모여 핵을 형성

(a)

원시적인 핵이 떠올라 파괴됨

철이 중심으로 집합

(b)

그림 2.2 핵의 형성과정 모델

이 지구와 충돌하여(자이언트 임팩트) 달이 형성되었다는 설이 있다. 화성 정도의 커다란 미행성은 이미 내부가 용융되어 맨틀과 금속의 핵 분리가 일어났음에 틀림없다. 이 충돌로 지구 내부는 고온고압 상태가 되고, 떨어져 나간 표층부가 달을 형성했을 것이다. 이러한 달의 기원론은 달에 금속철이 부족한 것과 일맥상통하다. 거대한 충돌이 일어날 경우, 원시지구의 중심핵과 충돌한 미행성의 중심핵이 합체되기 때문에 작은 미행성이 모여 만드는 핵의 발달과정이 다르다.

## 3 ┃ 핵의 조성

지구의 중심핵은 철과 니켈의 합금으로 구성되어 있는데, 상태에 따라 외핵과 내핵으로 나눌 수 있다. 외핵은 용융 상태이며 상당량의 가벼운 원소를 포함하는 것으로 알려져 있다. 내핵은 고체이며 지진파의 전파속도가 방향에 따라 다르다.

외핵에는 어떤 경원소가 얼마나 포함되어 있을까? 지구물리학자 F. Birch(1961)는 물질의 지진파 속도와 밀도 사이에는 선형관계를 이루고 있으며, 그 계수는 물질의 평균원자량이 클수록 증가함을 밝혔다. 그림 2.3은 충격압축실험으로 얻어진 지진파 속도와 밀도의 관계이다. 여기서 벌크음속($\sqrt{\phi}$)은 고체 내부를 통과하는 P파와 S파의 속도를 액체에 대응시킨 속도이다. 그림 (a)에서 맨틀과 핵의

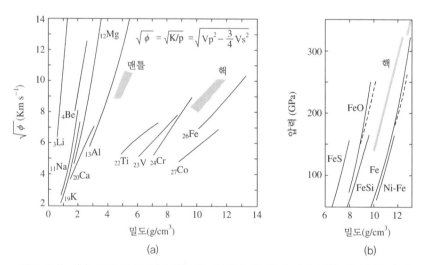

그림 2.3 (a) 물질의 밀도와 벌크(bulk)음속의 관계. (b) 핵을 금속철(Fe)과 산화철(FeO)의 비교. (Fowler, 2005, The Solid Earth.)

구성물질이 전혀 다름을 알 수 있다. 또한 그림 (b)에서 내핵은 순수한 금속철로 구성되는데, 외핵은 금속철(Fe)과 산화철(FeO) 사이에 놓여서 10 % 정도의 경원소가 포함되어 있음을 알 수 있다.

1960년대 호주의 암석학자인 링우드(A.E. Ringwood)는 석질운석인 엔스타타이트(휘석의 일종) 콘드라이트에 포함된 금속철이 규소를 포함한다는 이유로 외핵의 경원소가 규소(Si)라고 주장했다. V.R. 머쉬 등은 석질 콘드라이트에 포함된 트로일라이트(FeS)가 철질운석과 함께 침강하여 핵을 형성했기 때문에 핵에는 유황(S)이 함유되었다고 해석했다. 1970년대 링우드는 낮은 온도 압력 조건에서 철과 산화물은 혼합되지 않으나 지구의 핵처럼 고온고압에서는 철과 산화물이 서로 융합된다는 가정 하에 경원소가 산소일 것이라고 주장했다.

현 단계에서 유황, 산소, 규소라는 유력한 세 후보가 독자적으로는 경원소 문제를 설명할 수 없기 때문에, 이 셋을 합쳐서 설명하면 핵에서 부족한 10 %의 밀도를 설명할 수 있지 않을까 기대하고 있다. 이외에 수소나 칼륨 등도 포함되어 있을 가능성도 있다.

## 4 맨틀의 조성과 분화

맨틀은 페리도타이트와 같은 초염기성암으로 구성되어 있으며, 이들은 감람석, 단사휘석, 사방휘석, 석류석, 크롬철석($FeCr_2O_4$) 그리고 페로브스카이트($CaTiO_3$) 등의 광물로 구성되어있다. 맨틀 암석은 다이아몬드를 함유하는 킴벌라이트의 포획암으로 발견된다.

전체적으로 맨틀의 화학 조성은 큰 차이가 없는데, Moores & Twiss(1995)에 의한 맨틀의 화학 조성(질량%)은 $SiO_2$: 46.4~48.1, MgO: 31.1~39.0, FeO: 7.6~12.7, $Al_2O_3$: 3.1~4.1, CaO: 2.3~3.3, $Na_2O$: 0.3~1.1, $Cr_2O_3$: 0.6 이하, MnO: 0.4 이하, $P_2O_5$: 0.4 이하, $K_2O$: 0.1 이하, $TiO_2$: 0.1~0.2, NiO: 0.3 이하이다.

맨틀은 깊이에 따라 온도와 밀도가 함께 상승하는데, 밀도는 광물의 상전이가 일어나면서 불연속적으로 증가한다. 410 km, 520 km, 670 km, 2,700 km 지점에서 관찰되는 지진파의 불연속면은 상전이에 의한 경계로 추정된다. 이 중에서도 660 km 불연속면이 가장 뚜렷한데, 이를 경계로 상부맨틀과 하부맨틀을 나눈다(그림 2.4).

　지구의 내부온도에 관련되어 1980년까지는 물질(감람암과 철 합금)의 용해곡선과 지온경사를 비교하여 추정하였다. 최근에는 다이아몬드를 이용한 고압 발생 장치를 통해 맨틀과 외핵, 외핵과 내핵의 경계에서 온도를 각각 4500 ℃와 6000 ℃로 추정한다. 맨틀의 온도는 지표에서의 지각열류량, 암석의 열전도율, 방사성원소의 분포, 지각과 상부맨틀의 온도분포와 같은 복합적인 요소를 고려하여 계산하는데, 지하 100 km 깊이에서 맨틀의 온도는 1200 ℃이다. 맨틀의 온도 분포는 두 형태가 있는데, TL은 상부맨틀과 하부맨틀에서 각각 대류가 일어나는 경우이고 TW는 대류가 맨틀 전체를 통해 일어나는 경우이다. 후자의 경우 맨틀물질의 열팽창률, 비열 등을 고려하면 단열온도구배는 0.4 ℃/km이고 맨틀 최하부의 온도는 약 3000 ℃로 추정된다. 이 조건에서 외핵 최상부와 내핵의 온도는 각각 4500 ℃와 6600 ℃ 정도다(그림 2.4).

　맨틀에서 광물의 상변화는 감람석($\alpha$상), 변형스피넬상($\beta$상), 스피넬상($\gamma$상), 페로브스카이트상, 포스트 페로브스카이트상(D"층) 순으로 일어난다(그림 2.5). 맨틀의 최상부인 감람암층(410 km까지)에서는 압력, 온도, 물 함량 등 조건에 의해 부분용융이 일어나 마그마를 생성한다. 변형스피넬상 및 스피넬상의 층은 맨틀의 전이층이라 불린다. 670 km 이하에서 페로브스카이트상의 압력은 23.4 GP 이상이며 스피넬구조의 감람석이 분해하여 형성된다. 맨틀의 최하부인 2700 km 하부를

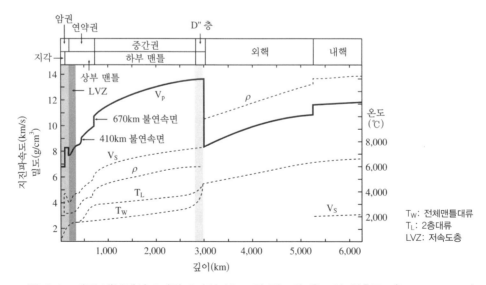

그림 2.4　지구 내부에서 P파와 S파의 분포 및 밀도와 온도의 성층구조(Siegert, 2000)

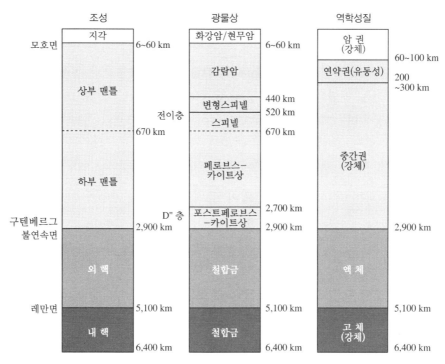

그림 2.5  지구의 층상구조에 따른 조성, 광물의 변화 및 역학성질의 변화

D"층이라 부르는데, 여기서 2004년에 페로브스카이트상보다 더 밀도가 높은 포스트 페로브스카이트가 발견되었다.

핵-맨틀의 경계는 명확하지 않은 곳이 많으며, 핵과 맨틀이 접하고 있는 곳에는 용융된 층이 얇게 분포한다. 이 용융 부분에서 맨틀이 기둥(plume) 모양으로 상승 한다는 이론이 플룸구조론(plume tectonics)이다.

또한 맨틀은 역학적 성질에 의해 지각을 포함한 암권, 연약권, 중간권으로 분류한다. 암권은 온도와 밀도가 낮고 강성이 높아 딱딱한 층이다. 두께는 60~100 km로 거의 판구조론에서 판에 해당하는 부분으로 지표면과 함께 이동한다. 암권 하부의 연약권은 지하 100~300 km에 해당하는 층이다. 연약권은 물질의 부분용융이 일어나고 유동성을 갖는 층이다. 연약권에는 지진파의 속도가 낮은 지역이 있다. 중간권은 연약권 하부의 맨틀 모두 해당하며 강성이 높은 고체다.

맨틀물질이 용융되어 마그마가 형성되고, 분화한 마그마가 지표에 반복하여 축적되면서 대륙은 성장해 왔다. 맨틀의 분화는 중앙해령에서 현무암질 해양지각을 만드는 것부터 시작하는데, 해령 하부에서 현무암질 마그마를 만들고 남은 잔류물은 상부맨틀의 연약권이 된다. 해양지각은 섭입대에서 맨틀 속으로 밀려들어가는데, 이들이 더욱 분화하여 안산암질 또는 화강암질 마그마가 생성되기도 한다. 이때 용융되고 남은 잔류물은 더 깊숙이 몰입하여 맨틀물질과 혼합된다.

용융을 수반하는 맨틀의 분화는 판의 운동과 깊은 관련이 있으며 그 원동력은 맨틀의 대류운동이다. 지구 내부에서의 열이 우주 공간으로 방출되는 과정에서 지구 내부에 운동과 물질의 분화가 일어나는 셈이다. 그 열원은 지구 형성기에 지구 내부에 지니고 있었던 열에너지와 우라늄, 토륨, 칼륨과 같은 방사성원소가 붕괴할 때 해방되는 에너지이다. 열원이 줄어들어 지구 내부가 냉각되는 과정에서 맨틀이 분화하면서 대륙은 성장한다.

## 5 맨틀토모그래피와 플룸구조론

지진학자들은 진원에서 관측점까지 지진파가 전달되는 시간을 이용하여 지구 내부의 평균적인 속도 구조를 추정해 왔다. 그리하여 1980년대에 하나의 진원에서 발생한 지진파의 도달시간이 지역마다 편차가 있음을 알았다. 남태평양의 통가에서 발생한 지진파는 서태평양 하부의 맨틀을 통과하여 우리나라에 도달하고, 터키에서 발생한 지진파는 중국 하부의 맨틀을 통과하여 우리나라에 도달한다.

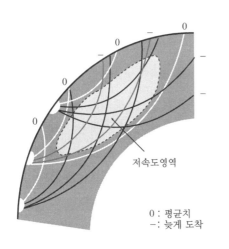

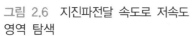

0 : 평균치
– : 늦게 도착

그림 2.6 지진파전달 속도로 저속도 영역 탐색

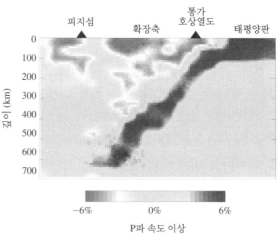

그림 2.7 통가 해구에서의 맨틀 P파 토모그래피

이들의 도달시간을 평균치와 비교하면 통가의 지진은 평균보다 늦게, 터키의 지진은 평균보다 일찍 도달한다. 이러한 차이는 장소에 따라 지진파의 전달속도가 느린 영역이 있음을 의미한다(그림 2.6).

지진파의 전달속도 차이를 이용하여 맨틀 전체의 속도구조를 병원에서 촬영하는 CT나 MRI 사진처럼 영상화한 것이 지진파 토모그래피이다. 그림 2.7은 맨틀 토모그래피로 영상화한 지구 내부 모습으로 지진파 속도가 불균질한 영역이 나타난다. 이 영상을 통해 '해구에서 섭입한 해양판은 맨틀의 어떤 깊이까지 들어갈까?' 또 '고온의 물질이 상승하는 중앙해령이나 열점의 상승류는 어떤 깊이에서 시작되는가?' 등의 의문을 해결할 수 있다.

맨틀 영역의 토모그래피 자료를 지구 표층에서 일어나는 판구조운동과 연결시켜 플룸구조론의 개념이 탄생했다. 지구 내부에서 지진파의 속도 차이가 물질의 온도를 반영한다면, 속도가 느린 영역은 고온이고 속도가 빠른 영역은 저온일 것이다. 즉 온도가 높은 곳은 맨틀대류가 상승하는 곳이고 차가운 지역은 맨틀대류가 하강하는 곳이라면, 이를 이용하여 지구 내부의 움직임을 읽어낼 수 있다. 속도가 작은(온도가 높은) 영역은 맨틀에서 지표를 향해 원통형으로 연결되어 있다. 이렇게 원통 모양으로 움직이는 대류를 플룸(plume)이라 부른다. 맨틀대류가 상승류하는 곳의 플룸은 원통형이고, 섭입대에서의 하강류는 판상이다.

섭입하는 슬랩(slab)은 상부맨틀과 하부맨틀의 경계인 670 km 깊이에 머무르게 되고, 이들은 커다란 덩어리를 형성한 다음에 하부맨틀로 떨어진다. 또한 이들은 맨틀의 최하부에 도달하면 옆으로 눕는 것처럼 가라앉는다. 열점에서 마그마의 근본물질이 맨틀 최하부에서 플룸으로 상승하는 것이 있다. 아이슬란드의 경우, 상부맨틀 내에서 원통 모양의 저속도 영역으로 관측되지만 하부맨틀에서의 시작점은 명확하지 않다.

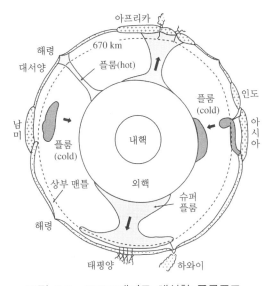

그림 2.8 토모그래피로 해석한 플룸구조

동경대학의 후카오(深尾良夫)는 지진 자료를 모아 전 지구적인 토모그래피를 작성했다(그림 2.8). 지구 내부의 속도 불균질 영역을 광범위하게 바라보면, 남태평양과 아프리카 대륙 하부에 옆으로 길게 펼쳐진 저속도 영역이 존재한다. 이는 대규모의 플룸활동으로 생성된 불균질 영역으로 열점 하부의 플룸에 비해 엄청나게 커서 수퍼플룸이라 부른다. 플룸활동은 열점의 화산활동에 국한하지 않고, 데칸고원과 같은 대규모의 현무암대지의 형성뿐만 아니라 초대륙의 분열과 생물의 대절멸에 대한 원인을 제공했을 가능성도 있다.

# 3장
# 지각의 생성

## 1 대륙지각과 해양지각의 차이

현재 지구 표면에서 대륙과 해양이 차지하는 비율은 3:7이다. 평균해수면을 기준으로 육지의 고도와 바다의 수심에 대한 빈도분포는 그림 3.1과 같이 명백한 두 개의 극대치가 나타난다. 하나는 해발고도 0~1 km 지역이고, 다른 하나는 수심이 4~5 km 되는 지역이다. 각각 대륙과 해양저라 부르는데 극소치의 −2 km 부근은 물에 잠겨 있어도 구성물질은 대륙에 해당한다. 따라서 천해의 평탄한 해저지형을 대륙붕, 그보다 약간 경사가 급한 곳을 대륙사면이라 부르고 있다. 지질학에서 다루는 대륙과 해양저는 지리학적인 구분과 약간 다르다.

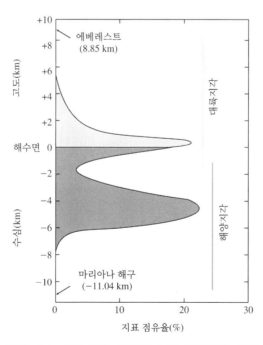

그림 3.1 해수면을 기준으로 한 지표면의 굴곡

대륙과 해양저는 고도 이외에 어떤 차이가 있을까? 지구의 가장 겉부분인 지각과 맨틀은 모호면을 경계로 구분되는데, 모호면의 깊이가 지역마다 다르다. 즉 지각의 두께는 지역마다 다르다는 의미이다. 대륙지각의 두께는 대략 30~50 km, 해양지각은 6~8 km의 두께를 갖는다. 둘 사이에는 외력의 작용이 다른데, 해양저에서는 평균 1 mm/1000년 속도로 퇴적되지만, 대륙은 1 mm/10~100년의 속도로 침식이 일어난다.

대륙지각은 선캄브리아기에 형성된 순상지나 탁상지에서 부터 최근에 조산운동으로 형성된 젊은 지각까지 여러 시대에 만들어진 땅덩어리가 모여 있기 때문에 생성연대도 0에서 40억 년까지 그 범위가 넓다. 그러나 해양지각은 중앙해령에서 형성된 후 옆으로 미끄러져 해구까지 이동하여 맨틀 속으로 사라지므로, 가장 오래된 서태평양의 지각이라도 겨우 2억 년 정도의 연령을 갖는다. 두 지각은 지구화학적으로도 차이가 있는데, 대륙지각은 화강암질 암석이고 해양지각은 현무암질(특히 쏠레이아이트질)암석이다. 여기서 화강암질이란 화학성분이 화강암과 같거나 유사한 암석으로 생성과정(화성, 변성, 퇴적작용)은 상관하지 않는다. 화강암질 암석은 U, Th, K와 같은 방사성원소가 풍부하여 대륙지각의 열류량을 높이는 역할을 한다. 또한 해양지각에는 이런 원소의 함량이 낮다. 칼크알칼리암 계열의 안산암질 마그마가 분출되는 곳은 모두 대륙이다.

순상지는 선캄브리아기의 퇴적암이나 화성암이 변성작용을 받아 만들어진 기반암류가 지표에 노출된 지역이다. 탁상지는 선캄브리아기 기반암류 위에 변형되지 않은 지층이 수평으로 두껍게 쌓여 있는 지역이다. 캄브리아기 이후의 조산대는 선캄브리아기의 순상지나 탁상지를 둘러싸듯 분포한다. 순상지나 탁상지를 크라톤(강괴, craton)이라 부르기도 한다.

## 2  지각의 구조와 구성물질

지각의 내부 구조를 주의 깊게 연구하면 지각의 진화를 이해할 수 있다. 지각의 구성 물질과 내부 구조는 지진파 속도의 특성으로 해석할 수 있다. 지진파 속도와 지각 물질의 밀도 사이에는 밀접한 관련이 있는데, 그림 3.2는 지진파 속도에 대한 조립질 화성암의 $SiO_2$ 함량의 관계를 나타낸다.

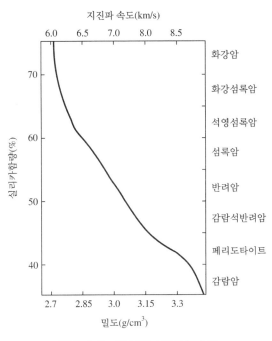

그림 3.2 암석의 지진파 속도

　이러한 지진파 속도 자료를 바탕으로 지각의 단면도를 그릴 수 있다. 대륙지각은 지질학적으로 매우 복잡하지만 대략 4개의 층으로 나눌 수 있다. 최상부는 퇴적층이고, 그 아래의 결정질 암석은 상부, 중부, 하부지각으로 나뉜다(그림 3.3). 대륙지각을 덮고 있는 퇴적층의 두께는 평균 1 km 정도이지만, 순상지에서는 거의 0이며 두꺼운 퇴적분지에서는 15 km로 매우 다양하다. 안정한 대륙의 평균 두께가 40 km 정도이며, 이 중 화강암질 조성을 갖는 결정질 상부지각이 10~15 km, 섬록암질 조성의 중부지각은 5~15 km, 반려암질 조성을 갖는 하부지각은 5~20 km의 두께를 갖는다.

　지하 깊숙이 들어갈수록 온도와 압력은 상승하므로 암석은 원암의 상태를 유지하지 못하고 변성작용을 받게 된다. 따라서 지각의 깊은 곳은 그 원암이 화성암이든 퇴적암이든 상관없이 변성암으로 구성되어 있다. 두꺼운 지각 하부는 반려암이 변성된 백립암일 것으로 추정된다. 그림 3.4는 지진파 속도의 특성을 이용하여 북위 40°에 해당하는 북미대륙과 아시아대륙의 종단면도를 작성한 것이다. 화강암질암으로 구성된 두꺼운 지각 하부에는 섬록암류가 존재하고, 그 하부에는

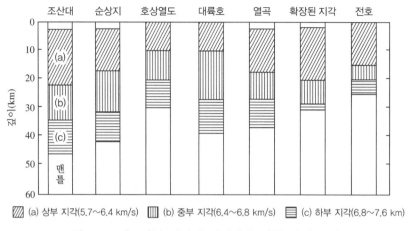

그림 3.3 대표적인 지각의 지진파에 의한 지질 주상도

백립암이 존재하는데 그들의 경계는 그다지 뚜렷하지 않다.

해양지각에서 맨틀과의 경계인 모호면은 지진파 속도가 6.7 km/s에서 8 km/s로 급격하게 증가한다. 지진파 특성에 의하면 해양지각은 주로 반려암이나 각섬암 같은 염기성암, 맨틀은 감람석과 휘석으로만 구성된 신선한 페리도타이트이다. 해양지각은 지진파 탐사로 모호면의 위치와 지각의 구조는 조사되었으나, 해양지각의 단면을 관찰할 수 있는 적당한 곳이 없다. 해양지각의 구조는 육상에 노출된 오피올라이트나 심해저굴착 자료로 보다 상세히 해석되고 있다.

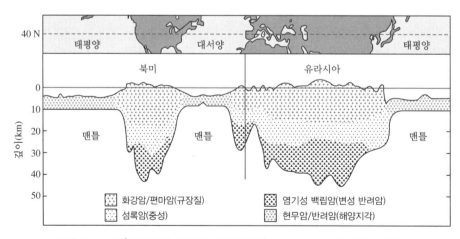

그림 3.4 40°N에서의 지각의 종단면도(W. Mooney, IASPEI, 2004)

**3** **대륙지각의 형성**

처음 생성된 지각은 어떤 암석으로 구성되었을까? 여러 가지 주장이 나왔지만 초기지각의 형성에 대한 그럴듯한 이론 3가지를 고른다면 다음과 같다. 첫째는 맨틀이 소규모로 용융되어 생성된 마그마가 분화한 화강암질 또는 안산암질이라는 설이고, 둘째는 달의 대륙처럼 사장석이 풍부한 회장암(안올소사이트)이라고 하는 설, 그리고 세 번째는 마그마 바다가 냉각된 현무암질이라는 설이다. 그러나 첫 번째 주장은 지구형성기에 대규모의 마그마 바다가 형성되었다는 생각과 모순된다. 두 번째 주장은 물이 없는 환경으로 대규모의 분화가 일어났던 달의 지각과는 다르다는 이유로 받아들이기 어렵다.

현재 세 번째의 초기지각은 현무암질 암석이라는 이론이 설득력을 얻고 있다. 즉 지구를 형성했던 미행성들이 대량으로 용융되어 마그마 바다가 형성되고 냉각되면서 현무암질 지각으로 분화했다는 이론이다. 이는 초기지각으로 생각되는 암석에 현무암 또는 현무암에서 유래된 퇴적암이 포함되어 있고, 변성도가 높은 지각에 포함된 편마암이 현무암이나 퇴적암 기원이라는 점으로부터 지지를 받고 있다.

대륙지각은 맨틀이 분화하여 만들어진 것이다. 분화란 균질한 것이 성분이 다른 영역으로 나누어지는 과정이다. 즉 맨틀이 화학적으로 분화하여 상부맨틀과 지각을 형성한다. 희토류원소같이 이온반경이 큰 미량원소의 존재도를 살펴보면, 대륙지각과 상부맨틀을 구성하는 감람암은 보상적인 관계를 나타내어 상부맨틀 물질이 분화하여 대륙지각이 형성되었음을 알 수 있다. 즉 상부맨틀은 대륙지각을 형성시키고 남은 잔류물이다.

대륙지각을 구성하는 물질은 기본적으로 화강암이며, 이 화강암의 원료인 산성 마그마의 생성과정은 현무암질 마그마의 결정분화작용, 해양지각의 부분용융 그리고 지각하부의 부분용융 등이 있다.

첫 번째로 현무암질 마그마의 결정분화작용이란 마그마 첨버의 온도가 내려가면 포화된 성분의 결정이 성장하고, 광물 결정(고체)은 마그마(액체)보다 무겁기 때문에 마그마 내에서 침전한다. 이 작용은 마그마 첨버 내부에서 결정(고상)과 잔액 마그마(액상)가 분리되는 과정이다. 결정분화작용이 진행되면 마그마 내의 규산염(SiO₂) 농도가 높아져 화강암질로 변해간다. 그러나 이 과정을 통해 만들어지는 화강암질 마그마의 양은 최초의 현무암질 마그마의 5%에 불과하다. 이 이론대로라면 하나의 화강암을 만드는 데 20배 정도 현무암질 마그마가 필요하지만, 세계적으로 커다란 화강암체가 분포하는 지역에 대량의 현무암이 관찰되는 곳은 없다. 따라서 이 이론은 지구화학적으로는 성립되지만, 대륙지각에 분포하는 많은 양의 화강암을 생성시키는 설명으로는 부족하다.

두 번째 과정은 섭입하는 해양판에서 물을 쐐기맨틀에 공급함으로 현무암질 마그마가 생성되고, 이러한 현무암질 마그마가 대륙의 하부에 머물면서 지각하부를 용융시켜 화강암질 마그마를 생성한다는 이론이다. 이때 마그마는 대륙지각이 용융되어 대륙지각 내부에서 굳어지는 폐쇄된 계에서 물질 순환이 일어난다. 그렇기 때문에 대륙지각의 양적인 변화는 없으므로 대륙지각의 평균조성 역시 변하지 않는다[그림 3.5(a)].

세 번째는 섭입하는 해양판(slab)의 일부, 즉 물을 포함하는 해양지각이 직접 녹는 경우이다. 25억 년 전에는 현재의 지구보다 온도가 높았으며, 해구에서 섭입하는 해양판은 지금처럼 차갑지 않고 뜨거워서 압력 상승에 의해 쉽게 용융될 수 있었다. 이 경우에 화강암질 마그마가 발생하는 장소는 60~100 km가 된다. 이 과정에서 섭입하는 판의 일부인 해양지각에서 대륙지각으로의 물질 이동, 즉 지구 규모의 물질순환이 일어난다. 이 과정이 반복되면 대륙지각은 양적으로 성장하고, 그 평균조성에서 규산염의 함량이 점차 증가해 간다[그림 3.5(b)].

화강암에 미량으로 포함되어 있는 희토류원소로부터 위 두 과정을 구별할 수 있다. 희토류원소는 란탄 계열에 속하며, 가장 가벼운 란탄(La)에서 무거운 루테튬

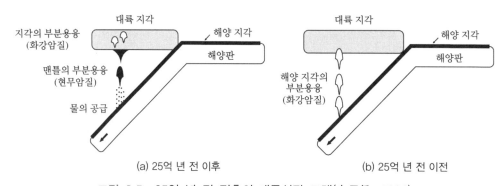

(a) 25억 년 전 이후                    (b) 25억 년 전 이전

그림 3.5   25억 년 전 전후의 대륙성장 모델(有馬眞, 1996)

(Lu)까지 15개의 원소이다. 희토류원소는 암석이 용융하기 시작하여 마그마(액체)
와 잔류물(결정)로 분리될 때, 또는 마그마에서 광물이 만들어지면서 액체와 고체
로 분리되는 과정에서 어느 한쪽을 선택하여 들어간다. 즉 용융 과정이나 정출과
정에서 희토류의 분배특성을 분석하면 마그마가 생성된 환경을 해석할 수
있다.

마그마와 공존하는 광물 중에서 석류석은 압력이 높은 심부 환경, 사장석은 대
륙지각처럼 압력이 낮은 천부 환경에 존재한다. 압력이 높고 석류석이 존재하는
환경에서 마그마가 생성되면, 희토류원소(특히 무거운 원소)는 석류석(고체)에 선
택적으로 들어가기 때문에 마그마(액체)에 들어가는 양은 적다. 따라서 이런 마그
마가 굳어 만들어진 지각에서의 희토류 함량은 적다. 반대로 희토류 함량이 많은
마그마는 사장석이나 휘석을 많이 포함하는 대륙지각 내에서 형성된 것으로 해석
할 수 있다.

대륙지각을 구성하는 여러 곳의 화강암 연령과 희토류 함량과의 관계를 정리하
면, 시대별로 무거운 희토류원소 함량에 계통적인 차이가 나타난다(그림 3.6). 25억
년 전보다 앞선 시기에 생성된 화강암들은 La/Yb의 비가 높고, 무거운 Yb의 함
량도 상대적으로 적다. 따라서 25억 년 전을 경계로 그 이전에는 지하 깊은 곳에
서 해양지각이 녹아서 대륙이 성장했고, 이후에는 대륙의 재순환이 주로 일어난
것으로 해석할 수 있다.

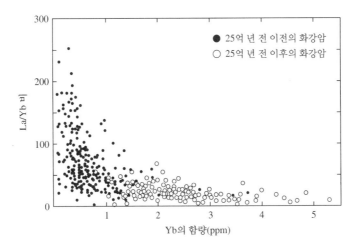

그림 3.6  25억 년을 전후한 여러 화강암의 희토류함량

## 4 대륙의 성장

대륙이 성장하는 과정은 두 종류가 있는데, 판의 섭입대에서의 조산운동과 판 내부에서의 용암분출이다. 판의 섭입대인 해구에서는 해양지각 위의 퇴적물과 해양지각의 일부가 부가체로서 육지에 들러붙어 육지가 확장된다. 화산대에서는 안산암질 또는 유문암질 마그마가 대량으로 분출하고 화강암질 마그마가 관입하여 대륙이 성장한다. 또한 알프스나 히말라야처럼 대륙과 대륙이 충돌하여 규모가 커지기도 한다. 한편 판의 내부에서는 대규모의 화산활동으로 홍수현무암이 분출하여 용암대지를 형성하면서 대륙이 성장하기도 한다. 인도의 데칸고원, 남아프리카의 카알 현무암 등과 같이 대륙에서 발생하는 홍수현무암은 맨틀의 플룸활동에 의한 것이다.

최근에는 풍화에 매우 강한 저-콘을 대상으로 분석한 U-Pb연대 자료가 많아지면서 지각이 어떻게 성장했는가에 대한 정밀한 해석이 이루어지고 있다. 저-콘이라는 광물은 주로 화강암질 암석에 포함되어 있기 때문에 이들의 생성연대는 새로운 지각의 형성시기를 의미한다.

그림 3.7은 저-콘 연대의 산출빈도를 시대 순으로 나열한 것이다. 그림에서 산출 빈도는 어느 시대나 일정하지 않고 특정한 세 시기에 극대치를 갖는데, 그 시기는 27억 년 전, 19억 년 전, 그리고 7~5억 년 전이다. 7~5억 년 전의 피크는 북미대륙 주변부에서 대충돌이 일어나 곤드와나 대륙이 형성되었던 시기에 대응한다.

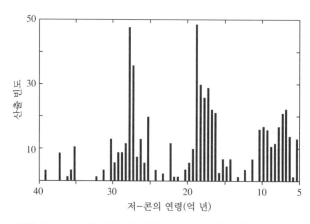

그림 3.7 저-콘 생성연대의 빈도분포(川上紳一, 1995)

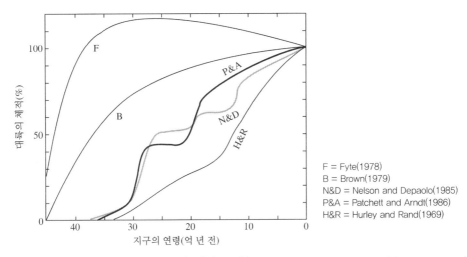

F = Fyte(1978)
B = Brown(1979)
N&D = Nelson and Depaolo(1985)
P&A = Patchett and Arndt(1986)
H&R = Hurley and Rand(1969)

그림 3.8   대륙성장에 관련된 여러 가지 모델(Reymer and Schubert, 1984, Tectonics)

27억 년 전과 19억 년 전의 대륙성장은 화성활동이 활발하여 대륙지각이 크게 성장한 시기다.

27억 년 전에는 캐나다 순상지, 호주 서부 등의 대륙이 성장하고, 19억 년 전에는 몇 개의 대륙이 모여 북미대륙과 발트순상지의 원형이 만들어졌다. 이 지역에는 호상열도와 같은 작은 지각이 모여 대륙으로 성장했다. 또한 대륙성장기에는 플룸활동에 의해 맨틀물질이 대량으로 용융되어 만들어진 현무암질 마그마가 지각을 급성장시키고, 현무암질 지각이 다시 녹아 화강암질 마그마를 만들면서 지각의 분화가 진행되었다.

미국의 Hurley and Rand(1969)는 대륙지각을 구성하는 암체의 연대 측정 자료와 노출 면적을 근거로 대륙지각의 연령 분포를 구하였다. 저-콘에 의한 지각의 연대 자료는 그림 3.8에서 굵은 선으로 표기한 P&A의 성장곡선과 유사하다. 이 P&A 성장곡선은 현재 노출되어 있는 지각이 대륙성장의 기록이라는 가정 하에 만들어진 것이다. 따라서 대륙지각은 46억 년 동안 지속적으로 성장한 것이 아니라 특정한 시기에 급격히 성장한 것으로 해석된다.

## 5  19억 년 전후의 지각형성

대부분의 대륙이 하나의 장소에 모인 초대륙이 최초로 출현한 것은 19억 년 전

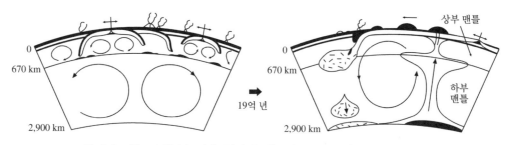

그림 3.9  약 19억 년 전에 일어난 맨틀대류의 변화(丸山茂德, 1995)

의 일이다. 이 시기에 상부맨틀과 하부맨틀로 나뉘어 각각 순환하던 맨틀대류의 상하부가 연결되어 하나의 순환으로 변했다. 19억 년 전 보다 오래된 시기에는 섭입한 판의 잔해가 맨틀하부로 몰입되지 않았지만, 현재는 판의 잔해가 하부맨틀까지 몰입하고 있다(그림 3.9). 이 차이는 지구의 냉각에 기인한다.

25억 년 이전의 시생대에는 판의 온도가 높았기 때문에 아주 두꺼운(20~40 km) 해양지각이 맨틀로 섭입하는 동시에 용융되어 화강암질 마그마를 계속해서 생성했다. 따라서 해양판은 670 km까지 섭입하지 못하고, 오히려 떠올라 대륙지각 하부에 들러붙게 되었다(그림 3.10). 이것이 오늘날 구조권(tectosphere)이라 불리는 마그네슘이 많고 가벼운 특이한 맨틀로서 19억 년 전보다 앞선 시기의 대륙

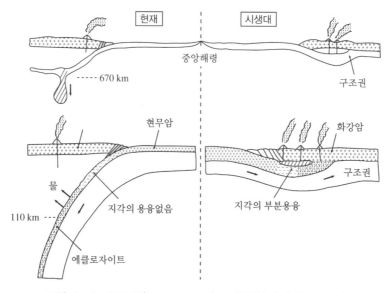

그림 3.10  구조권(Tectosphere)의 성인(丸山茂德, 1995)

하부에서만 관측된다. 남아프리카에서 다이아몬드를 포함한 심부 기원의 마그마가 오래된 대륙지각을 통과하여 상승할 때 대륙 바로 아래에 있던 물질을 끌고 올라오는 경우가 있다. 이 물질은 마그네슘 함량이 매우 높은데, 이를 통해 구조권 물질을 포함한 맨틀이 지각 밑에 붙어 있었음을 추정한다.

그러나 지구가 냉각되면 맨틀에 섭입한 해양판은 점차 용융되기 어려워진다. 현재 섭입하는 해양지각은 화산전선 하부인 지하 110 km에서 약 850 ℃로 가열된다. 이 정도의 온도에서 현무암질 지각은 용융되지 못하고 에클로자이트라고 하는 맨틀보다 무거운 변성암으로 변한다. 밀도가 높아진 해양판은 심도 670 km에서 서서히 고이고, 이들은 1~4억 년 주기로 맨틀 하부로 급격하게 낙하한다. 이것이 현재의 콜드플룸으로 알려진 구조운동으로 처음 시작된 것이 19억 년 전이다. 일시에 낙하가 시작되면 전체 맨틀을 통한 대류가 일어나게 된다. 이것이 지구의 중요한 변화의 하나이다. 맨틀대류 하나의 크기는 그 위에 놓인 판이나 대륙의 크기와 거의 같다.

## 6 │ 지각의 합체

거대한 대륙지각은 다양한 지괴들의 충돌과 부착으로 성장하였다. 충돌하는 작은 지각들 사이에서 형성된 퇴적분지는 변성작용과 변형작용을 받으며 지각을 단축시키고 두껍게 만든다. 작은 지각이 모여 커진 지각에 또 다른 지각들이 부착되어 거대한 안정지괴(크라톤)를 형성한다. 그림 3.11은 안정지괴에 작은 호상열도들이 모여 슈피리어 안정지괴가 형성되는 과정으로 대륙성장의 전형적인 모델이다.

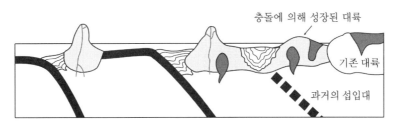

그림 3.11 작은 지각들의 합체에 의한 안정지괴 형성

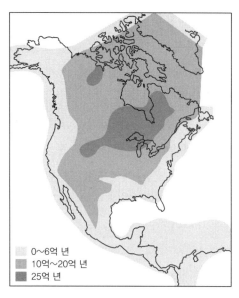

그림 3.12  북미대륙의 주요 지질구
(Mooney et al., 1998)

북미대륙은 작은 지각의 점진적인 결합을 통해 거대한 대륙을 형성한 좋은 예다(그림 3.12). 그림에서 35억 년 이상의 나이를 가진 아카스타 편마암, 와이오밍 등의 암석을 포함하는 25억~30억 년의 슈피리어 안정지괴를 중심으로 다수의 호상열도와 작은 지각들이 모여 거대한 대륙을 형성하였다. 또한 18억~20억 년 전 슈피리어 안정지괴는 주변의 헌-래(Hearne-Rae)안정지괴와 충돌하는 과정에서 트랜스-허드슨 산맥을 만들면서 캐나다순상지를 형성하였다. 이후에 야바파이(17억~18억 년), 마자찰-페코스(16억~17억 년), 그렌빌(10억~12억 년)이 차례차례 부착되면서 북미 안정지괴가 형성되었다. 중생대와 신생대 동안에 애팔래치아의 블루리지와 피드몬트 지역 그리고 서해안에 여러 개의 지괴가 부착되면서 북미의 대산맥이 형성되었다.

# 4장
# 대륙의 진화

태양계 형성론에 의하면 형성 직후부터 지구 내부는 현재와 비슷한 성층구조를 이루고 있었다. 그렇다면 지구의 껍질, 즉 그 당시의 지각은 어떤 모습이었을까?

지금까지 발견된 지구상에서 가장 오래된 광물의 나이는 44.08억 년이다(그림 4.1). 저-콘이라 불리는 이 광물은 호주 서부의 필바라 지역의 잭 힐스(Jack Hills)에서 변성작용을 받은 오래된 역암에서 발견되었다. 44억 년 전에 만들어진 이 광물은 암석이 침식되고 남은 것이 다른 광물과 함께 퇴적된 것이다. 그러나 이 광물과 함께 생성된 다른 광물은 발견되지 않는다. 저-콘의 산소 동위체비를 측정한 결과, 저-콘을 정출시킨 마그마는 열수변질을 받은 현무암이 용융된 것으로 밝혀졌다.

가장 오래된 암석은 캐나다 퀘벡 북부 허드슨만의 노부아기투쿠(Nuvvugittuq) 녹색암대에 분포하는 각섬암(그림 4.2)으로 주 구성 광물은 각섬석이며 구형의 석류석이 다량 포함된다. 카네기 연구소와 McGill 대학에서 분석한 암석의 절대연

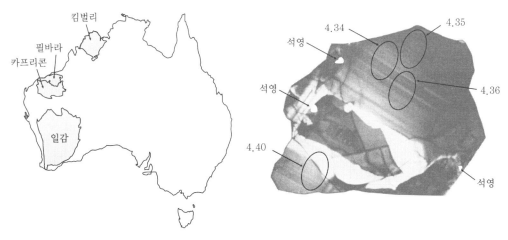

그림 4.1   호주의 필바라 지역에서 발견된 저-콘의 절대연령(Ga)

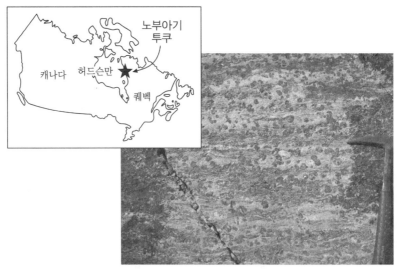

그림 4.2  캐나다 퀘벡 북부 허드슨만에서 발견된 42.8억 년 전의 석류석 반상변정을 가진 각섬암(O'Neil 외 1988, Science, 321)

령($^{146}$Sm–$^{142}$Nd)은 42.8억 년으로 아카스타 편마암보다 2.5억 년 앞선 것이다. 아카스타 편마암은 조성이 균질하지 않아 화성암이나 퇴적암이 변성작용을 받아 만들어진 것으로 보인다. 대륙지각의 파편이라고 할 수 있는 암체 또는 층상의 지각으로는 그린란드 서부의 이스아 지역에서 관찰되는 표성암(supracrustal)이나 아이작(isaac) 편마암복합체가 있으며, 이들의 연령은 38억 년이다.

이처럼 현재 지각에 남아있는 초기 지구의 지층이나 암석은 가장 오래된 것이라고 하더라도 40억 년 전이어서, 지구가 형성된 후 6억 년 동안의 기록은 거의 남아있지 않다. 왜냐하면 지구 형성기의 지구 내부는 온도가 높고, 맨틀대류가 활발하여 형성되었던 지각이 재차 맨틀로 재활용되어 사라졌기 때문이다. 또한 40~39억 년 전 무렵에 거대한 소행성이 충돌하여 그 당시 지각을 모두 파괴해버린 것도 하나의 이유일 것이다. 40억 년 전의 증거가 거의 남아있지 않은 시대를 명왕대(Hadean)라고 부르기도 하지만 정식적인 지질시대 명칭은 아니다.

## 2  시생대의 대륙

선캄브리아기는 시생대와 원생대로 구분하며 그 경계는 25억 년 전이다. 그림

4.3에서 36억 년 이상의 연령을 가진 암석이 발견된 곳은 지명으로 나타내고, 25억 년 전의 시생대 지역과 앞으로 발견될 가능성이 높은 지역은 음영으로 표시하였다. 시생대의 지각은 녹색암대(또는 그린스톤벨트, Greenstone Belt)와 화강암·편마암 복합체로 크게 나눌 수 있다. 전자는 변성도가 낮은 현무암이나 퇴적암으로 구성되어 있어 시생대의 지표 환경을 탐색할 수 있는 곳으로 주목받고 있다.

원생대에 이르면 대륙지각이 발달하고, 안정대륙 주변에 퇴적된 셰일이나 탄산염암으로 구성된 지층이 형성된다. 이러한 경향은 세계 각지에서 공통적으로 나타나지만, 두 시대의 특징적인 지층이 언제 바뀌는가는 지역마다 다르다. 따라서 두 시대의 경계는 편의상 25억 년이라고 정해진 것이다.

시생대의 특징적인 녹색암대라는 용어는 변성도가 낮은 현무암이 야외에서 녹색을 나타내 붙여진 이름으로, 녹색을 이루는 광물은 녹니석, 양기석, 녹염석 등이다. 일반적으로 화강암·편마암 복합체 위에 퇴적된 녹색암대는 세 부분으로 나눌 수 있는데(그림 4.4), 하부(a)는 감람암과 현무암질 화산암, 중간부(b)는 주로 현무암질 화산암, 그리고 상부(c)는 사암과 셰일로 구성되어 있다. 이들은 전형적으로 향사구조를 이루고 있으며, 폭은 대략 40~250 km이고 길이는 120~800 km 정도이다.

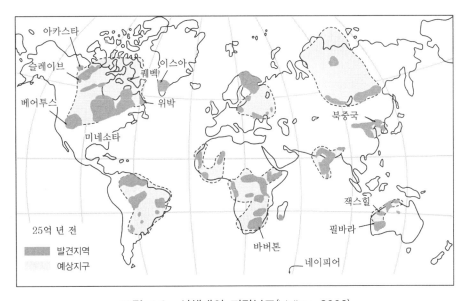

그림 4.3  시생대의 지각분포(Valley, 2006)

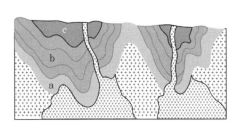
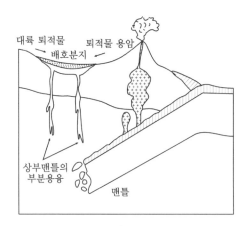

c(상부): 사암과 셰일
b(중간부): 현무암질 화산암
a(하부): 감람암과 현무암질 화산암

그림 4.4 전형적인 녹색암대의 구조와 배호분지에서의 생성과정(R. Wicander & J.S. Monroe, 2007.)

녹색암대는 화산활동이 물속에서 일어났음을 지시하는 베개상용암이 두껍게 쌓여 있으며, 화산쇄설암층은 화산체의 중심이 육상에 있음을 의미한다. 이 지역에서 가장 흥미로운 화성암은 코마티아이트(komatiites)라 불리는 초염기성 용암류로서 시생대 이후로는 매우 드물며, 현재는 산출되지 않는다. 이 마그마는 $SiO_2$ 함량이 45% 이하이며, 지표 근처에서 1600℃ 이상으로 현재 가장 높은 표면 온도인 1300℃보다 훨씬 높다. 초기 지구는 방사성 열이 많았고, 맨틀도 지금보다 300℃ 이상 더 뜨거웠기 때문에 고온의 마그마가 생성될 수 있었다. 코마티아이트에는 급랭에 의해 형성된 나뭇가지나 막대 모양의 감람석 반정이 관찰된다(그림 4.5). 이 조직은 호주의 사막지대에서 번식하는 스피니펙스(Spinifex)라는 풀과 모양이 비슷하여 스피니펙스 조직이라 부른다.

녹색암대 상부의 퇴적암은 그레이와케(잡사암: 점토와 암편이 뒤섞인 사암)와 이암으로 구성된다. 내부에는 소규모의 사층리와 점이층리가 관찰되어 저탁류에 의해 형성되었음을 지시하고, 그 외 석영사암이나 셰일은 천해 퇴적암임을 지시한다. 또한 역암, 처-트와 호상철광상도 포함되어 있다. 화산암에 수반된 호상철광상(그림 4.6)은 알고마형(algoma type BIF)으로, 원생대 초기에 대륙붕에서 대규모로 형성된 슈피리오형(lake Superior type BIF) 광상에 비하여 규모가 작다.

이러한 특징은 녹색암대가 현재의 배호분지와 같은 판구조 환경에서 형성되었음을 의미한다. 현재 우리나라 동해와 같은 환경에서 배호분지 확장, 다양한 화산활동, 대륙과 호상열도 양측에서의 퇴적작용으로 이어지는 일련의 지질활동을 경

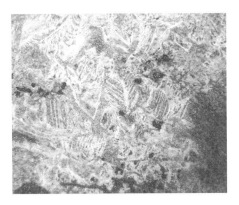

그림 4.5 코마티아이트의 감람석 결정, 호주 서부(2006, Rolinator 사진)

그림 4.6 녹색암대 내의 호상철광상(27억 년). (캐나다 온타리오)

험한 것이다. 이후에 배호분지가 닫히면서 변형과 변성작용을 받고 마지막으로 화강암질 마그마가 관입한다. 녹색암대의 형성은 대부분 이 모델로 설명하고 있으나 대륙판 내부로 플룸이 상승하여 열곡이 형성된 후, 배호분지에서와 같은 일련의 활동을 거쳐 형성되는 모델도 있다.

한편 변성도가 높은 지역의 화강암·편마암 복합체는 최근의 화강암류와 달리 특징적으로 Na 함량이 높다. Na, Ca, K 함량에 의한 분류에 의하면 시생대의 화강암과 편마암은 토날라이트, 트론제마이트(사장석이 매우 많고 석영이 적음), 화강섬록암에 해당한다. 이 세 암석의 머리글자를 따서 TTG(Tonalite-Trondhjemite-Granodiorite)화강암이라 부르기도 한다. 변성도가 높은 지역에 분포하는 편마암은 녹색암대를 구성하는 화산암이나 퇴적암이 지하 깊은 곳까지 매몰되어 열과 압력을 받아 형성된 것으로 생각된다.

## 3  가장 오래된 지층 - 이스아(38억 년)

그린란드의 이스아 지역은 세계 최고의 지층이 남아있는 곳이다. 이스아의 표성층대(supracrustal belt)는 그린란드의 서부에 분포한다. 이 표성층은 38억~36억 년 전의 Amitsoq 편마암과 28억 년 전의 Ikkattoq 편마암을 둘러싸며 분포한다(그림 4.7). 표성층은 시생대에 전체적으로 각섬암상의 바로비안형 변성작용을 받았으나 북부지역에서는 변성도가 매우 낮아 원래의 암상을 유지하고 있다.

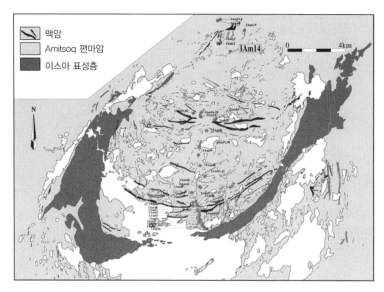

그림 4.7  그린란드 서부의 이스아 표성층

이 지역에는 호상철광상, 탄산염암, 역암층 등의 지층의 중첩되어있어 지구 초기의 표층환경을 보여주는 지역이다. 호상철광상이나 탄산염암이 퇴적되었다는 사실은 당시에 이미 바다가 존재했음을 말해준다. 또한 역암층이 퇴적했다는 것은 자갈이 대륙에서 운반되어 왔음을 의미하여, 당시에 이미 대륙과 해양이 구별되었음을 시사한다(그림 4.8). 결정적으로 해수 중으로 현무암질 마그마가 흘러나왔음을 알려주는 베개상용암이 발견되었다(그림 4.9).

그림 4.8  이스아 녹색암대의 역암(동경공업대학 박물관, 2007)

그림 4.9  이스아 녹색암대의 베개상용암(동경공업대학 박물관, 2007)

| **4** | ## 시생대의 대륙 발바라(35억 년) |

시생대에서 원생대 초기에 걸쳐 퇴적된 두꺼운 지층이 남아프리카의 카프발과 호주 서부의 필바라 지역에 노출되어 있다. 발바라(Vaalbara)는 남아프리카의 카프발(Kaapvaal) 안정지괴와 호주 서부의 필바라(Pilbara) 안정지괴의 합성어이다. 안정지괴(강괴, 剛塊)는 선캄브리아기에 안정화되어, 그 이후에는 활동이 정지된 오래된 안정대륙이다.

아프리카의 카프발 안정지괴와 북쪽의 짐바웨브 안정지괴 사이에는 원생대(20~18억 년)에 형성된 림포포(Limpopo) 조산대가 끼여 있다. 카프발 안정지괴에는 대규모의 바버톤(Barberton) 녹색암대가 분포하는데, 여기에는 35억~32억 년 전의 코마티아이트를 포함하는 화산암이나 퇴적암이 산출된다.

호주의 필바라 지역은 변성도가 낮은 시생대의 녹색암대로 현무암, 처트, 사암-이암 등으로 구성된 암체를 화강암이 관입하고 있다. 이 녹색암대는 약 35억~28억 년에 형성되었으나, 변성도가 낮아 초기 지구의 표층환경이나 생명화석의 연구에 매우 중요하다. 특히 35억 년의 처트에서 원핵생물인 시아노박테리아 화석이 발견된 것은 매우 놀라운 일이다. 필바라층군 상위에는 약 28억~23억 년에 형성된 두꺼운 퇴적층이 존재하는데, 내부에는 탄산염암이나 호상철광상(약 27억~24억 년 전), 빙하퇴적물(약 25억~22억 년 전)이 협재한다. 1996년 지질학자 체이니는 카프발과 필바라 지역의 층서가 서로 일치하는 것은 당시에 두 안정지괴가 하나의 커다란 대륙을 이루고 있었기 때문으로 해석했다.

이 녹색암대나 편마암으로 구성된 지각에, 지각 심부에서 발생한 화강암질 마그마가 관입하여 시생대의 지각이 안

그림 4.10 **시생대의 발바라 대륙**

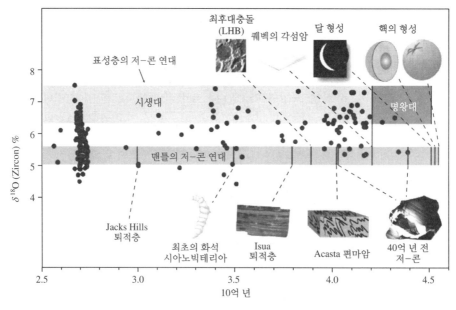

그림 4.11 　명왕대와 시생대의 사건들

정되어 갔다. 시생대의 지각에 있어서 화강암의 활동은 38억~37억 년 전, 32억~
31억 년 전, 27억~26억 년 전 무렵에 집중되지만, 대규모의 화강암 활동은 27억~
26억 년 전이 되어 볼 수 있게 되었고, 이 시기에 대륙지각이 안정화되어 원생대
의 지각으로 변천했음을 시사한다. 그림 4.11은 이제까지 언급한 명왕대와 시생대
의 사건들을 시대 순으로 나열한 것이다.

시생대나 원생대 초기에 안정화된 대륙, 즉 안정지괴는 이후에 새로운 지각변
동이나 변성작용을 받지 않고 현재에 이른다. 이것은 원생대 이후에 형성된 지각
이 반복되는 지각변동에 의해 습곡작용을 받거나, 새로운 마그마에 관입되는 상
황과는 매우 대조적이다. 시생대에 안정한 대륙이 어떻게 열적 또는 판구조적으
로 안정한가에 대한 의문점은 여전히 남아있다.

## 5 　초대륙의 형성과 분열

대륙이동설을 제창한 베게너는 중생대에 모든 대륙이 모여 하나의 초대륙을 형
성했다고 생각하고, 그 이름을 판게아라고 이름 붙였다. 이후 판게아는 중앙으로

길게 연장된 테티스 바다에 의해 남쪽의 곤드와나 대륙과 북쪽의 로라시아 대륙으로 나뉘었다. 판게아 이전에도 지금과 마찬가지로 많은 대륙이 존재하고 있었다. 그러나 원생대 후기까지 거슬러 올라가면 또 다른 초대륙이 존재하고 있었다.

일반적으로 초대륙이란 현재 존재하는 대륙을 조합한 광대한 땅 덩어리이다. 윌슨사이클에 따르면 약 4억 년을 주기로 합체와 분열이 반복된다. 현재 알려진 초대륙은 7개 정도로 로렌시아(19억 년 전), 콜롬비아(18억~15억 년 전), 판노티아(15억~10억 년 전), 로디니아(10억~7억 년 전), 곤드와나(5억~1억 년 전), 로라시아(2억~6천만 년 전), 판게아(2.25억~1.8억 년 전)이다.

Zhao 등(2002, 2004)에 의하면 19억 년 전 그 이전에도 몇 개의 초대륙이 존재했다. 그들에 의하면 지구 역사상 최초의 대륙으로 알려진 발바라는 31억 년 전에 형성되어 28억 년에 분리되었다. 27억 년 전에 형성된 커놀랜드는 25억 년 전에 분리되어 로렌시아, 발티카, 호주 그리고 카라하리를 형성했다. 한편 약 30억 년 전의 우르대륙은 현재의 호주 정도 크기의 작은 대륙으로, 28억 년 경에 커놀랜드의 일부가 되었다. 우르 대륙을 구성하고 있던 암석들은 현재 아프리카, 인도, 오스트레일리아와 마다가스카르에 남아 있다.

19억 년 전에 형성된 최초의 초대륙 로렌시아는 로라시아와 혼동의 우려가 있어 네나(Nena, North Europe과 North American의 첫 글자)로 불린다. 이 대륙은 현재의

그림 4.12 **19억 년 전의 네나 초대륙의 분포**(Zhao, 2002)

북미대륙과 그린란드 그리고 발티카라고 불리는 북유럽의 지괴가 모인 것이다. Zhao 등은 미국의 콜롬비아 강 유역에서 발견한 20억 년 전의 퇴적분지가 인도의 퇴적분지와 일치하는 것을 계기로 당시의 조산대를 모아 대륙의 분포를 재현했다(그림 4.12).

폴 호프만(1991)은 북미 동부에 남북으로 길게 분포한 10억 년 전의 글렌빌(Grenville) 조산대와 유사한 남극 동부, 호주 등의 지각을 이어붙인 초대륙을 로디니아(Rodinia, 고향이라는 의미의 러시아어)라고 이름 붙였다. 호프만에 의하면 7억 년 전에 북미 서부와 남극 동부, 호주의 경계에 열곡이 생겨 해양이 확대되었다(그림 4.13). 로디니아에서 떨어져 나간 대륙은 반시계방향으로 회전하여 거대한 아프리카 조산대를 형성했다. 6억 년 전에는 로렌시아와 발티카가 분리되었고, 나머지 대륙들이 모여 곤드와나 대륙을 형성하였다.

로디니아 초대륙이 분리하는 시기에 대규모의 빙하가 발달하여 적도지방까지 확장되었는데, 지구 역사상 가장 큰 이 빙하시대가 바랑(Varangian)빙하기이며, 눈덩어리 지구(snowball earth)라 부르기도 한다.

10억 년 전에 형성된 로디니아 초대륙이 분리·합체하여 6억 년 전 무렵에 곤드와나 대륙을 만드는데 약 4억 년이라는 시간이 걸렸다. 고생대 초기(5.7억~5.2억 년 전)에 곤드와나는 로렌시아(북미 대부분)와 분리되고, 다시 로렌시아와 발티카(북유럽)가 분리되었다(그림 4.13). 이 세 대륙사이의 바다를 이아페투스 바다(Iapetus ocean)라 부른다. 오르도비스기 초엽에 곤드와나 대륙이 분리되고, 이아페투스 바다 양쪽에 해구가 생겨 바다는 점차 좁아지기 시작했다. 실루리아기에

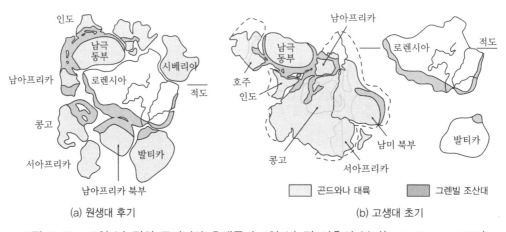

(a) 원생대 후기

(b) 고생대 초기

그림 4.13  10억 년 전의 로디니아 초대륙과 7억 년 전 이후의 분리(P. Hoffman, 1991)

로렌시아와 발티카의 충돌로 이아페투스 바다는 사라졌다. 이 바다에 쌓였던 퇴적물은 조산운동(유럽의 칼레도니아, 미국의 아카디아)을 받아 높은 습곡산맥(유럽의 칼레도니아, 미국의 애팔래치아)을 형성했다.

석탄기에는 곤드와나 대륙이 유라메리카 대륙과 충돌하면서 헤르시니아(또는 바리스칸)조산운동이 일어났다. 결과적으로 북반구의 로라시아 대륙과 남반구 곤드나와 대륙이 길게 연결되어, 북반구에서는 석탄을 생성하고 남반구에서는 빙하 퇴적물이 쌓였다. 페름기에는 중한지괴와 양쯔지괴를 제외한 지구상의 거의 모든 대륙들이 모여 판게아 대륙을 형성하였다(그림 4.14).

판게아는 약 2억 년 전 무렵부터 다시 분열하여 북쪽의 로라시아와 남쪽의 곤드와나로 분리되었다. 이 무렵의 곤드와나 대륙은 현재의 아프리카, 남아메리카, 인도, 남극, 호주, 아라비아 반도, 마다카스카르 등을 포함한다. 트라이아스기에는 중한지괴와 양쯔지괴가 충돌하여 한반도를 포함한 동아시아 대륙의 모태가 형성되었으며, 우리나라의 송림변동은 이 시기에 일어난 조산운동이다. 판게아는 중생대 중엽(1.6억 년 전)에 본격적으로 분리하기 시작하여 북대서양이 생기고, 중생대 후반에 중한지괴-양쯔지괴-시베리아 대륙이 충돌하면서 아시아 대륙이 형성되

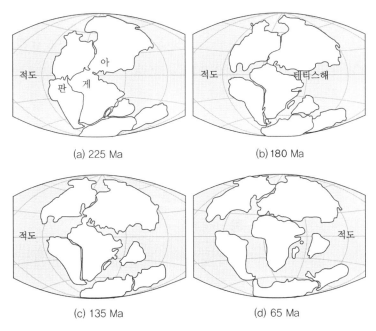

(a) 225 Ma

(b) 180 Ma

(c) 135 Ma

(d) 65 Ma

그림 4.14 **판게아의 분열**

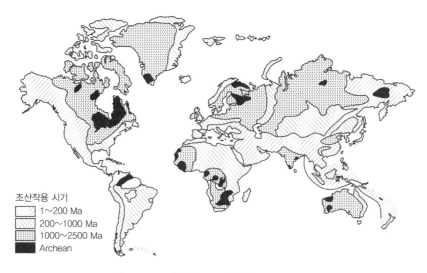

조산작용 시기
1~200 Ma
200~1000 Ma
1000~2500 Ma
Archean

그림 4.15 세계의 조산대와 조산작용시기

는데, 우리나라의 대보조산운동은 이 시기의 조산운동이다. 판게아가 여러 개의 작은 대륙으로 갈라지기 시작한 것은 백악기 중엽이다. 백악기 후반에는 동아시아 지역으로 섭입하는 해구의 영향으로 화성활동이 활발하였고, 우리나라의 경상도에는 넓은 퇴적분지가 형성되었다. 신생대에는 아프리카와 인도대륙이 아시아 대륙과 충돌하면서 히말라야-알프스 조산대를 형성하였다.

세계의 조산대를 시기별로 구분하면 고생대 중기에 활동했던 칼레도니아 조산대(애팔래치아), 고생대 말에 활동한 바리스칸(헤르시니아) 조산대, 중생대~신생대에 활동한 알프스(히말라야, 코딜레란, 환태평양) 조산대가 있다. 그림 4.15는 조산운동 시기에 의한 분류한 세계의 조산대 분포이다.

Stanley(1999)에 의하면, 현재는 판게아의 분열이 거의 끝난 시점이다. 지금처럼 판구조운동이 계속 된다면 대서양은 더 넓어질 것이며, 아프리카는 유럽과 충돌하면서 지중해가 사라진다. 호

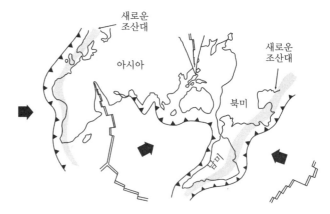

그림 4.16 2억 년 이후의 대륙(丸山茂德, 1995)

주는 동남아시아와 충돌하고 북미대륙은 북상한다. 북미와 남미 동부 해안을 따라 새로 발달한 섭입대에서 대서양이 없어지면서, 대서양 양쪽의 대륙이 충돌하여 미래의 초대륙 판게아울티마(Pangaea Ultima)가 형성될 것이다. 또 다른 이론은 현재 동아시아를 중심으로 유라시아, 오스트레일리아, 아메리카가 충돌해서 발생한다는 초대륙을 형성하는데, 그 이름은 아메이시아(Amasia)다(그림 4.16).

# 5장
# 우리나라의 암석

## 1 한반도의 형성

한반도의 대체적인 형태는 백악기 말에서 제3기에 완성되었다. 한반도는 거대한
중국-한국지괴의 동부로서, 25억 전에 형성된 심성암류에서 신생대 제4기의 화산
암류에 이르기까지 매우 다양한 암석이 분포하고 있다. 고지구자기 자료로 해석한
한반도의 원생대 지질시대의 위치는 남반구였다. 이후 고생대 석탄기부터 중생대
트라이아스기까지 북상하여 쥐라기에 현재와 같은 위도에 머무르게 되었다.

1990년대 초반 중국의 대륙충돌대인 친링-다비-수루대가 북중국판과 남중국판의
중생대 충돌대로 규명된 이후, 경기육괴 남서부 지역과 임진강대가 이 충돌대의
연장으로 주목받고 있다. 최근 경기육괴 서부와 임진강대를 연결하는 신원생대-고
생대-중생대 암류가 중국의 친링-다비-수루대와 같은 지질사건과 중첩되었을 가
능성에 대해 연구가 진행되고 있다. 특히 홍성군 비봉면의 변성염기성암에서는

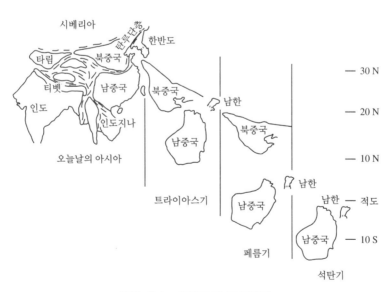

그림 5.1  한반도의 이동경로

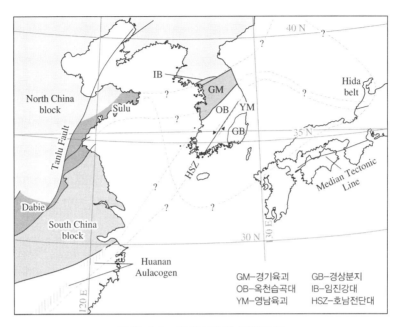

그림 5.2 동아시아의 지체구조

석류석-녹휘석(omphacite)을 포함한 에클로자이트가 보고되어 중국 대륙충돌대의 연장선일 가능성이 높아지고 있다.

## 2  한국의 지체구조

한반도는 지질분포에 따라 여러 개의 지질구로 구분되는데, 원산과 서울을 잇는 북북동-남남서 방향의 협곡인 추가령지구대(구조곡)를 경계로 남과 북이 현저히 다르다. 북쪽에는 평남분지, 두만강분지, 관모봉육괴, 단천습곡대, 낭림육괴가 요동(북동동-남서서) 방향으로 분포한다. 남쪽에는 경기육괴와 영남육괴가 옥천대를 사이에 두고 중국(북동-남서) 방향으로 분포하며, 동남부에는 경상분지가 넓게 자리하고 있다.

이 중에서 경기육괴, 영남육괴, 낭림육괴는 대부분 선캄브리아기의 변성암류와 중생대 화강암류로 구성된다. 단천습곡대와 옥천습곡대는 주로 고생대 퇴적층과 대보화강암류 그리고 평남분지는 선캄브리아기의 변성암류와 고생대 퇴적층으로 구성된다. 경상분지는 주로 중생대 백악기의 퇴적암류와 화산암류로 이루어져 있다. 길주-명천분지, 연일분지와 제주도에는 신생대층이 분포한다. 중생대 이후의 화성암은 송림, 대보, 불국사화성암류로 구분한다.

현생누대에 퇴적된 지층들은 페름기 초기를 경계로 이전의 지층들은 모두 바다에서 형성된 해성층이고, 이후 지층들은 대부분 육지에서 퇴적된 육성층이다.

한국의 화성암은 대부분 중생대에 지하 깊은 곳에 관입하여 굳어진 심성암이며, 백악기와 신생대에 분출한 화산암은 제주도를 제외하면 전국에 소규모로 분포한다. 화강암과 화강섬록암으로 구성된 심성암류는 북부에서는 암주형태로 불규칙하게 분포하고, 남부에서는 넓은 저반의 형태로 북북동-남남서 방향으로 길게 배열하여 분포한다.

1: 두만 분지
2: 관모봉 육괴
3: 단천습곡대
　　3-1: 압록 습곡대
4: 낭림 육괴
5: 평남 분지
6: 경기 육괴
　　6-1: 옹진 분지
　　6-2: 충남 함몰대
　　6-3: 공주 함몰대
7: 옥천 습곡대
　　7-1: 비변성대
　　7-2: 변성대
8: 영남 육괴
　　8-1: 태백산대
　　8-2: 지리산대
9: 경상 분지
　　9-1: 영동-광주 함몰대
10: 연일 분지
11: 제주 화산도
A: 길주-명천 지구
B: 추가령 열곡

그림 5.3  한국의 지체구조

### 3 | 시생대-원생대 지층

우리나라에서 현재까지 알려진 가장 오래된 암석은 인천시 옹진군에 속하는 대이작도에서 발견된 토날나이트질 미그마타이트로서, SHRIMP로 측정한 저어콘의 절대연령은 25.1억 년으로 시생대 최후기에 해당한다(조문섭, 2008). 이보다 오래된 절대연대는 변성퇴적암의 쇄설성 저어콘 입자로 3.6~3.8 Ga 까지 산출된다. 따라서 우리나라에서의 기반을 이루는 암석은 대부분 원생대(25억~5.4억 년)의 변성암이다. 원생대 전반기의 가장 오래된 지층은 낭림층군과 태안반도 주변에 분포하는 서산층군이다.

최근 기원서 외(2011)에 의하면, 태안반도 일대에서는 23억 년 전(안면도 영목항 일대의 정편마암류)에 화성활동이 일어났고, 약 20억 년 전에는 경기변성암복합체의 원암이 퇴적되었다. 이후 이 퇴적암은 약 19억 년 전에 광역변성작용을 받아 편마암으로 변성되었다. 이 편마암들은 콜롬비아 초대륙에서 일어난 조산운동 시기(1.85~1.90 Ga)와 유사하다. 원생대 중기인 18억 년 전에는 서산층군이 퇴적된 후, 후기인 8억 년 전에 산성 마그마가 관입하였다.

신원생대(8.5~8.3 Ga)에 관입한 마그마는 전형적인 활동성 대륙연변부의 호상형 토날라이트-트론제마이트-화강섬록암(TTG)이다. 안면도 고남면 일대에서는

그림 5.4  원생대 지층의 분포

그림 5.5  인천 대이작도에서 발견된 25.1억 년 전의 암석(○은 분석위치, 조문섭, 2008)

비조산형(A-type) 알칼리 화강암(혹은 섬장암)이 소규모 암주 형태로 산출되며, 압쇄작용으로 신장된 알칼리 장석 반정을 포함하기도 한다. 이들 알칼리 화강암은 신원생대의 활동성 대륙 연변부의 호상형 마그마 활동에서 비조산형 마그마 활동으로의 전환시기를 대변한다.

## 4 고생대

고생대층은 대부분 퇴적암층으로 이루어져 있으며, 크게 전기 고생대의 조선누층군과 후기 고생대의 평안누층군으로 구분된다. 이 두 지층 사이인 오오도비스기 말에서 석탄기 초의 시기에는 적도 근처의 위도의 육지에 노출되어 있었던 것으로 추정된다.

조선누층군은 캄브리아기에서 오오도비스기 중기까지 평남분지와 옥천습곡대 북동부에 퇴적된 두꺼운 해성층이다. 하부인 양덕층군은 장산규암과 묘봉 슬레이트, 상부인 대석회암통은 석회암과 셰일로 이루어진 지층 내에서 삼엽충과 완족

그림 5.6  고생대지층의 분포
(○는 데본기층)

그림 5.7  데본기의 연천층군 내 미산층
(기원서, 2010)

류, 필석, 코노돈트 화석이 발견되었
다. 사일루리아기로 알려졌던 회동리
층은 오오도비스기 중상부에 해당한
다(이병수, 2018).

한편 최근까지 화석이 발견되지 않
아 대결층으로 분류했던 데본기 지층
들이 새롭게 보고되었다. 연천층군 내
의 미산층, 태안층, 오대산 지역의 구
룡층군이 데본기에 해당하는 400～337

그림 5.8  태안군 안면도 꽃지해수욕장의
데본기 태안층

Ma에 퇴적된 해성층임을 밝혔다(김성원 외, 2012). 고생대 중기의 태안층은 충남
태안군 태안읍과 서산시 일부, 안면도, 대부도, 당진과 광천 서쪽 지역에 걸쳐 남
북 방향의 대상으로 분포한다. 태안층은 전체적으로 사암이 우세하지만, 안면도에
서는 변성도가 낮은 사질, 이질 및 석회질퇴적암이 분포한다.

평안누층군은 석탄기 전기에서 트라이아스기에 걸쳐 퇴적된 지층으로 조선누층
군과 분포 지역은 비슷하다. 평안누층군 하부는 해성층으로 석회암층이 사암 및
셰일과 교대로 나타나며 석회암에는 방추충, 완족류, 산호 등의 화석이 발견된다.
상부는 사암과 셰일이 반복되면서 무연탄층이 끼여 있고, 양치식물 화석이 발견
된다. 따라서 고생대 말에 퇴적환경은 해성에서 육성으로 전환된 것으로 해석된다.

## 5 중생대

중생대는 조산운동과 화성활동이 가장 활발했던 시기였다. 트라이아스기 후반
에 발생한 송림변동으로 고생대 퇴적분지가 사라지고, 작은 규모의 육성 퇴적분
지가 여러 개 생겨났다. 쥐라기 후기에 발생한 대보조산운동은 고생대 지층과 중
생대 대동누층군을 심하게 변형시켰다. 백악기 후기에 발생한 불국사변동 때에는
화강암의 관입과 화산암의 분출이 왕성하게 일어났다. 중생대 지층은 하천 또는
호수에서 퇴적된 육성층으로 전기의 대동누층군과 후기의 경상누층군으로 구분된
다. 대동누층군은 평양부근, 경기도 김포와 연천, 충남 대천, 충북 단양, 경북 문
경, 강원도 영월-정선 지역에 소규모로 분포한다. 주 구성암석은 사암, 셰일 그리

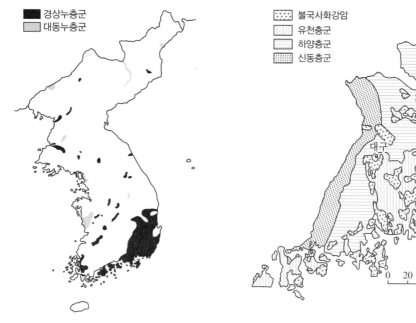

그림 5.9  중생대 지층의 분포          그림 5.10  경상도 지역의 경상누층군

고 역암이며, 석탄층을 포함한다.

경상누층군은 경상남북도에 가장 넓게 분포하며, 남해안과 옥천습곡대 주변부
에도 소규모로 분포한다. 경상누층군은 화산쇄설물의 함량에 따라 하부로부터 신
동층군, 하양층군, 유천층군으로 나누는데, 하부의 신동층군은 낙동층, 하산동층,
진주층으로 구성되며, 주로 사암, 셰일, 역암과 같은 쇄설성 퇴적암이다. 중간의
하양층군은 칠곡층, 신라역암, 함안층, 진동층으로 구성되며, 사암, 셰일, 역암 내
에 응회암과 같은 화산암류가 들어 있다. 최상부의 유천층군은 안산암, 유문암,
응회암, 용결응회암이 하양층군을 부정합으로 덮고 있다.

## 6    신생대

신생대 제3기는 함경북도, 평안남도, 황해도 일대에 소규모의 육성층으로 분포
한다. 동해가 형성되기 시작한 이후에 함경북도 길주-명천 지역과 경북 포항 지
역에서 유공충 등의 화석을 포함한 해성층이 퇴적되었다. 신생대 제4기에는 세계
적인 빙하기가 시작되면서 해수면이 내려가 많은 지역들이 육지화 되었다. 제4기

의 지층은 제주도에 한정되어 나타나며, 이때 활발한 화산활동이 있었다. 제3기의 에오세에서 마이오세 시기에는 용암류나 암맥의 형태로 산출되며, 포항-양남 지역의 칼크알칼리 계열의 화산암을 제외하고, 모두 알칼리암 계열의 조면암, 조면안산암, 알칼리 현무암이다(한국지질자원연구원, 한반도의 화성암과 화성활동, 2005). 제3기 플라이오세에서 제4기에 걸쳐 분출한 마그마는 모두 맨틀 기원의 알칼리암 계열이다. 중심분출인 독도와 울릉도는 아스피테화산, 제주도는 순상화산, 백두산은 성층화산의 산출상태를 나타내며, 나머지는 열곡을 통해 분출했다.

동해의 울릉분지 북동부에 위치한 독도는 신생대 제3기 플라이오세인 460만～250만 년 전에 형성되었다. 1만 년 전에 생성을 마친 제주도나 울릉도보다 250만 년이나 빨리 만들어졌다. 독도 주변에는 심홍택해산, 이사부해산이 수면 아래 분포한다.

독도는 조면암질 마그마의 화산활동에 의해 생성되었는데, 주로 용암류인 조면암과 폭발성 분출암인 응회암 내지 각력암으로 구성된다. 독도의 조면암질 암석은 사장석, 준장석, 감람석, 휘석, 흑운모 등의 광물로 구성되어 있다.

■ 제4기 화산암
□ 제3기 퇴적암

그림 5.11 신생대 지층의 분포

표 5.1 신생대 화산활동 위치와 시기(KIGAM, 2005)

| 시기 | | 위치 | 시대(백만 년) |
|---|---|---|---|
| 제4기 | | 백두산 | 0.6 Ma ~ 1200년 |
| | | 추가령(철원-전곡) | 0.54 ~ 0.27 |
| 신제3기 | 플라이오세 | 제주도 | 1.2 Ma ~ 3만년 |
| | | 울릉도 | 2.7 ~ 0.23 |
| | | 독도 | 4.6 ~ 2.5 |
| | 마이오세 | 포항-양남 | 22 ~ 18 |
| | | 길주, 명천, 장연, 백령도, 아산-평택, 고성-간성, 조곡리 | 23 ~ 7 |
| 고제3기 | 올리고세 | 길주, 명천, 봉산, 상원 | |
| | 에오세 | 길주, 영덕, 영일, 안강 | 54 ~ 38 |

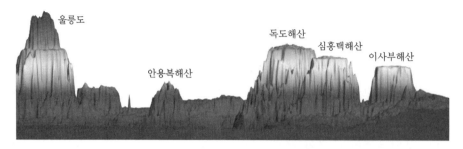

그림 5.12 울릉도와 독도 주변의 해산(문화재청, 2009, 한국의 자연유산 독도)

표 5.2 우리나라의 지질시대와 지질계통

| 지질시대 | | | | 지질계통(지층/통) - 화성활동 | | |
|---|---|---|---|---|---|---|
| 0.018억 년 | 제4기 | 현세 | 제4계 | 충적층 | | 백두산 |
| | | 플라이스토세 | | 신양리층 | | 추가령(철원~전곡), 제주도, 울릉도 독도 |
| 신생대 | 제3기 | 플라이오세 | 제3계 | 서귀포층 | | 포항, 고성, 백령도 길주, 명천 영덕, 영일, 안강 |
| | | 마이오세 | | 연일층군 | | |
| | | 올리고세 | | 양북층군 | | |
| | | 에오세 | | | | |
| −0.65억 년 | | 팔레오세 | | | | |
| | 백악기 | | 경상누층군 | 유천층군 | | 불국사변동 |
| 1.5억 년 | | | | 하양층군 | | |
| | | | | 신동층군 | | |
| 중생대 | 쥐라기 | | 대동누층군 | 묘곡층 | | 대보조산운동 |
| 2.0억 년 | | | | 남포층군 | | |
| | | | | 반송층군 | | |
| | 트라이아스기 | | | 녹암통 | | 송림조산운동 |
| −2.5억 년 | | | | 고방산통 | | |
| | 페름기 | | 평안누층군 | 사동통 | | |
| 고생대 | 석탄기 | | | 홍점통 | | |
| | 데본기 | | 연천층군의 미산층, 태안층, 구룡층군 | | | |
| | 사일루리아기 | | | 회동리층 | | |
| | 오오도비스기 | | 조선누층군 | 대석회암통 | | |
| | 캄브리아기 | | | 양덕통 | | |
| −5.4억 년 | 후기: 850 ~ 730 Ma | | 감악산, 백동-고남 | | | 화성활동 |
| 원생대 | 중기: 1.8 ~ 1.89 Ga | | 서산층군, (구봉산층군)퇴적 | | | 화성활동/ 광역변성작용 |
| −25억 년 | 전기: 2.0 Ga ~ 2.5 Ga | | 경기변성암복체 | | | 화성활동 |
| 시생대 | 2.51 Ga | | 대이작도 미그마타이트 | | | 화성활동 |

* 음영 영역은 김성원 외(2012) 경기육괴 남서부 지역 지구조운동에서 인용함

# 1부 연습문제

**1.1** 그림은 지구 진화 과정의 일부를 나타낸 것이다.

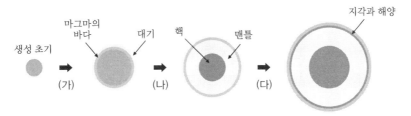

과정 (가), (나), (다)에 대한 설명으로 옳은 것을 <보기>에서 모두 고른 것은?

─── <보 기> ───

ㄱ. (가)에서 지구의 온도는 하강하였다.

ㄴ. (나)에서 밀도가 큰 물질이 지구 중심부로 이동하였다.

ㄷ. (다)에서 대기 중의 수증기가 응결하여 비로 내렸다.

① ㄱ      ② ㄴ      ③ ㄷ      ④ ㄱ, ㄴ      ⑤ ㄴ, ㄷ

**1.2** 그림 (가), (나), (다)는 지구 내부 층상구조를 이루는 지각, 맨틀, 핵의 화학조성(질량 %)을 순서 없이 나타낸 것이다.

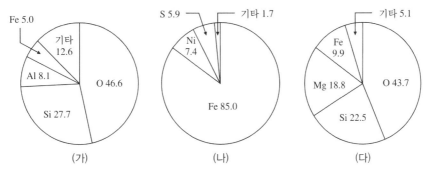

이에 대한 설명으로 옳은 것을 <보기>에서 모두 고른 것은?

─── <보 기> ───

ㄱ. (가)는 밀도가 가장 큰 층의 화학조성이다.

ㄴ. (나)는 가장 큰 부피를 차지하는 층의 화학조성이다.

ㄷ. (가)와 (다)에 해당하는 층은 주로 규산염 광물로 구성되어 있다.

① ㄱ      ② ㄴ      ③ ㄷ      ④ ㄱ, ㄴ      ⑤ ㄱ, ㄷ

1.3 그림은 태평양 해저와 캐나다 순상지에서 얻은 S파의 속도를 깊이에 따라 나타낸 것이다.

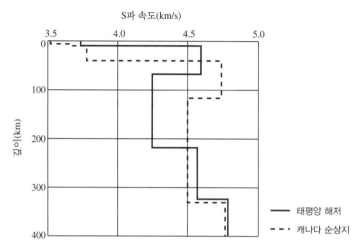

이에 대한 설명으로 옳은 것을 <보기>에서 모두 고른 것은?

――――――― <보 기> ―――――――

ㄱ. 암석권의 두께는 태평양 해저가 캐나다 순상지보다 두껍다.
ㄴ. 태평양 해저에서는 약 70 ~ 220 km 깊이에 저속도층이 존재한다.
ㄷ. 저속도층이 나타나는 것은 맨틀의 부분용융 때문이다.

① ㄱ      ② ㄷ      ③ ㄱ, ㄴ      ④ ㄴ, ㄷ      ⑤ ㄱ, ㄴ, ㄷ


1.4 그림은 현생 이언의 어느 시기 동안 대륙이 이동한 모습을 시간 순으로 나타낸 것이다.

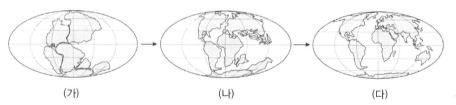

         (가)                 (나)                (다)

이에 대한 설명으로 옳은 것을 <보기>에서 모두 고른 것은?

――――――― <보 기> ―――――――

ㄱ. (가)는 고생대 말부터 중생대 초에 존재한 판게아의 모습이다.
ㄴ. 히말라야 산맥은 (나)와 (다) 시기 사이에 형성되었다.
ㄷ. 사건이 일어난 순서는 (가) → (다) → (나)이다.

① ㄱ      ② ㄷ      ③ ㄱ, ㄴ      ④ ㄴ, ㄷ      ⑤ ㄱ, ㄴ, ㄷ

1.5 다음은 판구조론 이후 새롭게 등장한 플룸구조론에 관한 설명이다.

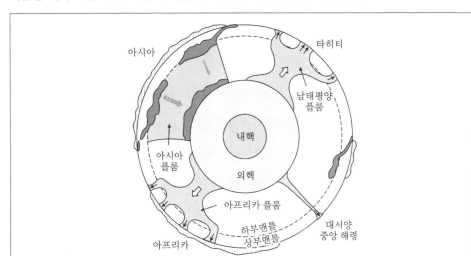

지구 내부에는 두 개의 거대한 상승류와 한 개의 거대한 하강류가 있는데, 이를 플룸이라고 한다. 뜨거운 플룸은 동일한 깊이에서 주변보다 온도가 높기 때문에 나타나는 상승류이고, 차가운 플룸은 냉각된 판이 섭입 되면서 형성되는 하강류이다. 이러한 대류는 두께가 수천 km에 이르며 순환주기는 약 4억 년 정도로 추정된다. 이와 같은 사실은 의학용 단층 촬영법을 지구 내부구조를 연구하는 데 응용함으로써 밝혀지게 되었다.

위 내용과 관련된 지구과학의 학문적 특성으로 거리가 가장 먼 것은?
① 여기에 사용된 단층탐색 기법을 토모그래피라 한다.
② 거대하고 뜨거운 플룸이 상승하는 곳이 아프리카와 남태평양이다.
③ 태평양 서쪽 해구에서는 차가운 플룸이 하강하고 있다.
④ 아시아 대륙하부에서 과거 차가운 플룸이 하강한 적이 있다.
⑤ 현재 뜨거운 플룸이 지표까지 상승하는 곳이 해령이다.

1.6 그림 (가), (나), (다)는 우리나라 고생대, 중생대, 신생대 지층의 분포를 순서 없이 나타낸 것이다.

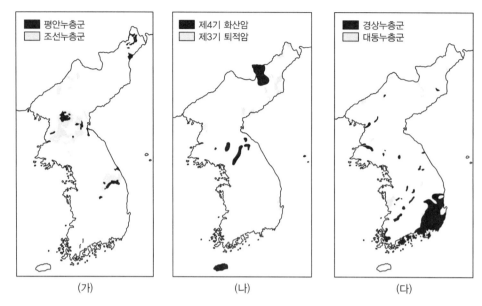

(가)  (나)  (다)

이에 대한 설명으로 옳은 것을 <보기>에서 모두 고른 것은?

─────── <보 기> ───────
ㄱ. (가)는 신생대 지층의 분포이다.
ㄴ. (나)에는 대규모 석회암층이 분포한다.
ㄷ. (다)의 경상 누층군에서 공룡 발자국 화석이 발견된다.

① ㄱ        ② ㄴ        ③ ㄷ        ④ ㄱ, ㄴ        ⑤ ㄱ, ㄷ

1.7  그림 (가)는 우리나라의 대표적인 퇴적층이 분포하는 지역을, 그림 (나)는 그중 어느 한 지역의 지질단면도를 개략적으로 나타낸 것이다.

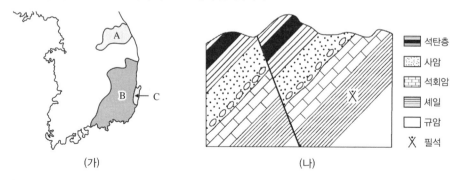

(가)  (나)

이에 대한 설명으로 옳은 것을 <보기>에서 모두 고른 것은?

<보 기>

　ㄱ. (가)의 B 지역에는 경상누층군이 분포한다.
　ㄴ. (나)는 해성층과 육성층이 분포하는 A 지역의 지질단면도이다.
　ㄷ. 세 지역 지층의 생성 순서는 A → B → C의 순이다.

① ㄱ　　　　② ㄴ　　　　③ ㄱ, ㄷ　　　　④ ㄴ, ㄷ　　　　⑤ ㄱ, ㄴ, ㄷ

1.8　그림은 동해 해저 지형도의 일부이다.

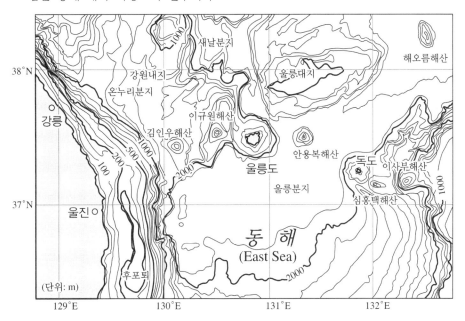

이에 대한 설명으로 옳은 것을 <보기>에서 모두 고른 것은?

<보 기>

　ㄱ. 동해에는 해령과 해구가 발달해 있다.
　ㄴ. 울릉도는 해저 화산활동에 의해 형성된 섬이다.
　ㄷ. 동해안의 대륙붕은 해안선을 따라 좁게 분포한다.

① ㄱ　　　　② ㄴ　　　　③ ㄷ　　　　④ ㄱ, ㄴ　　　　⑤ ㄴ, ㄷ

# 2부
# 암석을 이루는 광물

6장 조암 광물
7장 광물의 결정계와
    광학적 특성
8장 광물의 상태도

# 6장
# 조암 광물

## 1 규산염 사면체

광물은 암석을 구성하는 기본단위이다. 우리나라에서 가장 흔한 석재 중의 하나인 화강암을 자세히 관찰하면, 색과 크기가 다른 여러 개의 알갱이가 섞여 있음을 알 수 있다. 신선한 화강암이라면 백색이나 분홍색의 장석, 회색이거나 투명한 석영, 그리고 검은색의 흑운모가 뚜렷이 보일 것이다. 물론 검은색을 나타내는 광물 모두가 흑운모는 아니며 양은 적을지라도 자철석과 같은 금속 광물도 존재할 수 있다. 광물이란 일정한 화학성분과 결정구조를 가지며, 천연에서 생성되는 고체의 무기물을 말한다.

지구상에는 3,500종 이상의 광물이 존재하지만, 지각에서 일반적으로 발견되는 광물은 50~100여 종에 불과하다. 그중에서도 주요 조암 광물은 30여 종이고, 아주 흔히 산출되는 규산염 광물은 석영, 장석, 운모, 각섬석, 휘석, 감람석 정도이다. 그 외에 퇴적암에는 점토 광물이 흔하게 산출된다. 광물은 구성하는 화학성분에 따라 규산염 광물, 탄산염 광물, 황화 광물, 원소 광물 등으로 구분할 수 있다. 이 중에도 규산염 광물이 차지하는 비율이 압도적으로 높다.

지각과 맨틀을 구성하는 원소 중에서 가장 많은 것이 산소이고, 여기에 결합된 것이 규소이다. 대부분의 조암 광물은 규소와 산소로 이루어진 사면체($SiO_4$사면체)를 기본단위로 하는 규산염 광물이다.

규산염 광물 중 음이온을 분류해보면 가장 많은 것은 $O^{2-}$, 그다음으로 많은 것은 $OH^-$이다. 그리고 드물게 F, Cl을 포함하는 정도로 비교적 단순하다. 한편 양이온은 크게 2가지로 분류된다. 규산염 광물의 기본구조를 이루는 4개의 음이온으로 둘러싸여 사면체의 중앙에 위치하는 이온과 그 외의 위치를 차지하는 이온이다. 사면체의 중앙을 차지하는 이온은 $Si^{4+}$이다. 따라서 이 결정의 단위를 이루는 구조를 규산염 사면체라 부르며, $(SiO_4)^{4-}$의 화학식을 갖는 음이온 그룹이다(그림 6.1).

그림 6.1  SiO₄사면체(C.S. Hurlbut et al, 1971)

표 6.1  규산염 사면체의 결합형태

| 분류 | | 규산염 사면체의 배열방식 | 단위조성 | 광물 예 |
|---|---|---|---|---|
| 독립사면체구조<br>Nesosilicate | | | $(SiO_4)^{-4}$ | 감람석$(Mg,Fe)SiO_4$ |
| 복사면체구조<br>Sorosilicate | | | $(Si_2O_7)^{-6}$ | Hemimorphite<br>$Zn_4Si_2O_7(OH)H_2O$ |
| 환상구조<br>Cyclosilicate | | | $(Si_6O_{18})^{-12}$ | 녹주석<br>$Be_3Al_2Si_6O_{18}$ |
| 사슬형<br>구조<br>(쇄상구조)<br>Ino-<br>silicate | 단쇄상<br>구조<br>Single-<br>chain | | $(SiO_3)^{-2}$ | 휘석$(MgSiO_3)$ |
| | 복쇄상<br>구조<br>Double-<br>chain | | $(Si_4O_{11})^{-6}$ | 각섬석<br>$Mg_7Si_8O_{22}(OH)_2$ |
| 판상구조<br>Phylosilicate | | | $(Si_2O_5)^{-2}$ | 흑운모<br>$KMg_3(AlSi_3O_{10})(OH)_2$<br>백운모<br>$KAl_2(AlSi_3O_{10})(OH)_2$ |

표 6.1 규산염 사면체의 결합형태(계속)

| 분류 | 규산염 사면체의 배열방식 | 단위조성 | 광물 예 |
|---|---|---|---|
| 망상구조<br>Tectosilicate | | $(SiO_2)^0$ | <br>석영 $SiO_2$<br>정장석 $KAlSi_3O_8$<br>사장석 $NaAlSi_3O_8$ |

규산염 사면체는 모서리의 산소이온을 공유하고 연결되면서 여러 가지 구조가 만들어진다. 이들은 사면체 중심의 양이온이 서로 이웃하는 사면체와의 관계로, 산소 이온을 몇 개 차지하는가에 따라 6가지(독립사면체형, 복사면체형, 쇄상형, 환상형, 판상형, 망상형)로 분류한다(표 6.1).

규산염 사면체가 얼마나 많이 결합되어 있는가를 중합도라 하는데, Si 원자 하나가 차지하는 음이온(주로 산소)의 수가 감소할수록 중합도는 커진다. 규산염 광물의 결합양식에서 석영은 Si-O 사슬의 중합도가 높고, $SiO_4$사면체의 산소 원자를 모두 공유하는 망상형 구조를 만든다. 감람석에서는 Si-O 사슬의 중합도가 낮아 모두 독자적인 사면체를 만들어 독립사면체구조가 만들어진다. 여기서 각각의 구조에서 규소와 산소의 비율은 독립사면체형-1 : 4, 복사면체형-2 : 7, 환형-1 : 3, 단쇄상형-1 : 3, 복쇄상형-4 : 11, 층상형-2 : 5, 망상형-1 : 2 이하이다.

중합도의 성질은 규산염 광물뿐만 아니라 마그마에도 적용되어 마그마의 점성에 강한 영향을 미친다. 규산염 용액인 마그마 내에서 Si-O 사슬의 연결형태에 대해서는 잘 알려져 있지 않으나 순수한 규소로 구성된 용액에서는 무한히 연결된 3차원 망상구조일 것으로 추정되며, 따라서 중합도가 아주 높아 점성도 크다.

한편 이 용액에 각종 산화물을 첨가하면 이 망상구조는 다양하게 변화한다. 예를 들면 망상구조가 단절되어 용액의 점성이 낮아진다. 즉 유동성이 큰 염기성 마그마가 형성된다.

**독립사면체형**은 규산염 사면체가 각각 분리된 형태로 존재하여, 화학식은 $SiO_4$

가 된다. 규산염 광물 중에서 가장 고온의 조암 광물은 감람석이며, 그 외에 석류석, 저어콘, 황옥 및 Al-규산염 광물(홍주석, 남정석, 규선석)이 있다. **복사면체형**은 2개의 규산염 사면체가 산소 1개를 공유하여 서로 연결되며 화학식은 $Si_2O_7$이다. 이 형의 전형적인 광물은 녹염석류이며, 이 구조를 가진 광물은 흔하지 않다. **환상형**은 3개나 6개의 사면체가 연결되어 고리 모양으로 닫힌 모양을 갖는다. 전형적인 예는 6개의 사면체가 고리를 이루어 육각기둥 모양을 형성하는 녹주석(에메랄드)이다. 또한 전기석도 산성 심성암체에서 흔히 관찰되는 환상형 광물이다.

**쇄상형**(또는 사슬형)은 기본적으로는 사면체가 목걸이처럼 한 방향으로 무한히 연결되어 사슬을 만든다. 이 구조는 2가지 형태가 있는데, 1줄 모양의 단쇄상과 2줄 모양의 복쇄상으로 나뉜다. 단쇄상의 전형적인 광물인 휘석은 사방정계(사방휘석)와 단사정계(단사휘석)의 특징을 모두 가지며, 암석의 화학성분 만큼이나 넓은 조성범위를 갖는다. 복쇄상은 두 개의 평행한 사슬이 엇갈려서 연결되어 있으며, 전형적인 광물은 각섬석이다. 화성암의 구성 광물로 중요한 것은 단사정계의 각섬석들이다. 이러한 구조는 암석의 물리적 성질인 벽개에도 중요한 작용을 하는데 단쇄형인 휘석은 거의 사각형, 복쇄형인 각섬석은 마름모꼴의 벽개를 보여준다.

**판상형**은 각 사면체의 산소 중에서 3개가 다른 사면체와 공유하여 평평하게 펼쳐진 판을 만든다. 이것은 한 방향으로 연결되는 쇄상형과는 달리 두 방향으로 무한하게 확장되며, 이 판들이 층층이 쌓이게 되므로 층상형이라고도 부른다. 따라서 층면이 평행하게 쪼개지는 한 방향의 벽개를 갖게 된다. 이 판상형의 초생 광물에는 백운모와 흑운모가 있고, 2차 광물로는 녹니석과 점토 광물이 있다.

**망상형**은 $SiO_4$ 사면체의 모든 모서리가 서로 연결되어 3차원적인 망상구조를 만든다. 이 구조의 광물은 지각의 구성 광물 중에서 가장 풍부한 광물이다.

$SiO_2$의 여러 가지 결정형은(예를 들어 석영, 트리디마이트, 크리스토발라이트) 망상형구조이다. 구조 내에서 +4가인 규소는 2개의 −2가 산소 원자에 의해 평형을 유지한다. 이 형의 규산염에서는 규소가 부분적으로 알루미늄에 의해 치환되어 $(Si, Al)O_2$의 화학식을 갖는다. $Si^{4+}$가 $Al^{3+}$에 의해 치환되면, 전기적으로 중성을 되찾기 위해서 다른 양이온이 필요하게 된다. 이 결과로 생성되는 광물이 장석과 불석이다.

화성암을 구성하는 주요한 조암 광물은 위에서 언급한 규산염 광물들이다. 이 외에 양은 작지만 수많은 비규산염 광물들이 산출되는데, 그중에도 아주 흔한 광물이 자철석과 인회석이다. 방해석은 이차적인 광물로서 광범위하게 산출되나 화성탄산염이라 불리는 희귀한 암석에서는 중요한 화성 광물이다.

## 2 규산염 광물

### 1) 실리카(SiO₂) 광물

실리카 광물은 자연계에서 6종이 산출된다. 즉 석영($\alpha$-석영, $\beta$-석영), 트리디마이트, 크리스토발라이트, 코에사이트, 스티쇼바이트이다(그림 6.2). 이 중에서 가장 흔히 산출되는 광물은 석영으로 비알칼리 산성 심성암류에서 타형으로 산출하며 알칼리 장석과는 연정을 이룬다. 산성화산암류에서 석영은 자형이나 반자형으로 산출한다.

트리디마이트(鱗硅石)나 크리스토발라이트는 화산암에 널리 분포한다. 코에사이트나 스티쇼바이트는 고압실험으로 처음 만들어졌으나 운석구의 사암처럼 고압에서 형성된 곳에서 발견되며, 특히 코에사이트는 세계의 고압변성대에서 발견되고 있다. 또한 코에사이트는 100 km 이상의 지하에서 지표로 운반되어 온 다이아몬드 내에서 포유물로 발견되기도 한다. 스티쇼바이트는 4배위수의 구조에서 6배위수의 구조로 변환된 고밀도의 광물이다.

석영, 트리디마이트 및 크리스토발라이트는 호변다형이며 각각의 안정영역을 갖는다. 대기압에서 석영은 867 ℃까지 안정상이고, 트리디마이트는 867~1470 ℃,

(a) 화산암의 표면에서 성장한 트리디마이트

(b) 화산암 정동에서 성장한 크리스토발라이트

(c) 석류석 내에 포획된 코에사이트(화살표)

(d) 운석구덩이에서 발견된 스티쇼바이트

그림 6.2 실리카 광물

크리스토발라이트는 1470~1713 ℃에서 안정하다(그림 6.3). 이 3가지 다형들은 각각 고온형과 저온형을 갖는데, 석영은 1기압 573 ℃에서 전이가 일어난다. 상온에서의 석영은 항상 저온형 석영으로만 존재하나 대부분의 화성암을 구성하는 석영은 원래 고온형 석영으로서 573 ℃ 이상에서 결정화되었다. 그러나 석영맥 또는 일부 페그마타이트 내의 석영은 원래 저온형 석영으로 결정화했다. 석영은 일반적으로 매우 순수한 $SiO_2$지만, 열린 구조에서는 NaAl이 Si을 치환할 수도 있다. 석영은 순수할 때 무색투명하지만 소량의 Fe를 포함하면 보라색(자수정)으로 바뀌고, Mn은 황색, Ti는 분홍색(장미석영)으로 색이 바뀐다.

석영은 편광현미경하에서 파동소광이 자주 관찰되는데, 이는 고온에서 형성된 광물의 결정구조가 냉각되면서 일부가 변형되었기 때문이다. 또한 석영 결정은 유체포유물을 포함하는 경우가 많은데, 이들을 이용하여 석영이 생성된 온도를 추정하기도 한다.

실리카는 물이 풍부한 용액(특히 고온고압)에서 높은 용해도를 가지므로 열수용액이나 순환하는 천수에 의해 화산성 유리질 물질로부터 녹아 나와서 열극 내에 비정질 단백석(opal)이나 옥수(chalcedony)로 재침전 된다. 옥수는 암석의 공동에서 은미정질 석영 결정이 공이나 종유 모양을 이루며, 이와 유사한 마노(agate)는

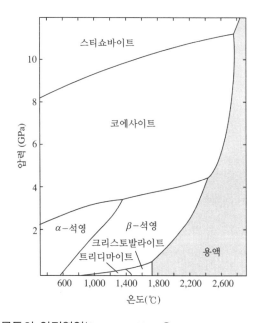

그림 6.3 **실리카 광물들의 안정영역**(Swamy, 1994, ©Winter and 2001 Pearson Education Inc.)

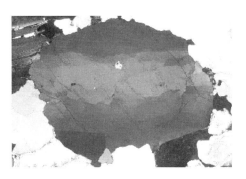

그림 6.4  석영의 파동소광

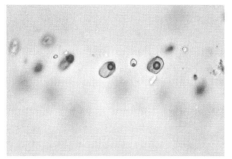

그림 6.5  석영 내의 유체포유물

수정

옥수(칼세도니)

단백석(오팔)

벽옥

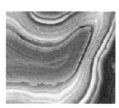

마노(아게이트)

그림 6.6  저온에서 형성된 다양한 실리카 광물

석영, 단백석, 옥수의 혼합물로 화산암의 정동에서 관찰된다. 단백석은 3~9 %의 물을 포함하는 실리카 광물로서 다양한 색의 줄무늬를 나타내기도 한다. 한편 철 산화물로 인해 붉은색이나 갈색을 나타내는 불순하고 불투명한 옥수의 변종을 벽 옥(Jasper)이라 부르며, 검은색을 나타내는 플린트(Flint)는 유기물이 고화된 처트 의 일종이다(그림 6.6).

심성암의 결정작용 마지막 단계에서 형성된 물이 풍부한 용액은 화성암 관입체 주위에 위치한 가스 포켓이나 개방된 열극으로 이동하여 상당히 큰 자형의 큰 결 정을 생성시키기도 한다.

## 2) 장석

장석은 $SiO_4$와 $AlO_4$의 사면체가 연결된 3차원적 망상구조로 되어 있으며, 음 (-)전하를 띠는 망상구조의 틈 사이에 양(+)전하를 띠는 Na, K, Ca, Ba가 들어간다. $SiO_4$와 $AlO_4$의 사면체로 이루어진 망상구조는 어느 정도 탄력성을 가지며, 양이 온의 크기에 따라서 그 형태를 자체적으로 조정할 수 있다. 양이온이 클 때(K,Ba)

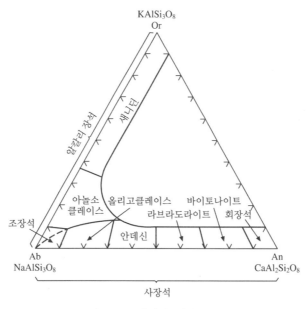

그림 6.7 장석의 삼각분류도

는 단사정계가 되며, 작을 때(Na,Ca)는 구조가 약간 왜곡되어 삼사정계가 된다.

장석은 형태와 물리적 성질에 있어서 서로 밀접한 관계를 가지나 대략 2군으로 분류할 수 있다. 하나는 알칼리 장석[(K,Na)AlSi$_3$O$_8$]로서 중성암 내지 산성암에서 뿐만 아니라 때로는 염기성 암석에 이르기까지 광범위하게 산출된다. 반상조직을 보이는 화산암과 심성암에서 칼륨이 풍부한 알칼리 장석은 흔히 자형의 반정을 이룬다. 반자형 내지 자형의 포이킬리틱 입자는 심성암에서 흔하고 타형입자도 많다. 심성암에서 칼륨이 많은 장석은 용리된 조장석이 엽상으로 분포하는 퍼사이트 조직을 보이기도 한다. 정장석과 미사장석은 심성암에서 흔히 관찰되는 알칼리 장석임에 반해 새니딘과 아놀소클레이스는 특히 화산암에서 산출된다. 새니딘은 고온에서 안정한 하나의 다형이며, 정장석과 미사장석은 중온이나 저온 상태에서 결정이 형성된다. 새니딘과 미사장석은 질서-무질서 관계의 다형이다.

또 하나의 군은 사장석[(Na,Ca)Al$_{1~2}$Si$_{3~2}$O$_8$]으로 지각의 구성 광물 중에서 가장 풍부하다. 조장석(NaAlSi$_3$O$_8$)과 회장석(CaAl$_2$Si$_2$O$_8$) 사이는 전형적인 고용체 관계이다. 이 광물은 보통의 모든 심성암과 화산암에서 자형 내지 타형의 결정으로 산출된다. 회장석(anorthite, An$_{100~90}$), 바이토나이트(bytownite, An$_{90~70}$), 라브라도라이트(labradorite, An$_{70~50}$)와 같은 Ca-사장석은 염기성암에서, 안데신(andesine,

그림 6.8 미사장석의 격자무늬쌍정

그림 6.9 사장석의 앨바이트쌍정

$An_{50~30}$), 올리고클레이스(oligoclase, $An_{30~10}$), 조장석(albite, $An_{0~10}$)과 같은 Na-사장석은 중성 내지 산성암에서 자주 산출된다. 사장석은 드물게 비알칼리암 계열의 산성암인 유문암에서 독립된 결정으로 산출하며, 대부분의 정장석은 고온형인 아놀소클레이스로 산출된다.

장석의 중요성은 모든 광물 중에서 가장 흔히 산출된다는 점에 있다. 화산암에서는 사장석이 정장석보다 자주 발견되며, 정장석은 심성암에서 흔히 산출한다. 저온형인 미사장석은 심성암의 특징적인 광물이며, 변성작용을 받아 재결정된 타형 광물 또는 반상변정으로 산출된다. 현미경하에서는 미사장석은 격자무늬의 쌍정으로(그림 6.8), 사장석은 앨바이트쌍정으로(그림 6.9) 쉽게 식별할 수 있다.

편광현미경으로 가장 자주 관찰되는 용리는 정장석 바탕에 조장석의 줄무늬가

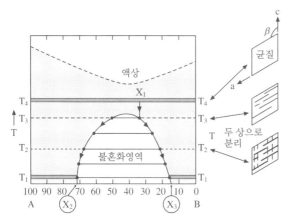

그림 6.10 용리의 원리와 퍼사이트

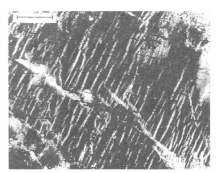

그림 6.11 퍼사이트의 현미경사진 (스케일바 0.1 mm)

배열된 퍼사이트다. 고온에서 칼륨장
석(KAlSi$_3$O$_8$)과 조장석(NaAlSi$_3$O$_8$)사
이도 완전한 고용체 관계이다. 이 고용
체 계열 중에서 조장석이 63 % 이상의
계열로 나트륨성분이 많은 것은 삼사
정계이며, 아놀소클레이스(anorthoclase)
라 부른다. 온도가 낮아지면 칼륨장
석과 조장석 사이의 고용체는 준안
정상태로 되며, 천천히 온도가 내려
가 650 ℃ 이하가 되면 두 상으로 분
리된다(그림 6.10). 그 결과 나트륨이
많은 부분과 칼륨이 많은 부분이 각
각 얇은 층을 형성하여, 평행하게 반
복적으로 배열된다. 바탕을 이루는

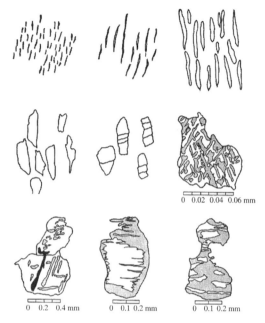

그림 6.12 퍼사이트의 형태

광물이 칼륨장석(정장석)이고 조장석이 줄무늬(exolution lamellae)로 들어가 있으
면 퍼사이트라 하고(그림 6.11), 그 반대이면 안티퍼사이트라 한다. 현미경에서 흔
히 관찰되는 퍼사이트의 형태는 그림 6.12와 같다. 이때 두 상의 양은 물질의 화
학조성에 의해 결정된다.

### 3) 준장석

준장석은 알칼리-알루미늄 규산염 광물의 한 종류이며, 알칼리가 많고 실리카
가 부족한 마그마에서 장석류 대신 산출한다. 그러므로 장석보다 자연계서 산출
되는 양이 훨씬 적다. 따라서 이들이 1차 석영과 함께 산출되는 일은 결코 없다.
네펠린(NaAlSiO$_4$)은 준장석에서 가장 흔한 광물로서 특히 불포화한 암석에서 타
형입자로 관찰된다. 류사이트(KAlSi$_2$O$_6$)는 아주 드문 광물인데, 일부 화산암에서
자형의 반정으로 산출된다. 이와 유사하게 소달라이트(sodalite)와 캔크리나이트
(cancrinite) 역시 실리카 불포화 심성암에서 드물게 산출되는 광물이다.

구조적인 면에서 준장석은 모두 3차원 망상구조를 가지며, SiO$_4$와 AlO$_4$의 사면
체도 장석에서와 같은 형태로 연결된다. 그러나 준장석은 장석이나 휘석처럼 균

질한 계열은 아니다. 이들은 광물학적인 유사성보다는 암석기재학적인 유사성에 의해 하나의 그룹으로 분류된다.

### 4) 감람석

감람석은 2가의 금속원소를 포함하는 규산염 광물로서 사방정계에 속한다. 감람석은 독립사면체구조를 이루어 등립상결정으로 산출된다. 또한 치밀한 구조로 인해 밀도와 굴절률이 높다(그림 6.13).

이들은 마그네슘 감람석(forsterite, $Mg_2SiO_4$)과 철 감람석(fayalite, $Fe_2SiO_4$) 사이에서 고용체를 이룬다. 감람석의 화학조성은 일반적으로 $(Mg,Fe)_2SiO_4$에 가까우며 다른 원소들에 의한 치환은 거의 없다. 마그네슘 감람석은 염기성암뿐만 아니라 중성 화산암의 중요한 조암 광물이다. 감람석은 반자형 내지 타형의 정방형을 이루지만 때로는 화산암에서 자형의 반정, 골격형 결정 또는 드물지만 엽상형 결정으로 산출되는 예도 있다. 감람석은 열수에 의해 쉽게 변질되며 풍화작용에도 약하다. 감람석이 변질되면 사문석, 녹니석, 각섬석 등이 만들어진다.

### 5) 휘석

휘석은 구조적 대칭을 근거로 사방정계와 단사정계로 나누지만, 이들은 결정학적 및 화학적 성질이 서로 밀접하게 관련된 광물이다.

칼슘의 함량이 아주 적은 사방휘석은 순수한 $MgSiO_3$인 엔스타타이트에서 거의 90 %의 $FeSiO_3$을 포함하는 페로실라이트까지 넓은 범위의 화학조성을 갖는다(그림 6.14). 순수한 $FeSiO_3$의 조성을 갖는 화합물은 고온·저압 하에서 안정상이 아니다. 따라서 화성암 속에서 흔히 산출되는 사방휘석은 마그네슘을 많이 포함한다.

엔스타타이트는 염기성 화산암과 심성암에서 특징적인 반자형으로, 염기성 내지 중성 화산암에서는 자형의 반정으로 산출한다. 엔스타타이트는 다색성이 거의 없는 점이 하이퍼신과 다르며, 단

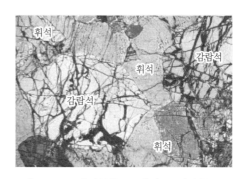

그림 6.13 감람석을 둘러싸고 발달한 휘석

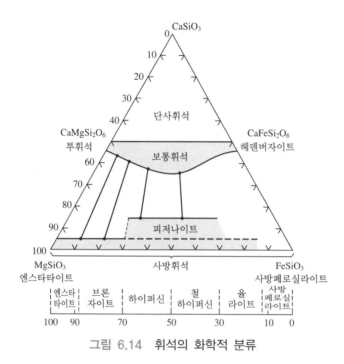

그림 6.14 휘석의 화학적 분류

(a) 개방니콜　　　(b) 굴절률이 큰 광물, 직교니콜　　　(c) 직교니콜에서 제물대를
　　　　　　　　　　직소광으로 검게 보임　　　　　　　45° 회전할 때 모습

그림 6.15 사방휘석의 현미경 사진

사휘석과는 평행소광하는 점이 다르다(그림 6.15).

하이퍼신은 개방니콜에서 옅은 녹색부터 옅은 적색까지 다색성을 갖는다. 고온에서 안정한 피저나이트는 보통휘석과 사방휘석 사이의 중간조성을 갖는 화합물로 염기성 화산암에서 세립질로 발견된다. 심성암에서 피저나이트는 내부 구조가 변환되어 용리된 보통휘석을 함유한 사방휘석이 된다. 사방휘석은 복굴절률이 작고 평행소광을 하는 점이 단사휘석과 다르다.

화성암에서 흔히 관찰되는 단사휘석은 칼슘의 함량이 높은 투휘석, 헤덴버자이

(a) 개방니콜. 가운데 부분이 굴절률이 커서 도드라져 보임. 무색광물은 대부분 사장석

(b) 화려하고 다양한 간섭색. 사장석은 줄무늬의 앨바이트쌍정

그림 6.16 보통휘석(augite)의 현미경사진

트 계열의 고용체이다. 이 그룹에는 투휘석, 보통휘석 그리고 헤덴버자이트가 있다(그림 6.16). 투휘석은 화성암 외에도 접촉변성작용을 받은 석회질암에서 석류석이나 규회석과 공존하는 경우가 많다.

쏠레아이트질 마그마에서는 단사휘석인 보통휘석과 함께 사방휘석인 브론자이트가 정출되어 2가지 휘석이 산출된다. 이 두 휘석이 계속 정출되면 잔류용액에 Fe가 농집되어 단사휘석인 피저나이트와 투휘석이 공존하고, 마침내 철이 많은 보통휘석이 산출되는 과정이 스케어가드 관입암체에서 확인되었다. 알칼리 현무암질 마그마에서는 투휘석과 같은 단사휘석만 산출되고, 사방휘석이나 피저나이트와 공존하지 않는다. 화산암에서 휘석이 오피틱 조직을 이룰 때 그 길이가 수 cm에 달하기도 한다.

알칼리 휘석인 에지린도 화성암에서 산출되는데, 에지린-보통휘석은 알칼리 심

표 6.2 휘석의 대칭형과 화학식

| 계열 | 광물명 | 화학식 |
|---|---|---|
| 사방휘석<br>(orthopyroxene) | 엔스타타이트(enstatite)<br>하이퍼신(hypersthene) | $MgSiO_3$<br>$(Mg,Fe)SiO_3$ |
| 단사휘석<br>(clinopyroxene) | 투휘석(diopside)<br>헤덴버자이트(hedenbergite)<br>보통휘석(augite)<br>피저나이트(pigeonite)<br>에지린(aegirine or acmite) | $(Ca,Mg)_2Si_2O_6$<br>$(Ca,Fe)_2Si_2O_6$<br>$(Ca,Mg,Fe,Al)_2(Si,Al)_2O_6$<br><br>$(Na,Fe)_2Si_2O_6$ |

성암에서 관찰된다. 이들의 자형 내지 반자형의 입자는 Na와 Si가 풍부한 화산암에서 반정과 석기로 산출된다.

## 6) 각섬석

각섬석은 다양한 종류가 있는데 사방정계와 단사정계의 2가지 결정형으로 나눌 수 있다(표 6.3). 이들은 동형 계열을 만들어 비슷한 크기를 갖는 여러 이온에 의해 광범위한 치환이 일어나기 때문에 화학조성이 매우 복잡하다(그림 6.17). 각섬석에 대응하는 휘석류는 대등한 화학적 계열이 만들어진다. 그러나 각섬석은 구조 속에 필수적인 OH원자단을 함유하여 Si : O의 비가 휘석처럼 1 : 3이 아니고 4 : 11이다.

보통각섬석과 알칼리 각섬석은 모두 단사정계로서 화성암의 중요한 조암 광물

표 6.3  각섬석의 대칭형과 화학식

| 계열 | 광 물 명 | 화학식 |
|---|---|---|
| 사방각섬석 (orthoamphibole) | 앤소필라이트(anthophyllite) 계열 | $(Mg,Fe)_7(Si_4O_{11})_2(OH)_2$ <br> $Mg > Fe$ |
| 단사각섬석 (clinoamphibole) | 커밍토나이트(cummingtonite) 계열 <br> 투각섬석(tremolite) 계열 <br> 보통각섬석(hornblende) 계열 <br><br> 알칼리 각섬석 계열 <br> 남섬석(glaucophane) <br> 리베카이트(riebeckite) <br> 아프베소나이트(arfvesonite) | $(Mg,Fe)_7(Si_4O_{11})_2(OH)_2$ ··· $Mg < Fe$ <br> $Ca_2(Mg,Fe)_5(Si_4O_{11})_2(OH)_2$ <br> $Ca_2Na_{0\sim1}(Mg,Fe,Al)_5[(AlSi_4O_{11})]_2(OH)_2$ <br><br> $(Na > Ca)$ <br> $Na_2Mg_3Al_2(Si_4O_{11})_2(OH)_2$ <br> $Na_2Fe_3^{2+}Fe_2^{3+}(Si_4O_{11})_2(OH)_2$ <br> $Na_3Fe_4^{2+}Fe^{3+}(Si_4O_{11})_2(OH)_2$ |

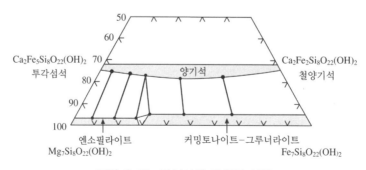

그림 6.17  각섬석의 화학적 분류

그림 6.18  섬록암의 각섬석(중앙 및 좌측 상단), 흑운모, 석영 및 사장석

이다. 그러나 사방각섬석인 앤소필라이트(직섬석) 계열이나 단사각섬석인 커밍토나이트 계열은 주로 변성암에서 산출된다. 보통각섬석은 타형 내지 자형의 반정으로 심성암에서 화산암에 걸쳐 광범위하게 산출된다(그림 6.18). 또한 보통각섬석은 중성 화산암에서 자형의 반정 광물로 매우 흔히 발견된다. 마그네슘이 풍부한 각섬석은 염기성암에서 관찰되며, 타형입자, 코로나 조직, 포이킬리틱 조직 등을 이루기도 한다.

대부분의 각섬석은 녹색이지만 짙은 갈색을 띠는 것도 산출되는데, 이는 각섬석이 산화되어 형성된 것으로 현무암질 각섬석이라 부른다. 알칼리와 실리카가 보다 풍부한 암석에는 철을 많이 포함한 각섬석이 산출된다. 각섬석의 Al 함량은 지압계로 사용할 수 있어 심성암의 생성 깊이를 추정하는 데 이용된다. 알칼리 각섬석류는 Na와 K의 함량이 높은 암석에서 관찰된다. 화성암에서 산출되는 유일한 청색 각섬석인 리베카이트는 고알칼리형 화산암에서는 자형의 반정으로, 심성암에서는 자형 내지 타형의 입자로 관찰된다. 청색의 남섬석은 섭입대 주변의 고압저온 변성상인 청색편암상의 대표적인 광물이다.

## 7) 운모

운모는 층상형 규산염 광물로 화성암의 초생 광물로 백운모, 금운모 및 흑운모가 산출된다. 화성암에서는 흑운모가 흔하고, 변성암이나 퇴적암에는 흑운모와 함께 백운모가 자주 관찰된다. 운모류는 그 구조적 특징으로 인해 완전 저면벽개를 갖는 광물로 한 장씩 뜯어낼 수 있다. 이 광물들은 화학조성이 매우 복잡한데, 크게 나누면 표 6.4과 같다. 흑운모는 개방니콜에서 갈색, 황갈색, 적갈색, 녹갈색을

표 6.4 운모의 분류

| 광물명 | 화학식 |
|---|---|
| 백운모(muscovite) | $KAl_2(AlSi_3O_{10})(OH)_2$ |
| 파라고나이트(paragonite) | $NaAl_2(AlSi_3O_{10})(OH)_2$ |
| 금운모(phlogopite) | $KMg_3(AlSi_3O_{10})(OH)_2$ |
| 흑운모(biotite) | $K(Mg,Fe)_3(AlSi_3O_{10})(OH)_2$ |
| 래피돌라이트(lepidolite) | $KLi_2Al(Si_4O_{10})(OH)_2$ |

띄고, 다색성이 매우 뚜렷하며 벽개와 나란한 평행소광을 나타낸다.

금운모는 염기성암에서 한정되어 산출하며, 철이 적고 마그네슘이 많은 흑운모의 일종이다. 그러나 변성된 석회암이나 페그마타이트에서는 매우 흔하게 산출한다. 파라고나이트는 변성암인 편암에서나 희귀하게 관찰되며 화성암에는 없다.

운모 중에서 백색을 띠는 백운모는 특정한 화강암(고알루미나형 규질 산성암)에 한정되어 산출되며, 타형 내지 자형의 판상결정을 이룬다. 페그마타이트에서는 지름이 30 cm인 자형의 백운모 결정이 관찰되지만, 화산암에서 초생의 백운모가 산출하는 일은 없다. 섬유상의 미세한 변종인 견운모는 장석이 열수변질작용을 받거나 후퇴변성작용을 받아 만들어진다.

## 3  광물의 화학성분

### 1) 성분의 치환

광물은 일정한 화학조성을 갖는 균질한 물질로 취급하고 있으나 실제로 동일한 광물이라도 산출지역에 따라 성분이 다르며, 또한 같은 결정 내에서도 화학조성이 다른 경우가 많다. 같은 광물이라도 화학변화 없이 결정구조가 다르거나 구조 내에서도 결함을 갖는다.

일반적으로 광물의 화학성분은 화학식으로 단순하게 표현할 수 있다. 그러나 어떤 광물은 생성조건에 따라 성분이 약간 달라 일정한 범위를 갖는 화학식으로 표현하게 된다. 예를 들어 감람석은 $(Fe,Mg)_2SiO_4$로 나타내는데, 각 광물마다 Fe와 Mg가 차지하는 비율이 다름을 표현한 것이다. 위의 감람석처럼 생성조건에 따라 두 성분(또는 그 이상)이 일정한 비율로 변하는 관계를 **고용체**(solid solution)라 한다.

고용체는 치환(substitution)고용체, 간극(interstitial)고용체, 그리고 결손(omissional)고용체의 3종류가 있다. 간극고용체는 어떤 결정구조를 이루는 이온이나 원자들 사이에 간극이 존재하는데, 이 틈새에 작은 이온이나 원자가 들어감으로 결정의 화학조성이 변한다. 결손고용체는 결정구조 내부에 빈자리가 생겨 화학조성이 달라지는 고용체이다. 치환고용체는 성분 사이에 치환이 일어나는 범위에 따라 완전고용체와 제한고용체로 나눌 수 있다. 예를 들어 감람석[$(Fe,Mg)_2SiO_4$]은 Fe와 Mg가 0~100 % 범위에서 무제한으로 치환되는 완전고용체이며, 섬아연석[$(Zn, Fe)_2S$]은 일정한 범위에만 치환이 일어나는 제한고용체이다.

원자의 치환이 일어날 수 있는 범위는 구조의 성질, 대응하는 이온반지름의 유사성과 전하 및 광물의 생성온도에 따라 결정된다. 즉 구조의 성질은 원자치환의 정도에 상당한 영향을 주는데, 석영의 경우 치환에 적합한 크기와 전하를 가진 원소가 없기도 하지만 구조상 한계를 갖는다.

이온의 크기는 치환의 가능성에 대해 근본적인 영향을 준다. 왜냐하면 치환하는 이온은 구조의 변동 없이 격자점을 차지할 수 있어야 하기 때문이다. 일반적으로 치환하는 2종의 이온크기의 차가 15 % 이하일 때 넓은 범위에 걸쳐 치환될 가능성이 있다. 크기의 차이가 15~30 %이면 치환은 제한적으로 일어나며, 30 %가 넘으면 치환이 매우 어렵게 된다.

치환에 참여하는 이온의 전하가 감람석의 $Fe^{2+}$와 $Mg^{2+}$처럼 반드시 동일할 필요는 없다. 왜냐하면 치환 이후에 전기적으로 중성을 유지할 수 있도록 다른 이온의 치환이 동반되면 된다. 예를 들면 회장석이 조장석으로 변해갈 때 $Ca^{2+}$는 $Na^+$를 치환함과 동시에 $Al^{3+}$가 $Si^{4+}$를 치환하면 전기적으로 중성이 유지된다($Na^+Si^{4+} \rightleftarrows Ca^{2+}Al^{3+}$). 또 다른 예로 투휘석($CaMgSi_2O_6$)에서 $Mg^{2+}Si^{4+}$는 부분적으로 $Al^{3+}Al^{3+}$에 의해 치환된다. 이와 같이 짝을 이룬 치환은 규산염 광물에서 흔한 현상이다.

일반적으로 이온의 치환은 전하의 차이가 1보다 클 때 이온의 크기가 적당해도 거의 일어나지 않는다. 예를 들어 $Zr^{4+}$와 $Mn^{2+}$, $Y^{3+}$와 $Na^+$는 치환하지 않는다. 그 부분적인 이유는 동반되는 치환에 의해 전기적으로 중화시키기 어렵기 때문이다(그림 6.19). 원자의 치환범위는 온도 상승에 따라 확대되며, 이러한 특성은 광물

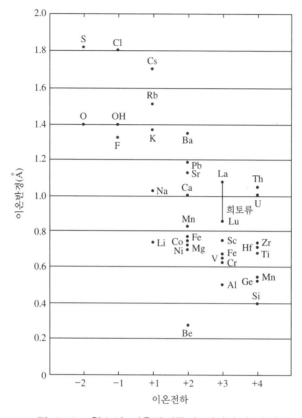

그림 6.19  원소의 이온반지름과 전하와의 관계

의 생성온도를 결정하는 지온계로 이용될 수 있다.

　고온에서는 이온반경의 차이가 큰 경우라도 한정적인 범위에서 고용체가 형성된다. 고온의 물질이 냉각되면 구조가 변경되거나 분리된다. 고온에서 균질한 고용체를 이루던 물질이 두 개 이상의 서로 다른 결정질 물질로 분리되는 현상을 용리(exolution)라 한다.

## 2) EPMA에 의한 광물 분석

　조암 광물의 표면조직이나 화학성분을 분석하는 데 가장 널리 사용되는 기기로 EPMA가 있다. EPMA란 Electron Probe X-ray Micro Analysis의 약자로 전자현미분석기라 불리며 고체 시료의 화학조성을 분석하는 장비이다(그림 6.20). 전자총에서 15~30 kV로 가속된 전자빔(직경 약 1 $\mu$m)을 잘 연마된 시료표면에 충돌하

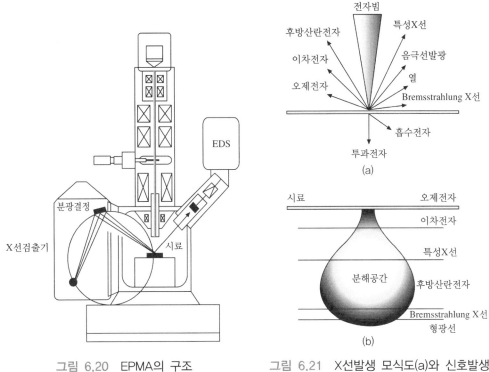

그림 6.20 EPMA의 구조

그림 6.21 X선발생 모식도(a)와 신호발생 깊이 및 공간분해능(b)

면 광물을 구성하는 원소에 따라 고유한 파장을 갖는 특성 X선과 그 외에 여러 가지 전자가 발생한다(그림 6.21). 이들을 X-선 검출기로 측정하여 시료의 구성 성분의 종류와 양을 분석한다. 장치에 따라 에너지분산형(EDS)은 파장분산형(WDS) 으로 나눌 수 있다.

이 EPMA는 분석분해능이 높고 분석시간이 빠르고, 비파괴 분석이며 정확한 정량분석이 가능하다. 또한 시료의 양이 적고 가벼운 Be에서 무거운 U까지 분석 이 가능하며, 주성분 원소를 분석하고 SEM 기능을 함께 사용할 수 있다. 그러나 단점으로는 전이원소의 식별이 불가능하며, 고체 시료만 분석이 가능하다. 더욱이 시료 준비가 까다롭고 적절한 표준시료 선택하는 데 어려움이 있으며, 시료마다 적절한 분석조건이 필요하다. 또한 분석결과는 전문적인 지식이 필요하며, 설치할 때 비용이 매우 많이 들고 전문 분석가가 관리해야 한다. 그럼에도 불구하고 여러 가지 장점으로 인해 광물의 정량분석에서는 가장 정확하고 편리한 분석법이다.

EDS는 입사 전자에 의해 발생되는 시료의 X선 에너지를 측정하여 화학 조성

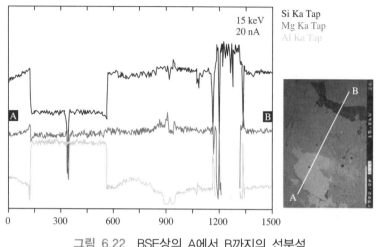

그림 6.22   BSE상의 A에서 B까지의 선분석

의 정성/정량 분석이 가능하다. 반면, WDS는 입사 전자에 의해 시료에서 발생되는 파장을 가지고 시료의 정성/정량 분석을 수행한다. 그리고 EDS는 검출되는 원소들 간의 상대적인 정량관계를 나타내는 반면, WDS는 절대적인 정량법을 사용한다.

EPMA에 의해 광물을 구성하는 원소를 분석하는 방법에는 정성분석과 정량분석이 있다. EPMA를 이용하여 암석의 구성 광물을 분석할 때는 우선 흑백으로 나타나는 BSE상(back scattered electron image)에서 분석위치를 결정한다. 보통 밝게 보이는 부분은 무거운 금속원소를 많이 포함하는 유색 광물 영역이고, 어둡게 보이는 석영이나 장석과 같은 무색 광물 영역이다(그림 6.22).

정성분석의 일종인 선분석에는 넓은 영역에서 특정 원소의 분포 상태를 알기 위해 사용하는 Stage scanning, 수 $\mu m$ 이내에서 특정 원소의 분포를 알기 위한 Beam scanning, SEM 이미지 위에 특정 원소의 분포를 나타내는 Tracing 등이 있다. 그림 6.22은 오른쪽 BSE상에서 선A-B 사이를 구성하는 원소의 상대적인 함량을 나타내는 선분석의 예이다.

선분석의 일종으로 특정 원소의 분포를 색깔로 구별하여 조성의 분포를 나타내는 면분석(Mapping)이 있다. 면분석에 의해 광물 사이의 원소 분포를 관찰하는 것 외에도 동일 광물 내에서 누대구조를 관찰할 수 있다(그림 6.23).

사장석의 누대구조는 편광현미경에서 뚜렷이 관찰되나 변성암에서 자주 관찰되

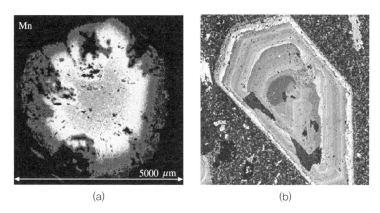

(a)                      (b)

그림 6.23　EPMA에서 석류석(a)과 사장석의 누대구조(b) 면분석

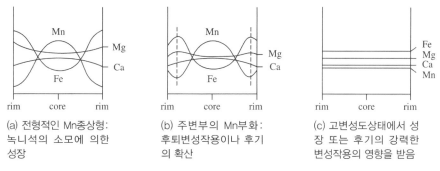

(a) 전형적인 Mn종상형:
녹니석의 소모에 의한
성장

(b) 주변부의 Mn부화:
후퇴변성작용이나 후기
의 확산

(c) 고변성도상태에서 성
장 또는 후기의 강력한
변성작용의 영향을 받음

그림 6.24　석류석 반상변정의 성분상 누대구조와 해석

는 석류석은 화학적 누대구조를 가지고 있다. 대략 450~625 ℃의 온도범위에서 변성된 암석에서 흔한 석류석은 중심에서 가장자리로 가면서 Mn-Fe누대구조를 보인다. 특징적인 망간 종단면(Mn-bell' profile)의 누대구조는 중심에서는 Mn이 풍부하고, 가장자리에서는 Mn이 결핍된 형태로, Fe의 분포는 반대 형태를 갖는다 [그림 6.24(a)]. 그림 6.24의 (b)와 (c)는 변성과정을 반영하는 서로 다른 형태의 누대구조를 보여준다.

　EPMA에 의해 광물을 정량 분석하는 경우 대체적으로 중량비(wto %)로 자료가 구해진다. 이 수치 자료들을 화학식으로 전환하여 광물을 해석하기 위해서는 몇 단계의 계산을 거쳐야 한다. 예를 들어 감람석을 분석하였다고 하면 표 6.5의 컬럼1과 같이 전체 원소에 대한 중량비가 주어질 것이다. 중량비를 산화물의 분자량으로 나누어 분자비를 구한 것이 컬럼2이다. 컬럼3은 양이온에 대한 분자비이고, 컬럼4는 산소(O)에 대한 분자비로 [(O, OH)의 이온 수×2]와 같이 계산한다. 컬럼5는 산소 4개를 기초로 한 양이온의 수로서 [(4/2.3535=1.6995)×각 양이온수]과 같이 계산한다. 마지막으로 원자비를 간단한 정수비로 맞춰준다. 결과로서 (Fe, Mg)$_2$SiO$_4$의 화학식을 갖는 광물임을 알 수 있다.

표 6.5  감람석의 분석값과 화학식

|  | 1 | 2 | 3 | 4 | 5 | 6 |
|---|---|---|---|---|---|---|
|  | 중량비 | 몰분율 | 양이온수 | 총 산소수 (O, OH) | 4산소기반 양이온 | 원자비 |
| SiO$_2$ | 34.96 | 0.5818 | 0.5818 | 1.1636 | 0.989 | 1 |
| FeO | 36.77 | 0.5118 | 0.5118 | 0.5118 | 0.870 | |
| MnO | 0.52 | 0.0073 | 0.0073 | 0.0073 | 0.012 | 2 |
| MgO | 27.04 | 0.6708 | 0.6708 | 0.6708 | 1.140 | |
| Total | 99.29 | | | 2.3535 | | |

# 7장

# 광물의 결정계와 광학적 특성

## 1 결정계

결정은 원자들이 3차원적으로 질서정연하게 배열하여 형성되는데, 공간적으로 배열할 수 있는 가능성은 230가지이며 그들은 각각의 공간군(space group)을 이룬다. 이 공간군을 대칭의 3요소인 대칭축, 대칭면, 대칭심의 조합으로 묶으면 32종이 되는데, 이를 32정족(class)이라 한다. 광물의 결정구조는 대칭축의 관점에서 6개의 정계(crystal system)로 분류한다.

결정질 고체는 평탄한 외형인 결정면, 두 면이 만나는 능(edge) 그리고 세 면이 만나는 우각(corner)으로 구성되는데, 이를 결정의 3요소라 한다(그림 7.1). 결정을 가지고 동일한 모양이 체계적으로 반복되도록 하는 행위가 대칭조작(symmetry operation)이다. 동일한 모양이 반복되는 기준에 따라 면(대칭면), 선(대칭축), 점(대칭심)이 있으며, 이를 대칭의 3요소라 한다.

결정의 중심을 통과하는 가상적인 면을 따라 수직방향으로 동일 거리 반대편에 동일한 점이 나타날 때, 이 가상 면을 대칭면이라 하고 거울면(mirror plane)의 m을 기호로 사용한다. 예를 들어 축구장은 2개($m_1$, $m_2$), 직육면체는 3개의 대칭면

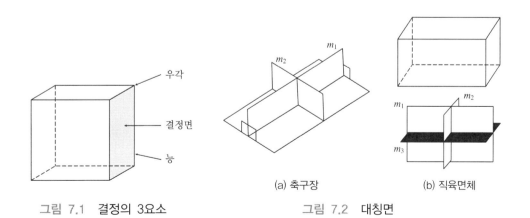

(a) 축구장                    (b) 직육면체

그림 7.1  결정의 3요소            그림 7.2  대칭면

($m_1$, $m_2$, $m_3$)을 갖는다(그림 7.2).

하나의 축을 중심으로 360° 회전시킬 때 동일한 모습이 반복된다면, 이 축은 대칭축(rotation axis)이 된다. 예를 들어 그림 7.3의 바람개비는 90° 회전할 때마다 동일한 모습이 나타나고, 360° 회전하면 동일한 형태가 4회 반복되므로 4회 대칭축이라 부른다. 대칭축을 중심으로 360° 회전시켜 반복되는 횟수를 기준으로 1, 2, 3, 4, 6회 대칭축이 있으며, 이외의 대칭축은 존재하지 않는다(그림 7.4). 5회 대칭축이 없는 이유는 원자들이 5회 대칭을 유지한 채 3차원적인 배열을 연속적으로 할 수 없기 때문이다. 다시 말해 5각형을 연결하여 입체를 만들 수 없다.

회전축의 대칭관계를 원으로 표시하면 쉼표의 방향과 개수 그리고 쉼표 사이의 각으로 나타낼 수 있다. 1, 2, 3, 4, 6회 대칭축에서 반복되는 결정면 사이의 각은 360°, 180°, 120°, 90° 그리고 60°이다(그림 7.5).

결정 내부의 한 점에서 동일 거리의 반대방향에 동일한 형태가 항상 나타나는 경우, 이 점을 대칭심이라 하며 c(center of symmetry) 또는 i로 표기한다(그림 7.6).

회반축(rotoinversion axes)은 광물의 회전(rotation)과 반전(inversion)을 중복시키는 조작에서의 가상적인 대칭축(가축)이다. 여기서 반전이란 마주 보고 있는 손바닥 중 한쪽만을 아래쪽으로 180° 회전했을 때, 두 손바닥 사이의 관계와 같은 대칭조작을 말한다.

회반축은 숫자 위에 −(bar)를 사용하여 $\bar{1}$, $\bar{2}$, $\bar{3}$, $\bar{4}$, $\bar{6}$로 나타낸다(그림 7.7). 1회반축은 360° 회전(제자리에 돌아옴) 후 중심을 통과한 반전으로 대칭심(i)과 같으며, 2회반축은 180° 회전 후 중심을 통과한 반전으로 대칭면(m)과 같다. 3회반축은 120° 회전 후 중심을 통과한 반전으로 3회전축과 대칭심을 결합한 조작과

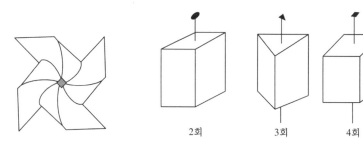

그림 7.3  바람개비의 4회 대칭    그림 7.4  대칭축의 종류와 기호

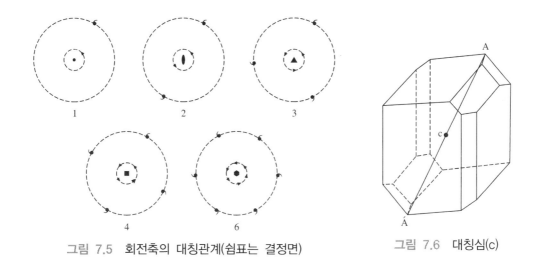

그림 7.5 회전축의 대칭관계(쉼표는 결정면)

그림 7.6 대칭심(c)

같고, 4회반축은 90° 회전 후 중심을 통과한 반전이다. 6회반축은 60° 회전 후 중심을 통과한 반전으로 3회전축과 대칭면(m)을 결합한 형태이다.

따라서 기본적인 대칭요소는 회전축 5개(6, 4, 3, 2, 1)와 대칭심, 대칭면, 회반축($\bar{1}$=i, $\bar{2}$=m, $\bar{3}$, $\bar{4}$, $\bar{6}$)을 합쳐 모두 10개이다. 대칭요소 중 2~3개가 결정의 중심을 통과하는 조합으로 결정의 대칭을 표현한다. 대칭요소를 조합하면 모두 22가지가 가능하고, 그 외의 조합은 중복된 것들이다. 따라서 결정은 5개의 진축, 5개의 가축 또는 22개의 조합 중의 하나와 일치하게 되는데, 이것이 32정족이 된다.

대칭조합 중에 X/m(X over m이라 부름)은 X축에 수직한 거울면(대칭면)을 가지고 있다는 의미이다. 즉 진축이 1, 2, 3, 4, 6회 대칭축에 대칭심(혹은 수직한 거울면)이 첨가되어 생기는 대칭조합은 2/m, 4/m, 6/m이 되며 1회 및 3회는 각각 $\bar{1}$, $\bar{6}$ 회반축과 동일하다. 32개의 정족들은 공통적인 대칭요소에 의하여 6개 그룹으로 나뉘는데, 이를 결정의 6정계라 한다.

결정축(crystallographic axis)은 결정의 3요소를 공간적으로 나타낼 때 필요한 최소한의 기준방향으로, 결정계에 따라 3개 혹은 4개(육방정계)이다.

결정축은 a(전후축), b(좌우축), c(수직축)로 나타내며, 축이 교차하는 근원점(origin)을 기준으로 a는 앞쪽, b는 오른쪽, c는 위쪽이 +방향이고 반대쪽이 −방향이다. 결정축이 교차하는 각을 축각(axial angle)이라 하는데, b와 c 사이의 각(b^c)을 $\alpha$, a와 c 사이의 각(a^c)을 $\beta$, a와 b 사이의 각(a^b)을 $\gamma$라 한다. 6정계와 대칭조합의 관계를 표 7.1에 정리하였다.

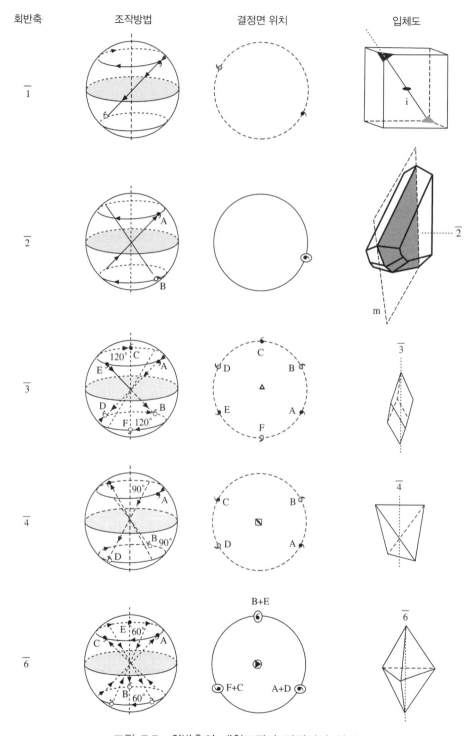

그림 7.7 회반축의 대칭조작과 결정면의 위치

표 7.1  6정계와 대칭조합의 관계

| 6정계 | 결정축관계 | 최소대칭 | 32정족 | 광물 예시 |
|---|---|---|---|---|
| 등축정계<br><br>a1=a2=a3,<br>$\alpha=\beta=\gamma=90°$ | | | 23, 2/m$\bar{3}$, 432,<br>$\bar{4}$3m, 4/m$\bar{3}$2/m | 다이아몬드,<br>스피넬,<br>석류석, 형석 |
| 정방정계<br><br>a1=a2≠c,<br>$\alpha=\beta=\gamma=90°$ | | | 4, $\bar{4}$, 4/m, 422,<br>4mm, $\bar{4}$2m,<br>4/m2/m2/m | 저-콘,<br>금홍석 |
| 사방정계<br><br>a≠b≠c,<br>$\alpha=\beta=\gamma=90°$ | | | 222, 2mm,<br>2/m2/m2/m | 감람석,<br>토파즈,<br>크리소베릴 |
| 육방정계<br>/삼방정계<br><br>a1=a2=a3≠c,<br>a1^a2^a3=120°<br>$\beta=90°$ | | | 6, $\bar{6}$, 6/m, 622,<br>6mm, $\bar{6}$m2,<br>6/m2/m2/m<br><br>3, $\bar{3}$, 32, 3m,<br>$\bar{3}$2/m | 육방정계-<br>녹주석,<br>인회석<br>삼방정계-<br>석영, 강옥,<br>전기석,<br>방해석 |
| 단사정계<br><br>a≠b≠c,<br>$\alpha=\gamma=90°$,<br>$\beta≠90°$ | | | 2, $\bar{2}$(=m), 2/m | 정장석, 연옥,<br>공작석 |
| 삼사정계<br><br>a≠b≠c,<br>$\alpha≠\beta≠\gamma$ | | | 1, $\bar{1}$ | 사장석 |

　　결정면을 간단한 지수로 표현하는 방법으로 가장 널리 이용되는 것이 밀러지수(Miller indices)다. 밀러지수는 결정면이 결정축과 만나는 단위거리를 이용한다. 즉 어떤 결정면이 결정축과 교차하는 거리를 단위거리의 배수로 나타낸 다음, 이들 역수의 비로 표현한다. 예를 들어 어떤 결정면[그림 7.8(a)]이 단위거리가 t인 결정축 a, b, c와 각각 1t, 2t, 1t의 거리에서 만난다면, 길이의 비는 1 : 2 : 1이고 그 역수의 비는 1/1 : 1/2 : 1/1이며 정수비를 만들기 위해 2를 곱하면 2 : 1 : 2 된다. 따라서 이면의 밀러지수는 (212)이다. 밀러지수(hkl)는 반드시 소괄호를 이용하고 순서는 a, b, c 축의 순서이며, 숫자 사이에 쉼표를 사용하지 않는다.

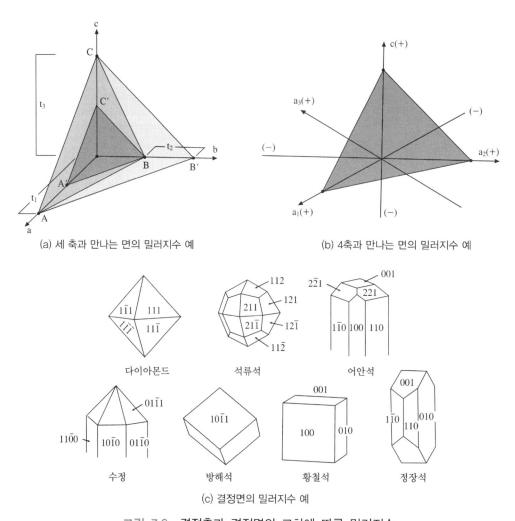

(a) 세 축과 만나는 면의 밀러지수 예

(b) 4축과 만나는 면의 밀러지수 예

다이아몬드　　석류석　　어안석

수정　　방해석　　황철석　　정장석

(c) 결정면의 밀러지수 예

**그림 7.8** **결정축과 결정면의 교차에 따른 밀러지수**

결정면이 하나의 축 또는 두 개의 축과 만나는 경우에는 (100) 또는 (110)처럼 만나지 않는 축을 0으로 표기한다. 또한 결정면이 축의 −방향에서 만나면 $(1\bar{1}1)$처럼 표기한다.

육방정계나 삼방정계는 결정축이 4개이므로 밀러지수는 (hkil)이 된다. h, k, i는 결정면이 $a_1$축, $a_2$축, $a_3$축 그리고 l은 c축과의 관계를 나타낸다. 예를 들어 $+a_1$, $+a_2$, $-a_3$, $+c$를 교차하는 결정면 △ABC의 밀러지수는 $(11\bar{2}1)$이 된다[그림 7.8(b)]. h, k, i의 사이에는 항상 h+k+i=0의 관계가 성립한다.

결정의 외형은 결정을 구성하는 원자나 이온이 공간적으로 배열된 형태이며, 이 배열 상태를 결정격자라 한다. 배열 방법에 따라 선격자(선열 또는 점열), 면격자(망면), 공간격자가 있다. 선열에서는 점(원자, 이온, 분자)이 직선상(한 방향)으로 일정한 거리를 두고 규칙적으로 반복되는데, 이렇게 일정한 거리를 두고 반복하는 것을 병진(translation)이라 부른다. 점의 이동거리, 즉 점과 점 사이의 거리가 단위길이다. 점이 일정한 각도를 가지고 두 방향으로 병진하면 2차원의 면격자가 형성되고, 세 방향으로 병진하면 공간격자가 형성된다. 결정에서 능은 선격자에, 결정면은 면격자에 해당한다. 결정을 이루는 결정격자는 결국 기본 단위가 되는 많은 단위공간격자가 3차원적으로 쌓여서 이루어진다.

공간격자에서 격자점을 포함하고 있는 면을 격자면 또는 망면(net)이라 한다. 3차원적인 격자면의 위치는 결정면의 위치와 마찬가지로 밀러지수(hkl)로 나타낼 수 있다(그림 7.8c). 밀러지수는 공간적인 방향만을 나타낼 뿐 중심으로부터 거리를

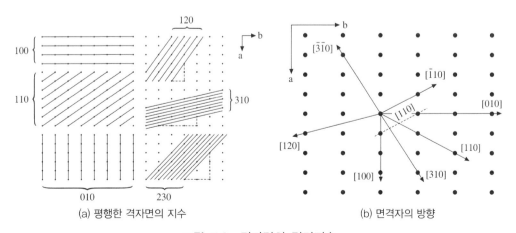

(a) 평행한 격자면의 지수    (b) 면격자의 방향

그림 7.9  격자면의 밀러지수

나타내는 것이 아니다. 따라서 같은 지수는 결정 내에 존재하는 서로 평행한 모든 격자면을 나타낸다.

그림 7.9는 격자면의 지수를 나타낸다. (a)는 c축에 수직인 격자면의 예로 (100)에서는 격자면이 a축의 +방향으로 평행하게 반복되며, (010)은 b방향으로 반복됨을 나타낸다. 서로 평행한 격자면 사이의 거리를 $d_{100}$, $d_{110}$, …, $d_{hkl}$으로 나타낸다. (b)는 결정내에서 결정면의 방향을 표기하는 방법으로 대괄호 [   ]를 사용한다.

## 2 결정의 변화

어떤 결정이 온도와 압력에 따라 성분변화 없이 구조가 바뀌는 현상을 **다형현상**(polymorphism)이라 한다. 이러한 현상을 보이는 광물을 다형 또는 동질이상이라 한다. 다형에는 C로 구성된 금강석과 흑연, $FeS_2$의 황철석과 백철석, $CaCO_3$의 방해석과 아라고나이트, $SiO_2$의 석영과 트리디마이트, $Al_2SiO_5$의 홍주석-규선석-남정석이 있다.

동질이상에서 결정의 구조가 바뀌는 것은 변화된 온도 압력 조건에 안정한 구조를 이루기 위함이다. 이러한 변화를 상전이(transformation)라 한다. 상전이는 변이형(displacive)전이, 재결합(reconstructive)전이, 질서무질서(order-disorder)전이의 세 종류가 있다. 변이형전이는 고온형석영과 저온형석영 사이(573 ℃)에서 일어나는 전이로, 상당히 빠르게 진행되며 구조 내에서 결합방향이 약간 달라지는 전이이다.

재결합전이는 확산전이라고도 하는데, 기존의 결합이 교란되거나 파괴된 후 새로운 구조로 재배열되거나 확산되는 전이이다. 이 전이는 많은 에너지가 필요하며 매우 느리게 진행된다. 화산암에서 만들어진 크리스토발라이트나 트리디마이트가 저온형 석영으로 바뀌는 전이가 여기에 해당하는데, 속도가 느려 전이의 완성까지는 수백만 년이 걸릴 수 있다. 또 다른 예로 흑연-금강석, 방해석-아라고나이트, 알루미늄 규산염 광물이 있다.

물질 내에서 완전한 질서는 절대온도 0 K에서나 존재하며, 온도가 상승하면 내부의 질서가 점차 무너진다. 결정에서 무질서란 특정한 자리에 특정한 원자가 위치하는 것이 아니라 여러 가지 다른 원자가 차지하는 것을 말한다. 이 전이의 예

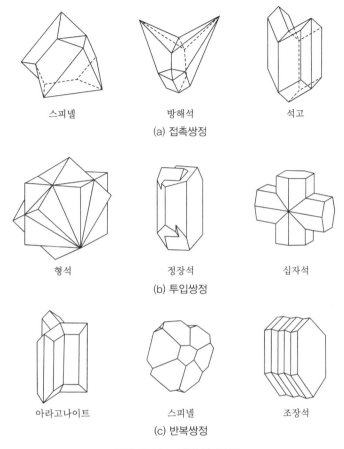

스피넬  방해석  석고
(a) 접촉쌍정

형석  정장석  십자석
(b) 투입쌍정

아라고나이트  스피넬  조장석
(c) 반복쌍정

그림 7.10  쌍정의 종류

는 새니딘-미사장석으로, 고온이며 무질서한 새니딘에서 저온이며 질서정연한 구조의 미사장석으로 전이가 일어난다.

운모 같은 층상구조의 광물은 두 개의 사면체 판 사이에 하나의 팔면체 판이 끼여 있는 형태이다. 팔면체 판 위에 새로운 사면체 판이 결합하기 위해서는 약간의 위치 변화가 필요한데, 한 방향으로 이동하며 쌓여가거나 두 방향으로 엇갈려 쌓이거나 세 방향으로 돌아가며 쌓이면서 성장한다. 이렇게 판이 쌓여가는 방법의 차이에 따라 형성된 다형을 다구조형(polytype)이라 한다. 결정이 동시에 정출되면서 여러 개의 결정들이 무리를 이루어 성장된 것을 공정(연정, intergrowth)이라 한다.

동일한 결정이 대칭적으로 연결된 것을 쌍정(twin)이라 한다. 쌍정을 이루는 대칭의 종류에 따라 반영쌍정, 회전쌍정, 대칭심쌍정으로 나누며, 쌍정의 접합면에 따라 접촉쌍정, 투입쌍정, 반복쌍정으로 나눌 수 있다. 반복쌍정 중에 조장석처럼 평행한 접합면이 반복되는 쌍정을 취편(polysynthetic)쌍정이라 한다. 그리고 여러 개의 결정이 반복되어 육각형(예를 들어 스피넬) 등의 형태를 가지면 윤좌(cyclic)쌍정이라 부른다. 쌍정은 접합면과 쌍정축의 관계에 따라 수직쌍정, 평행쌍정, 복합쌍정으로 나눈다. 수직쌍정은 쌍정축이 접합면에 수직이며, 평행쌍정과 복합쌍정은 쌍정축이 접합면과 나란하다(그림 7.10).

| 3 | 광학적 특성 |
|---|---|

### 1) 광물의 광학적 성질

광물은 빛이 통과할 때 일어나는 특성에 따라 굴절률이 하나인 등방성과 두 개인 이방성으로 나누며, 이방성은 다시 광축이 하나인 일축성과 두 개인 이축성으로 나눈다. 종이 위에 점을 하나 찍은 후 유리판을 올려놓고 보면 하나의 점으로 보이고 유리판을 회전하더라도 변화가 없다. 그러나 방해석 결정을 올려놓으면 점이 두 개로 보이며, 방해석을 회전시키면 둘 중 하나의 점이 회전한다. 이는 광물을 통과하는 빛이 복굴절 되기 때문에 일어나는 현상이다.

광물에 빛이 입사하면 모든 방향에 대해 항상 일정한 속도로 빛이 진행되는 광학적 성질을 등방성(isotropic)이라 한다. 등방성은 광물의 결정학적 방향에 따라 원자의 배열방식이 동일하기 때문에 생기는 현상이다. 다이아몬드와 같은 등축정계 광물은 세 개의 결정학적 방향으로 원자배열이 동일하다. 따라서 이런 광물에 빛이 입사하면 모든 방향에서 흡수나 굴절이 동일하게 일어나 하나의 굴절률을 갖는다. 유리, 호박, 단백석과 같이 구성 원자들이 불규칙하게 배열된 비정질물질도 등방성이다.

이방성 광물에 모든 방향으로 진동하는 일반광이 입사하면 서로 다른 속도로 진행하는 두 개의 편광으로 나누어진다. 편광이란 빛의 진행 방향에 수직인 한 면 내에서만 진동하는 빛을 말한다. 이방성 광물에 광축이 아닌 방향으로 빛이 입사하면 반드시 광축과 수직으로 진동하는 편광과 나란하게 진동하는 편광으로 나뉘는데, 이를 복굴절이라 한다. 두 편광 중에서 스넬의 법칙에 따르는 광선을 상광선(ordinary ray), 따르지 않는 광선을 이상광선(extraordinary ray)이라 하는데, 이상광선은 빛이 진행하는 방향과 광축을 포함하는 면 내에서 진동하고, 상광선은 이와 수직으로 진동한다. 이방성 광물도 어떤 특정한 방향으로 입사한 빛은 등방성과 동일한 굴절현상을 나타내는데, 이 방향을 광축이라 하며 그 개수에 따라 일축성(uniaxial)과 이축성 광물(biaxial)로 나뉜다(표 7.2).

표 7.2 광물의 광학적 특성

| 광학성 | | 결정구조 | 광물 |
|---|---|---|---|
| 등방성 | | 비정질 | 유리, 흑요석, 오팔, 호박 |
| | | 등축정계 | 다이아몬드, 스피넬, 석류석 |
| 이방성 | 일축성 | 정방정계 | 저-콘, 금홍석 |
| | | 육방정계 | 녹주석, 인회석 |
| | | 삼방정계 | 석영, 방해석, 전기석, 강옥 |
| | 이축성 | 사방정계 | 토파즈, 감람석, 크리소베릴 |
| | | 단사정계 | 연옥, 경옥, 공작석 |
| | | 삼사정계 | 사장석, 남정석 |

## 2) 현미경의 구조

편광현미경은 암석을 얇게 연마한 박편을 통과하는 빛을 통해 광물을 식별하는 특별한 현미경이다. 편광현미경은 광원과 재물대 그리고 대물렌즈와 대안렌즈 사이에 편광판이 들어있으며, 재물대가 360° 회전한다는 점이 일반적인 현미경과 다르다(그림 7.11).

편광현미경을 관찰하는 방법으로 재물대 하부에 장착된 버트런드 렌즈의 사용 여부에 따라 평행경(orthoscope)과 수렴경(conoscope)으로 나뉘며, 버트런드 렌즈를 뺀 평행경은 다시 상부편광판을 뺀 개방니콜과 상부편광판을 넣은 직교니콜 상태로 나눌 수 있다(그림 7.12).

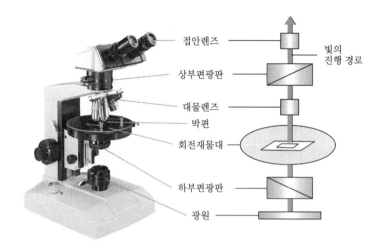

그림 7.11  편광현미경의 기본 구조

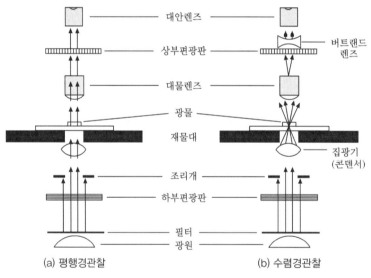

그림 7.12  평행경과 수렴경 관찰 시 편광현미경의 구조

## 3) 개방니콜에서 관찰

개방니콜에서는 광물의 형태, 크기, 다른 광물과의 관계(암석의 조직), 색, 다색성, 벽개 및 굴절률을 관찰한다. 광물의 형태에는 자형, 타형, 반자형이 있다. 광물의 크기는 눈금이 새겨진 슬라이드를 이용해 측정할 수 있다. 광물 상호간의 관계를 조직이라 하는데, 이를 통해 광물의 정출 순서나 암석의 형성 과정을 해석

한다.

광물은 무색 광물과 유색 광물로 나뉘는데, **무색 광물**은 무색 투명하며 **유색 광물**은 다양한 색을 나타낸다. 개방니콜의 색은 광물의 자연색으로 직교니콜의 간섭색과 다르다. 예를 들어 화강암을 구성하는 정장석은 표품에서는 백색이나 분홍색으로 보이지만, 0.03 mm 두께의 박편으로 제작하여 개방니콜에서 관찰하면 무색 투명하게 보인다.

**다색성**은 재물대를 회전시킬 때 유색 광물의 색이 변하는 성질로서 전혀 다른 색으로 변하거나(예를 들어 녹색에서 갈색으로) 동일한 색의 농도가 달라지기도 한다. 등방성 광물은 광물 전체를 통하여 흡수나 통과가 동일하게 일어나므로 회전시켜도 색의 변화가 없다. 그러나 이방성 광물은 빛의 진동방향(굴절률)에 따라 빛을 흡수하는 파장영역과 정도가 다르다. 즉 광물 내에서 주진동 방향과 광물에 입사한 편광의 진동방향의 관계에 따라 흡수와 통과하는 파장영역이 달라져 색이 변하는 현상이 다색성이다. 따라서 다색성은 이방성의 유색 광물에서만 나타난다. 일축성 광물은 광물 내에서 주진동방향이 2개($\epsilon$, $\omega$)이므로 2가지 색만 나타나는데(이색성), 전기석의 경우에 $\epsilon$=노랑, $\omega$=초록이다. 이축성 광물은 주진동방향이 3개(X, Y, Z)로 삼색성을 나타내는데, 예를 들어 각섬석의 삼색성은 X=황록색, Y=녹색, Z=암녹색이다.

광물 내부에서 3차원적인 원자의 배열 중 어떤 방향을 따라 결합력이 약할 경우 외부로부터 충격을 받으면 그 면을 따라 평탄하게 분리되는데, 이를 **벽개**라고 한다. 벽개가 발달하는 방향과 개수도 광물의 고유한 특징이다.

그림 7.13에 몇 가지 벽개의 유형을 예시했다. 소금이나 방연석은 정육면체의 결정형에 따라 동시에 나란히 세 방향으로 쪼개지며 서로 직각이 되는데, 이를 육면체상이라 한다. 다이아몬드는 네 방향의 벽개를 가진 팔면체상벽개이며 섬아연석은 여섯 방향으로 쪼개지는데, 이를 십이면체상벽개라 한다. 방해석은 세 방향으로 쪼개지지만 방향이 비스듬한 능면체상벽개다. 각섬석과 휘석은 두 방향으로 쪼개져 주상벽개라 하는데, 이들은 결합형식에 의하여 벽개 사이의 각이 다르다. 휘석은 거의 직각(89°)에 가까우나 각섬석은 56°와 124°로 마름모꼴이다(그림 7.14). 운모류는 육각형 판상 결정형태로 얇게 분리되는 탁상벽개를 갖는다.

편광현미경을 사용하여 벽개가 몇 방향인가 또한 얼마나 뚜렷한가를 관찰하여

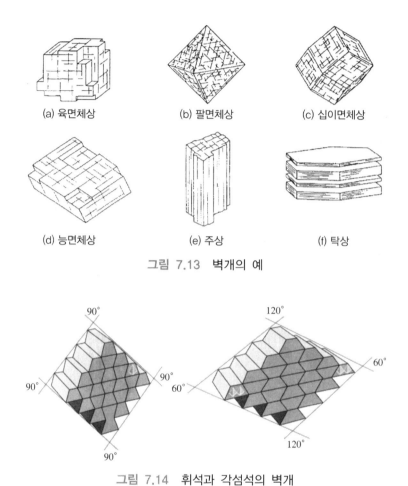

(a) 육면체상  (b) 팔면체상  (c) 십이면체상

(d) 능면체상  (e) 주상  (f) 탁상

그림 7.13  벽개의 예

그림 7.14  휘석과 각섬석의 벽개

광물을 판별한다. 벽개 사이의 각은 대안렌즈의 십자선에 한 벽개를 일치시킨 후, 재물대를 회전하여 다음 벽개까지의 각을 재물대 가장자리에 새겨진 각도를 읽어 측정한다.

광물의 **굴절률**은 1.4~3.2 사이에서 매우 다양하며, 두 광물의 굴절률이 0.05정도 차이가 나면 구별이 가능하다. 굴절률이 다른 두 광물 사이의 경계선을 베케선(Becke line)이라 하는데(그림 7.15), 미동나사를 조절하여 초점이 약간 흐려질 때 베케선이 약간 움직이는데 이를 통해 두 광물의 굴절률 차이를 판단할 수 있다. 즉 박편과 대물렌즈 사이의 거리가 멀어지면 굴절률이 큰 광물 쪽으로 이동한다. 이웃하는 광물 사이의 굴절률이 차이가 크면 유난히 굴절률이 큰 광물이 두드러져(높이 올라온 느낌) 보이게 되는데, 이를 양각(relief)이라 한다. 금홍석, 저-

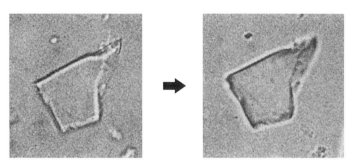

그림 7.15  베케선은 굴절률이 큰 광물 쪽으로 이동

콘, 남정석 등은 양각이 크고, 형석, 방해석, 백운모 등은 양각이 작다.

### 4) 직교니콜에서 관찰

직교니콜에서 관찰하는 특징으로는 간섭색과 복굴절(double refraction 또는 birefrigence) 쌍정, 누대구조, 소광, 장축의 부호가 있다.

상부편광판을 집어넣고 재물대를 회전하면 광물의 색이 다채롭게 변하거나 짙은 회색에서 밝은 색으로 명암이 바뀌는데, 이를 **간섭색**(interference color)이라 한다. 간섭색은 광물의 복굴절에 의해 생기는데, 재물대를 회전시켜도 항상 어두운 경우는 복굴절이 0이거나 매우 작은 경우이다. 재물대를 회전할 때 백색-회색-검

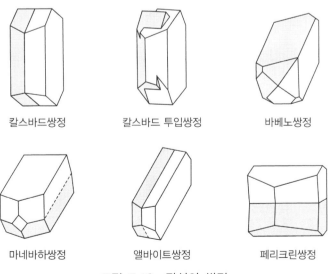

칼스바드쌍정      칼스바드 투입쌍정      바베노쌍정

마네바하쌍정      앨바이트쌍정      페리크린쌍정

그림 7.16  장석의 쌍정

은색으로 변하는, 마치 흑백 TV를 보는 듯한 간섭색이면 복굴절이 작다. 복굴절이 크면 화려한 색의 변화가 관찰된다.

개방니콜에서 하나로 보이는 결정이 직교니콜에서는 간섭색이 다른 2개 이상의 부분으로 나뉘어 보이는 경우가 있다. 이러한 결정을 **쌍정**이라 하는데, 그 형태는 광물마다 다르며 동일한 광물이라도 생성환경에 따라 다르다. 장석에서 자주 관찰되는 쌍정으로 가느다란 줄무늬가 반복되는 앨바이트쌍정과 이를 교차하여 가로지르는 줄무늬 모양의 페리크린쌍정, 그리고 두 개의 덩어리가 마주보는 칼스바드쌍정이 있다. 쌍정은 단순한 경우도 있지만 서로 결합되거나 투입되어 복잡한 양상을 보이는 경우도 있다(그림 7.17).

하나의 광물 내에서 부분적으로 화학성분이 다른 경우가 있는데, 개방니콜에서는 하나의 균질한 광물로 관찰된다. 그러나 직교니콜에서는 간섭색이 다른 몇 개의 부분으로 나뉘어 보인다. 이때 결정의 중심부에서 외측으로 가면서 띠 모양으

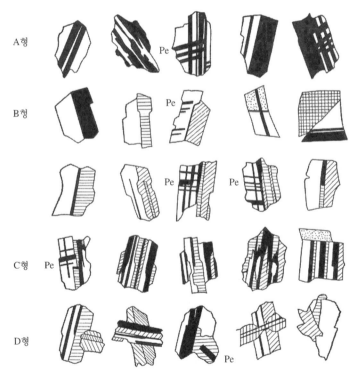

그림 7.17　직교니콜에서 관찰되는 장석의 여러 가지 쌍정(牛來, 1950). Pe-페리크린쌍정. A형은 대부분 앨바이트쌍정, B형은 칼스바드쌍정, C는 복합, D는 투입쌍정

로 간섭색이 다르게 보이는데, 이를 광물의 **누대구조**라 한다. 광물의 화학성분이 다르면 광학적 성질이 다르기 때문에 나타나는 현상이다.

등방성 광물과 광축에 수직으로 절단된 이방성 광물은 빛이 상부니콜을 통과하지 못하기 때문에 직교니콜에서 재물대를 회전해도 항상 검게 보인다. 이방성 광물은 재물대를 회전하면 밝기가 변하는데, 어느 순간 빛이 사라져 검게 보이는 현상이 **소광**(extinction)이다. 재물대를 360° 회전할 때 90° 간격으로 네 번 검게 보이

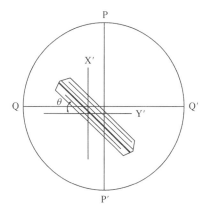

그림 7.18 소광각의 관찰

는 경우를 4회 소광이라 하며, 이 경우 45° 위치에서 가장 밝게 보인다(그림 7.18). 소광하는 위치가 광물의 벽개방향(또는 결정면, 쌍정면)과 일치하면 평행소광(직소광)이라 하며, 벽개방향과 경사져서 소광하면 사소광이라 한다. 사소광은 단사정계와 삼사정계 광물에서 주로 관찰된다. 사소광일 경우 대안렌즈의 십자선 (P-P', Q-Q')과 벽개를 일치시킨 후, 광물이 소광할 때까지 재물대를 회전시켜 측정한 각이 소광각이다. 동일한 광물 내에서 소광되지 않고 부분적으로 소광되는 현상을 파동소광이라 하는데, 변형된 석영과 석류석에서 관찰된다. 또한 동일한 광물이라도 결정면 및 벽개 발달의 유무, 광물의 절단 방향에 따라 소광이 달라질 수 있다.

박편에서 직선상의 기다란 형태의 광물이 직소광(또는 소광각이 매우 적은 경우)한다면, 이 광물의 장축의 부호(신장의 정부)를 정할 수 있다. 즉 결정의 장축 방향이 편광의 진동방향 Z'와 일치하거나 Z'에 가까울 때 장축의 부호는 정(+)이다. 장축방향이 X'와 일치하거나 X'에 가까우면 부호는 부(−)이다. 이때 장축의 부호는 검판을 이용하여 결정한다.

## 5) 수렴경에서 관찰

광학적 이방체 광물은 수렴경의 간섭상을 통해 일축성과 이축성을 구분하고, 나아가 정호(+)광물과 부호(−)광물을 구분한다. 이축성 광물은 간섭상을 이용하여 광축 사이의 각을 추정한다. 그림 7.19는 일축성결정의 간섭상(a)과 절단된 방향

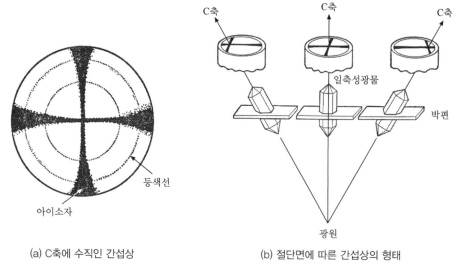

(a) C축에 수직인 간섭상       (b) 절단면에 따른 간섭상의 형태

그림 7.19   일축성 광물의 간섭상

과의 관계(b)를 보여주는데, 검고 굵은 십자선이 아이소자(isogyre)이며, 내부의 동심원들은 등색선이다.

그림 7.20(a)는 이축성 광물의 결정축 Z를 중심으로 두 개의 광축 A, B 그리고 각 진동방향을 모식적으로 그린 것이다. 그림 7.20의 (b)와 (c)는 이축성 광물의 간섭상이며, (c)는 (b)를 시계방향으로 45° 회전할 때의 모습이다. 이축성 광물에서 점A와 B는 광축이며, 둘 사이의 거리가 2V 각이다.

표 7.3은 주요 조암 광물에 대한 현미경적 특징을 간략히 정리한 것이다.

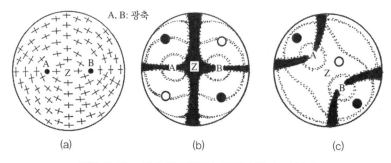

(a)       (b)       (c)

그림 7.20   이축성 광물의 진동방향과 간섭상

표 7.3  주요 조암 광물의 광학적 특성

| | 개방 니콜 | | | | | 직교 니콜 | | |
| | 색 | 다색성 | 형태 | 굴절률 | 쪼개짐, 깨짐 | 간섭색 | 소광각 | 광축 / 부호 / 2V각 |
|---|---|---|---|---|---|---|---|---|
| 석영 | 무색<br>회색<br>백색 | 무 | 불규칙,<br>육방추 | 1.54 | 쪼개짐 없음<br>패각상의 깨짐 | 백색~검정 | (파동)<br>소광 | 1축 / + / 0 |
| 정장석 | | | 주상,<br>파편은<br>불규칙형 | 1.52 | 1~2 방향은<br>쪼개짐 | 백색~검정 | 직소광,<br>침소광 | 2축 / − /<br>69~72° |
| 사장석 | | | 주상,<br>단책상<br>파편은<br>불규칙형 | 1.54± | 1~2 방향의<br>쪼개짐 | 백색~검정 | 사소광<br>누대소광 | 2축 / + − /<br>75~85° |
| 백운모 | | | 판상 | 1.58 | 1방향의 쪼개짐 | 높은 간섭색 | 직소광 | 2축 / − /<br>30~40° |
| 흑운모 | 흑갈~<br>갈색 | 암~<br>황록 | 판상 또는<br>육각형 | 1.58~<br>1.65 | 1방향의 쪼개짐 | 적갈색 어두움 | 직소광<br>파상소광 | 2축 / − /<br>0~25° |
| 보통<br>각섬석 | 녹청~<br>녹색 | 짙은<br>녹~황갈 | 장주상~<br>침상 | 1.64~<br>1.66 | 1~2방향<br>(약 120°) | 연변부에서<br>밝음, 녹색<br>낮은 간섭색 | 사소광25°<br>~직소광 | 2축 / − /<br>52~85° |
| 보통휘석 | 담색 | 약 | 단책상으로<br>뭉툭한<br>사각 | 1.74~<br>1.65 | 2방향의<br>쪼개짐(90°) | 신선하며<br>연변부에서<br>홍색 | 사소광<br>36~54° | 2축 / + /<br>58~62° |
| 자소휘석 | | 담녹~<br>황갈색 | 단책상~<br>단주상 | | 장축방향의<br>쪼개짐 | | 직소광 | 2축 / − /<br>58~90° |
| 감람석 | 황녹색 | 무 | 사각 | 1.65~<br>1.68 | 쪼개짐 없음 | 회색,<br>연변부에서<br>홍색,<br>높은 간섭색 | 직소광 | 2축 / +(−) /<br>70~90° |

# 8장
# 광물의 상태도

보웬(N.L. Bowen, 1982)은 화성암을 단순한 화합물로 가정하고 상태도를 통해 연구하여, 마그마의 결정화작용이나 부분용융 과정을 이해하는 데 크게 공헌했다.

1기압에서 물이 얼음으로 변하는 온도(녹는점, 융점)는 0 ℃, 물이 수증기로 변하는 온도, 즉 끓는점은 100 ℃이지만 압력이 변하면 융점과 끓는점도 달라진다. 예를 들면 높은 산의 정상과 같이 기압이 낮은 곳에서는 100 ℃ 이하에서 물이 끓는다는 사실은 잘 알려져 있다. 이와 같이 얼음·물·수증기라고 하는 물질의 상태가 온도나 압력 등의 변화에 따라 어떻게 달라지는가를 나타낸 것이 상태도(상평형도)이다.

어느 일정한 압력 하에서 물이 얼음으로 변해가는 상황을 생각해보자. 그릇에 넣은 물을 냉동고에 넣어두면, 시간이 지날수록 물의 온도가 내려가 0 ℃ 부근이 되어 얼음이 만들어지기 시작하지만, 모든 물이 얼음이 되기까지는 일정한 시간 동안 동일한 온도(0 ℃)의 상태가 된다. 그리고 모두가 얼음으로 되는 시점에서 다시 온도가 내려가기 시작한다.

이런 현상은 깁스(J. W. Gibbs, 1978)가 열역학적으로 구한 상률

$$F = C + 2 - P$$

로 이해할 수 있다.

이 식에서 F는 자유도, C는 물질을 구성하는 성분의 수, P는 상의 수를 의미한다. 성분(C)는 물의 경우에 물이라고 하는 하나의 성분(1성분)이며, 소금물인 경우에 소금과 물이라고 하는 2성분이 된다. 상(P)은 물질의 3가지 상태인 고체·액체·기체의 상태를 나타내는데, 물의 경우에 3개의 상이 존재한다. 물과 기름의 혼합물이라면 액상만으로도 2상이 된다. 자유도(F)는 물질의 상태를 유지한 채 환경을 변화시킬 수 있는 수(온도·압력·농도)를 나타낸다. 예를 들면 물의 상태도

인 그림 8.1에서 AOC로 둘러싸인 부분(a)는 액체상태의 물이 존재할 수 있는 범위이고, 이 범위 내에서는 온도와 압력이 모두 변할 수 있다. AO곡선(b)에서는 물과 수증기가 공존할 수 있는 범위이며, 압력이 변할 때 온도가 그에 상응하여 변하지 않으면 그 상태를 유지할 수 없다.

점O(c)에서는 물, 수증기 그리고 얼음이 공존할 수 있는 점으로, 특정한 온도 (0.0075 ℃)와 압력(4.58 mmHg)에서만 그 상태를 유지할 수 있다. 이 관계를 상률의 식으로 나타내면, 물의 성분(C)의 수는 1, 상(P)의 수는 (a)의 경우에 액체뿐으로 1, (b)의 경우에 물과 수증기로 2, (c)의 경우에는 물−얼음−수증기로 3이 되므로 각각의 자유도는 다음과 같다.

면 (a)의 경우 F = 1 + 2 − 1 = 2 (온도와 압력)

선 (b)의 경우 F = 1 + 2 − 2 = 1 (온도와 압력 중에서 어느 하나)

점 (c)의 경우 F = 1 + 2 − 3 = 0

앞에서 설명한 냉동고 속에 넣은 물의 변화를 생각해보면, 이 경우에는 압력이 대기압으로 일정하기 때문에 자유도에서 하나를 제거할 수 있다. 즉 F = C + 1 − P 라고 하는 상률의 식이 성립한다.

우선 온도가 높은 물이 아직 액체만의 상태(P=1)에서는 자유도(F=1+1-1)는 1이다. 즉 자유도 1에서 온도가 내려갈 수 있다. 그러나 물에서 얼음이 만들어지기 시작하면, 물과 얼음의 2상이 공존(P=2)하기 때문에 자유도(F=1+1-2)는 0이다. 즉 자유도는 0인 채로 변하지 않는다. 모두가 얼음(P=1)이 되면 자유도(F=1+1-1)는 1이 되어 온도가 내려가기 시작한다.

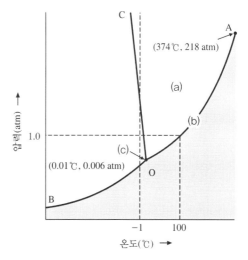

그림 8.1 물의 상태도

## 2 │ 2성분계의 경우

### 1) 공융계(eutectic system)

2성분계의 예로써 휘석(투휘석, Di)과 사장석(회장석, An)의 2성분계가 있다. 이 경우에 압력은 일정(1기압)하고, 온도와 2성분의 혼합 비율이 변화한다. 그림 8.2는 여러 가지 농도의 혼합물을 천천히 가열 또는 냉각시켰을 때의 변화를 온도와 시간의 관계로 나타낸 열분석곡선이다.

순수한 Di의 열분석곡선은 물이 얼음으로 변화하는 경우와 동일한 과정을 나타내며, 고온의 용액(melt)이 냉각하면 1391 ℃에서 Di가 정출을 시작한다. 이때의 성분의 수(C)가 Di의 1, 상(P)의 수가 결정과 용액의 2이므로 상률에 따라 자유도(F=1+1-2)는 0이다. 따라서 모두 액체가 결정으로 변화할 때까지 동일한 온도가 계속되고, 정출이 끝난 이후에 상(P)의 수가 결정 하나밖에 없기 때문에 자유도(F=1+1-1)는 1이 되어 온도가 다시 내려가기 시작한다. 이와 동일한 현상은 순수한 An의 경우에도 일어난다.

한편 두 성분이 여러 비율로 혼합된 용액의 경우는 양상이 달라진다. 예를 들면 Di의 성분이 풍부한 용액(X)이 냉각하면, $T_1$의 온도에서 순수한 Di의 정출이 시작되며 그 정출이 계속되면서 천천히 온도가 내려간다. 이윽고 $T_e$의 온도에 이르면 Di와 An이 동시에 정출한다. 이때 온노는 일성하게 유지된다. 결국 모든 용액이 소모되면 결정만으로 된 집합체가 되어 재차 온도가 내려간다.

이 현상을 상률에서 살펴보면, 이 경우의 성분(C)는 Di와 An으로 구성된 2이

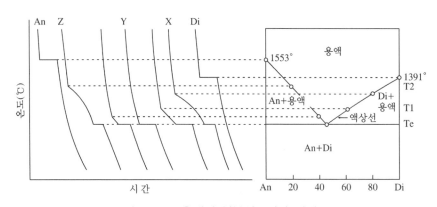

그림 8.2 공융계의 열분석곡선과 상태도

며, $T_1$보다 높은 온도에서는 상(P)=1(용액)이므로, 자유도(F=2+1-1)는 2이다. 그러나 $T_1$에 도달하면 상(P)=용액+고상(Di)이 되기 때문에 자유도(F=2+1-2)는 1이 되어, 물이나 순수한 Di, An의 경우와는 다르게 온도가 하강한다. 다음으로 $T_e$의 온도에서는 상(P)=용액+고상(Di)+고상(An)이 되어 자유도(F=2+1-3)는 0이므로 온도가 변화할 수 없다. 용액이 모두 소모되면 상(P)=고상(Di)+고상(An)이 되므로, 자유도는 다시 1이 되어 온도가 내려가기 시작한다.

이 과정은 An 성분이 풍부한 혼합용액의 경우(용액2)도 거의 동일하며, 최초로 정출하는 결정이 An인 점만이 다를 뿐이다. 그런데 열분석곡선 중에서 순수한 Di나 An과 유사한 곡선을 나타내는 것이 또 하나 있다. 이 혼합용액(Y)은 $T_e$의 온도에 도달하기까지 결정이 없는 용액 그대로이며, $T_e$가 되어서야 비로소 정출이 일어나 Di와 An이 동시에 생성된다. 이 온도에서 2개의 고상과 용액이 공존하여, 자유도(F=2+1-3)는 0으로 온도는 변하지 않는다. 이러한 점을 **불변점**이라 한다. 용액이 없어지면 온도는 다시 내려간다. 이 불변점은 순수한 Di와 An을 제외한 모든 혼합용액이 도달하는 점으로, 2성분의 결정이 동시에 정출한다. 또한 가장 융점이 낮은 점이기 때문에 **공정점**(共晶点) 또는 **공융점**(共融点)이라고 부른다. 이러한 공융점을 갖는 계를 **공융계**라 한다. 이 공융계의 상태도에 있어서 각각의 혼합용액으로부터 결정이 정출하기 시작하는 점을 연결하여 생기는 곡선을 **액상선**이라 한다.

그림 8.2에서 An이 풍부한 용액(Z)이 $T_2$의 온도에서 처음으로 정출하기 시작한 사장석은 자형의 커다란 결정으로 성장한다(PL1). 그 후 $T_e$ 온도의 공융점에 도달하면 사장석과 휘석이 동시에 정출하기 시작하여 PL1 결정 주위에 눈사람을 만들듯이 사장석이 성장하고(PL2), 이 사장석 사이를 채우는 형태로 사장석(PL2)과 휘석(PX)이 동시에 정출한다(그림 8.3).

혼합용액(Y)의 경우는 Te의 공융점에서 처음으로 휘석과 사장석이 동시에 정출하기 때문에 자형의 커다란 사장석 결정을 찾아볼 수 없다. 이 경우에 2결정이 차지하는 비율은 앞의 예와 비교할 때 휘석이 풍부하다. 사장석과 감람석의 경우도 동일한 공융계의 관계를 갖는다. 이와 같은 혼합용액이 공융점에서 천천히 결정화되면 오피틱 조직이 형성된다. 또한 석영과 알칼리 장석도 공융계의 관계를 가지며, 이 경우에 공융점에서 결정화되면 문상조직이 형성된다. 휘석 성분이 풍

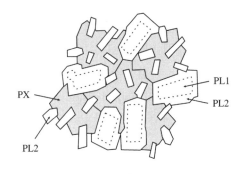

(a) 사장석(An)성분이 풍부한 용액 (Z)의 결정화작용 시 만들어진 오피틱 조직

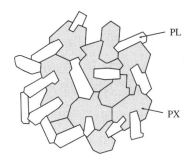

(b) 공융점의 조성을 갖는 용액 (Y)의 결정화작용 시 만들어진 조직

그림 8.3 공융계의 결정작용으로 만들어진 조직

부한 용액(X)이 천천히 결정화되면 자형의 휘석 주변을 사장석이 채우는 조직이 형성 된다.

## 2) 고용체(solid solution)

2성분계 상태도의 기본형인 또 하나의 예는 완전히 녹아있는 용액에서 뿐만 아니라 결정화되어 종료된 후에도 완전히 혼합된 1상의 고용체결정을 만드는 경우이다.

그림 8.4는 1기압에서 사장석의 온도 조성을 나타낸 상태도로 종축에 온도, 횡축에 2성분의 농도변화이다. 여러 가지 농도의 용액에서 결정이 만들어지기 시작

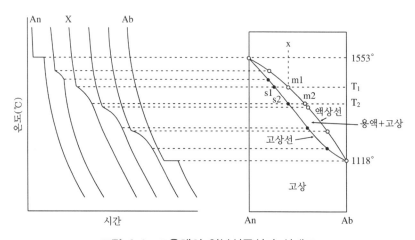

그림 8.4 고용체의 열분석곡선과 상태도

하는 온도를 연결한 **액상선**은 위로 볼록한 곡선으로 그려진다. 또한 이 상태도에서 각 용액의 결정화가 종료되는 온도를 연결한 아래쪽으로 볼록한 곡선을 **고상선**이라 부른다. 고상선의 아래쪽은 고용체로 이루어진 1상의 고체, 액상선과 고상선으로 둘러싸인 부분은 용액과 1상의 고체가 공존하는 영역, 액상선보다 위쪽은 용액만의 영역이다.

순수한 단성분인 조장석(Ab, $NaAlSi_3O_8$)과 회장석(An, $CaAl_2Si_2O_8$)성분의 용액은 각각 1118 ℃, 1553 ℃에서 정출을 시작하여 일정 시간동안 온도의 변화가 없으며, 결정화가 완전히 끝나면 다시 온도가 내려간다. 한편 2성분이 혼합된 용액은 결정화가 시작되면 열분석곡선의 경사는 완만해지고, 결정화가 완전히 끝나면 급격한 곡선으로 되돌아온다. 이 경우에 앞에서의 공융계와 다른 점은 결정화가 끝나면 온도가 공융점과 같은 동일한 최저점을 만들지 않고 용액에 의해 그 종료온도가 변화하는 것이다.

이 사장석이 결정화되는 과정은 다음과 같다. 단, 이 경우에도 압력은 일정하다고 가정한다. Ab와 An이 임의의 비율로 혼합된 용액(X)의 경우에 관해서 상률을 살펴보면, 성분(C)의 수는 An과 Ab의 2이고, 상(P)은 균질하게 녹아있는 용액 1이므로, 자유도는 2가 되고, 온도와 농도 또는 그 어느 쪽이 변해도 균질한 용액으로 존재가 가능하다. 그러나 $T_1$까지 온도가 내려가 액상선에 부딪치면 결정이 정출하기 시작하여, 상(P)=용액+고체가 되므로 자유도는 1이다.

지금 고온의 용액이 냉각되면서 일어나는 결정화작용을 살펴보고 있기 때문에, 자유도의 변수는 온도이다. 따라서 농도의 자유도는 당연히 고정된다. 온도가 내려감에 따라 고상의 양은 증가하고, 농도는 Ab가 풍부해져 간다. 한편 용액은 감소하면서 Ab의 농도가 증가해간다. 정출하는 결정은 온도가 내려가면서 눈사람이 커지는 방식으로 커져가고, 동시에 결정 전체의 농도도 변해가게 된다. 따라서 성장해가는 결정은 외측뿐만 아니라 내부에까지 농도가 변해야 한다.

계속하여 온도가 하강함에 따라 용액은 m2, 고상은 s2까지 변해가며 s2에 이르면 용액은 모두 소모되고, s2에서는 최초 용액과 동일한 농도의 균질한 고상이 형성된다. 이후에 고상의 농도변화는 일어나지 않고 온도만 내려간다.

위와 같은 성분변화는 감람석에서도 나타나는데, 마그네슘 감람석(Fo, $Mg_2SiO_4$)과 철감람석(Fa, $Fe_2SiO_4$) 사이의 고용체 관계를 그림 8.5와 같이 설명할 수 있다.

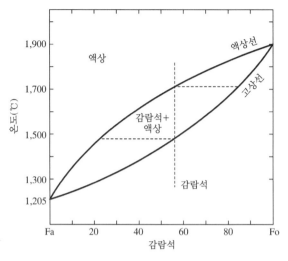

그림 8.5  감람석의 고용체 관계

　실제로 사장석 결정은 외측만 액체와 평형상태로 공존하며, 내부는 처음의 농도로서 잔존하는 경향이 강하다. 왜냐하면 고체 결정 내에서 원자의 확산이 지극히 느리기 때문에 균질한 농도의 결정이 만들어지기 어렵기 때문이다. 따라서 많은 경우에 동심원상으로 조성이 불균질한 누대구조가 만들어진다.

　누대구조는 온도, 압력, 조성의 급격한 변화 등에 의해 생기는 것으로 생각되어 왔으나, 마그마 혼합과 같은 다른 원인도 논의되었다. 그림 8.7은 누대구조를 가진 사장석의 An함량을 나타낸 예이다. 여기서 중심부와 끝 부분의 파동 모양은 마그마 액과 고체가 평형을 이루지 못한 상태이며 An함량이 감소하는 곡선 하나가 광물에서 하나의 띠를 이룬다. An함량이 감소하다 갑자기 An함량이 높아지는 역전은 다른 마그마의 혼합으로 해석할 수 있다.

그림 8.6  사장석의 누대구조

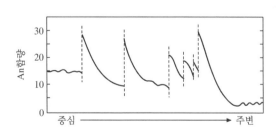

그림 8.7  사장석 누대구조에서의 An 함량변화

### 3) 2성분계 반응계(peritectic system)

2성분계에서 정출된 고상상태에서 반응관계를 갖는 경우로 감람석(Mg₂SiO₄)-실리카 광물(SiO₂)계가 있다. 이 계의 상태도에서는 2성분 사이에 휘석(엔스타타이트, MgSiO₃)이 제3의 상으로서 존재한다(그림 8.8).

이 상태도에서 용액의 성분이 a인 경우는 공용계인 그림 8.2에서와 같이 변화한다. 즉 온도가 하강하면 고온의 실리카 광물인 크리스토발라이트(b)가 형성되어 e로 성분이 변해가고, 용액은 c를 향해 변해간다. 용액은 e의 온도(1543 ℃)에서 공용점 c에 도달하고 이 온도에서 엔스타타이트와 크리스토발라이트가 동시에 정출하기 시작하여, 용액이 모두 없어질 때까지 계속된다. 용액이 모두 소진되면 온도가 내려가는데 1470 ℃에 이르면 크리스토발라이트는 트리디마이트로 상이 전이되며, 이후에는 온도만 하강한다.

2성분계 반응계(peritectic system)의 예로 용액(f)가 결정화되는 과정은 다음과 같다. 온도가 하강하여 1800 ℃에 이르러 액상선과 부딪치면(g) 순수한 감람석(h)이 정출하기 시작한다. 온도가 내려감에 따라 감람석의 양은 증가하고, 용액의 성분은 액상선을 따라 반응점 i를 향해 변화한다. 1557 ℃에 도달하는 순간은 감람

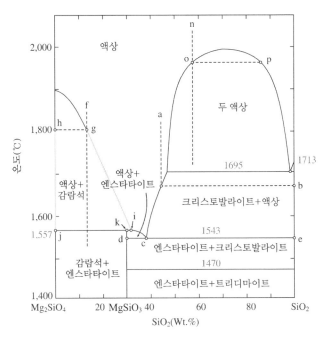

그림 8.8  1기압 하에서 감람석-실리카 상평형도(Bowen and Anderson, 1914)

석 결정과 용액의 2상만 존재하지만, 이 온도에서

$$감람석(j) + 용액(i) \rightarrow 휘석(k)$$

이라고 하는 반응이 일어난다. 이 경우에 압력이 일정하다면 상(P)은 용액+감람석+휘석으로 3이 되므로, 자유도(F=2+1-3)는 0이다. 이 온도에서 감람석 결정이 용액의 양보다 많기 때문에, 용액 전부가 소모될 때까지 휘석을 생성해도 감람석이 남는다. 최종적으로 감람석(j)과 휘석(k)으로 구성된 결정 집합체가 된 후, 온도가 내려가기 시작하여 상온에 이른다.

점 i에서 최초의 고상이던 감람석 결정 바깥부분과 인접한 용액 사이에 반응이 일어나는데, 생성된 휘석은 감람석을 둘러싸듯이 성장하므로, 이 반응을 **포정반응**이라 부른다. 그리고 이 반응이 일어나는 i점을 **포정점** 또는 간단히 **반응점**이라 부른다.

그림 8.9에서 용액의 성분이 휘석(k)과 같은 성분(l)이라면, 온도가 하강하여 액상선과 만나는 점 w에서 감람석을 정출하고 포정점(i)에 도달한다. 1557 ℃인 점 (i)에서 먼저 정출한 감람석과 용액이 모두 반응하여 휘석(k)을 만들고, 반응이 끝나면 온도가 하강한다. 휘석(d)과 포정점(i) 사이의 화학조성을 가진 용액(X)의 경우를 살펴보자. 온도 y에 도달하면 감람석이 정출하기 시작하고(점 x), 용액의 조성은 포정점(i)을 향해 변해간다. 포정점(i)에서 감람석과 용액 사이에 반응이 일

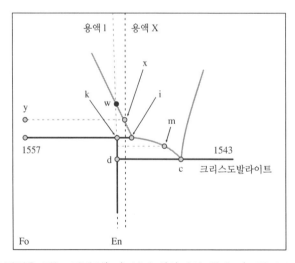

그림 8.9  포정점을 갖는 감람석(Fo)−실리카(Q)계의 상태도(그림 8.8의 부분 확대)

어나 휘석이 정출하지만, 이 경우는 감람석보다도 용액의 양이 많아 감람석이 용액과 반응하여 감람석 모두가 없어져도 용액은 남게 된다. 이 온도에서 상(P)의 수는 2(용액과 휘석)가 되므로 자유도(F=2+1-2)는 1로서 온도가 내려가기 시작한다.

이때부터는 공융계의 2성분계 상태도와 같다. 즉 온도가 내려가면서 새로운 휘석이 정출하기 시작하면서 용액의 조성은 공융점(c)을 향해 변하고, 공융점에 도달하면 휘석과 실리카 광물(크리스토발라이트)이 동시에 정출한다. 이 온도가 유지되면서 용액 모두가 소모되고, 최종적으로는 휘석과 실리카 광물의 두 고상만 남고 다시 온도가 내려가서 상온에 이른다.

포정점을 갖는 암석의 조직은 그림 8.10과 같다. 포정점에서 감람석은 용액과 반응하여 휘석을 정출시킨다. 감람석은 외곽에서부터 융식되어 휘석으로 변해간다. 이론적으로는 모든 감람석이 사라져 버리지만, 실제로는 이 반응이 완전히 일어나기는 어렵다. 왜냐하면 사장석의 상태도에서와 마찬가지로 감람석 결정 내부까지 용액과 반응하여 휘석으로 변하기까지는 상당한 시간과 에너지가 필요하기 때문에, 자연에서 이 반응은 불완전하게 종료되는 경우가 많다. 그 결과, 융식을 받아 불규칙한 형태를 나타내는 감람석 주위를 휘석이 둘러싸면서 성장하고 있다. 이것이 반응연이다.

용액의 조성이 X인 경우에 포정반응이 완료되어 온도가 내려가면 새로운 휘석이 정출하게 된다. 이와 동시에 포정반응으로 생성된 휘석을 새로운 휘석이 감싸고 더욱 성장한다. 공융점 c에 도달하면 휘석과 실리카 광물이 동시에 정출하는데, 실리카 광물은 소량이다. 포정반응으로 융식을 받은 감람석은 커다란 휘석에 둘러싸인 포이킬리틱 조직이 형성된다.

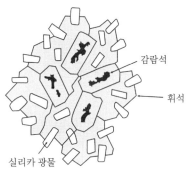

감람석

휘석

실리카 광물

그림 8.10 포정반응에 수반된 정출작용으로 형성된 암석조직

그림 8.11은 그림 8.8에서 휘석과 실리카 광물 사이의 솔브스 곡선(solvus curve)의 부분을 확대한 것이다. 화학성분이 n인 용액이 온도가 내려가 1980 ℃에서 둥근 형태의 액상선(솔브스)과 만나면 용액은 o와 p의 두 성분으로 용리(exsolution) 된다. 용리라는 용어는 고체가 부분적으로 녹아 각각의 성분으로 분리되는 현상을 말하는데, 여기서는 액체가

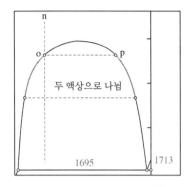 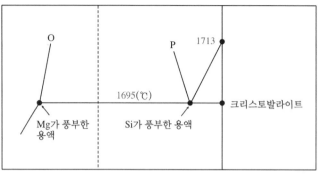

**그림 8.11  그림 8.8에서 솔브스 부분만 확대**

분리된다는 의미로 사용한다. 분리되어 서로 섞이지 않은 용액을 불혼화액(immiscible liquids)이라 한다. 이때 상의 수는 2이므로 자유도(F=2-2+1)는 1이 된다. 분리된 두 용액 모두 온도에 대한 함수로, 온도가 내려가면 솔브스 곡선을 따라 양쪽으로 내려간다. 즉 용액 o는 Mg가 많아지고, p는 실리카가 더 풍부해진다. 실리카가 풍부한 용액은 1695 ℃에서 공융점에 도달하여 크리스토발라이트를 정출한다. 크리스토발라이트의 정출로 3상이 공존하게 되어 자유도(F=2+1-3)는 0로서, 불연속반응(실리카 풍부한 용액→Mg 풍부한 용액+크리스토발라이트)에 의해 실리카가 풍부한 용액이 완전히 소모되어 반응이 종료될 때까지 온도는 유지된다. 불연속반응이 종료되고 온도가 더욱 내려가면 그림 8.8의 a용액과 동일한 경로로 정출작용이 일어난다.

### 4) 알칼리 장석계

이 계는 정장석($KAlSi_3O_8$)과 조장석($NaAlSi_3O_8$)을 단성분으로 하며 고용체와 솔브스가 결합된 복잡한 2성분계이다. 이 계는 그림 8.12와 같이 압력조건, 즉 수증기압($P_{H_2O}$)에 따라 다르게 나타난다. 압력이 증가하면 액상선과 최저점의 온도는 낮아진다.

이 상평형도를 가장 쉽게 이해할 수 있는 것은 2 kb의 경우이다[그림 8.12(b)]. 이 계는 고온부에서 두 개의 고용체 곡선이 최소점에서 서로 만나는 형태를 가지며, 고체영역 내에 솔브스(Solvus)라고 불리는 곡선이 존재한다. 솔브스는 공존하는 장석 쌍의 성분을 나타내는 점들을 연결한 곡선이다. 다르게 표현하면 하나의

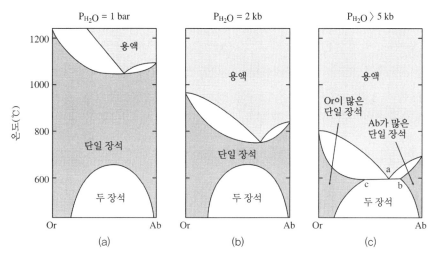

그림 8.12 압력에 따른 알칼리 장석 상평형도의 변화[a, b: after Bowen and Tuttle(1950), J. Geol, c: after Morse (1970) J. Petrol]

고체 장석이 둘 성분으로 나뉘는 점을 서로 연결한 곡선이다. 솔브스의 상부에서는 조장석과 정장석 사이에 완전한 고용체가 존재한다. 그러므로 고상선과 솔브스 사이의 영역에는 하나의 장석 고용체가 안정하다. 그러나 솔브스 안쪽, 즉 서브솔브스에서는 두 개의 장석이 안정하다.

그림 8.13에서 Or 70 %와 Ab 30 %의 혼합용액 a는 정출작용을 하면, 고용체의 전형적인 온도하강 경로를 따른다. 온도가 내려가 c에서 액상선을 만나면서 Or가 풍부한 장석 b(Ab$_7$Or$_{93}$)가 만들어지기 시작한다. 용액과 결정이 반응하면서 결정과 용액의 성분은 둘 다 최저점 f를 향해서 변화한다. 그러나 결정이 초기용액의 성분인 d(Ab$_{30}$Or$_{70}$)에 도달하면 용액이 모두 소모된다. 단일 장석은 고체 상태로 온도가 계속 내려가면 솔브스 g에 도달하고 여기에서 하나의 장석이 두 종류의 장석으로 분리된다. 이 경우, 보다 큰 정장석에서 조장석이 빠져나와 정출되면 정장석

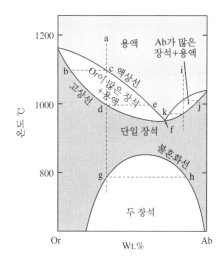

그림 8.13 1 kb에서 Ab-Or 상태도 (Bowen and Tuttle, 1950, J. Geology)

바탕에 조장석의 가느다란 띠를 가진 퍼사이트가 만들어진다.

만일 용액의 초기성분에 Ab가 많으면(그림 8.13에서 용액 i의 경우) 조장석 바탕에 용리된 정장석이 엽상구조(lamellae)로 발달되어 안티퍼사이트를 형성한다. 그림 8.13에서 g와 h는 동일 온도에서 평형상태로 공존하는 두 장석을 나타낸다. 두 용리된 장석은 온도가 하강함에 따라 고용체와 같이 평형을 이루며 성분이 변해간다. 용리작용은 온도, 냉각률, 결정의 미세구조 특징 등이 효과적인 이온이동을 허용하는 한 계속된다.

그림 8.14에서처럼 수증기압이 5kb 이상이 되면, 고용체 영역이 솔브스와 교차하는 정도까지 온도가 하강되어 공용점에 도달하게 된다. 이 계가 정출작용을 시작하면 용액으로부터 두 알칼리 장석을 직접 정출하게 되고, 그 후 소규모의 용리작용을 수반한다. 이 상태도를 통해 퍼사이트와 안티퍼사이트 생성을 이해할 수 있을 뿐만 아니라, 장석질암의 정출작용 조건을 식별하는 데도 도움이 된다.

$Ab_{49}Or_{51}$인 용액이 온도가 내려감에 따라 정출하는 과정은 다음과 같다. 700 ℃에 정장석이 정출하기 시작하여 600 ℃까지는 고용체 관계를 유지하며 정출작용이 진행된다. 공용점에 도달하기 직전인 600 ℃에서 $Ab_{40}Or_{60}$인 장석과 $Ab_{68}Or_{32}$인

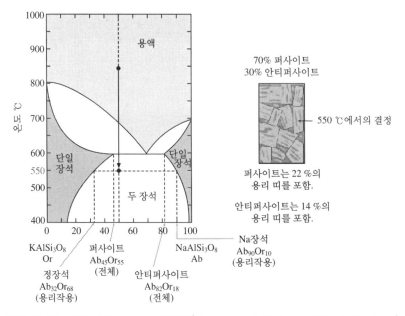

그림 8.14  5kb에서 Ab-Or 상태도(Bowen and Tuttle, 1950, J. Geology)

용액이 공존한다. 즉 68 %의 고체결정과 32 %의 액체로 구성되어 있다. 공용점인 595 ℃에서 사장석이 정출되기 시작하면, 상의 수는 3(정장석, 사장석, 용액)이 되어 자유도(F=2−3+1)는 0으로 온도변화 없이 정장석과 사장석이 정출하여 용액을 모두 소모한다. 공용반응이 끝난 시점에서 정장석($Ab_{45}Or_{55}$)은 89 %, 사장석($Ab_{82}Or_{18}$)은 11 %를 차지한다.

공용반응이 끝나면 온도가 내려가기 시작하고 각각 솔브스 곡선을 따라 용리현상이 일어난다. 정장석쪽 솔브스를 따라서는 먼저 정출한 정장석에서 사장석 성분이 부분적으로 녹아나와 가느다란 사장석 띠를 만들어 퍼사이트가 형성된다. 사장석쪽 솔브스를 따라서는 사장석에서 정장석 성분이 빠져나와 안티퍼사이트를 형성한다. 그림 8.14에서 550 ℃에 이르면 70 %의 퍼사이트와 30 %의 안티퍼사이트가 형성되며, 또한 퍼사이트 내부에는 22 %의 사장석 용리의 띠를 포함하며 안티퍼사이트 내부에는 14 %의 정장석 띠가 만들어진다. 반응이 모두 완료되면 퍼사이트(전체 $Ab_{45}Or_{55}$) 89 %, 안티퍼사이트(전체 $Ab_{82}Or_{18}$) 11 %로 구성된 암석이 만들어진다.

Tuttle과 Bowen(1958)은 단일 (퍼사이트질)장석을 포함하고 지하 심부에서 형성되는 장석질암에 대해 하이퍼솔브스(hyper-solvus)라는 용어를 사용했다. 이런 암석은 위의 상 관계로부터 낮은 유체압(혹은 높은 온도)에서 형성되었음을 시사한다. 서브솔브스(subsolvus) 장석질 심성암은 두 알칼리 장석(사장석과 정장석)이 함유되는 것이 특징인데 상평형도에서 알 수 있듯이 높은 유체압 혹은 낮은 온도에서 형성된 암석이다. 또한 심성암에서 류사이트가 일반적으로 산출되지 않는 것은 높은 수증기압 하에서 류사이트 영역이 현저하게 감소하기 때문으로 해석된다.

## 3 ▌ 3성분계의 경우

### 1) 3성분계 공용계(cotectic curve)

3성분계의 상태도는 압력이 일정하다는 가정에서 그림 8.15와 같이 3차원으로 나타낼 수가 있다. 이때 3성분 A, B, C는 모두 공용계의 경우이며, 3성분을 나타내는 정삼각형에 압력이 고정된 상태에서 온도를 축으로 한 삼각주이다. 또한 이 3성분계의 상 관계를 이해하기 쉽게 하기 위하여, 삼각주의 고온 측에서 **액상면**을 바닥면에 투영했다. 투영된 삼각형에는 액상면과 그 곡면상의 등온선(점선), 액상면이 교차되는 골짜기를 만드는 **액상경계면**(실선), 액상면 내에서 가장 온도가 낮은 공용점(흑점)이 나타난다. 액상경계선으로 둘러싸인 영역은 초상영역(初相領域)이라 부른다. 예를 들면 A의 초상영역 내에 있는 용액 L이 1의 액상면과 부딪치면, 최초로 A가 정출한다. 이때의 상률은 3성분계(C=3)이고, 상 P는 용액과 고상 A이므로 자유도(F=3+1−2)는 2이다. A를 정출시키면서 온도는 내려가고 용액의 조성은 1에서 이동하여 2의 액상경계면과 부딪치면, A와 동시에 B도 정출하기 시작하여 상 P는 용액+고상A+고상B가 된다. 따라서 자유도(F=3+1−3)는 1이다. 계속해서 온도가 내려가 3의 공용점에 도달하면 결정 A, B와 함께 C가 정출하기 시작하고, 상 P는 용액+고상A+고상B+고상C가 되므로 자유도(F=3+1−4)는 0이다. 모든 용액이 소모될 때까지 온도는 내려가지 않는다.

결정화 작용을 통해 형성되는 조직의 예는 그림 8.16과 같다. 최초로 정출하는 A는 온도가 천천히 내려간다면 보다 크고 자형의 결정이 만들어질 것이고(A₁), 최후에 정출하는 C는 이미 정출한 결정들의 틈새를 메우는 타형 결정이 되는 경향이 있다. 이러한 타형의 예로서 화강암 내의 석영이나 알칼리 장석이 있다.

3성분계에 대한 실험암석학적 예로서 회장석(An)-투휘석(Di)-감람석(Fo)의 상

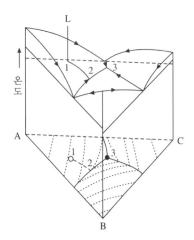

그림 8.15  3성분계의 상태도 (Bard, 1980)

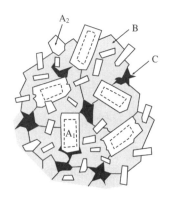

그림 8.16  3성분계의 결정화작용으로 만들어진 조직

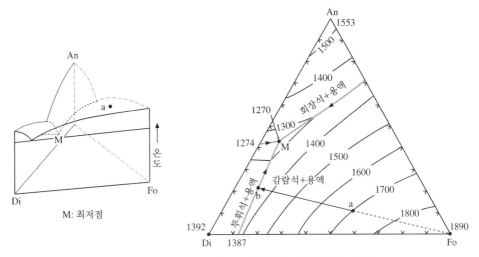

그림 8.17 An-Di-Fo의 대기압에서 3성분계 상평형도

평형도가 잘 알려져 있다(그림 8.17). 용액의 성분이 $Di_{36}An_{10}Fo_{54}$인 a는 1700 ℃ 이상에서는 하나의 액체상이다. 압력이 고정된 상태에서 성분수는 3, 상의 수는 액체 1이므로 자유도(F=3-1+1)는 3이다.

온도가 하강하여 용액이 상평형도의 곡면에 나타나는 점 a(1700 ℃)는 감람석 영역이므로 순수한 감람석(Fo)이 정출된다. 여기서 a는 용액의 초기성분을 나타내며 동시에 처음 결정이 형성되는 지점을 나타낸다.

온도가 내려감에 따라 연속반응(용액1→감람석+용액2)은 꼭짓점 Fo와 a지점을 잇는 직선을 따라 a→b로 진행한다. 반응이 진행되면 감람석이 정출되어 용액1에서 제거되므로 용액1의 Fo성분은 감소하고, 용액2는 Ca와 Al성분이 더 많아지게 된다. 지점 b(대략 1350 ℃)는 2성분계의 공융점에 해당하며, 여기에서 투휘석(Di)이 정출되기 시작한다. 여기에서 상의 수는 3으로 늘어나 자유도(F=3-3+1)는 1이 되어 변수는 온도 하나이다. 온도가 하강하면서 지점 b에서 반응(용액2→용액3+투휘석+감람석)은 최저점인 M(3성분 공융점)으로 진행된다. 지점 M(1270 ℃)에서 세 광물이 모두 정출되면 상의 수는 모두 4이다. 따라서 자유도(F=3+1-4)는 0으로 온도변화 없이 용액이 모두 소모될 때까지 반응이 진행된다.

## 2) 포정반응을 포함하는(peritctic curve) 3성분계

그림 8.18은 감람석(Fo)-회장석(An)-실리카(Qz)의 3성분계에서 공용곡선(cotectic

curve)과 포정곡선(peritectic curve)을 포함하는 상태도이다. 삼각형 좌우의 An-Fo
와 An-Qz는 공융계이며, 밑변에 해당하는 Fo-Qz는 중간에 휘석(En)을 포함하는
포정반응계(peritctic system)이다. An-Qz계의 공융점은 1368 ℃이며, 52 %의 An
을 포함한다. 초기용액의 화학조성이 어느 작은 삼각면상에서 출발하느냐에 따라
종료지점이 달라진다. 즉 삼각면 En-An-Qz에서 출발한 용액은 3성분계 공융점에
서, 삼각면 Fo-En-An에서 출발한 용액은 3성분계 반응점(포정점)에서 종료한다.

그림 8.19에서 초기용액 X(Fo$_{66}$An$_{12}$Qz$_{22}$, 삼각면 Fo-En-An 내부)가 1600 ℃에
서 냉각되어 처음으로 정출하는 광물은 감람석이다. 이때 상의 수는 2(감람석과
용액)이므로 자유도(F=3+1−2=2)는 2이다. 온도가 하강함에 따라 순수한 Fo와
X를 잇는 연장선을 따라 연속반응(용액1=Fo+용액2)은 X1로 진행한다. 포정곡선
위의 X1에 도달하면 먼저 정출한 감람석과 용액이 반응하여 휘석이 정출하기 시
작한다(초기용액이 포정곡선보다 감람석 쪽에 있음을 유의해야 한다). 여기서 상
의 수는 3이며(감람석, 휘석, 용액) 자유도는 1이므로 용액은 반응곡선을 따라 P

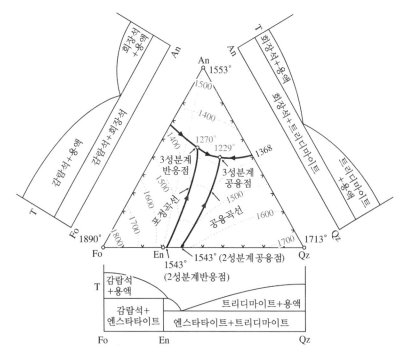

**그림 8.18** 1기압에서 감람석-회장석-실리카 3성분계의 공융곡선과 포정곡선
[Anderson (1915) A. J. Sci., and Irvine (1975) CIW Yearb. 74]

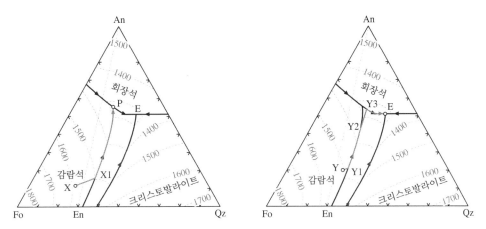

그림 8.19　An-Fo-En면에서의 용액 X와 An-En-Qz면에서 용액 Y의 반응 경로

로 이동한다. 경로 X1→P는 용액에서 감람석과 휘석이 동시에 정출되는 공융곡선이 아니므로, 휘석을 생성하기 위해 감람석과 용액이 계속 소모된다. 온도가 계속 하강하여 지점 P(1270 ℃)에 도달하면 회장석(An)이 정출하기 시작한다. 즉 4상(An+En+Fo+용액)이 얻어지면 자유도는 0이 되므로, 용액이 완전히 소모될 때까지 반응(용액+Fo=En+An)이 일어난다. 반응이 완료되는 P(1270 ℃)에서 생성된 암석은 14 %의 감람석, 74 %의 휘석 그리고 12 %의 회장석으로 구성된다.

초기용액 $Y(Fo_{53}An_{20}Qz_{27})$는 작은 삼각형 An-En-Qz 내에서 정출을 시작한다. 온도가 하강하여 1500 ℃에 이르면 감람석이 정출되기 시작하여 Y1로 이동한다. 포정곡선 위에 놓인 Y1에서 먼저 정출한 감람석과 용액이 반응하여 휘석을 생성시킨다. 포정곡선을 따라 Y1에서 Y2로 이동하며 감람석을 계속 소모하며, Y2에 이르면 감람석은 모두 소모되고 용액만 남는다. 남은 용액은 Y1-Y2의 연장선을 따라 Y3(3성분계 공융선)으로 이동한다. Y3에서 용액으로부터 회장석과 휘석이 동시에 정출되면서 3성분계 공융점 E(1229 ℃)에 이른다. E에 도달하며 실리카 광물이 정출하여 상의 수는 4(휘석, 회장석, 실리카 광물, 용액)이므로 자유도는 0이다. 따라서 용액이 완전히 소모될 때까지 온도는 고정된다. 반응이 완료되는 E에서 생성된 암석은 76 %의 휘석, 20 %의 회장석, 4 %의 실리카 광물로 구성된다.

이외에 An-Fo-Qz 성분계에서 예상되는 반응경로 3가지($A_1$, $B_1$, $C_1$)를 그림 8.20에 나타냈다.

지금까지 언급한 5가지 반응경로의 시작점과 종료점 그리고 초기성분과 최종

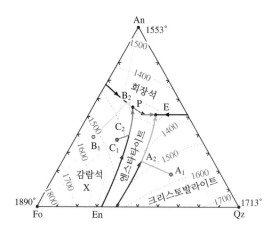

그림 8.20 An-Fo-Qz 성분계에서 예상되는 반응경로

표 8.1 초기용액과 최종 정출결정의 비율

| 시작점 | 초기용액조성 | 최종결정 비율(%) | 종료점 |
|:---:|:---:|:---:|:---:|
| X | $Fo_{66}An_{12}Qz_{22}$ | 14Fo, 74En, 12An | P |
| Y | $Fo_{53}An_{20}Qz_{27}$ | 76En, 20An, 4Qz | E |
| $A_1$ | $Fo_{24}An_{19}Qz_{57}$ | 19An, 47Qz, 34En | E |
| $B_1$ | $Fo_{54}An_{36}Qz_{10}$ | 31Fo, 36An, 33En | P |
| $C_1$ | $Fo_{40}An_{40}Qz_{20}$ | 37An, 3Qz, 60En | E |

산물을 표 8.1에 정리했다.

### 3) 고용체를 포함하는 3성분계(Di-Ab-An)

3성분계에서 현무암에 대응하는 계가 투휘석(Di)-조장석(Ab)-회장석(An) 상평형도이다(그림 8.21). 이 계에서 Ab-An의 두 성분 사이에는 완전한 고용체 관계이며, Di-An 사이는 공융계이다. Di-Ab 사이에는 반응 시 약간의 Al과 Ca를 교환하기 때문에 완전하지는 않지만 여기서는 공융계로 취급한다.

그림 8.22는 투휘석(Di)-조장석(Ab)-회장석(An)계 액상면을 위에서 내려다 본 평면도로, 공융곡선은 Di-An계의 공융점(1274 ℃)에서 Di-Ab계의 공융점(1133 ℃, $Ab_{91}Di_9$)으로 이어진다. 등온선은 용액의 온도이며, 사장석의 경우 고용체이기 때문에 고상선은 보이지 않는다. 공융곡선과 An-Ab면을 연결하는 4개의 점선은 용

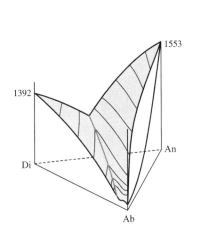

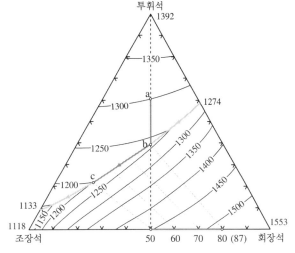

**그림 8.21**  1기압에서 Di-Ab-An계 액상면의 입체모식도[Morse(1994)]

**그림 8.22**  1기압에서 Di-Ab-An계 액상면의 평면도 1[Morse(1994)]

액과 공존하는 사장석의 성분을 나타낸다.

용액 a가 냉각하면 1300℃에서 투휘석(Di)이 정출하기 시작한다. 이때 상의 수는 2(용액+고체)이므로 자유도(F=3+1−2)는 2이고, 용액은 액상면에 놓여있기 때문에 온도가 내려가면 Di-a의 연장선을 따라 b로 진행한다(용액1→Di+용액2). 공용곡선 위의 지점 b(1230℃)에서 사장석의 정출이 시작된다. 이때 상의 수는 3(Di, 사장석, 용액)이고 자유도(F=3+1−3)는 1이다. 지점 b에서 사장석의 조성은 연결된 점선을 따라 읽으면 An80이다. 온도가 내려감에 따라 용액의 조성은 공용곡선을 따라 지점 b에서 c까지 변화한다. 지점 c(약 1200℃)에서 사장석의 조성은 An50이며, 3개의 상 Di, 용액 a, An50은 일직선상에 놓인다. 따라서 지점 c에서 모든 용액이 소모되어 정출작용은 종료된다.

그림 8.23에서 용액 d는 1420℃에서 액상면과 만나 사장석을 정출하는데, 이 사장석 조성은 대략 $An_{87}$이다. 온도가 내려감에 따라 용액은 d에서 e로 변화하고 (용액1+사장석1=용액2+사장석2), 1230℃가 되면 e에 도달하여 휘석이 정출된 다. e점은 주변의 점선(공용곡선과 사장석의 연결선)을 통해 구할 수 있으며, e지 점과 d를 연결하면 사장석 만나게 된다(그림에서 백색 점). 용액이 d에서 e로 변 하는 동안 사장석의 성분도 An87에서 An75로 변화하는데, 사장석과 공존하는 용액 은 반드시 d를 지나기 때문에 경로 d-e는 곡선을 이룬다(그림 8.24).

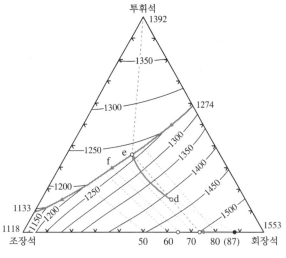

**그림 8.23** 1기압에서 Di-Ab-An계 액상면의 평면도 2[Morse(1994)]

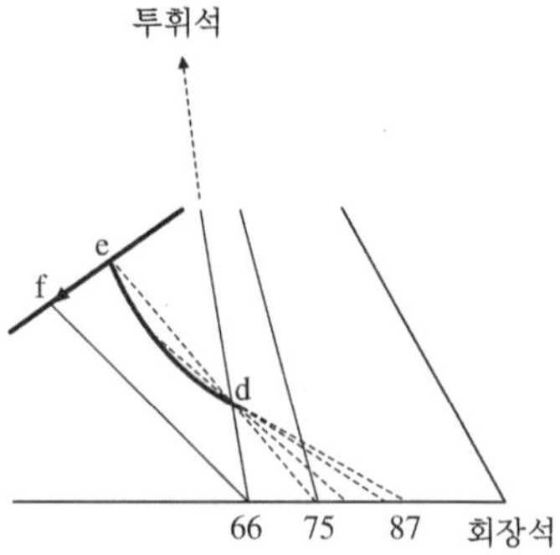

**그림 8.24** 그림 8.23의 부분 확대

온도가 내려가면 용액은 연속반응(용액2+사장석2＝휘석+용액3+사장석3)에 의해 e에서 f로 이동하면 용액이 모두 소모되어 반응이 종료된다. f에서 사장석의 조성은 An66이며, 이 조성은 Di-d의 연장선에 놓인다.

### 4) 솔브스를 포함하는 3성분계(Or-Ab-An)

솔브스를 포함하는 3성분계를 온도를 축으로 하여 입체적으로 그리면 다소 복잡하게 보이지만, 각각의 면은 솔브스(Ab-Or)계, 공융계(Or-An), 고용체(Ab-Ab)를 나타낸다(그림 8.25). 그림에서 액상면과 솔브스의 표면은 줄무늬로 표시하고, 음영이 들어간 부분은 고상면을 나타낸다. 실선 e-c는 최저 공융곡선이며, a-b곡선은 용액과 공존하는 고상을 연결한 선이다. 점선으로 연결된 x-y-z는 어느 일정한 온도에서 공존하는 사장석-정장석-용액을 나타낸다.

그림 8.26은 Or-Ab-An 3성분계를 일정한 온도에서 용액과 공존하는 장석을 보여주는 삼각도이다. 900 ℃에서는 공융곡선상의 용액 z와 두 장석(x, y)이 곡선 a-b를 따라 공존한다. 온도가 하강하면 x-y간격이 더 멀어지고, 600 ℃에 이르면 두 장석이 공존하지 않는 영역도 발생한다.

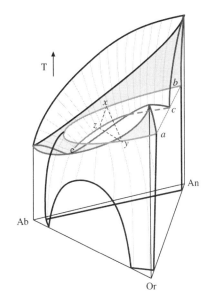

그림 8.25 Or-Ab-An 3성분계 입체
모식도[Carmichael et al. (1974)]

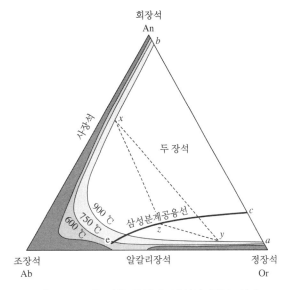

그림 8.26 온도별 용액과 장석의 공존 상태
[Winter (2010)]

## 2부 연습문제

**2.1** 그림은 편광현미경으로 암석 박편을 관찰하는 모습을 나타낸 모식도이다.

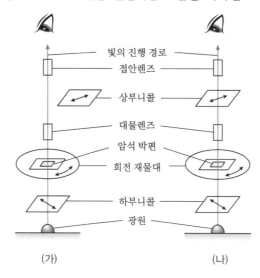

(가)                    (나)

이에 대한 설명으로 옳은 것을 <보기>에서 모두 고른 것은?

---
<보 기>

ㄱ. (가)에서는 간섭색을 관찰할 수 있다.
ㄴ. (나)에서 암석 박편을 빼내면 밝은 빛이 관찰된다.
ㄷ. 암석 박편의 금속 광물은 (가), (나) 모두에서 검은색으로 관찰된다.

---

① ㄱ          ② ㄷ          ③ ㄱ, ㄴ          ④ ㄴ, ㄷ          ⑤ ㄱ, ㄴ, ㄷ

**2.2** 표 (가)는 주요 조암 광물의 육안과 편광현미경 하에서의 주요 특징과 비중을, 표 (나)는 이들 광물의 화학조성을 나타낸 것이다(단, FeO는 전체 철 함량이고, 미량은 원소함량이 0.5 wt.% 이하를 의미한다).

| | (가) | |
|---|---|---|
| 광물 | 육안과 편광현미경 하에서의 특징 | 비중 |
| A | 무색이고 파동소광이 관찰됨 | 2.65 |
| B | 앨바이트쌍정이 관찰됨 | 2.62~2.76 |
| C | 사각형의 주상으로 산출되며, 개방니콜에서는 분홍색 또는 무색임 | 3.14~3.16 |
| D | 야외에서 엷은 청색의 주상으로 산출되며, 두 방향의 쪼개짐이 관찰됨 | 3.53~3.65 |
| E | 교차각이 약 90°인 두 방향의 쪼개짐이 관찰되고, 개방니콜에서는 무색임 | 3.22~3.56 |

| | (나) | | | | |
|---|---|---|---|---|---|
| 성분　　광물 | A | B | C | D | E |
| $SiO_2$ | 99.95 | 53.10 | 37.05 | 37.46 | 52.70 |
| $TiO_2$ | – | – | – | – | 0.55 |
| $Al_2O_3$ | – | 30.70 | 62.61 | 62.11 | 1.51 |
| $FeO$ | – | 미량 | 미량 | 미량 | 7.76 |
| $MnO$ | – | – | – | – | 미량 |
| $MgO$ | – | – | 미량 | 미량 | 15.50 |
| $CaO$ | – | 11.10 | – | – | 21.50 |
| $Na_2O$ | – | 4.73 | – | – | 미량 |
| $K_2O$ | – | 미량 | – | – | – |

이에 대한 설명으로 옳은 것을 <보기>에서 모두 고른 것은?

――――――――――― <보 기> ―――――――――――

ㄱ. 광물 A의 파동소광은 화학조성의 차이 때문이다.

ㄴ. 광물 B의 조장석쌍정은 직교니콜에서 관찰된다.

ㄷ. 조립질 광물 B와 E는 반려암의 주요 구성 광물이다.

ㄹ. 광물 C는 압력이 2kbar이고, 온도가 약 650℃일 때 광물 D로 상변화가 일어난다.

① ㄱ, ㄴ　　② ㄴ, ㄷ　　③ ㄷ, ㄹ　　④ ㄱ, ㄴ, ㄷ　　⑤ ㄱ, ㄴ, ㄹ

2.3 그림 (가)와 (나)는 편광현미경의 개방 니콜과 직교 니콜에서 화성암 박편을 관찰하여 스케치한 것을 순서 없이 나타낸 것이다.

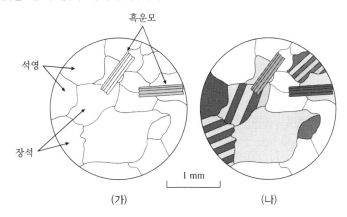

(가)　　　　　　(나)

이에 대한 설명으로 옳은 것만을 <보기>에서 있는 대로 고른 것은?

─────────── <보 기> ───────────

ㄱ. (가)에서 재물대를 회전시키면 석영이 검게 보이는 경우가 있다.
ㄴ. (나)는 직교 니콜에서 관찰한 것이다.
ㄷ. 구성 광물과 조직으로 보아 현무암이다.

① ㄱ       ② ㄴ       ③ ㄱ, ㄷ       ④ ㄴ, ㄷ       ⑤ ㄱ, ㄴ, ㄷ

2.4 그림 (가)~(라)는 장석의 편광현미경 사진이고, 그림 (마)는 사진의 각 지점 a~f의 화학성분을 삼각도에 나타낸 것이다(단, 장석 (가)와 (다)의 화학조성은 균질하다).

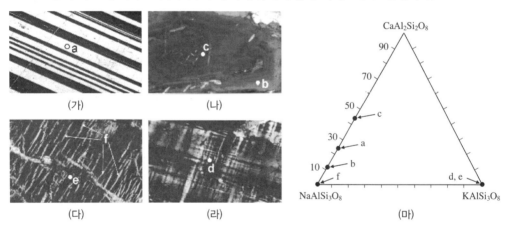

(가)     (나)     (다)     (라)     (마)

이에 대한 설명으로 옳은 것을 <보기>에서 고른 것은?

─────────── <보 기> ───────────

ㄱ. (가)는 안데신(andesine)의 화학조성을 보이는 사장석이다.
ㄴ. (나)에서 c는 b보다 고온에서 형성되었다.
ㄷ. (다)는 화학적 풍화작용에 의해 견운모나 고령토로 변화한다.
ㄹ. (라)는 안티퍼사이트(antiperthite)이다.

① ㄱ, ㄴ       ② ㄱ, ㄷ       ③ ㄴ, ㄷ       ④ ㄴ, ㄹ       ⑤ ㄷ, ㄹ

2.5 그래프는 감람석의 화학조성과 비중에 대한 연속적인 변화 관계를 나타낸 것이다. 자료를 참고하여 추론된 감람석의 특성으로 옳지 않은 것은?

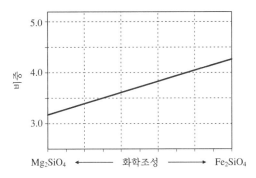

① Mg 감람석과 Fe 감람석은 고용체이다.
② 독립사면체 구조의 규산염 광물이다.
③ 비중이 다른 감람석은 서로 다른 결정구조를 갖는다.
④ 중간조성의 화학식은 $(Mg,Fe)_2SiO_4$로 표시한다.
⑤ 원자량이 큰 성분의 비가 커질수록 비중이 커진다.

2.6 그림은 규산염 광물 A, B, C의 결합구조를 단순화시켜 나타낸 것이다. 각 그림에서 T는 사면체(tetrahedral) 구조를, O는 팔면체(octahedral) 구조를 나타낸다.

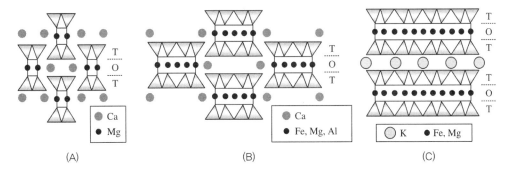

(A)　　　　　　　　　(B)　　　　　　　　　(C)

광물 A, B, C에 대한 설명으로 옳은 것만을 <보기>에서 모두 고른 것은?

―――――― <보 기> ――――――

ㄱ. 광물 B는 두 방향의 쪼개짐이 발달한다.
ㄴ. 결합구조 내의 $(OH)^-$ 함량은 광물 A~C 중 C에서 가장 많다.
ㄷ. 사면체 구조에서 공유 결합하는 산소의 수는 광물 A가 C보다 적다.

① ㄱ　　　　② ㄴ　　　　③ ㄱ, ㄷ　　　　④ ㄴ, ㄷ　　　　⑤ ㄱ, ㄴ, ㄷ

2.7 그림은 A지점의 액상 물질이 1기압에서 평형 정출작용으로 사장석[(Ca,Na)(Al,Si)$_4$O$_8$]을 생성하는 과정을 T-X 다이어그램에 나타낸 것이다.

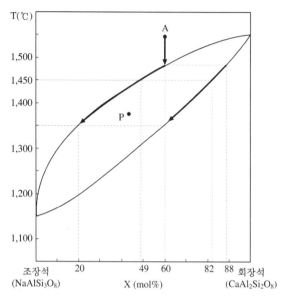

이에 대한 설명으로 옳은 것을 <보기>에서 모두 고른 것은?

─────── <보 기> ───────

ㄱ. P에서 자유도는 1이다.

ㄴ. 1450 ℃에서 액상과 고상 물질의 비는 1:2 이다.

ㄷ. 정출 과정이 완료된 사장석의 조성은 회장서 40 %와 조장석 60 %의 혼합물이다.

① ㄱ          ② ㄷ          ③ ㄱ, ㄴ          ④ ㄱ, ㄷ          ⑤ ㄴ, ㄷ

2.8 다음은 광물의 생성과 반응 관계를 나타낸 2성분계 상태도이다. 이 상태도에는 2성분(광물상) 사이에 휘석이 제3의 상으로 존재한다(단, R은 반응점, E는 공융점을 나타냄).

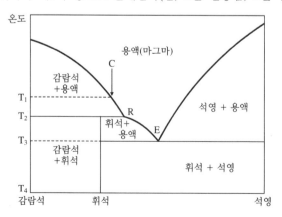

용액의 초기 화학조성을 C라고 할 때, 이에 대한 설명으로 옳지 않은 것은?

① 온도 T1에서 정출되는 광물은 순수한 감람석이다.

② 반응점(R)에서 정출된 감람석과 잔액이 반응하여, 모든 감람석이 휘석으로 바뀐다.

③ 반응이 끝난 후, 반응점(R)에서 공융점(E)로 가면서 휘석이 정출된다.

④ 공융점에서 휘석과 석영이 동시에 정출하여 최종적으로는 휘석과 석영으로 구성된 암석이 만들어 진다.

⑤ 이 과정으로 형성된 암석은 석영의 함량이 휘석보다 훨씬 많다.

2.9 그림은 광물 A, B, C가 단성분인 3성분계의 상평형도이다. 표는 a(●)의 성분을 갖는 마그마가 지하 심부에서 냉각됨에 따라 평형정출작용에 의해 형성된 광물 A, B, C의 화학조성을 나타낸 것이다(단, FeO는 전체 철의 함량이다).

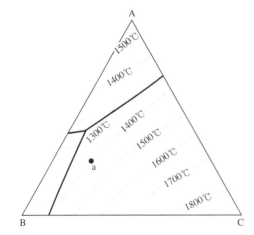

| 성분 \ 광물 | A | B | C |
|---|---|---|---|
| $SiO_2$ | 43.96 | 54.66 | 41.85 |
| $Al_2O_3$ | 36.23 | 0.07 | – |
| FeO | – | 0.57 | 2.05 |
| MgO | – | 18.78 | 56.17 |
| CaO | 19.46 | 25.85 | – |
| 합 계 | 99.65 | 99.93 | 100.07 |

이에 대한 설명으로 옳은 것을 <보기>에서 모두 고른 것은?

―――――― <보 기> ――――――

ㄱ. a의 성분을 갖는 마그마가 냉각됨에 따라 광물 C의 FeO/(FeO + MgO) 비는 감소한다.

ㄴ. a의 성분을 갖는 마그마가 냉각됨에 따라 정출되는 광물의 순서는 감람석 → 투휘석(diopside) → 회장석(anorthite)이다.

ㄷ. 정출작용의 결과 반려암질 암석이 형성된다.

① ㄱ        ② ㄴ        ③ ㄱ, ㄷ        ④ ㄴ, ㄷ        ⑤ ㄱ, ㄴ, ㄷ

2.10 그림 (가)와 (나)는 두 종류의 화성암 박편을 편광현미경으로 관찰하여 스케치한 것이다.

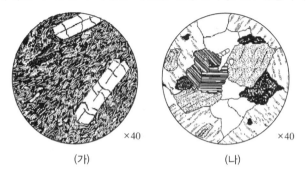

(가)　　　　　　　　　　　(나)

두 암석을 비교한 것으로 옳은 것을 <보기>에서 모두 고른 것은?

> ――――――――――― <보 기> ―――――――――――
>
> ㄱ. (가)는 반상 조직이고, (나)는 입상 조직이다.
> ㄴ. 마그마의 냉각 속도는 (가)가 (나)보다 느렸다.
> ㄷ. (가)는 (나)보다 지하 깊은 곳에서 형성되었다.

① ㄱ　　　　② ㄴ　　　　③ ㄷ　　　　④ ㄱ, ㄷ　　　　⑤ ㄴ, ㄷ

2.11 어떤 결정을 이루는 하나의 결정면(111)은 그림과 같다. 수직으로 교차하는 결정축 a, b, c는 이 면의 세 꼭짓점과 각각 만나며, a축과 c축은 4회 대칭축이다. 면의 꼭짓점이 축과 만나는 거리는 중심으로부터 모두 동일하다.

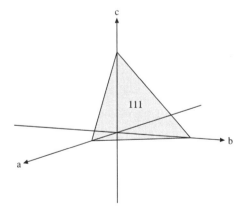

이에 대한 설명으로 옳은 것을 <보기>에서 모두 고른 것은?

—— <보 기> ——

ㄱ. 이 결정은 정팔면체이다.
ㄴ. 이 결정은 등축정계에 해당한다.
ㄷ. 금강석(다이아몬드)은 결정계에 해당하는 광물이다.

① ㄴ      ② ㄷ      ③ ㄱ, ㄴ      ④ ㄱ, ㄷ      ⑤ ㄱ, ㄴ, ㄷ

2.12 그림은 한 광물 결정의 결정축 a, b, c 중 c축에 수직인 면에 격자점과 c축에 평행한 격자면을 나타낸 것이다. A~D는 네 종류의 격자면이다.

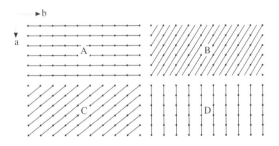

A~D에 대한 면지수를 옳게 나타낸 것은?

|   | A | B | C | D |
|---|---|---|---|---|
| ① | (100) | (120) | (110) | (010) |
| ② | (010) | (021) | (011) | (001) |
| ③ | (010) | (420) | (110) | (100) |
| ④ | (200) | (210) | (220) | (010) |
| ⑤ | (010) | (420) | (111) | (011) |

# 3부

# 화성암

 9 장 화성암의 산상과 구조

10장 화성암의 분류

11장 화성암의 화학조성

12장 마그마의 생성과 분화

13장 화성작용

14장 염기성 및 초염기성
　　화성염류

15장 중성 및 산성화성암류

# 9장
# 화성암의 산상과 구조

　화성암(igneous rock)이란 지하 심부(상부맨틀~하부지각)에서 생성된 고온의 용융물질 또는 부분적으로 결정이나 소량의 가스를 포함하는 죽 상태의 물질인 마그마가 냉각 고결된 암석을 말한다. 마그마가 발생하여 고결하는 일련의 과정을 화성활동 또는 화성작용이라 부르며, 그 역사는 세계에서 가장 오래된 암석 중의 하나인 그린란드의 약 39억 년 전 화성암까지 거슬러 올라갈 수 있다. 또한 약 46억 년 전 지구가 태어났을 무렵의 원시행성은 미행성의 충돌에 의한 에너지 해방으로 고온이 되어 지구 전체가 대량의 마그마로 둘러싸였음을 달의 연구로부터 알게 되었다. 즉 화성암은 지구가 생겨날 때부터 지금까지 계속해서 생산되어져 온 가장 본질적인 존재인 셈이다.

## 1 　화성암의 산상

　지각하부나 상부맨틀에서 생성된 마그마는 지각이나 지표까지 상승하여 다양한 형태의 화성암체를 형성한다. 마그마가 지각 내부로 뚫고 들어오면 관입(intrusion)이라 하고, 이렇게 굳어진 화성암을 관입암(intrusive rock)이라 한다. 관입암 중에서 지하 깊은 곳에서 천천히 식어 형성된 조립질 암석은 심성암(plutonic rock)이고, 지표 근처에서 굳은 암석은 반심성암(hypabyssal rock)이다.

　마그마는 지각의 틈새나 화구를 통해가 지표로 터져 나오는데, 이를 분출(extrusion)이라 하고, 이 마그마가 굳어진 화성암을 분출암(extrusive rock) 또는 화산암(volcanic rock)이라 한다. 지각의 틈새(열극)를 통해 유동성이 강한 현무암질 마그마가 대량으로 쏟아져 나와 용암대지를 형성하기도 한다. 화구를 통해 분출하는 것을 중심분출이라 하며 마그마의 특성에 따라 다양한 형태를 화산을 형성한다.

　환태평양 조산대의 호상열도에는 경사가 급한 원추형의 화산들이 많은데, 이들은 화산쇄설물층과 용암층이 반복적으로 쌓인 성층화산(또는 혼합화산)이다.

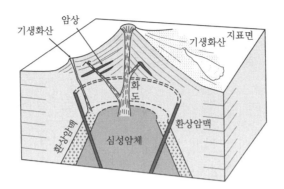

그림 9.1  중심분출에 의한 성층화산의 모식단면도

중심분출의 결과로 용암류와 소량의 층상 화산쇄설물이 겹겹이 쌓여서 형성된 완만한 화산을 순상화산(shield cone)이라 하며, 폭발적인 분출로 공중에 흩어진 화산쇄설물이나 화산재가 가라앉아 평탄하게 퇴적된 것을 화산쇄설암상(pyroclastic sheet)이라 한다.

칼데라(caldera)는 화산체 중심부가 붕괴되어 형성된 원형의 함몰지를 말하며, 재생칼데라(resurgent caldera)는 칼데라 형성 이후 함몰지의 중앙에 돔 형태로 융기된 지역에 생긴 칼데라를 말한다. 칼데라가 형성된 후 화산활동에 의해 호수 내부에 규모가 작은 분석구(cinder cone)가 만들어지는 경우도 있다.

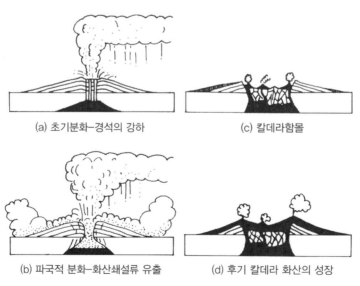

(a) 초기분화-경석의 강하          (c) 칼데라함몰

(b) 파국적 분화-화산쇄설류 유출          (d) 후기 칼데라 화산의 성장

그림 9.2  칼데라의 형성과정

화산의 정상에 솟아있는 화산체를 용암돔(volcanic dome)이라 하는데, 제주도의 삼방산도 일종의 용암돔이다(그림 9.3). 화구에 막대 모양으로 돌출하여 화산암탑을 만들기도 한다. 용암돔이나 화산탑은 점성이 큰 마그마가 관입하거나 분출되어 형성된다. 이에 비해 점성이 작은 마그마가 흘러내려 판상 내지는 나뭇가지 모양을 나타내는 것을 용암류(lava flow)라 한다. 용암류 중의 하나인 파호이호이 용암(pahoe-hoe lava)은 표면이 매끄럽고 다공질인 로프 모양이며, 아아 용암(aa lava)은 암편들의 집합체로 구성되며 표면이 거칠고 불규칙한 모습이다. 한편 분석구는 규모가 작고 경사가 급한 화산체로서 입자의 크기가 다양한 화산쇄설물로 구성되는데 제주도의 많은 오름이 여기에 속한다.

그림 9.3　용암돔(제주도 산방산)

그림 9.4　아아 용암과 파호이호이 용암

인도의 데칸고원에서는 50만 km$^2$가 넘는 넓은 지역에 용암류가 거의 평탄하게 중첩되어 대지를 이룬다. 이를 용암대지라 하는데 현무암질 마그마가 기다란 지각 틈새(열극)로부터 흘러나와 형성된 것이다. 한편 현무암 평원은 여러 개의 중심분출 화산에서 흘러나온 여러 조의 용암류가 중첩되어 형성된 것으로 용암대지와는 다르다. 용암대지와 현무암 평원은 전체적으로 판상을 이루며 주로 실리카 함량이 낮은 현무암질 용암류로 구성된다.

베개상용암(pillow lava)은 지상에서 분출되어 수중으로 몰입하거나, 수중에서 분출된 용암이 판상 내지 타원형을 형성하는 데에서 유래한 이름이다.

화산쇄설물(pyroclast)이란 화산폭발에 의하여 공중에서 부스러진 암편의 총칭이며, 이를 입자의 크기에 따라 3가지를 나눈다. 화산회(ash)는 입자의 지름이 2 mm

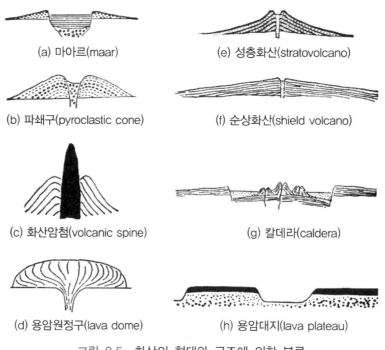

(a) 마아르(maar)

(e) 성층화산(stratovolcano)

(b) 파쇄구(pyroclastic cone)

(f) 순상화산(shield volcano)

(c) 화산암첨(volcanic spine)

(g) 칼데라(caldera)

(d) 용암원정구(lava dome)

(h) 용암대지(lava plateau)

그림 9.5  화산의 형태와 구조에 의한 분류

이하, 화산력(lapilli)은 2.0~64 mm인 것, 그리고 화산탄(bomb) 또는 화산암괴(block)는 화산력보다 큰 것을 말한다.

지하 심부에시 굳어진 화싱임제는 저반과 암주가 있으며, 지표 가까이에는 암맥, 암상, 병반 등 다양한 형태의 화성암체가 산출된다.

저반과 암주를 이루는 화강암은 일반적으로 넓은 면적으로 노출되어 있으며, 주위 암석과의 접촉면은 지하를 향해 퍼져있는 경우가 많다. 이로 인해 화강암체는 바닥이 없는 암체로 간주되어 저반(batholith)이라 부른다. 관례상 노출 면적이 100 km$^2$ 이상인 심성암체를 저반이라 하고, 100 km$^2$ 이하인 암체를 암주(stock)라 한다. 최근에는 화강암체와 주위 암석과의 접촉면의 성질이나 암체 내부의 구조가 자세히 해석되어, 화강암체의 형태나 관입기구에 대해 활발한 논의가 진행되고 있다. 화강암체가 반드시 바닥이 없는 암체가 아니며, 위쪽으로 벌어진 깔때기 모양이나 물방울을 뒤집어 놓은 모양을 갖는 것이 확인된 예도 있다.

저반을 이루는 암석은 보통 화강암과 같은 산성 심성암이며, 많은 경우 조산대의 중앙부에 있다. 주위의 암석(모암)은 편마암이나 결정편암과 같은 변성암이고

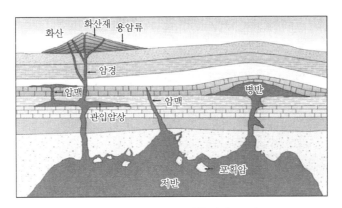

그림 9.6　화성암의 산출상태 모식도

심하게 습곡 되어 있다. 저반은 습곡구조와 조화적인 것 그리고 습곡구조를 절단하는 비조화적 암체가 있다.

**암경**(volcanic neck, pipe, vent)은 마그마의 도관이나 통로로서 원통형이면 지표에서 용암은 한 점을 통하여 화산이 분출할 때 형성된다.

오목한 면이 위로 향한 접시 모양의 큰 층상 관입암체로 분상암체(lopolith)라 한다. 안정대륙에서 지층이 완만하게 굽어진 곳이며 조화적으로 관입하여 형성된다. 접시형태는 넓이에 비해 두께가 1/10 이하로 얇다. 커다란 것은 직경 200 km에 이르는 것도 있다. 분상암체를 이루는 암석은 저반과는 대조적으로 반려암과 같은 염기성 심성암이다.

분상암체와 마찬가지로 안정대륙 지역에서 거의 습곡 되지 않은 지층 사이에 호빵 같은 형태로 관입한 심성암체를 **병반**(laccolith)이라 한다. 마그마가 지층의 층리면을 활 모양으로 둥글게 들어 올려 조화적으로 관입한 것으로 저반이나 분상암체처럼 큰 것은 없다. 병반의 구성암석은 분상암체와 같은 염기성 심성암이지만, 약간 마그마의 분화가 진행된 것이 많다. 습곡이 형성될 때 배사부와 향사부에 공간이 생기는데, 여기에 마그마가 관입하여 렌즈 모양을 이룬 화성암체가 **패콜리스**(phacolith)이다.

**암맥**(dike)은 수직에 가까운 경사를 가지며 지층면을 절단하는 비조화적인 판상의 관입암체이다. 암맥은 그 형태나 성분이 매우 다양하며, 평행하게 무리지어 나타나기도 하지만 개개의 암맥은 독립적이며 전체적으로 방사상 형태를 갖는다. 암맥은 지표를 향하여 상승하는 마그마의 도관 역할을 한다. 환상암맥(ring dike)

과 원추형 관입암상(cone sheet)은 암맥의 특별한 형태이다. 환상암맥은 흔히 수직의 큰 원통형인데, 마그마 챔버 위로 관입한 경우 일반적으로 콜드론 붕괴와 관련된다. 원추형 관입암상는 환상암맥과 같이 산출되거나 또는 독립적으로 형성된다. 이 암체는 일종의 암맥으로 뾰족한 끝을 아래로 향한 원추형 깔때기 형태로 열극을 채운다.

　　**실**(sill)과 **암상**(sheet)은 동일한 의미로 쓰이는 경향이 있다. 경우에 따라 수평하고 지층면에 평행한 판상 관입암체에 실을 적용하거나 보통 지층면과의 관계를 따지지 않고 경사된 판상의 관입암체에 암상을 적용하기도 한다.

　　실은 안정대륙에서 특징적으로 관찰되지만, 암맥은 곳곳에서 산출된다. 보통 실은 염기성암이지만, 암맥과 암상은 여러 가지 암석으로 구성되어 있다. 암맥의 크기는 폭이 수 센티미터에서 수십 미터, 길이는 100 m 이하인 것이 많으나, 실은 두께가 100~300 m, 넓이가 18,000 km² 에 이르는 것이 아프리카의 카알 조립현무암 실 집단에서 발견되었다. 암맥, 실, 암상을 구성하는 암석은 전형적인 심성암과 비교할 때 아주 세립인 경우가 많다. 아마도 마그마가 지하의 얕은 곳에서 고결하기 때문일 것이다. 그리고 염기성의 경우 비교적 균질함에 비해 중성~산성의 경우는 가끔 대량의 커다란 결정들이 세립의 기질 내부에 산재되어 반상조직을 나타낸다. 이런 암류를 반심성암이라 부르는 때도 있다.

　　화성암체를 지붕과 같이 덮고 있는 암체의 일부를 **현수체**(roof pendant)라 부르는데, 이는 과거에 마그마 챔버 사이에 쐐기 모양으로 박혀 있던 것으로 지붕에 해당되는 암석이 후에 침식을 받으면 고립된 형태로 남는다. 한편 **큐폴라**(cupola)

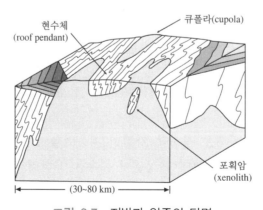

그림 9.7 　저반과 암주의 단면

는 암주 모양으로 노출된 심성암체로서 지표에서는 모암에 의한 차단으로 독립된 암체처럼 보이나 지하 깊은 곳에서는 저반과 같은 큰 심성암체에 연결될 것으로 생각된다.

## 2 화성암의 조직과 구조

육안 관찰과 현미경 관찰에 의해 마그마의 냉각 정도, 광물의 정출순서, 마그마와 광물의 반응관계와 같은 정보를 얻을 수 있다. 일반적으로 화성암의 특징 중에서 결정의 크기, 형태, 상호간의 반응관계 등을 육안과 현미경 하에서 관찰할 수 있는데, 이 작은 규모의 특징을 조직(texture), 광물의 집합체인 암석이나 암석 상호간의 관계와 같은 큰 규모로 나타나는 특징을 구조(structure)라 한다.

### 1) 화성암의 조직

화성암의 결정 크기는 마그마의 냉각과정에 따라 크게 달라지는데, 냉각에 따른 결정작용의 진행 정도를 **결정도**(crystallinity)라 하고, 완정질, 반정질 그리고 완전유리질로 나눈다. 마그마가 급속히 냉각될수록 세립인 결정이 만들어지고, 급랭할 때는 유리가 생성된다. 화성암이 전부 유리질로 이루어진 것을 완전유리질(holohyaline)이라 하는데, 엄밀한 의미에서 이런 암석은 대단히 드물다. 그림 9.8은 용융점 이하에서 온도의 변화경향에 따라 결정핵의 형성과 결정의 성장을 이상적으로 보여 준다. 용융점을 To라 할 때 To-Ta의 구간처럼 냉각이 느리게 진행되면 핵은 적게 형성되고 결정은 빠르게 성장하여 조립질 조직 형성한다. Ta-Tb 구간처럼 냉각속도가 빠르면 핵은 많이 형성되고 결정은 느리게 성장하여 결과적으로 세립질 조직이 만들어진다. Tb-Tc처럼 냉각속도가 매우 빠르면 핵과 결정 모두가 거의 성장하지 않아 유리질 조직이 형성된다.

화성암의 결정은 크기에 상관없이 그 결정 특유의 결정면을 가지며, 규칙적인 외형을 나타내는 경우와 본래의 결정면을 갖지 못하는 불규칙한 외형을 나타내는 경우가 있다. 결정이 고유의 결정면만으로 둘러싸여 있을 때를 **자형**, 자기 고유의 결정면이 없는 상태를 **타형**이라 하며, 일부분은 자기 고유의 결정면으로 둘러싸여 있으나 다른 부분은 불규칙한 모양을 가진 상태를 **반자형**이라 부른다.

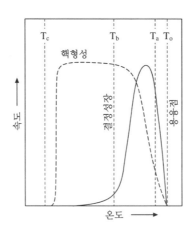

그림 9.8  용융점 이하에서 온도변화에 따른 핵형성과 결정성장의 비율

　　반정은 지하심부에서 마그마와 평형을 유지하며 천천히 결정화된 것으로 생각되기 때문에 자형일 때가 많다. 그러나 융식작용을 받아 약간 둥글어진 타형-반자형의 결정이 가끔 산출된다. 또한 마그마가 최후까지 천천히 식어서 결정 성장이 완료된 심성암에서 타형 결정은 아주 흔하게 관찰된다.

　　타형 결정이 만들어지는 원인은 결정이 마그마 내에서 비형평상태일 경우와 평형상태의 결정작용 과정에서 필연적으로 만들어지는 경우가 있다. 전자의 예로는 마그마가 지표를 향해 이동하여 마그마 자신의 압력이 급격하게 감소하는 것이다. 또는 마그마 챔버 내에서 결정작용에 수반되는 밀도 차이나 온도차에 의해 대류가 일어나서 이미 성장한 결정이 온도·압력 혹은 화학조성의 급격한 변화로 인해 주위의 마그마와 비평형상태가 되어 재차 녹아 나오는 경우이다. 또한 결정이 마그마 챔버의 주변암에서 마그마 내부로 떨어져 들어오는 경우도 있을 것이다. 이러한 결정을 외래 결정이라 부른다.

　　한편 마그마 내에서 평형상태로 정출하는 타형 결정의 예로는, 먼저 정출한 결정이 마그마와 반응하는 경우이다. 그 전형적인 예는 융식을 받아 둥글어진 감람석 주변부를 휘석이 둘러싸고 있는 경우이다. 이런 주변부를 반응연(reaction rim)이라 부른다.

　　심성암에서는 마그마의 냉각이 천천히 진행되어 작은 입상타형 결정(감람석)이 커다란 결정(사방휘석)으로 둘러싸이는 **포이킬리틱(poikilitic)조직**(그림 9.9)이 만들어진다. 또한 포이킬리틱조직에서는 결정과 마그마의 비평형에 의해 융식 결정

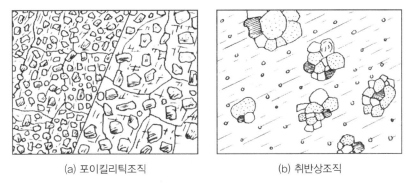

(a) 포이킬리틱조직          (b) 취반상조직

그림 9.9   포이킬리틱조직과 취반상조직

이 형성되기도 한다.

　화성암의 경우 모든 결정의 크기가 동일한 것은 아니며, 특히 화산암에서는 여러 크기의 결정으로 구성된 것이 많다. 화산암은 마그마의 급격한 상승으로 형성된 것으로 세립 결정과 유리로 구성된 석기가 대부분을 차지하고, 그 안에 반점상의 커다란 결정(반정)을 포함하는데, 이를 **반정질**(hypocrystalline)이라 한다. 또한 반정질을 보이는 암석의 조직을 **반상조직**(porphyritic texture)이라 한다. 반상조직을 보여주는 암석의 반정이 여러 광물의 집합체로 구성되어 있으면 이를 **취반상조직**(glomeroporphyritic texture)이라 부른다. 이에 비해 **완정질**(holocrystalline)은 모두 결정으로 구성되며 유리를 전혀 포함하지 않는 것을 말하고, 심성암에서 입자의 크기가 거의 동일하면서 큰 조직을 완정질등립조직이라 부른다.

　반상조직은 지하심부에 발생한 고온의 용융상태인 마그마 내에서 먼저 천천히 냉각하면서 결정이 크게 성장한 이후에, 마그마가 지하 얕은 곳으로 급격하게 상승하거나 지표로 분출되면 갑자기 냉각되어 미세한 결정이나 유리가 형성되어 만들어지는 것으로 해석하고 있다.

　반정은 석기와 비교하면 결정이 뚜렷이 커서 구별이 잘 되지만, 세립의 결정이라도 반정으로 볼 수 있는 경우가 있다. 인회석, 저-콘, 스피넬 등의 미세 결정은 커다란 반정 내에 포유되기도 한다. 이런 경우 미세 결정은 포유관계이기 때문에 그 반정보다 이전 또는 동시에 정출된 것으로 판단되므로, 지하 심부에서 천천히 냉각되더라도 커다란 결정으로 성장할 수 없었던 반정의 일종인 셈이다.

　석기를 이루는 광물은 급랭하여 정출되었음을 알려주는 특징적인 형태를 나타내는 경우가 많다. 이는 결정성장이 급속하게 일어난 것에 비해 규산염 용액의 확산이 느리기 때문에 일어나는 현상으로, 예를 들면 결정의 뿔이 비정상적으로 성장한 수지상결정, 결정의 내부가 뼈 모양으로 비어있는 골절상 결정이 형성된다. 이들은 현미경 하에서 식별할 수 있을 정도의 크기이며, 폭이 수 mm, 길이가 수 cm에 달하는 경우도 있다. 초염기성암(코마티아이트)의 감람석은 용암 표면부의 급랭에 의해 결정이 한쪽으로 방사상 형태로 성장하여, 한 포기의 풀을 거꾸로 세운 듯한 조직을 보여준다.

마그마의 냉각이 극단적으로 빠르게 진행되면 거의 유리로 구성된 **흑요암**(obsidian), **송지암**(pitchstone), **진주암**(perite)이라 불리는 화산암이 생성된다. 흑요암과 송지암은 포함된 물의 함량이 다른데, 흑요암은 1 % 이하의 물을 포함하나 송지암은 4~10 %의 물을 포함한다. 이와 같은 화산암에서는 유리의 수축에 의해 동심원상의 틈새가 잘 발달되는데 이것이 진주와 닮았다고 하여 진주암이라 부른다. 이처럼 거의 전부가 유리로 구성된 화산암은 많은 경우 데사이트와 같이 $SiO_2$가 풍부한 산성암이 많다. 그 이유는 $SiO_2$가 풍부한 마그마는 염기성보다 점성이 크기 때문에 결정이 성장하기 어렵고 유리가 되기 쉽기 때문이다.

마그마의 급랭에 의해 생성된 유리 그 자체는 불안정한 상태이므로 최종적으로 결정화되는 일이 많다. 일반적으로 유리에서 결정성장은 열수의 영향으로 일어나는 일이 많으며, 액체 마그마에서 성상하는 결정과는 달리 현미경 하에서도 식별이 곤란할 정도로 세립이다. 이 과정을 탈유리화작용이라 부른다. 이렇게 만들어지는 결정은 유리의 틈새에 수직으로 섬유상결정으로 성장하거나, 미세한 침상의 결정들이 방사상으로 배열하여 전체적으로 구형을 나타낸다. 후자의 경우를 **구과**(spherulite)**조직**이라 부른다.

포이킬리틱조직과 유사한 것이 **오피틱**(ophitic)**조직**(그림 9.10)이다. 이 조직은 장주상의 사장석 사이의 틈새를 보다 커다란 휘석 또는 감람석이 둘러싼 것이다. 포이킬리틱조직과의 차이는 사장석이 자형의 결정이고 주위와 반응하여 융식을 받은 흔적이 없는 점이다. 이 경우 사장석과 휘석·감람석은 거의 동시에 정출한 것으로 생각된다. 휘석이나 감람석 결정의 크기가 작고, 사장석을 부분적으로만 감싸고 있는 경우를 서브오피틱(subophitic)조직이라 한다. 사장석의 장주상 결정의 틈새를 더욱 작은 입상의 휘석이나 감람석이 충진하는 경우 간립(inter-granular)

조직이라 부른다. 이들 조직의 차이는 사장석에 대한 휘석·감람석의 결정 개수의 차이로 볼 수 있다. 사장석에 대한 휘석·감람석 결정의 비율이 커져감에 따라 오피틱조직→서브오피틱조직→간립조직으로 변해간다. 이 이유는 오피틱에서 간립조직으로 감에 따라 냉각속도가 빨라지기 때문이다. 그와 더불어 휘석·감람석의 결정핵이 형성되는 비율이 커지게 되면 다량의 작은 결정이 만들어지기 때문이다.

조립현무암(휘록암)에서 흔히 나타나는 조직으로 **휘록암상(diabasic)조직**이 있는데, 여러 방향으로 놓인 직사각형(단책상) 사장석의 틈새를 휘석이 메우고 있다. 이는 오피틱, 서브오피틱과 유사한 조직으로 화산암에서 관찰되는 간립조직의 형태가 조립질 암석에 나타난 것으로 이해할 수 있다.

마그마의 냉각이 더욱 빨라지면 사장석 결정의 틈새는 휘석·감람석뿐만 아니라 유리들로 채워져 진간상(intersertal)조직을 형성한다. 또한 석영안산암이나 안산암에서는 아주 미세한 장석(주로 사장석)들의 틈새를 주로 유리가 메우는 **유리기류정질(hyalopilitic)조직**이 나타난다(그림 9.11).

화산암, 특히 유문암이나 안산암 등에서 석기를 구성하는 광물이나 유리가 반정을 둘러싸고 굴곡하면서 연결되는 것들이 많다. 마그마의 유동에 의해 만들어지기 때문에 **유상조직**이라 한다(그림 9.12). 유상조직은 석기의 상태에 따라 필로탁시틱조직과 **조면암상(trachytic)조직**(그림 9.13)으로 나눈다. 필로탁시틱조직은 아주 작은 주상에서 침상의 사장석 틈새를 미세한 휘석이나 불투명 광물 등이 충진된 형태로 안산암에서 자주 관찰된다. 조면암상조직은 세립의 단책상의 장석이 서로 거의 평행으로 배열하고 있는 조직으로, 반정이 있는 경우에는 그를 피하는

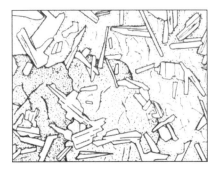

그림 9.10 오피틱조직(막대 모양의 사장석이 유색 광물 내에 배열)

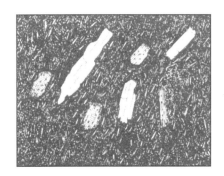

그림 9.11 유리기류정질조직(휘석 안산암, 폭 0.3 mm)

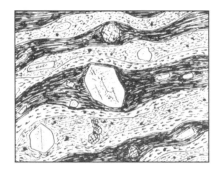

그림 9.12 유상조직(유문암)

그림 9.13 조면암상조직(조면암)

것처럼 돌아서 배열하며 조면암이나 안산암의 특징적인 조직이다.

화성암 중에는 초기에 정출한 광물이 분리·농집되어 원래 마그마와는 전혀 다른 조성의 암석이 만들어지는 경우가 있다. 이렇게 광물의 집적에 의해 생성된 암석을 집적암(cumulate)라 한다. 초기에 정출하여 마그마 챔버의 밑바닥에 집적된 광물은 자형성이 강하고 광물끼리는 느슨하게 집적되어 있다. 이 틈새에 있던 액의 결정작용은 초기의 집적 광물에 대해 포이킬리틱조직 내지는 오피틱조직을 나타내어 정집적암을 형성한다. 거의 모두가 집적 광물로만 구성되어 틈새의 액에서 만들어진 결정을 포함하지 않는 것을 부가집적암이라 부른다.

화강암의 경우 조립의 석영, 장석으로 구성된 페그마타이트질 암석에서는 커다란 단일 알칼리 장석 중에 석영이 쐐기 모양이나 삼각형에서 육각주상으로 성장한 것이 있다. 이것은 석영의 형태나 배열이 쐐기 모양의 문자와 닮았다고 하여 **문상(graphic)조직**이라 부르며[그림 9.14(a)], 오피틱조직과 마찬가지로 알칼리 장

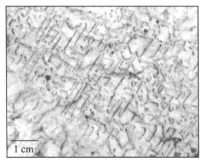

1 cm

(a) 문상조직

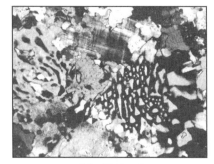

(b) 미문상조직

그림 9.14 문상조직(석영과 알칼리 장석이 함께 성장하는 모습)과 미문상조직

(a) 개방니콜

(b) 직교니콜

그림 9.15   미르메카이트 조직(사진 폭 0.3 mm)

석과 석영은 서로 반응하여 융식 받지 않고 거의 동시에 정출한 것으로 해석한다.

화강암질 마그마가 보다 급속하게 냉각한 경우에는, 세립으로 현미경하에서만 식별할 수 있는 약간 불규칙한 **미문상(granophyric)조직**이 형성된다[그림 9.14(b)].

석영이 더욱 불규칙한 형태를 나타내는 경우로서, Na가 풍부한 사장석 내에 기포나 벌레 모양(충식상)의 석영이 발달(정장석을 치환)하는 **미르메카이트(myrmekitic)조직**이 있다(그림 9.15). 미르메카이트조직은 화강암이나 화강섬록암에서 자주 관찰되며, 일반적으로 사장석과 알칼리 장석과의 접촉부 부근에 발달한다. 미르메카이트조직은 화강암질 마그마의 열수를 포함하는 결정작용 말기에 형성되지만, 보통은 고체 상태에서 치환반응에 의해 형성된다. 이와 같이 불규칙한 두 광물의 연정을 나타내는 조직을 포괄적으로 **심플렉틱(symplectic)조직**이라 한다.

화성암을 구성하는 광물의 크기는 현정질과 비현정질로 크게 나눌 수 있다. 현정질이란 화성암의 구성 광물 입자가 육안 또는 확대경으로 보일 정도의 크기를 말한다. 구성 광물 모두가 현정질일 경우에 입상조직이라 한다. 이때 광물들이 모두 거의 같은 크기이면 등립질, 광물들의 장경이 5 mm 이상이면 이를 조립질, 1~5 mm이면 중립질, 1 mm 이하이면 세립질이라 한다. 만일 광물들이 대·중·소의 여러 크기를 가졌으면 이를 세리에이트조직이라고 한다(그림 9.16). 비현정질은 구성 광물이 육안 또는 확대경으로는 구별할 수 없을 때 말한다. 비현정질의 화성암 가운데 광물 입자가 현미경으로 구별될 정도의 크기는 미정질, 현미경으로 구별되지 않으나 직교 니콜 하에서 결정으로 판단되는 경우는 은미정질이라 한다. 비현정질이란 유리질이 많은 경우도 포함한다(그림 9.17).

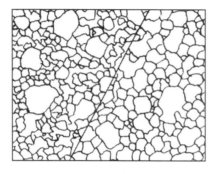

그림 9.16 세리에이트조직

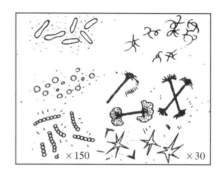

그림 9.17 비결정질인 유리에 포함된 정자

## 2) 화성암의 구조

수십 cm 이상의 야외 노두나 큰 시료에서 관찰되는 암석의 형태 또는 무늬를 구조로 한정하면 다음과 같은 것들이 있다.

용암의 흐름으로 인해 포획암이나 기공 또는 광물 입자들이 용암 내에서 층이나 띠를 이루며 배열된 무늬를 심성암에서는 **유동구조**, 화산암에서는 **유상구조**로 불렸으나 현재는 모두 flow structure로 표기하며 구분 없이 사용한다. 그러나 유동구조는 점성이 큰 마그마 내에서 정출된 광물들이 움직여 파동상이나 면을 이루며 배열하는 구조이다. 이러한 광물의 배열은 마그마 챔버 내에서 결정분화작용이 일어날 때도 형성된다. 예를 들어 마그마에서 정출작용과 함께 중력분리작용(gravitational separation)에 의해 결정들이 침전되거나 떠올라 광물의 띠를 만들 수 있다. 또한 광물의 띠는 마그마 챔버 내부의 대류로 인해 결정들이 차가운 바닥, 벽, 천장에 들러붙어 형성되거나(대류분별작용, convective fractionation) 마그마가 지각의 틈새로 흘러갈 때 이동경로와 나란히 배열(유동분화작용, flow differentiation)될 수 있다.

유상구조는 화산암이 흘러 굳어질 때 만들어지는 노두에서 관찰되는 평행한 구조를 나타내는 용어지만, 안산암이나 유문암과 같이 점성이 큰 용암 내에 광물들이 방향성을 가지고 배열하는 조직을 나타내기도 하다.

괴상구조(massive structure)는 화성암의 노두에서 구성 광물의 크기와 관계없이 특정한 무늬를 갖지 않고 균질한 하나의 덩어리처럼 관찰되는 구조이고, 색을 달리하는 광물들이 평행한 층을 이루면 호상구조(banded structure)라 한다. 그림 9.19

그림 9.18  유문암의 유상구조

그림 9.19  호상구조의 화성암 관입체 내에 크롬광층(검은색)이 수평하게 분포 (남아프리카 Bushveldt 복합체)

는 관입체 화성암체 하부에 무거운 크롬 광물이 침전해 호상구조를 형성했다.

**구상구조**(orbicular structure)란 암석 중에 광물들이 어떤 점을 중심으로 동심구를 이룬 것을 말하며, 구과가 많은 암석은 역암처럼 보이기도 한다. 구상화강암이나 구상반려암이 좋은 예다. 그림 9.20은 진도군 관매도의 유문암에 발달한 구상구조와 제주도 현무암에 발달한 구상구조(사장석)이다. **구과상구조**(spherulitic structure)란 한 점을 중심으로 광물질이 방사상으로 자라서 구형의 덩어리가 형성되는데, 크기는 수 mm에서 수 cm에 이른다.

**포획암**(xenolith)은 마그마가 지표를 향해 상승하는 과정에서 주변의 암석조각 (암편)이 마그마 내부로 들어와 굳어지는 암석을 말한다. 마그마의 온도가 높을

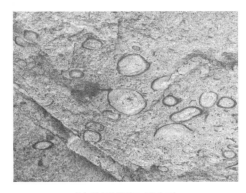

(a) 유문암(진도 관매도)

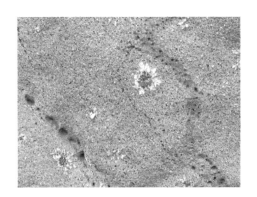

(b) 현무암(제주 마라도)

그림 9.20  화산암의 구상구조

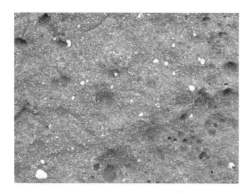

그림 9.21  현무암의 기공과 행인
(제주도 마라도)

그림 9.22  불국사화강암에 발달한 정동
구조(남해 금산)

그림 9.23  울릉도 코끼리 바위의 주상절리

그림 9.24  안산암의 주상절리(무등산)

경우 암편의 일부는 용융되어 마그마의 성분을 변화시킨다. 하나의 마그마 챔버
에서 여러 번의 화성활동이 일어난 경우 나중에 관입한 마그마가 먼저 생성된 암
석의 파편을 포획하는 경우가 있는데, 이를 동원포획암(cognate xenolith)이라 한다.

용암이나 관입화성암 내에 포함되어 있던 기체가 빠져나가 생긴 공기구멍을 **기
공**이라 하고, 기공이 많은 구조를 다공상구조(vesicular structure)라 하는데, 현무
암질 용암류가 대기와 만나는 표면부에서 잘 발달한다. 마그마 속에 들어있던 휘
발 성분이 기공 내부에 2차 광물을 성장시켜 채우면 이를 **행인**(amygdaloid)이 부
르며, 행인이 많이 발달한 구조를 행인상구조(amygdaloid structure)라 부른다. 행
인의 구성 광물은 방해석, 석영, 옥수, 불석 등이다(그림 9.21). 맥암이나 지표 근
처까지 관입한 천소형 조립질암에서는 다양한 형태와 크기의 구멍이 발견된다.

이 구멍을 **정동**(druse 또는 miarolitic cavity)이라 부르며 내부에는 결정들이 성장하고 있다. 한국의 대표적인 화강암은 백악기 말에 형성된 불국사화강암인데, 수 cm에 이르는 정동이 발달하여 핑크색장석과 함께 대보화강암과 구별되는 기준이 되기도 한다(그림 9.22).

마그마나 용암이 고결할 때 냉각에 의한 수축이 일어나 암석 내에 다각형의 수직적인 절리가 발달하는데, 현무암에서 발달하는 **주상절리**가 대표적인 예다. 현무암의 주상절리는 제주도의 대포동 해안과 경기도 한탄강유역이 유명하지만 우리나라 신생대 화산암이 분포하는 지역에서 대부분 관찰된다. 그림 9.23은 울릉도 근처의 코끼리바위라 불리는 작은 섬인데 현무암 노두로 주상절리가 잘 발달되어 있다. 천연기념물로 지정된 무등산의 서석대나 입석대는 안산암의 주상절리로 현무암의 주상절리에 비해 한 면의 폭이 넓어 거대한 기둥을 연상시킨다. 절리에는 주상절리 외에도 화강암의 압력해방에 의해 형성된 판상절리, 한 지점에서 사방으로 퍼져나가듯 틈이 발달한 방사상절리 등이 있다.

## 1  기본 분류

화성암을 분류할 때 가장 흔히 제시되는 방법으로 조직과 $SiO_2$의 함량에 따라 나눈 분류이다. 화성암은 마그마가 냉각된 깊이에 따라 암석의 조직이 달라지므로, 그 생성위치에 따라 화산암, 반심성암, 심성암으로 나눈다. 또한 마그마의 화학조성(주로 실리카의 함량)에 따라 염기성암, 중성암, 산성암으로 나눈다.

표 10.1  산출상태와 규산염의 함량에 의한 분류

| 산출 | 조직 | 암 석 명 과 구 성 광 물 | | | | |
|---|---|---|---|---|---|---|
| 분출암 | 유리질 | 흑요석 | 화산재 입자 | | | |
| | 다공질 | 부석 | 스코리아  다공질현무암 | | | |
| | 세립질 | 유문암 | 데사이트 | 안산암 | 현무암 | 코마티아이트 |
| $SiO_2$ 함량(%) | | 산성암 (acidic) | 66 중성암 52 (intermediate) | 염기성암 45 (basic) | | 초염기성암 (ultra-basic) |
| 유색 광물 함량(색지수) | | 규장질(硅長質) (felsic) | 중성 (intermediate) | 고철질(苦鐵質) (mafic) | | 초고철질 (ultra-mafic) |

표 10.1 산출상태와 규산염의 함량에 의한 분류(계속)

| 산출 | 조직 | 암 석 명 과 구 성 광 물 | | | | |
|---|---|---|---|---|---|---|
| 관입암 | 조립질 | 화강암 | 화강섬록암 | 섬록암 | 반려암 | 페리도타이트 |
| | 반상조직 | 화강반암 | | 안산반암 | 휘록암 | |
| | 거정조직 | 거정질화강암(페그마타이트) | | | | |

## 2 광물 조합에 의한 분류

화성암의 분류는 본래 암석을 구성하는 실제의 광물 조성(모드: 구성 광물의 함량비)을 근거로 이루어졌다. 화성암을 구성하는 주된 광물(조암 광물)은 크게 무색 광물과 유색 광물로 나눌 수 있다. 무색 광물은 석영, 장석 등과 같이 무색~백색이며 Si, Al, Na, K 등이 풍부하다. 유색 광물은 감람석, 휘석, 각섬석, 흑운모와 같이 짙은 색을 나타내며, Mg와 Fe 성분이 풍부하다. 이 중에서 유색 광물의 양을 주목하여 그 체적비(색지수, color index, 그림 10.2)를 기준으로 분류하는 방법이 있다(표 10.2).

표 10.2 색지수에 의한 분류

| 명 칭 | 색지수 | 명 칭 | 색지수 |
|---|---|---|---|
| 우백질(leucocratic) 또는 felsic | 0~35 | 우흑질(melanocratic) 또는 mafic | 65~90 |
| 중색질(mesocratic) | 35~65 | 초염기성(ultramafic) | 90~100 |

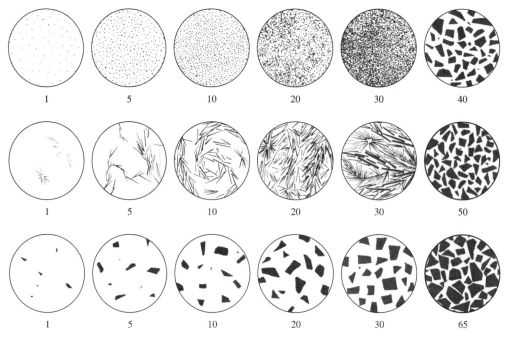

그림 10.1 색지수 일람표

일반적으로 유색 광물의 양과 SiO₂의 양 사이에는 대응관계가 있으며, 우백질암은 산성암, 우흑질암이 염기성암에 거의 일치한다. 그러나 엄밀한 의미에서 색지수에 의한 분류법은 Mg, Fc 등의 함유량을 반영한 유색 광물의 양을 근거로 하기 때문에 다를 수도 있다. 예를 들어 대부분 휘석만으로 이루어진 휘록암은 초염기성암이지만, SiO₂함량은 45 % 이상이므로 초염기성암에는 포함되지 않게 된다.

화성암의 분류에 있어서 또 하나 중요한 척도는 Na이나 K과 같은 알칼리 원소의 양이다. 화성암 중에 포함되어진 알칼리 원소의 양은 모드조성에 대응하며, 사장석 중의 알칼리양이나 준장석은 분류의 기준으로 이용된다.

심성암은 모드 조성에 의해 자주 분류되며, 이를 이용한 다양한 분류 방법이 고안되어 왔다. 그중에 가장 자주 사용되는 방법은 산성 심성암류(화강암류)를 구분하기 위한 삼각분류도이며, 삼각도의 세 정점은 석영(Q), 알칼리 장석(A) 및 사장석(P)이다(그림 10.2). 이외에도 사장석과 휘석 또는 각섬암을 정점으로 하는 반려암류의 분류, 감람석과 휘석 또는 각섬석을 정점으로 하는 초염기성암의 분류도자주 이용되고 있다.

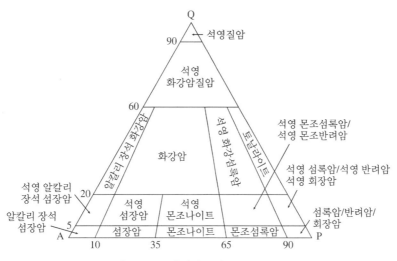

그림 10.2  화강암류의 IUGS 분류도

3 **화학조성에 의한 분류**

화산암은 일반적으로 세립 결정으로 이루어져 있기 때문에, 육안은 물론 현미경 관찰로도 광물을 식별하기 어려운 경우가 많다. 이런 경우에는 화학조성에 의한 분류가 이용된다. 그 대표적인 방법이 $SiO_2$와 알칼리($Na_2O+K_2O$)를 이용한 분류법이다. 그림 10.3의 현무암분류에서는 알칼리의 양에 따라 2개의 영역으로 나누며, 알칼리가 많은 암석을 알칼리암(alkaline rocks) 그리고 적은 암석을 비알칼

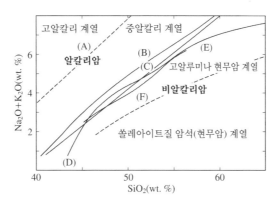

그림 10.3  **알칼리암 계열 및 비알칼리암 계열의 분류**[(A) Saggerson과 Williams(1964), (B) Irvine 과 Baragar(1971), (C) MacDonald와 Katsura(1964), (D) Hyndman(1972), (E), (F) Kuno(1968)]

리암(subalkaline rock)이라 부른다. 이 구별은 구성 광물의 종류나 실리카의 포화
도와 관련하여 중요한 의미를 갖는다.

일반적으로 성인에 관련된 암석의 그룹은 이 그림의 어느 영역인가에 위치할
것이며, 그 암석들의 화학조성을 점시(plot)하면 일련의 곡선을 만드는 경향이 있
다. 그런 경우에 알칼리가 높은 영역에 점시되는 암석 전체를 알칼리암 계열(alkali
rock series), 적은 영역에 위치하면 비알칼리암 계열(subalkaline rock series)이라
부른다.

Kuno(1960)는 비알칼리암 계열 중 알칼리 함량이 높은 현무암에 대해서 고알
루미나 현무암 계열이라 불렀다. 이들 중 $Al_2O_3$는 최대 17~19 %까지 함유한다.

IUGS에서는 그림 10.4와 같이 가로축에 $SiO_2$, 세로축에 알칼리($Na_2O + K_2O$)인
그래프를 이용하여 화산암을 세밀하게 분류했다.

비알칼리암 계열의 화성암은 Fe/Mg비의 변화에 의해 칼크알칼리 계열(calcalkaline
series)과 쏠레아이트 계열(tholeiite series)로 분류된다(그림 10.5). 칼크알칼리 계
열은 $SiO_2$가 증가함에 따라 Fe/Mg비가 그다지 증가하지 않으나 쏠레아이트 계열
은 분화초기에 $SiO_2$는 거의 변하지 않고 Fe/Mg비가 급속하게 증가한다. 이 계열
들을 알칼리($Na_2O + K_2O$)-FeO-MgO 삼각도에 도시하면 그림 10.6과 같은 분화경
향을 보여준다.

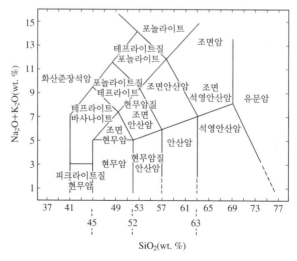

그림 10.4  화산암에 대한 IUGS 화학적 분류(M.J. LeBas 외, 1986)

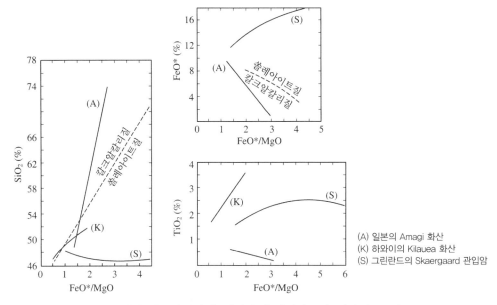

그림 10.5  산화물에 의한 칼크알칼리암 계열과 쏠레아이트암 계열의 분류(Miyashiro, 1975d: 정지곤 외, 2000 옮김)

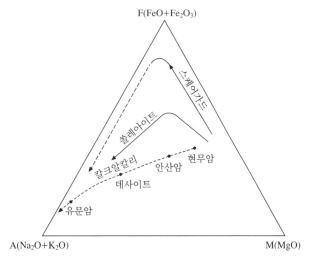

그림 10.6  AFM 삼각도상에서 쏠레아이트 계열과 칼크알칼리 계열의 분화경향

    Kuno(1954)는 일본의 비알칼리암 계열의 화산암을 석기의 휘석이 모두 단사휘석만으로 구성되는 것을 피조나이트 계열, 단사휘석+사방휘석 또는 사방휘석만으로 구성된 것을 하이퍼신 계열로 분류했다.

이러한 분류에 적합하지 않은 화성암으로 MgO 함량이 유난히 많은 화산암이 있다. 그 대표적인 예가 보니나이트와 코마티아이트다. 보니나이트는 실리카가 풍부한 안산암질 조성을 갖지만, 보통의 현무암에 필적하는 높은 MgO 함량을 나타내며 $TiO_2$는 0.5 %로 아주 낮다. 유사한 화산암으로 사누끼(讚岐) 지방에서 산출하는 사누카이트가 있는데, $TiO_2$가 높은 것으로 구별된다. 코마티아이트는 베개상 용암 등의 형태로 산출되는 초염기성암이며, 시생대~원생대 초기에 분출된 특이한 화성암이다.

## 4 | 실리카 포화도와 놈 광물에 의한 분류

화성암을 분류하는 방법으로는 실제의 광물(모드)조합에 의한 것 외에도 특정한 표준 광물을 정하여 전암조성을 근거로 한 가상적인 광물 조합을 계산하여 분류하는 방법이 있다. 이런 광물을 놈(norm) 광물이라 한다. 현재는 Cross, Iddings, Persson, Washington에 의해 고안된 방법이 보급되어 C.I.P.W 놈이라 한다. 이 방법의 장점 중 하나는 마그마의 냉각형태나 함수량의 차이에 따라 외견상 다르게 보이는 화성암이라도 놈 광물이라는 동일한 관점에서 비교하는 것이다. 따라서 본래 마그마의 유사성 내지 차이점을 쉽게 알 수 있다.

화성암을 구성하는 광물 조합에 따라 석영을 포함하면 실리카 과포화, 석영과 공존하지 않고 감람석이나 준장석류를 포함하면 실리카 불포화, 이들 어느 것도 포함하지 않고 감람석·휘석·사장석 등으로 구성되면 실리카 포화로 분류하는 방법이 있다.

놈(norm)은 실리카 포화도에 의해 화성암의 분류가 용이하다는 점이 중요하다. 그림 10.7은 놈 광물에 의한 현무암의 분류이다. 그림 10.7과 10.8에 표기된 광물들은 놈 계산에 의해 산출된 것이며, 광물 ol-q-ne-di을 정점으로 하는 정사면체를 3개의 영역으로 나눈다. pl-di-hy 평면보다 우측이 실리카 과포화(놈 계산에서 q와 hy 산출)인 현무암으로 석영 쏠레아이트(QT), pl-di-hy 평면과 pl-di-ol 평면으로 둘러싸인 부분이 실리카 포화(놈 계산에서 hy와 ol 산출)된 현무암으로 감람석 쏠레아이트(OT), pl-di-ol 면보다 좌측이 실리카 불포화(놈 계산에서 ol과 ne 산출)된 현무암으로 알칼리 감람석 현무암~감람석 베이사이트(AOB, BA)라 부른다.

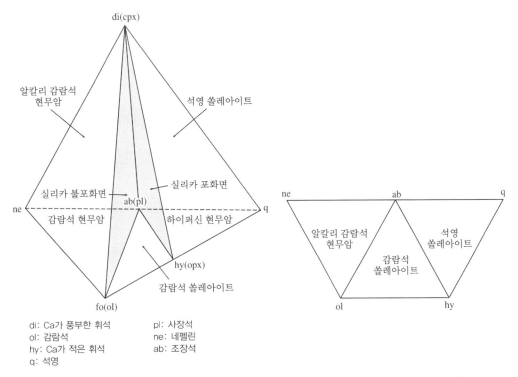

di: Ca가 풍부한 휘석    pl: 사장석
ol: 감람석    ne: 네펠린
hy: Ca가 적은 휘석    ab: 조장석
q: 석영

그림 10.7 놈 광물에 의한 현무암의 분류    그림 10.8 놈 광물을 이용한 분류도

그림 10.8은 실제로 천연의 암석을 대상으로 놈 계산을 통하여 분류할 때 이용하는 그림으로, 정점 di에서 바닥면을 향해 투영한 것이다. 이 투영면을 더욱 간략화하여(pl 대신에 ab를 사용), 실리카 포화도에 의한 분류 그림으로 편리함을 추구했다.

놈 계산에 의해 얻어진 실리카 포화도는 $SiO_2$, $Na_2O$, $K_2O$의 양에 의존하므로 알칼리–$SiO_2$도에 의해 대략적인 성격을 파악할 수 있다.

## 5   알루미나 포화도와 관련된 분류

화강암이나 유문암 등의 규장질암에 대해 S. J. Shand(1951)는 알루미나 함량을 기준으로 고알루미나형, 메타알루미나형, 고알칼리형인 3가지로 분류했다. 어떤 암석에 함유된 $Al_2O_3$의 몰비가 CaO, $Na_2O$, $K_2O$의 합보다 크면 **고알루미나형**

(peraluminous: CNK<Al)이, 합보다 적으면 **저알루미나형**(subperaluminous)이라 한다. 그러나 보다 일반적인 것은 메타알루미나형(metauminous)으로 (CaO+Na$_2$O+K$_2$O) 보다 적고, 알칼리의 합(Na$_2$O+K$_2$O)보다 큰 경우이다. Al$_2$O$_3$의 몰비가 알칼리의 합보다 작은 경우는 고알칼리형(peralkaline)이라 한다.

이것은 CaO, Na$_2$O, K$_2$O에 대한 Al$_2$O$_3$의 몰비, 즉 알루미나의 포화도로 분류한 것으로 이들의 함유량의 차이에서 비롯되는 정출 광물의 조합에 대응한다. 예를 들어 백운모를 다량으로 포함하는 암석이라면, 백운모의 (CaO+Na$_2$O+K$_2$O)/Al$_2$O$_3$의 비가 1보다 아주 적어 암석 전체는 고알루미나형이 된다. 이런 종류의 광물에는 강옥, 알만딘(철석류석), 전기석이 있다. 그러나 보통의 암석은 메타알루미나형에 속한다. 여기서 유의해야 할 점은 고알루미나형 암석의 특징적인 광물과 고알칼리형의 특유한 광물은 공존할 수 없다는 점이다.

화강암류는 암석 계열의 개념과 기원물질에 근거하는 몇 개의 형으로 나누고 있다. 그 하나가 I형, S형, A형, M형의 접두어를 붙인 화강암 계열이며, 또 하나가 **자철석 계열**과 **티탄철석 계열**이다. 전자의 분류는 J.R. White와 B.W. Chappel(1983) 등에 의해 제안된 것으로, **I형 화강암**은 지각을 구성하는 화성암이 재용융되어 만들어진 것으로 메타알루미나암에서 일부 고알루미나암의 성질을 나타낸다. **S형 화강암**은 이질 퇴적암의 부분용융에 의해 생성되며, 고알루미나암의 성질을 특징적으로 보여준다. **A형 화강암**은 비조산내에서 산출되는 알칼리 화강암으로 메타알루미나암의 성질 이외에 고알칼리형 또는 고알루미나형일 경우도 있다. 이 A형 화강암은 I형 화강암을 형성한 용액의 잔존고상(찌꺼기)이 재용융되어 생성된다고 알려져 있으나, 알칼리 계열의 마그마와 밀접히 수반되어 분포하는 점으로부터 알칼리질 염기성 마그마의 결정분화작용의 산물로도 추정된다. **M형 화강암**은 맨틀물질 기원의 화강암으로 추정되는데, 섭입대의 지각물질이 용융된 것이라는 견해도 있다. 이 화강암류는 K$_2$O가 적고 Na$_2$O가 풍부하며, 분화된 암석은 칼륨장석이 적은 토날라이트, 흑운모섬록암을 형성한다.

한편 자철석(magnetite) 계열과 티탄철석(ilmenite) 계열의 분류는 Ishihara(1977)에 의해 제안된 것이며, 일반적으로 자철석의 유무로 구별한다. 자철석 계열은 0.1 체적% 이상 다량의 불투명 광물을 포함하며, 자철석과 티탄철석 모두 포함한다. 티탄철석 계열은 0.1 체적% 이하 소량의 불투명 광물을 포함하며, 더욱이 자철석 없이 티탄철석만을 포함한다. 전암조성에서 보면 $Fe_2O_3/FeO$의 비율은 자철석 계열이 티탄철석 계열보다 높다. 이는 자철석 계열의 화강암이 보다 산화환경에서 고결했으며, 티탄철석 계열의 화강암은 보다 환원적인 환경에서 고결했음을 보여준다. I형, S형, A형, M형 화강암과의 대응관계를 보면 S형 화강암은 티탄철석 계열의 화강암과 거의 유사하고, 그 외의 세 타입(I형, A형, M형)은 자철석-티탄철석의 양 계열에 걸쳐 나타난다. 이러한 화강암류의 분류는 당연히 산성화산암류에도 적용된다.

# 11장
# 화성암의 화학조성

## 1 │ 화성암의 화학적 특징

화성암은 규산염을 주성분으로 하는 용융체인 고온의 마그마가 냉각 고결해서 형성된 것이다. 마그마가 급속히 냉각되어 고결하면 유리질 또는 세립질의 암석이 형성된다. 이런 암석의 화학조성은 원래 마그마의 화학조성에 거의 흡사하다. 그러나 휘발성 성분의 대부분은 마그마가 고결하는 과정에서 유출될 가능성이 크기 때문에, 엄밀하게 말하면 마그마와 고결한 암석과의 화학조성은 서로 다르다.

마그마가 서서히 냉각 고결할 때는 복잡한 여러 과정을 거친다. 광물은 마그마가 냉각함에 따라 일정한 순서대로 정출하므로, 광물의 화학조성은 마그마의 화학조성과 동일하지 않다. 이와 같은 결정화작용에 의해 원래 마그마와는 화학조성이 다른 마그마 혹은 암석이 생성되는 것을 마그마의 결정분화작용(crystallization differentiation)이라 한다.

마그마에서 먼저 형성된 결정은 마그마와 반응하여 화학조성이 변화하는 경우도 많다. 동시에 마그마의 화학조성도 변화한다. 결정이 마그마와 반응할 때 항상 평형상태를 유지하고 있으면 결정은 마그마와 완전히 반응한다. 그러나 대부분의 경우 반응은 완전히 일어나지 않는다. 이때 반응의 불완전한 정도, 즉 평형으로부터 멀어지는 정도에 의해 나머지 마그마의 조성은 넓은 범위에 걸쳐서 변하게 된다.

어느 마그마나 서서히 냉각 고결하는 과정에서 마그마의 화학조성은 뚜렷하게 변하며, 그 결과 생성되는 화성암의 종류도 다양하게 된다. 그러나 마그마의 조성 변화를 크게 보면 일정한 방향성이 있다. 즉 일반적으로 현무암질 마그마가 서서히 냉각하면 주로 결정분화작용에 의해서 안산암질 마그마가 생성되고, 더욱 냉각이 진행되면 유문암질 마그마가 생성된다.

화성암의 평균 화학조성을 살펴보면(표 11.1), 유문암이나 화강암과 같이 석영 또는 알칼리 장석이 많은 암석에서는 $SiO_2$나 알칼리($Na_2O+K_2O$)가 많다. 그리고

표 11.1  화성암의 평균 화학조성

| 화학성분 | 현무암 | 안산암 | 유문암 | 반려암 | 섬록암 | 화강암 |
|---|---|---|---|---|---|---|
| $SiO_2$ | 49.06 | 59.59 | 72.80 | 48.24 | 58.90 | 70.18 |
| $TiO_2$ | 1.36 | 0.77 | 0.33 | 0.97 | 0.76 | 0.39 |
| $Al_2O_3$ | 15.70 | 17.31 | 13.49 | 17.88 | 16.47 | 14.47 |
| $Fe_2O_3$ | 5.38 | 3.33 | 1.45 | 3.16 | 2.89 | 1.57 |
| $FeO$ | 6.37 | 3.31 | 0.88 | 5.95 | 4.04 | 1.78 |
| $MnO$ | 0.31 | 0.18 | 0.08 | 0.13 | 0.12 | 0.12 |
| $MgO$ | 6.17 | 2.75 | 0.38 | 7.51 | 3.57 | 0.88 |
| $CaO$ | 8.95 | 5.80 | 1.20 | 10.99 | 6.14 | 1.99 |
| $Na_2O$ | 3.11 | 3.58 | 3.38 | 2.55 | 3.46 | 3.48 |
| $K_2O$ | 1.52 | 2.04 | 4.46 | 0.89 | 2.10 | 4.11 |
| $H_2O$ | 1.62 | 1.26 | 1.47 | 1.45 | 1.27 | 0.84 |
| $P_2O_5$ | 0.45 | 0.26 | 0.08 | 0.28 | 0.27 | 0.19 |
| $FeO^*$ | 11.21 | 6.13 | 2.19 | 8.79 | 6.64 | 3.19 |
| $FeO^*/MgO$ | 1.82 | 2.23 | 5.75 | 1.17 | 1.86 | 3.63 |
| $Na_2O/CaO$ | 0.35 | 0.62 | 2.82 | 0.23 | 0.56 | 1.75 |
| $Na_2O+K_2O$ | 4.63 | 5.62 | 7.84 | 3.44 | 5.56 | 7.59 |
| $\dfrac{(K_2O+Na_2O+CaO)}{Al_2O_3}$ | 1.47 | 1.08 | 0.94 | 1.41 | 1.16 | 0.96 |

※ $FeO^*$는 철의 전체를 $FeO$로 계산한 값, 최후의 $(K_2O+Na_2O+CaO)/Al_2O_3$만 분자비로 계산 (R. A. Daly, 1933).

석영이나 알칼리 장석이 적은 현무암 또는 반려암은 $CaO$, $MgO$, $FeO+Fe_2O_3$ 등이 많다.

그림 11.1은 마그마의 분화에 따른 화학성분의 변화를 나타낸다. 현무암, 안산암, 유문암질 마그마에서 정출하는 광물의 종류와 조성은 주로 마그마의 화학조성에 따라 달라진다. 일반적으로 현무암질 마그마에서 정출하는 광물은 유색 광물이 비교적 많고 또한 사장석은 Ca가 많은 편이다. 마그마가 안산암질 또는 유문암질로 변하면 유색 광물의 양은 감소하고 무색 광물의 양은 증가한다. 해당 암석에 포함되어 있는 유색 광물의 Fe/Mg 비는 점차 커져간다. 또 사장석은 점차 Na이 풍부해지며 정장석도 정출하게 된다. 또 위와 같은 마그마의 조성변화에 대응해서 마그마의 온도는 하강한다. 일반적으로 현무암질 마그마는 고온에서 정출작용이 시작하고, 안산암질 마그마, 유문암질 마그마의 순으로 정출작용이 시작하는 온도가 낮아진다. 따라서 구성 광물은 현무암으로부터 안산암과 유문암의 순

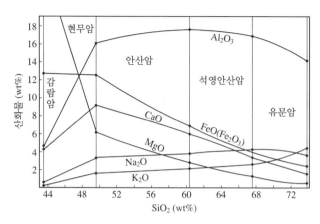

그림 11.1 화성암의 성분변화 곡선

으로 보다 저온에서 정출한 것이 많아진다. 현무암질 마그마로부터 광물이 정출하기 시작하는 순서는 다음과 같다.

- 유색 광물의 정출순서: Mg이 많은 감람석 → 비교적 Mg이 많은 휘석(Ca이 적은 휘석 및 보통 휘석) → 각섬석 → 흑운모
- 장석류의 정출순서 : Ca이 많은 사장석 → 중성사장석 → Na이 많은 사장석 → 정장석

난, 순서에는 예외가 많으며 또 암석 계열에 따라 달라질 수 있다. 그러나 정출순서가 거의 일정하다는 것은 화성암의 화학조성과 구성 광물 사이에 일정한 관계가 있음을 의미한다. 즉 현무암과 반려암은 일반적으로 비교적 Mg이 많은 감람석, 휘석 및 Ca이 많은 사장석 등으로 이루어져 있다. 화강암은 일반적으로 흑운모, Na이 많은 사장석, 정장석 및 석영을 주로 하고 있다.

반상조직을 갖는 화성암에서 반정은 세립의 석기보다 먼저 정출된 것이다. 따라서 같은 종류의 유색 광물이라도 반정이 석기보다 $Mg/Fe^{2+}$의 비가 크다. 또 사장석의 경우에 일반적으로 반정이 석기보다 Ca 함량이 높다. 따라서 초기의 마그마가 냉각 고결되어 형성된 화성암이 MgO, FeO, CaO가 많으며, 후기의 마그마로부터 형성된 암석은 $SiO_2$, $Na_2O$, $K_2O$가 풍부한 편이다.

**화학조성의 제한성과 규칙성**

마그마는 지각의 심부 및 상부맨틀에 있는 고체물질이 용융되어 형성된다. 특히 상부맨틀 물질이 용융되어 형성되는 현무암질 마그마가 중요하다. 일반적으로 온도가 상승할 때 어느 온도에 이르면 용융이 시작되고, 계속해서 온도가 상승한다면 용융된 부분이 점차 증가하여 마침내 어느 온도에서 고체가 없어지고 완전히 용융될 것이다. 그러나 일반적으로 완전히 용융될 때까지 온도가 상승하는 것은 아니며, 부분적인 용융이 일어나고 용융된 물질이 고체로부터 분리되어 상승하는 것으로 추정된다. 따라서 부분용융으로 만들어진 마그마와 잔류 고체물질의 화학조성은 분명히 다르다. 상부맨틀은 초염기성암으로 구성되며, 이들이 부분용융하여 발생하는 마그마는 염기성인 현무암질 마그마다.

이와 같이 부분용융에 의해 발생하는 마그마는 비교적 저온에서 용융되기 쉬운 물질로 구성되므로 화학조성의 범위가 한정된다. 이렇게 한정된 조성의 범위로 발생된 마그마가 분화하여 생기는 여러 가지 화성암의 화학조성 범위 또한 비교적 제한적이다. 즉 거의 순수한 $SiO_2$에 가까운 조성의 암석은 사암이나 처트와 같은 퇴적암 또는 그것이 변성되어 만들어진 변성암에는 존재하지만 화성암에는 출현하지 않는다.

더욱이 광물의 결정화작용에 의해 화성암의 화학조성 범위가 더욱 제한된다. 즉 결정화작용 초기에 정출된 유색 광물은 마그네슘이 풍부하며 후기의 광물은 철이 풍부하게 된다. 따라서 결정화작용이 진행됨에 따라 유색 광물에서 Mg/Fe의 비는 점점 작아지며, 유사하게 장석의 Ca/Na의 비도 작아진다.

**화성암에서 원소의 거동**

화성암을 구성하는 주요 원소는 몇 가지로 제한되어 있으며, 이들이 주요 조암 광물을 구성하고 있다. 그러나 실제로 화성암에는 미량이기는 하지만 그 외의 원소가 다수 포함되어 있다. 미량원소(통상 1000 ppm 이하)들은 특정 주성분 광물에 대량으로 함유되어 있다. 예를 들면 화강암 중에는 Zr이 100 ppm 단위로 함유되어 있는데, 석영이나 장석에는 함유되지 않고 저어콘 결정의 주성분으로 포함되어 있다.

현무암질 마그마에 있어서 Zr의 거동에 관해 살펴보자. 예를 들어 Zr을 100 ppm 포함하는 마그마로부터 감람석, 사장석, 휘석이 정출한다면, Zr은 전하(4가)가 높기 때문에 이들 결정에서 배제된다. 따라서 잔액 중의 Zr 농도는 결정화작용이 진행됨에 따라 높아진다. 즉 마그마의 양이 최초의 1/2만큼 고결했다면 마그마 내의 Zr 함유량은 2배가 되고, 잔액이 10 %가 되면 약 10배가 된다. 이와 같이 결정화작용이 진행됨에 따라 마그마 잔액에 그 농도가 점점 증가하는 원소를 **부적합원소(incompatible elements)** 또는 **불호정원소**라 한다. 이상은 마그마의 결정작용이 진행될 때의 경우지만, 마그마가 생성되는 부분용융의 경우에도 같은 원리가 적용된다. 부적합원소는 부분용융의 정도가 적을수록 생성된 마그마 내에서의 농도는 커지고, 부분용융이 진행되어 이윽고 전부 용융되면 최초의 물질에 포한된 농도와 같아진다.

현무암질 마그마의 결정화작용이 진행되어 잔액이 수 %에 이르면 Zr의 농도가 상당히 높아진다. 이때 Zr을 주성분으로 하는 저-콘(광물)이 정출하기 시작하여 잔액 내의 Zr을 소비하게 되면, 마그마 내의 Zr은 급격히 감소한다. 이와 같이 결정에 농집되는 원소를 **적합원소(compatible elements)**또는 **호정원소**라 한다. 따라서 미량원소의 거동은 마그마에서 정출하는 광물의 종류, 특히 부성분 광물에 의

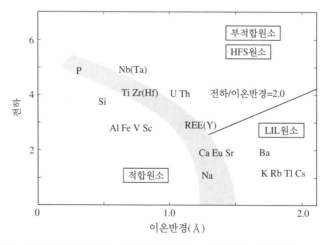

그림 11.2  화성암을 구성하는 중요한 원소의 이온반경과 전하(Hyman, 1989)

해 크게 변화하여 어느 경우에는 부적합원소로서 또 어느 경우에는 적합원소로서 거동한다.

　실제로 부적합원소는 완전히 부적합으로 거동하는 것은 아니고, 아주 적은 양이나마 주요 광물 중에 포함된다. 현무암질 마그마에서 정출하는 광물 조합(감람석, 사장석, 휘석)의 경우, 원소의 부적합 정도는 원소의 **이온반경**과 **전하**에 의해 지배되며 이온반경이 클수록 그리고 전하가 높을수록 원소의 부적합 정도는 커진다(그림 11.2). 예를 들면 K, Rb, Ba 등은 이온반경이 큰 부적합원소인데, 이들을 **LIL원소**(Large-ion lithophile elements)라 한다. 한편 Ti, Ni, Zr, Nb, Y 등은 높은 전하를 갖는 부적합원소이며, 이들을 **고장력원소**(High field strength elements)라 부른다. 고장력원소(HFSE)들의 함량비는 여러 암석들 사이의 성인적 연관성을 반영하는 것으로 알려져 있다. LIL원소들은 물에 용해되기 쉬운 가용성원소로 알려져 있으며, 이들은 호상열도의 화성작용을 특징짓는 중요한 요소이기도 하다.

　**희토류원소**(REE, Rare earth elements)는 란탄족원소로서 이온반경이 가장 큰 La(57번)에서 가장 작은 71번의 Lu까지의 15개 원소이다. 이들은 LIL원소와 HFS원소의 중간적인 성질을 갖는다. 부적합의 정도는 La에서 Sm까지의 **경희토류원소**(LREE)가 높고, Gd에서 Lu까지의 **중희토류원소**(HREE)는 비교적 작다. 예를 들

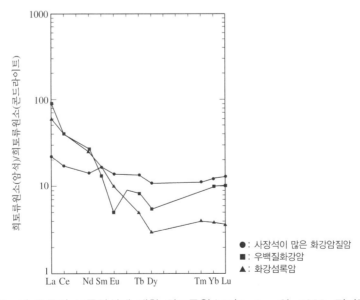

그림 11.3　세 종류의 보통암석에 대한 희토류원소도(Dodge 외, 1982, 정지곤외 번역)

면 HREE는 석류석과 같은 광물에서는 적합원소로 거동한다.

일반적으로 REE는 지구의 초기조성을 나타내는 것으로 생각되는 콘드라이트 질 운석의 농도로 표준화하여(Chondrite Normalization) 표현한다. 이 REE패턴은 각종 암석형이나 기원을 추정하는 데 이용된다(그림 11.3). 예를 들면 평탄한 REE 패턴을 나타내는 화성암은 콘드라이트와 같은 비율로 REE를 함유하고 있음을 나타낸다. 일반적으로 원시적인 맨틀조성은 평균하면 평탄한 REE패턴을 나타내는 것으로 생각된다.

## 4 | 동위체에서 본 화성작용

부분용융이나 결정화작용의 변화는, 고상과 액상 사이에서 원소의 농도변화를 일으키지만, 각 원소의 동위체비에는 영향을 주지 않고 원래의 값을 유지하는 것으로 알려져 있다. 따라서 동위체 조성의 연구는 각종 화성암의 기원물질의 추정 또는 그 다양성의 원인에 관해 많은 정보를 제공한다. 최근 동위체 조성에 관한 연구는 분석방법이나 분석기기의 진보에 의해 화성암의 성인을 고찰하는데 필요 불가결한 수단이 되고 있다. 여기서는 Rb-Sr과 Sm-Nd 동위체를 예로 들어 화성 암의 성인을 해석하는 원리를 소개한다.

### 1) 루비듐-스트론튬(Rb-Sr) 동위체

Rb은 자연에 존재하는 동위체인 $^{85}Rb$와 $^{87}Rb$ 중에서 $^{87}Rb$만이 방사성동위체로 $4.88 \times 10^{10}$년의 반감기로 $\beta$ 붕괴하여 안정한 $^{87}Sr$로 변한다. 한편 자연에 존재하는 Sr 동위체인 $^{88}Sr$, $^{87}Sr$, $^{86}Sr$, $^{84}Sr$는 모두가 안정하다. 따라서 화성암 내에 있는 $^{87}Sr$ 동위체는 시간이 경과할수록 증가하게 되고, 이 증가의 정도는 화성암이 형성된 시기와 최초로 포함되어 있던 Rb의 양에 의해 크게 좌우된다. 즉 오래되면 오래될수록 그리고 $^{87}Rb$ 함유량이 많으면 많을수록 화성암 내의 $^{87}Sr$ 총량은 보다 많아지게 된다. 이 규칙성을 근거로 화성암의 생성연대를 밝히고, 또한 화성암 근원물질의 동위체 조성을 구할 수 있다.

Rb-Sr의 동위체 비를 이용한 절대연령측정의 원리는 다음과 같다. 그림 11.4는

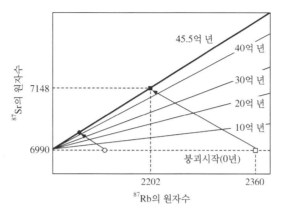

그림 11.4  $^{87}$Rb의 붕괴와  $^{87}$Sr의 증가에 의한 절대연령 측정

방사성동위원소의 붕괴에 의해 동위원소의 수가 시간경과에 따라 어떻게 변하는
가를 보여준다. 어느 운석에 2가지 광물 입자가 있다고 가정하자. 하나는  $^{87}$Rb의
수가 많은 광물(□)이고, 하나는 적은 광물(○)이다. 두 광물 모두 운석이 생성될
당시  $^{87}$Rb이 붕괴되어 생성된  $^{87}$Sr은 존재하지 않는다. 시간이 지남에 따라  $^{87}$Rb는
반감기 488억 년의 속도로  $^{87}$Sr로 붕괴되어 간다. 이 속도는  $^{87}$Rb의 수와 관계없
이  $^{87}$Rb의 감소율과  $^{87}$Sr의 증가율이 일정하다. 따라서 어떤 시간이 경과한 후에
□광물과 ○광물 내의 변화된 동위원소 ■와 ●는 하나의 직선을 이루게 된다.
이 변화된 동위원소가 이루는 직선(isochron)의 기울기로 연대를 측정할 수 있다.

실제 연구에서는 동위체 분석방법의 제약으로 인해, 안정동위체와의 비율인
 $^{87}$Sr/ $^{86}$Sr 비(**동위체비 초생값**)가 이용된다.

현무암질 마그마로부터의 결정화작용을 고려했을 때, Sr은 정출하는 사장석에
농집하는 경향이 있으며, Rb는 잔액에 농집한다. 만약 동일 현무암질 마그마로부
터 분별정출작용을 거쳐 각종 화성암이 만들어졌다면, Rb/Sr비는 보다 후기에 분
화한 마그마일수록 높게 된다. 따라서 분화된 마그마가 고결한 화성암들은 시간
에 따라 별개의 Rb/Sr 비와  $^{87}$Sr/ $^{86}$Sr 비를 나타내게 된다. 지각은 부분용융을 받지
않은 원시맨틀의 진화선과 비교할 때 Rb/Sr 비가 높고, 높은  $^{87}$Sr/ $^{86}$Sr 비 쪽으로
진화하며, 용융되고 남은 잔류맨틀은 Rb/Sr 비가 낮고, 낮은  $^{87}$Sr/ $^{86}$Sr 비 쪽으로
진화한다(그림 11.5).

화강암의 경우 현무암질 마그마의 분별정출작용의 산물이거나 지각하부의 부분
용융에 의해 형성된 것이라면  $^{87}$Sr/ $^{86}$Sr 초생값은 0.700~0.705 정도로 작다. 그러

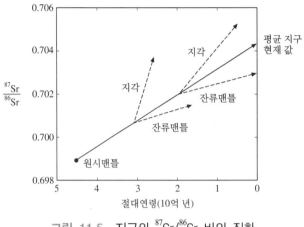

그림 11.5  지구의 $^{87}$Sr/$^{86}$Sr 비의 진화

나 오래된 지각에서 유래된 화강암의 초생값은 0.716~0.720으로 높게 나타난다.

지구는 약 46억 년 전에 태양계성운 가스가 응축한 고체물질로부터 형성된 것으로 알려져 있다. 40억 년 이전에 지구는 지각·맨틀·핵으로 분리되었으나 이 시점에서 각각의 $^{87}$Sr/$^{86}$Sr 비는 태양계성운가스와 동일했을 것이다. 그러나 Rb쪽이 Sr 보다 부적합의 정도가 높기 때문에, 상부맨틀의 부분용융으로 생성된 지각은 높은 Rb/Sr 비를 가지며 용융과정에서 남은 맨틀은 Rb/Sr 비는 보다 낮을 것이다. 세계 여러 지각의 $^{87}$Sr/$^{86}$Sr 비는 상당히 높으며, 또한 단일 값을 보여주지 않아 지각의 생성연대나 생성 당시의 Rb/Sr 비가 각양각색이었음을 의미한다.

## 2) 사마륨-네오듐(Sm-Nd)동위체

방사성동위체인 $^{147}$Sm은 α붕괴를 거쳐 안정한 $^{143}$Nd으로 변화한다. 반감기는 $10.6 \times 10^{10}$년으로 Rb-Sr 동위체보다 길다. 안정동위체인 $^{144}$Nd의 비로 나타내는 $^{143}$Nd/$^{144}$Nd(Nd 동위체비)는 시간의 경과로 일어나는 $^{147}$Sm의 붕괴에 의해 증가한다. Sm과 Nd는 둘 다 경희토류원소(LREE)이고 부적합원소이다. 그러나 Nd쪽이 보다 가볍고 이온반경이 크기 때문에 분별결정작용이나 부분용융과정에서 마그마에 농집 되는 경향을 보이며, 마그마 내에서 Sm/Nd 비는 감소하게 된다. 원시지구(Chondritic Uniform Reservoir, CHUR, 또는 전 지구, Bulk Earth)의 $^{143}$Nd/$^{144}$Nd 비와 Sm/Nd 비는 콘드라이트질 운석에서 구할 수 있다. 지구형성 초기에 일어난 CHUR의 부분용융에 의해 잔류맨틀은 보다 높은 Sm/Nd를 갖는다. 따라서 잔류

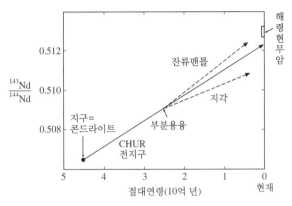

그림 11.6  지구의 $^{143}Nd/^{144}Nd$ 비의 진화

맨틀은 CHUR이 보여주는 진화선보다 높은 $^{143}Nd/^{144}Nd$ 비를 갖는 쪽으로 진화해 간다. 한편 맨틀이 부분용융 과정을 거쳐 추출된 지각물질은, 보다 낮은 $^{143}Nd/^{144}Nd$ 비를 갖는 쪽으로 진화해 간다. 그림 11.6은 지구상에서 가장 높은 $^{143}Nd/^{144}Nd$ 비를 나타내는 해령 현무암은 지각물질을 추출하여 높은 Sm/Nd 비를 갖게 된 잔류맨틀의 부분용융에 의해 생성되었음을 보여준다.

### 3) 네오듐-스트론튬(Nd-Sr)동위체

해양지각에서 채취한 젊은 현무암을 이용하여 $^{87}Sr/^{86}Sr$ 비와 $^{143}Nd/^{144}Nd$ 비의 상관도를 그려보면, 반비례 관계로 아주 강한 상관관계를 나타낸다(그림 11.7). 이 영역을 맨틀열(mantle array)이라 부른다. 해양지역의 현무암은 지표에 분출하는 과정에서 대륙지각을 통과하지 않고 직접 해양지각 위로 분출하며, 더욱이 해양지각은 이들 현무암과 유사한 조성을 갖기 때문에 맨틀열은 맨틀의 동위체 조성의 변화폭을 대표할 수 있는 것으로 생각된다. 그러나 최근에 동위체 조성에 관한 연구가 진전됨에 따라 일부 현무암이나 맨틀로부터 직접 유래된 것으로 추정되는 초염기성암 중에는 맨틀열에서 벗어나는 것이 다수 발견되어 맨틀은 지극히 불균질한 것임을 알게 되었다.

해령지역의 현무암은 가장 높은 $^{143}Nd/^{144}Nd$ 비와 가장 낮은 $^{87}Sr/^{86}Sr$ 비를 나타낸다. 이 사실은 CHUR(전지구)보다도 높은 Sm/Nd 비, 낮은 Rb/Sr 비를 갖는 기원물질로부터 유래된 것을 의미한다. 이러한 기원물질은 Rb나 Nd를 상실한 것이기 때문에 결핍맨틀(depleted mantle)이라 할 수 있다.

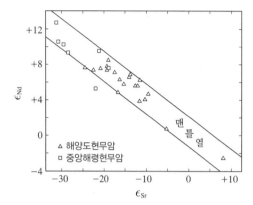

$$\epsilon_{Nd} = [\{(^{143}Nd/^{144}Nd)_{화성암}/(^{143}Nd/^{144}Nd)_{CHUR}\}-1]\times10^4$$

$$\epsilon_{Sr} = [\{(^{87}Sr/^{86}Sr)_{화성암}/(^{87}Sr/^{86}Sr)_{CHUR}\}-1]\times10^4$$

**그림 11.7** 해양현무암의 Nd 동위체비와 Sr 동위체비의 상관도(DePaolo, 1988). 화성암의 동위체비 초생 값이 원시지구(CHUR)와 어느 정도 다른가를 나타내는 지표로서 $\epsilon_{Nd}$와 $\epsilon_{Sr}$을 사용

한편 대륙지각을 형성하는 화성암은 상부맨틀에 비해, 보다 작은 Sm/Nd 비, 보다 높은 Rb/Sr 비를 갖으며 부적합의 정도가 높은 원소를 다량으로 포함하는 부화된 물질이라 할 수 있다.

# 12장
# 마그마의 생성과 분화

## 1 다양한 마그마의 생성

암석이 충분히 가열되면 용융되어 마그마가 생성된다. 지각의 암석이 이상적인 조건이라면, 625 ℃의 온도에서 용융되어 화강암질 마그마가 만들어진다. 맨틀물질이 녹아 현무암질 마그마가 생성되려면 1000 ℃ 이상의 온도가 필요하다. 암석의 용융온도를 조절하는 몇 가지 요소가 있다. 암석의 용융에 영향을 주는 요인으로는 압력, 가스(특히 수증기)의 함량 그리고 광물 조합이다. 고압에서 수증기가 충분히 존재하면 용융과정이 드라마틱하게 변한다. 고압의 조건에서 물은 결정을 구성하는 규소와 산소의 결합을 파괴하여 광물의 용융온도를 상당히 낮아지게 한다. Tuttle과 Bowen(1958)의 고압실험에 의하면 중압 하에서 화강암에 혼합된 물은 10 kbar에서 화강암의 용융온도를 900 ℃(건조상태)에서 약 650 ℃까지 하강시킨다. 10 kbar는 지하 약 35 km의 깊이에 해당한다(Plummer et al., 2003).

지구 내부에서 상승한 물질인 마그마는 액체 부분을 지칭하는 경우와 그 액체와 결정까지를 지칭하는 경우가 있다. 대부분의 마그마는 고온의 규산염 용융물질과 $H_2O$, $CO_2$ 및 $SO_2$ 등의 휘발성 성분을 포함하고 있는데, 우리들이 관찰할 수 있는 화성암은 마그마에서 휘발성 성분이 빠져나간 것이다. 마그마의 생성장소는 대체로 상부맨틀 및 지각 하부이며, 그곳을 용융시키기 위해서는 온도가 일시적일지라도 액상선 이상이 되어야 할 것이다. 그러기 위해서는 다음과 같은 메커니즘을 생각할 수 있다.

① 압력의 강하에 따르는 융점의 강하
② 압력이 일정할 때 온도의 상승
③ 온도와 압력이 일정할 때 $H_2O$ 등의 첨가로 고상선의 강하
④ ①~③의 복합적인 작용 등

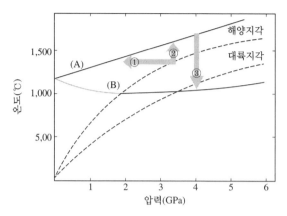

그림 12.1  감람암의 무수(A) 및 H₂O로 포화된(B) 조건에서의 고상선 온도와
지하 증온율(Kushiro et al., 1968)

①의 메커니즘은 어떤 이유로 맨틀 물질이 상승하면 이제까지 작용하던 압력이
급강하면서 융점에 도달하는 경우이다. ②의 메커니즘은 맨틀 물질의 대류 등으
로 고온물질이 상승해오는 경우이다. ③은 실험결과 화강암에 H₂O를 과잉으로
가해 주면 10 kbar에서 용융이 시작되는 온도가 무수(無水)조건일 때에 비해 600 ℃
까지 낮아지는 사실이 밝혀졌다. 그러나 ①~③의 메커니즘들이 단독으로 일어나
는 경우보다 복합적으로 일어날 가능성이 많을 것이다.

여러 가지 광물로 구성된 암석이 용융될 때 특수한 조건이 갖추어지지 않는 한
일정한 온도에서 모두 용융되지 않는다. 어떤 온도 범위 내에서 암석의 일부분이
용융되는 것을 부분용융(partial melting)이라 한다. 일반적으로 부분용융될 때는
원래 암석 전체의 조성과는 다른 조성의 용액을 생성한다. 현무암질 마그마는 맨
틀을 구성하고 있는 감람암(peridotite)의 일부가 용융되어 생성된 것이다. 따라서
부분용융의 과정은 마그마의 화학조성을 결정하는 데 중요한 요인이 된다.

지하 심부에서 발생하는 마그마의 밀도는 주변 암석의 밀도보다 낮아서 부력으
로 상승할 것이다. 상승하는 마그마는 가끔 지표까지 분출하여 고결하기도 하지
만 대부분은 주변 암석과 밀도의 균형을 유지하면서 지각 내부에서 머물며 마그
마 쳄버(magma chamber)를 만들 것이다. 여기에서 마그마는 다양한 화학조성을
갖는 마그마들로 분화해 나갈 것이다. 그 후 분화된 마그마가 분출하여 지표에
도달하기도 하고, 고결이 진행되어 지표에 도달할 능력을 상실한 마그마는 굳어
져 심성암을 형성한다.

| 2 | **섭입대의 마그마 생성과 진화** |
|---|---|

## 1) 섭입대의 온도 구조

섭입대의 온도 구조는 수렴벡터(수렴속도와 경사)와 함께 섭입하는 암권의 연령에 의해 좌우된다. 오래된 암권은 두껍고 차가우며, 젊은 암권(해령과 아주 가까운)은 얇고 뜨겁기 때문에 전혀 다른 온도 구조를 형성한다. 그림 12.2는 섭입속도가 비교적 완만한 섭입대의 모식적인 온도 구배이다. 이 그림에서 삼각표는 호상열도의 위치를 나타내며, 직하부(약 110 km 지하)에 해당하는 베니오프대의 온도는 대략 650 ℃이다. 이 온도에서 섭입하는 해양지각이나 맨틀의 부분용융은 기대하기 어렵다.

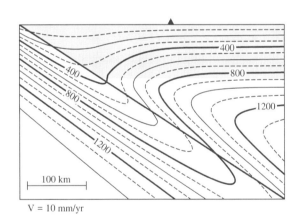

그림 12.2  섭입대의 온도구조 예(subduction Factory, 2003)

## 2) 물의 공급과 현무암질 마그마의 생성

해양지각은 섭입대에서 섭입과 함께 온도와 압력이 상승된다. 그 상승 범위가 해양지각을 구성하는 함수 광물의 안정영역을 초과하면 물을 방출하여 쐐기맨틀에 공급한다는 이론은 Coats(1962)가 처음으로 제안했다.

섭입하는 해양판(슬랩)은 3가지 층(퇴적물층, 현무암층, 감람암층)으로 구성되어 있다. 함수 광물은 퇴적층 내에 포함된 금운모와 녹니석, 그리고 감람암층 내에는 사문석이 있다. 금운모와 녹니석이 각각 독립적으로 존재하면 상당한 고압에서도 안정하게 존재하지만, 퇴적층의 주요 광물인 석영과 공존하면 안정영역이 축소되어

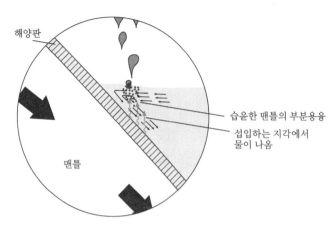

그림 12.3  호상열도 하부에서 물의 공급에 의해 쐐기맨틀(연약권)이 부분용융하여 현무암질 마그마가 생성되는 과정

약 15 kbar 이내에서 분해된다. 현무암층을 구성하는 주요 함수 광물은 각섬석, 녹염석과 녹니석이다. Lambert와 Wyllie(1972)는 물을 포함하는 현무암에 대한 고온고압실험을 근거로 각섬석은 약 25 kbar(깊이 80 km 이내)까지 안정하다고 주장한다. 따라서 섭입하는 해양판의 함수 광물은 대부분 호상열도 직하부보다 얕은 해구 측에서 탈수분해가 끝난다고 볼 수 있다.

Tatsumi(1986)와 Iwamori(2000) 등은 섭입하는 해양판에서 탈수된 물의 도움으로 쐐기맨틀에서 마그마가 생성되는 모델을 제시했다. 지금까지 연구된 호상열도 하부에서 마그마 발생에 관한 이론을 종합하면 다음과 같다.

호상열도 하부의 경우, 현무암질 마그마는 대략 지하 110 km 깊이에서 생성되며, 이 깊이는 섭입하는 해양판이 연약권 내로 미끄러져 들어가는 깊이와 대략적으로 일치한다. 호상열도 하부에서 생성되는 마그마는 대부분의 경우 섭입하는 해양판에서 탈수되어 나온 물이 연약권(쐐기맨틀) 내부로 유입되어 생성된다. 탈수된 물이 유입되면 쐐기맨틀을 구성하는 초염기성암의 융점이 내려가 부분용융이 일어나고, 용융된 소량의 액체들이 모아져 현무암질 마그마가 형성된다(그림 12.3).

상승하는 현무암은 지각 하부까지 도달하며 지각에 균열이 많은 경우에는 직접 지표까지 도달하여 분출된다. 또한 어느 정도 상승하여 지각 내부에 마그마 챔버를 형성하고 결정분화작용을 진행하기도 한다[그림 12.4(a)]. 균열이 적은 경우에는 지각하부에 모여 커다란 마그마 챔버를 형성하고 바로 위에 놓인 지각하부를 부분용융시켜 산성 마그마를 형성한다[그림 12.4(b)]. 중성(안산암질) 마그마는 초기

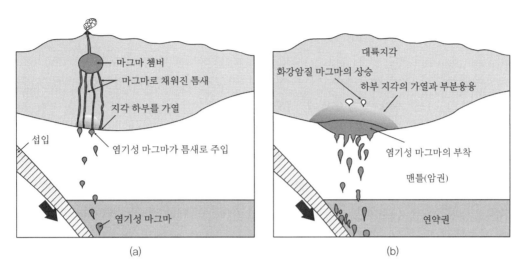

그림 12.4 (a) 결정분화작용이 일어나는 마그마 챔버의 형성과 (b) 지각하부의 융용에 의한 화강암질 마그마 생성에 관한 모식도

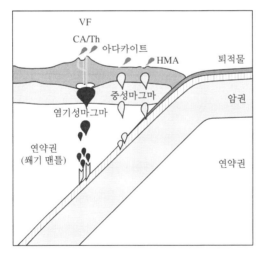

VF: 화산전선
HMA: 고마그네슘 안산암
CA/Th: 칼크알칼리/쏠레아이트

그림 12.5 호상열도 하부에서 마그마의 생성과 진화과정. 섭입하는 해양판에서 물을 공급받아 현무암질 마그마가 생성된 후, 지각 하부에 모여 지각 하부를 용융시켜 화강암질 마그마를 생성. 이 두 마그마가 혼합하여 안산암질 마그마를 생성하는 모델. 해령이 해구로 섭입하는 특수한 경우에 해양판이 용융되어 아다카이트를 생성

에 생성된 염기성 마그마와 새로 생성된 산성 마그마의 혼합작용, 규장질 지각의 암석과의 동화작용 또는 염기성 마그마의 결정분별작용으로 생성된다(그림 12.5).

## 3 마그마의 다양성

상부맨틀이나 하부지각에서 일단 형성된 마그마는 결정화작용 혹은 마그마와 주변암과의 여러 가지 상호작용에 의해 큰 변화가 일어난다. 지금까지 알려진 화성암의 다양성에 대한 주된 원인으로는 결정분화작용, 동화작용, 마그마의 혼합이 있으며, 그 외에 액체불혼화, 가스에 의한 운반, 분별용해 등이 있다.

마그마는 냉각되면서 결정을 정출한다. 이때 결정이 마그마로부터 분리되면, 남겨진 마그마는 화학성분이 달라질 것이다. 결정은 마그마와의 밀도차로 침강(또는 부상)하기도 한다. 액체에만 어떤 압력이 작용하면 액체만 빠져나가기도 하고, 액체의 유동으로 인해 결정이 선택적으로 농집하기도 한다. 이 밖에 액체끼리 분리해서 마그마의 조성차를 일으키는 경우도 있다.

그림 12.6은 도식적으로 그린 마그마 챔버이다. 마그마 챔버의 천장 및 벽은 마그마의 중심부보다 온도가 낮기 때문에 여기서 결정이 정출되어 원래의 마그마와 조성 및 온도가 다르게 된다(a). 따라서 밀도가 다른 마그마가 부분적으로 생성될 것이다. 밀도차로 인해 벽 부근의 마그마는 아래로 가라앉게 되든가 상승하여 천정 근처에 농집되어 마그마 챔버의 조성은 부분마다 차가 생길 것이다(b). 또 마그마 챔버의 지하 증온율이 유지되면 어떤 원소는 고온 쪽으로 어떤 원소는 저온 쪽으로 농집하여 조성차를 만들 것이다.

초기에 정출된 결정이 제거되어 마그마 액과 분리되는 메커니즘으로 무거운 결정은 가라앉고 가벼운 결정이 떠오르는 중력작용과 이에 수반되는 대류, 결정과 용액으로 구성된 죽 상태의 물질이 있다. 이때 용액부분이 외적 힘에 의해 축출

(a) 고온의 마그마

(b) 정출과 분리

(c) 산성 마그마의 상승

그림 12.6 마그마 챔버에서 결정분화과정에 대한 모식도

되는 현상, 암맥을 형성할 때에 유동하는 마그마가 결정이 많은 부분(중앙)과 용액(벽)으로 분리되는 현상 등이 유력하다(c). 이 중에서 중력작용에 의한 분화가 가장 잘 알려져 있으며, 다수의 층상분화암체에 대해 연구되어 왔다.

## 1) 결정분화작용

마그마의 결정화작용에 의해 생성된 결정이 마그마로부터 분리됨으로 본래의 화학조성과는 다른 마그마가 형성되는 것을 결정분화작용이라 부른다. 보웬은 다양한 화성암이 생성되는 원인이 결정분화작용임을 강조하고, 그 메커니즘을 규산염 용액의 융해실험에 근거를 둔 상태도를 이용하여 설명했다. 반응계의 상태도에 주목하면 최초에 정출한 결정이 마그마와 반응하여 새로운 결정을 만드는데, 그때 마그마의 급속한 냉각, 중력작용에 의해 마그마와 결정의 분리가 일어나면 반응이 불완전하게 되어, 최초의 용액과는 다른 조성의 용액이 만들어진다(그림 12.7).

보웬은 이러한 반응관계에 착안하여 현무암질 마그마로부터 유색 광물은 감람석→ 휘석 → 각섬석 → 흑운모(불연속 계열), 무색 광물인 장석은 Ca이 풍부한 사장석→ Na이 풍부한 사장석(연속 계열) → 정장석의 순으로 정출하며, 도중에 이들이 제거되어 $SiO_2$가 풍부한 안산암질 마그마, 유문암질 마그마가 생성되는 것을 증명했다[그림 12.7(a)]. 보웬의 개념은 모든 본원 마그마가 단일의 현무암질 마그마뿐이고, 모든 중성, 산성 마그마는 거기에서 유래된 것으로 보았다. 이러한 결정분화작용은 칼크알칼리 계열에서 성립되는 경우가 많지만, 그 외의 경우에는 적합하지 않는 경우가 더 많다. 그러나 결정분화작용의 원리(반응원리)는 현재까지도 유효하며, 화성암의 다양성을 보여주는 중요한 요인 중의 하나다.

오스본(1959)은 FeO 외에 $Fe_2O_3$을 포함하는 성분계의 합성실험을 근거로, 현무암질 마그마가 결정분화 할 때는 산소분압의 대소가 분화작용 및 분화체의 성질에 큰 영향을 준다고 주장했다[그림 12.7(b)]. 즉 결정분화작용에 수반하여 산소분압이 감소하는 경우는 자철석과 같은 철산화물의 정출이 제한되기 때문에 잔액은 점차로 Fe가 많아지므로 Fe가 풍부한 휘석이나 감람석이 정출한다. 따라서 알칼리나 $SiO_2$가 풍부한 산성 마그마는 극히 소량만 생성된다. 한편 산소 분압이 일정하거나 증가하는 경우에는 Fe의 많은 부분이 비교적 빠른 시기에 철산화물로 정출되어 침전되기 때문에, 용액에는 알칼리나 $SiO_2$가 농집되어 대량의 산성 마그마

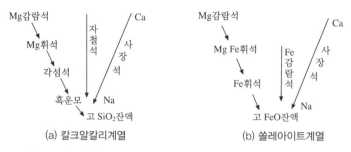

그림 12.7  산소분압이 (a) 높은 경우와 (b) 낮은 경우의 반응 계열(Osbon, 1969)

가 생성된다. 오스본은 산소분압이 $H_2O$의 해리에 의해 좌우된다고 판단했다. 따라서 $H_2O$의 공급이 용이한 곳에서는 산소분압이 쉽게 상승하여 칼크알칼리암 계열의 안산암이나 유문암이 많이 생성된다. 반면 대륙지역과 같이 $H_2O$의 공급이 힘든 곳에서는 산성 마그마의 생성이 제한될 것으로 생각했다. 그러나 칼크알칼리암 계열의 암체에서 철산화물의 농집부가 거의 발견되지 않아 대부분의 화성암체에서 산소분압은 그다지 높지 않은 것으로 판단된다.

## 2) 동화작용

마그마가 지하 심부에서 상승해 오는 과정을 통해 주위의 모암이나 외래 암편들이 유입되어 다양하게 녹아드는 모습을 노두 규모나 현미경으로 가끔 관찰할 수 있다. 예를 들면 실리카가 결핍된 현무암 내에 융식된 형태의 석영결정이 관찰되었을 때, 현무암을 생성시킨 마그마는 화학조성이나 정출 온도로 볼 때 석영과는 비평형 관계이므로, 주위로부터 석영이 들어와 일부가 녹은 것으로 추정할 수 있다.

이처럼 마그마가 주위의 암석이나 외래 암편을 끌어들여 이들과 화학반응을 일으키거나 직접 녹이는 과정을 동화작용이라 한다(그림 12.8). 그리고 마그마의 동화작용에 의해 화학조성이 변해 가는 것을 혼성작용이라 부른다. 동화작용은 심성암의 관입암체 주변부에서 자주 관찰되나, 동화작용이 상당히 진행되면 마그마 전체의 조성이 크게 변하기도 한다.

## 3) 마그마의 혼합

2종 이상의 서로 다른 마그마가 혼합하면 여러 가지 화성암이 생길 수 있다.

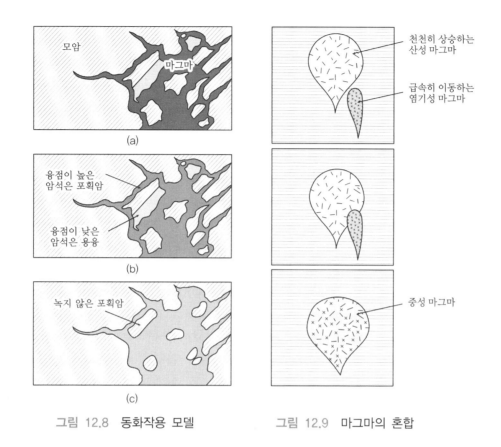

그림 12.8  동화작용 모델          그림 12.9  마그마의 혼합

마그마 상호간에는 화학조성이 전혀 다른 경우도 있고 혹은 유사한 경우도 있다
(그림 12.9). 실제로 염기성 마그마와 산성 마그마의 혼합에 의해 중성의 안산암
질 마그마가 생성되는 예가 수없이 많다. 마그마 혼합에 대한 열쇠는 불균질한
마그마의 혼합을 지시하는 호상의 경석(불균질 스코리아), 비평형정출을 나타내는
반정의 역누대구조, 동일 암석 내에 석영과 감람석이 공존하는 비평형인 반정의
광물 조합 등이 있다. 일본과 같이 호상열도나 대륙주변부의 화산암에는 압도적
으로 안산암이 많고, 그중에도 칼크알칼리 계열 안산암이 생성되는 데는 마그마
의 혼합이 중요한 역할을 했다.

## 4  산성 마그마의 성인

산성화성암(화강암류)은 화강암, 유문암으로 대표되는 실리카가 풍부한 암석으

로 주요 조암 광물은 석영과 장석이다. 이들 화성암은 대륙지각의 주된 구성물질로서 지구 역사상 여러 시기에 걸쳐 형성되었다. 또한 태양계 행성 중에서 대규모의 화강암질 대륙지각을 가지고 있는 것은 지구뿐이다. 따라서 산성 마그마의 성인은 지구역사를 논하는데 있어서 아주 중요한 의미를 갖는다.

산성 마그마의 성인에 관해서는 지각물질의 부분용융에 의해 생성되었다는 화성암기원설과 변성작용에 수반되는 교대작용에 의해 생성되었다는 화강암화작용설이 있으며, 1900년 대 전반부터 커다란 논쟁점이 되어왔다. 그러나 실험암석학적 연구가 발전됨에 따라 대규모의 산성암류는 국부적으로 교대작용에 의해 형성될 수도 있으나 대부분은 화성작용에 의해 생성된 것으로 알려져 있다.

지금까지 산성암의 성인으로 제안된 이론들은 ① 고체암석이 용융상태를 거치지 않은 교대작용, ② 현무암질 마그마로부터 분별결정작용의 최종산물, ③ 지각물질의 부분용융이 있다.

①의 개념은 주로 야외관찰에 근거를 두고 있다. 광역변성작용과 밀접히 관련된 화강암이 인지되고, 변성작용으로 생성된 장석과 석영을 주 구성 광물로 하는 편마암류에서 점차 화강암으로 변해간다고 하는 이론이다(H.H. Read, 1948). 가끔 주위의 모암에 접촉변성작용을 일으키며 관입하는 화강암도 있지만, 그들은 지하 심부에서 교대작용으로 생성된 화강암이 유동하여 지각의 얕은 곳으로 관입한 것이라 생각했다.

②의 이론은 현무암질 마그마의 분별결정작용에 의해 최종 잔액으로 유문암질 마그마가 생성된다. 동아프리카 열곡대의 현무암-조면암-유문암의 화산활동 또는 층상관입 암체 상부의 산성암은 이렇게 생성된다. 그러나 이 경우 현무암질 마그마가 80~90 %의 결정작용을 진행하기까지 $SiO_2$가 풍부한 마그마는 생성되지 않으며, 산성 마그마는 최후에 소량의 잔액으로 제한되어 생성된다. 적어도 대규모 저반을 형성하는 화강암체를 이 모델로는 설명하기 곤란하다.

③은 보웬(1937, 터틀과 보웬) 1958의 실험암석학적 연구를 근거로, 화강암류를 형성시킨 대량의 산성마그마가 처음부터 존재한다는 이론이다. 화강암의 주요 조암 광물인 석영, 장석을 포함하는 $NaAlSi_3O_8$-$KAlSi_3O_8$-$SiO_2$ 성분계로 화강암류의 결정화작용과 용융과정을 표현할 수 있다. 그림 12.10은 석영과 장석의 상 경계선과 최저액상온도(화강암 최소부)를 보여준다. 이 최저점은 화강암 마그마의 최종 결정화작용의 위치를 나타내는데, 최후의 용액이 석영, 장석과 공존하는 점

이다. 바꾸어 말하면 화강암질 마그마가 부분용융에 의해 최초로 생성되는 위치라고도 할 수 있다. 자연산 화강암류를 이 상태도에 표시하면 약 80 % 이상의 암석이 이 상경계선의 최저점 부근에 점시되는데, 이들 화강암류는 어떤 마그마의 결정작용 말기의 산물이거나 혹은 석영, 장석을 주성분으로 하는 지각 하부의 암석이 부분용융되어 생성되었음을 의미한다.

③의 모델의 경우에 기원물질의 차이로부터 화성암기원과 퇴적암기원의 2가지로 구분할 수 있다. 화성암을 기원물질로 하는 경우는 일반적으로 염기성화성암 혹은 그와 동질의 변성암이 부분용융 되어 형성된 것으로 생각된다. 이것은 화강암류의 분류에서 I형 화강암에 해당하고, 고알루미나-메타알루미나암의 조성을 나타낸다.

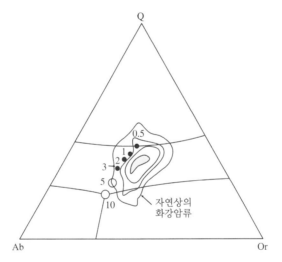

그림 12.10　조장석(Ab, NaAlSi₃O₈)-정장석(Or, KAlSi₃O₈)-석영(Q, SiO₂)성분계의 상태도. 최저점은 석영·조장석·정장석의 3상의 공존하는 공융점(○)이 되고, 그 이하의 수증기압에서는 액상온도는 높고, 최저점은 석영과 1상의 장석과의 경계선(●)이 된다[(Tuttle and Bowen, 1958), (숫자는 수증기압, 단위: kb)].

# 13장 화성작용

## 1 화성암의 세계적인 분포

현재 활동 중인 화산의 대부분은 지진대를 따라 분포하며, 주요한 화산-지진대는 판의 경계로 추정된다(그림 13.1). 판의 경계는 수렴경계·발산경계·변환단층으로 3가지 형태가 있다. 현재 육상화산 중에서 약 80 %는 수렴경계에 해당하는 호상열도와 활동적인 대륙연변부에 분포하며, 칼크알칼리 계열의 현무암-안산암-유문암이 산출된다. 발산경계인 해령에서는 현무암질 화산이 분출하며, 대륙의 열곡대에서는 현무암-유문암의 바이모달(bimodal)의 화산활동이, 판 내부에서의 현무암-조면암-유문암의 알칼리가 풍부한 화산암이 특징적으로 산출된다.

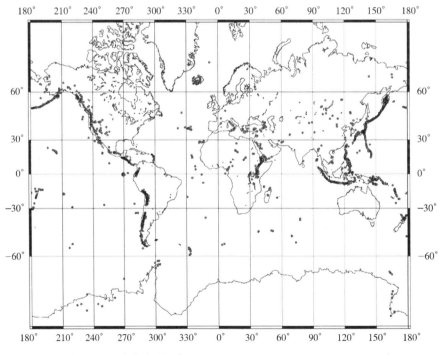

그림 13.1 화산의 분포(by Dale S. Sawyer at Rice University)

## 2 해령의 화성작용

대양저에서 수 km의 폭을 갖는 해령축을 따라 분출하는 화산암을 중앙해령 현무암(Midocean Ridge Basalts, MORB)이라 부르며(그림 13.2), 해양도나 해산으로 분출하는 현무암과는 다른 특징적인 화학조성을 나타낸다. 해령은 판의 발산경계로 추정되며 MORB를 분출하는 화산활동과 이에 수반되는 심성활동으로 새로운 해양지각을 생산하고 있다. 해양저의 여러 지역에서 채취한 현무암은 모두가 MORB의 조성을 나타내며, 이러한 현무암이 지구표면의 70 % 이상을 덮고 있다.

해령과 같이 심해에서의 화산활동은 수압에 의한 비폭발적 분화와 해수에 의한 급랭으로 유리질 껍질을 가진 베개상용암의 산상을 보여준다.

MORB는 감람석, 사장석, Ca가 많은 단사휘석의 반정을 가지며, 사방휘석은 포함하지 않는다. 대부분의 MORB는 쏠레아이트질 현무암이며, 아주 드물게 알칼리 현무암을 포함한다. 이 쏠레아이트질 현무암은 $TiO_2$, $K_2O$ 등의 부적합원소가 결핍되어 있으며, 미분화된 MORB는 $TiO_2 < 1.0$ %, $K_2O < 0.1$ %이다. REE의 패턴은 경희토류(LREE)가 결핍되어 우측으로 상향하는 형태를 보인다(그림 13.3). MORB의 동위체 조성은 $^{87}Sr/^{86}Sr$ 비가 0.703보다 적으며, $^{143}Nd/^{144}Nd$ 비는 0.51305보다 높고 $^{206}Pb/^{204}Pb$ 비는 18.7보다 낮아 지구상의 화성암 중에서 가장 결핍된 값을 보여준다. 이와 같은 특징을 갖는 MORB가 가장 보편적으로 산출되기 때문에 N(normal)-타입 또는 N-MORB라 부른다.

한편, 주성분원소들의 함량은 유사하지만 K, Rb, Ba, Zr, Nb 등의 부적합원소가

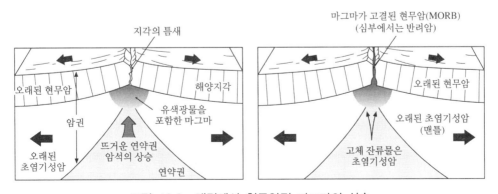

그림 13.2 해령에서 현무암질 마그마의 상승

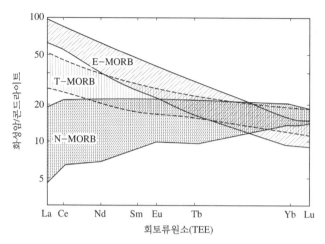

그림 13.3 콘드라이트로 표준화한 중앙해령 현무암(MORB)의 REE패턴(LeRoex et al., 1983)

풍부하고, 경희토류가 풍부한 패턴을 나타내며 보다 부화된 동위체조성을 갖는 타입의 MORB를 E(enrich)-MORB 또는 P(plume)-MORB라 한다. 이 현무암은 아이슬란드, 아조래스, 가라파고 등과 같은 해양도의 쏠레아이트질 현무암과 유사하다. 세 번째 타입은 N-MORB와 E-MORB의 중간적인 성질을 갖는 현무암으로 T(transitional)-MORB라 한다.

N-MORB의 동위체 조성은 원시지구(CHUR)의 값보다 높은 Nd동위체비, 낮은 Sr동위체비의 초생값을 갖는다. 이 사실은 N-MORB를 생성시킨 마그마는 CHUR의 값과 비교하여 높은 Sm/Nd비, 낮은 Rb/Sr비를 가졌음을 의미할 것이다. CHUR로부터 결핍된 맨틀이 형성되기 위해서는 적어도 10~20억 년 이전에 CHUR에서 지각물질이 추출되어 N-MORB의 기원이 되는 맨틀이 만들어졌을 것으로 생각된다. 해령의 현무암은 과거 40억 년 이상의 기간 동안, 결핍된 상부맨틀의 부분용융을 통해 지각물질을 추출해 낸 것으로 보아야 한다.

MORB의 본원 마그마에 관해서는, 가장 미분화된 MORB조성이 본원 마그마를 대표한다고 하는 주장과, 조금 더 마그네슘이 많은 본원 마그마가 존재하며 이것이 분별결정작용을 받아 현재의 MORB가 생성되었다는 주장이 있다. 후자에 관해서는 보다 심부에서 감람암의 부분용융이 상당히 진행되면 MgO=13~17%의 피크라이트(picrite)질 마그마가 형성되는 것으로 알려져 있는데, 이 피크라이트질 마그마가 비교적 천부에서 감람석을 대량으로 분별하여 만들어진 것으로 생각하고 있다. 오늘날까지 해양저에서 피크라이트는 발견되지 않았으며 증명할 만한 단서도 없다. 그러나 해양지각과 상부맨틀이 지표에 올라앉은 것으로 생각되는 오피올라이트(ophiolite)내에는 이 피크라이트질 마그마를 추출하고 남은 잔류맨틀 이라고 생각되는 하즈버가이트(harzburgite)가 관찰되어 그 증거로 이용된다.

## 3 오피올라이트(ophiolite)

오피올라이트란 알프스 조산대와 같은 세계 여러 조산대에서 관찰되는 복합암 체로서 초염기성암, 반려암, 현무암, 심해퇴적물 등으로 구성되어 있다.

동 지중해에 위치한 키프로스 섬의 Troodos 복합암체는 하부로부터 초염기성 암, 반려암, 조립현무암(dolerite)질 평행암맥군, 현무암의 베개상용암, 처트 등의 퇴적암 순으로 중첩되어있는 전형적인 오피올라이트로 알려져 있다(그림 13.4). E.Moores와 F.J. Vine(1971)은 이 암석 층서를 전형적인 해양지각·상부맨틀의 층

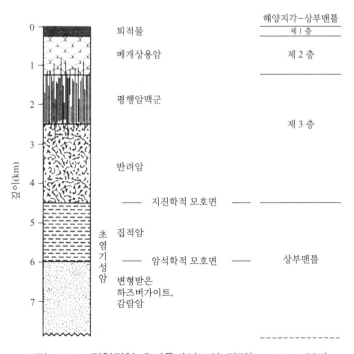

그림 13.4 전형적인 오피올라이트의 단면(A. Hall, 1987)

구조로 판단하고, 이 중에서 조립현무암질 평행암맥군이 해령에서 일어나고 있는 해양지각의 생성 과정을 나타내는 것으로 생각했다. 그리고 과거의 해령 아래에 있던 해양지각과 상부맨틀의 단편이 판의 운동에 의해 육지로 올라탄 것으로 생각하게 되었다.

이후 화성암의 암석학적 연구가 진전됨에 따라 호상열도에서 특징적인 화산암이 다수 발견되어, 오피올라이트는 호상열도 혹은 배호분지 암권의 단편으로 판단했다. Troodos 외에 잘 알려진 오피올라이트는 뉴펀들랜드의 Bay-of-Islands, 캘리포니아의 Coast Range, 오래곤의 Canyon, 오만의 Semail 등이 있다.

## 4 해양도·해산의 화성활동

해양도·해산·평정화산(기요)을 구성하는 화산암은 해양저의 대부분을 차지하는 해령 현무암과 다른 독특한 현무암으로 구성되는데, 이를 해양도현무암(Oceanic island basalt, OIB)이라 부른다. 해양도현무암은 해저현무암의 약 10 %를 차지한다.

일반적으로 해양도현무암은 판의 경계에서 멀리 떨어져 분포하는데, 지구 내부로부터 뜨거운 맨틀의 상승부로 추정되는 열점(hot spot) 위에 위치한다. 주로 감람석 현무암으로 이루어진 순상화산을 형성한다. 개개의 화산은 규칙적인 화산의 발달단계를 나타내고 암석의 성질도 변화한다. 가장 잘 알려진 대표적인 해양도는 하와이제도이다. 지금까지도 활동을 계속하는 킬라우에아(Kilauea), 마우나로아(Mauna Loa), 로이히 등의 화산에서 북서 방향으로 직선상의 고지대가 약 2500 km나 이어지고, 미드웨이(Midway)섬에서 북쪽인 천왕해산열도로 방향을 전환한다(그림 13.5).

미드웨이에서 최후의 화산활동은 약 4300만 년 전이고, 2500 km 이상의 길이를 갖는 천황열도에서 북쪽으로 가장 멀리 떨어진 해산의 활동 시기는 약 7000만 년 전이다. 판구조론으로 해석하면, 태평양판은 현재 하와이의 지하에 움직이지 않는 열점을 기준으로 7000만 년 전에서 4300만 년 전 사이 북쪽으로 이동했고, 그 이후에는 북서쪽으로 방향을 바꾸어 지금의 하와이제도-천황해산열도의 화산암을 형성시켰다.

하와이의 화산발달사는 규칙적인 세 단계로 나눌 수 있다. 제1단계는 순상화산을

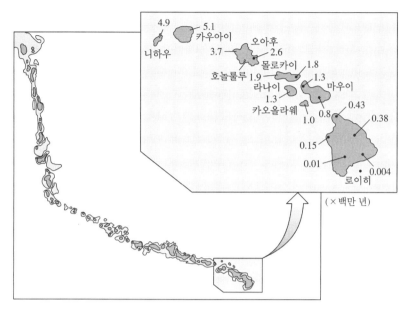

그림 13.5  하와이 열점의 흔적

만드는 단계로 쏠레아이트질 현무암이 생성된다. 아주 드물게 바사나이트(감람석, 네펠린을 포함하는 알칼리 현무암)에서 쏠레아이트질 현무암 등의 각종 화산암을 포함한다. 마우나로아, 킬라우에아 화산은 현재 이 단계에 해당한다. 활동의 휴식 기를 지나서 제2단계에 접어들면, 대규모의 폭발적인 분화가 발생하여 실리카 불 포화인 알칼리 현무암이 출현한다. 이때 보다 분화된 화산암도 포함한다. 이 단계 에서 화산암의 양은 아주 적으며 전체의 약 1 % 정도이다. 이후 긴 휴식기와 침 식을 받은 후, 제3단계의 폭발적인 분화가 발생한다. 이 단계의 화산암은 더욱 실 리카가 불포화된 알칼리 현무암, 네펠리나이트, 바사나이트(basanite), 앵커라마이 트(ankaramite)로 구성된다.

하와이의 쏠레아이트질 현무암은 MORB와 비교할 때 FeO, $TiO_2$, $K_2O$가 풍부 하고, $Al_2O_3$가 결핍되어 있다. 또한 경희토류(LREE)가 풍부한 패턴을 보이며 N-MORB에 비해 중희토류(HREE)가 낮은 패턴을 보인다. 동위체 조성에서 Sr-Nd 상관도는 N-MORB 보다는 부화되어 있으나, CHUR 보다는 결핍되어 있다(그림 13.6).

지하심부에서 이상고온맨틀의 상승류(맨틀 플룸)에 의해 생성된 열점의 기원물 질에 관해서는 다양한 모델들이 제안되었다. 그 예로써 ① 하부 맨틀에서 유래된

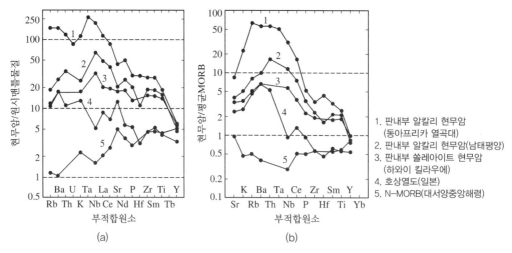

**그림 13.6** 원시맨틀과 평균 MORB로 표준화한 여러 현무암의 미량원소 패턴

물질로 지금까지 마그마를 생산하지 않았던 부화맨틀(enrich mantle=CHUR 조성), ② 지금까지 부분용융으로 지각물질을 생산하여 결핍되어진 상부맨틀과 CHUR 조성의 부화맨틀의 혼합, ③ 수십억 년 전에 섭입된 해양지각(MORB)이 에클로자이트화하여 핵-맨틀 경계까지 몰입된 후, 긴 시간에 걸쳐 부화된 것이 재차 부분용융을 일으켜 주위의 맨틀감람암과 혼합된 것, ④ 대륙하부의 맨틀이 이동하여 대류하는 해양지각 하부의 맨틀과 혼합된 것 등의 모델이 있다.

열점의 위치는 해양도 외에 대륙내부, 대륙과 해양의 경계부, 해령 등에도 분포한다. 예를 들면 아이슬란드는 열점 위로 약 8000만 년 전 무렵에 대서양 중앙해령이 이동해 온 부분으로 알려져 있다. 지구상에는 약 40개의 열점이 존재하는 것으로 파악되고 있다.

## 5 　대륙내부의 화산활동

### 1) 대륙의 홍수현무암

선캄브리아기 이후, 대륙지역에서 엄청난 양의 현무암질 용암이 홍수와 같이 분출한 시기가 가끔 있었다. 이를 홍수현무암(flood basalt) 또는 대지현무암(plateau basalt)이라 부르고 있다. 이 분출량은 해령에서 생산된 해양저 현무암을 제외하면 세계 최대급 활동이다. 홍수현무암의 활동은 고생대 후기 이후 가장 격렬했으며, 그 예로는 시베리아대지(페름기, 150만 km$^2$), 남아프리카의 카알현무암(트라이아스기~쥐라기, 140만 km$^2$), 브라질의 파라나 현무암(쥐라기~백악기, 120만 km$^2$), 인도의 데칸고원(전기 신생대, 50만 km$^2$), 미국의 콜롬비아대지(마이오세, 20만 km$^2$) 등이 있다. 이들의 활동은 대륙분열에 수반되는 대륙의 열곡이나 연해분지 등과 같이 판의 신장과 관련된 것으로 추정된다. 예를 들어 카알현무암과 파라나현무암의 경우는 북미대륙과 아프리카대륙이 분리될 때 틈새나 약선을 따라 분출한 것으로 판단된다. 또한 콜롬비아 강 유역의 홍수현무암은 북서측에 있는 화산호(volcanic arc)의 칼크알칼리 화산암류와 동시에 발생하여 배호(back arc)측에서 판의 신장으로 생성되었다.

홍수현무암은 주로 쏠레아이트질 현무암으로 이루어져 있다. 예를 들면 콜롬비아 강 대지의 경우 석영 쏠레아이트가 가장 많고, 그 외에 감람석 쏠레아이트, 철·티탄이 풍부한 현무암, 현무암질 안산암이 산출되며, 실리카가 풍부한 데사이트(dacite)나 유문암은 산출되지 않는다. 한편 북미의 선캄브리아기의 많은 용암들은 감람석 쏠레아이트로 구성되어 있으나, 일부 알칼리 현무암이나 유문암을 동반한다. 위와 같은 화산암류는 현무암을 주체로 하기 때문에 맨틀에서 직접 유래된 것으로 보인다. 데칸고원을 이루는 현무암은 주성분·미량성분원소, 동위체 조성의 변화가 심한데, 대륙지각의 동화작용과 대륙하부의 균질하지 않은 맨틀의 영향인 것으로 해석된다. 하지만 산출되는 현무암 중에서 가장 미분화된 쏠레아이트는 E-MORB와 유사한 조성이며, 이런 현상은 다른 홍수현무암에서도 관찰된다. 홍수현무암의 초생 마그마에 관하여 지표에서 관찰되는 미분화된 쏠레아이트 그 자체라고 하는 주장과 감람석을 보다 많이 포함하는 피크라이트질 마그마가 심부에 존재한다는 주장이 엇갈리고 있다.

## 2) 대륙의 열곡

열곡은 지각·암권의 신장에 의해 좁고 긴 단열대가 만들어지고 있는 장소이다. 열곡의 중축부는 정단층에 의해 움푹 들어간 지구대가 만들어지고, 이 열곡을 포함하여 광범위한 지각의 융기가 일어나고 있다. 열곡은 암권 파괴의 제1단계이며, 이것이 더욱 진행되면 해령으로 발전해 가는 판의 발산경계로 볼 수 있다. 현재 잘 알려진 열곡은 라인지구, 동아프리카 열곡대, 바이칼 열곡, 리오그랜드(Rio Grande)열곡을 들 수 있다. 아주 오래된 열곡으로 고생대 말기의 오슬로지구대가 알려져 있으며, 침식이 내부까지 진행되어 일련의 화산암-심성암체를 관찰할 수 있다. 가장 복잡한 열곡대는 동아프리카 열곡대 북쪽에 위치한 열곡대의 삼중점이다(그림 13.7). 여기에서는 2개의 대륙열곡이 발달되어 해양지각(홍해와 아덴만)을 만들고, 제3의 열곡(동아프리카 열곡대)은 단열되어 갈라지고 있다.

자세히 연구되어진 곳은 동아프리카 열곡대의 중앙부에 있는 케냐열곡이다. 화산활동은 올리고세에 시작되어 지금도 계속되고 있다. 최초의 활동은 열곡의 외측까지 일어날 정도로 대규모였지만, 시간이 지남에 따라 열곡 내부의 좁은 지역에 한정되어 발생한다. 현무암을 비롯하여 마이오세의 바사나이트(basanite), 네펠리나이트, 포놀라이트(phonolite), 카보네타이트(carbonatite 화성탄산염암)로 이루어진 화산-심성복합암체를 형성하고 있다. 이 시기의 활동은 대규모의 포놀라이트 용암대지가 특징이지만, 틈새분출나 순상화산으로 형성된 것으로도 생각된다. 플라이오세가 되면 대규모 조면암질 용암이나 화산쇄설류가 분출하는데, 이 조면암대지도 틈새분출나 순상화산의 분출형태를 갖게 된다. 이 시기 이후에는 현무암, 뮤거라이트(mugearite), 조면암, 유문암이 활동하고, 실리카포화도가 높은 현무암이나 산성화산암의 활동으로 변화한다.

일반적으로 대륙열곡의 화성암 중 염기성암은 알칼리 계열이고, 산성암류는 고알칼리암질이다. 열곡지역의 화성암은 $SiO_2$가 중간인 암석이 적은 바이모달의 특

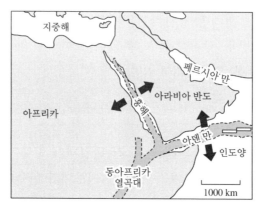

그림 13.7 동아프리카 열곡대의 삼중점

징을 나타낸다. 이 바이모달(bimodal, 또는 쌍모우드) 화산활동은 인장력이 작용하는 응력장에서 정단층 운동을 받는 두꺼운 화강암질 지각에 발달하며, 반드시 열곡대에 한정되어 활동하는 것은 아니다. 즉 아프리카 서부, 호주의 남부, 스코틀랜드, 아일랜드 등에서도 이런 예를 찾아볼 수 있다.

동아프리카 열곡대 하부의 대륙지각(암권)의 두께는 20 km 이하로 아주 얇고, 그 하부의 맨틀은 뜨겁고 부분적으로 용융상태인 연약권이며, 연약권과의 경계가 모호면 부근에 해당된다. 한편 열곡의 외측에 있는 암권은 42~48 km로 아주 두껍기 때문에 급격한 변화를 보여준다.

동아프리카 열곡대의 발달과정은 다음과 같다.

① 열곡 형성에 앞서 광역적인 침강
② 암권의 단열과 그에 수반되는 심부로부터 연약권의 상승
③ 지각이 돔 형태로 융기하고 얇아짐
④ 연약권의 상승에 수반되는 부분용융과 화산활동

연약권이 상승하면 압력이 낮아지기 때문에 맨틀의 부분용융이 시작된다. 초기의 화산활동은 보다 깊은 곳에서 발생한 마그마가 분출하기 때문에, 실리카가 보다 불포화된 암석이 생성된다. 이 시기에 분출한 네펠리나이트-화성탄산염암과 같은 화산암류는, CHUR과 비교할 때 결핍된 Sr, Nd동위체 조성을 나타내며, 경희토류나 Rb 등의 부적합원소를 포함한다. 이러한 특징은 전에 소개했던 해양도 현무암과 아주 비슷하고, 부적합원소를 풍부하게 하는 맨틀의 교대작용이 최근에 일어난 것으로 생각된다. 한편 부분용융의 정도가 상당히 적었기 때문에 마그마 내에는 부적합원소의 양이 증가한 것으로 보인다. 화산활동의 후기에 이르면 뜨거운 맨틀의 상승이 계속되어, 마그마의 발생 분리 심도가 보다 얕아지기 때문에 실리카불포화도가 낮은 암석을 만든다. 이때 맨틀의 부분용융의 정도도 높아졌을 것이다. 최후에 지각하부 혹은 지각내부로 상승한 마그마는 커다란 마그마 쳄버를 형성하고, 그곳에서 분별결정작용이 일어나 현무암-조면암-포놀라이트-고알칼리암질 유문암을 생성한다. 보다 산성인 유문암은 분별결정작용의 결과가 아니라 대륙지각의 부분용융에 의해 생성된다는 주장도 있다.

## 6 호상열도의 화성활동

암권이 생성되는 장소(판의 발산경계)가 해령이라면, 오래된 암권이 소멸되는 장소(판의 수렴경계)는 호상열도(화산호, volcanic arc) 혹은 육호(대륙연)가 된다. 이 화산호는 판이 섭입하는 장소인 동시에 대량의 화산암과 심성암을 생산하는 장소이며, 대부분의 대륙지각을 형성시키는 중심적인 역할을 하는 곳이다.

여기서 화산활동은 현무암-안산암-데사이트-유문암으로 이어지며, 안산암이 가장 많다. 현재 지구상의 화성활동 중 90 % 이상의 안산암은 이 호상열도에서 생산되고 있다.

화성활동이 활발한 호상열도는 해양지각 위에서 활동하는 경우와 대륙지각 위에서 활동하는 경우의 두 종류로 나누어진다. 전자는 마리아나, 남 샌드위치, 통가-케르마덱, 소 안티루스 등의 호상열도이며, 대부분 서태평양에 집중되어 있다. 여기에서는 호상열도를 따라 길이 수천 km, 폭 200~300 km에 이르는 화산대가 있다. 이 화산대는 오래된 대륙지각의 기반을 만드는 젊은 호상열도이며, 현무암~현무암질 안산암이 발달된다.

한편 대륙지각 위에서 활동하고 있는 곳은 주로 대륙연변 지역인 아메리카대륙 서측 연변부의 육호가 있으며, 동태평양에 집중되어 있다. 또한 서태평양의 일본열도와 같이 대륙지각을 갖는 호상열도도 이 타입에 해당한다. 여기에서도 좁고 긴 화산대가 만들어진다. 안산암의 분출이 가장 활발하고 선캄브리아기·고생대를

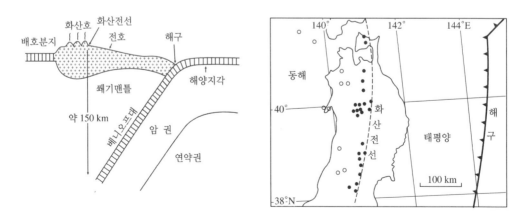

그림 13.8 호상열도의 모식적인 횡단면도와 동북 일본의 제4기 화산의 분포

비롯한 오래된 대륙지각을 가진 성숙한 화성활동 공간이다. 호상열도에서 안산암이 대량으로 분출하는 원인에 대해서는 앞에서 설명한 바 있다.

호상열도가 해양지각 위 또는 대륙연변의 어느 쪽에서 형성되더라도 화산대의 배열을 갖는다는 공통점이 있다. 열을 지어 분포하는 성층화산을 호상열도라 부르는데, 이들은 그 해양 측에 위치하는 해구와 항상 평행하며, 그 간격은 50~300 km로 변화가 심하고 일본 열도의 경우는 150~200 km이다.

화산의 분포는 호상열도에서 배호(back arc)측으로 적어지는데, 호상열도의 가장 해구측에 있는 경계를 화산전선(volcanic front)이라 부른다(그림 13.8). 심발지진은 호상열도에서 배호측으로 깊어지는 경사대를 만드는데, 이를 베니오프대라 부른다. 이 대의 바로 아래 놓인 맨틀은 지진학적으로는 차갑고 단단한 슬랩(slab)이라 하는데, 심발지진은 이 슬랩과 그 위를 덮는 쐐기 맨틀과의 경계에서 발생함을 알 수 있다. 이들의 성질로부터 호상열도 부근에서 차가운 해양판(암권)이 해구를 만들며 뜨거운 맨틀 안으로 섭입하는 것으로 해석하고 있다. 호상열도의 배열은 베니오프대의 등심선과 평행하며, 중요한 점은 거의 모든 호상열도에서 화성활동은 깊이가 100~200 km(일본의 경우 150 km)인 곳에서 발생된다는 것이다. 즉 섭입하는 판이 100~200 km 깊이에 도달했을 때 마그마를 생성한다고 할 수 있다.

호상열도의 화성암은 화학조성에 의해 몇 가지로 구분할 수 있다. 그 대표적인 것이 부적합원소인 $K_2O$의 함유량에 의한 분류이다. $K_2O-SiO_2$도에 의해 $K_2O$ 양에 따라 저칼륨 계열, 중간칼륨 계열, 고칼륨 계열로 구분한다(J. Gill. 1981). 일반적으로 저칼륨 계열에서 고칼륨 계열을 걸쳐서 Fe/Mg 비가 감소하는 경향이 보이는데, 암석 계열과의 관계는 저칼륨 암석이 쏠레아이트 계열에, 그리고 중~고칼륨의 암석이 칼크알칼리~알칼리암 계열에 대응하는 경우가 많다.

저칼륨의 현무암~현무암질 안산암은 해양지각 위에서 직접 발생하는 젊고 미성숙한 호상열도의 특징이다. 일본열도와 같이 성숙한 호상열도에서도 저칼륨 화산암이 분포하기는 하지만, 해구 측에 있는 화산전선 부근으로 한정된다. 한편 중간칼륨에서 고칼륨 계열의 화성암은 성숙한 호상열도의 대표적인 존재이다. 주된 암석 타입은 안산암이다.

호상열도 화산암 중의 미량원소는 Rb, Ba, Sr 등과 같이 이온반경이 큰 부적합원소(LIL원소)가 많은 것이 큰 특징이며, 호상열도 현무암과 해령 현무암을 비교하면 해령 현무암보다도 그 양이 특이하게 많다(그림 13.9). 이런 차이는 감람암의 부분용융 과정의 차이나 현무암질 마그마의 분별결정작용의 차이가 아니고, 원래 기원물질의 특징을 반영하고 있다. LIL원소는 물에 용해되기 쉬운 가용성원소이므로 호상열도의 마그마 형성에는 물을 포함하는 유체가 중요한 역할을 했을 가능성이 있다. 판구조론적 개념에서는 호상열도 마그마의 성인으로 섭입하는 해양판이 관여했을 것이라고 생각된다. 그중에서도 해양저퇴적물과 변성현무암은 호상열도 현무암에서 특징적으로 나타나는 부적합원소를 다량으로 포함한다. 이에 따라 호상열도 마그마의 형성에 관여했을 유력한 물질로 추정되고 있다.

호상열도 화산암의 $^{87}Sr/^{86}Sr$ 비는 일반적으로 MORB보다 높으며 크게 변화한다(0.703~0.706). 호상열도에 따라 다르지만 동북 일본의 호상열도의 경우 화산전선에서 배호측으로 갈수록 $^{87}Sr/^{86}Sr$ 비가 낮아져 MORB와 비슷해진다. 호상열도 화산암은 Nd-Sr상관도에서 해양의 현무암조성을 만드는 맨틀열(mantle array)로부터 상당히 떨어져 점시되는 경우가 많고, 일반적으로 $^{87}Sr/^{86}Sr$ 비 쪽으로 빗나가 있다. 화성암의 화학성분을 이용하여 마그마가 생성되고 분출된 판구조론적 위치를 파악하기 위해 다양한 판별도가 제안되었다(그림 13.10).

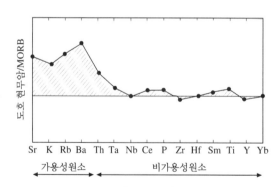

그림 13.9  중앙해령 현무암(N-MORB)으로 표준화시킨 호상열도 현무암(쏠레아이트)의 미량원소의 패턴(J.A. Pearce, 1983)

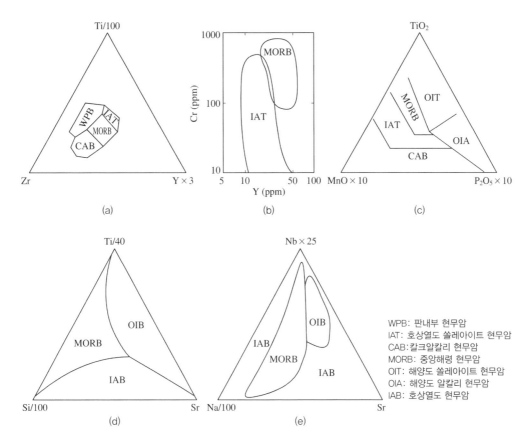

그림 13.10 마그마의 판구조적 위치를 추정하는 판별도

# 14장
# 염기성 및 초염기성 화성암류

## 1 현무암(basalt)

### 1) 일반적인 특성

해양도, 대륙이나 호상열도에 분포하는 현무암은 가끔 결정분화작용이 진행된 산성에서 중성 화산암류를 수반하며 각각의 지역적 특성을 나타낸다. 그들은 하나의 마그마 계열 또는 화산암 계열을 구성한다. 현무암은 흔히 분출암체(화산체)를 형성하지만 암맥을 이루거나 관입암체 주변부의 급랭대로 산출되기도 한다.

현무암은 주로 Ca이 많은 사장석과 보통휘석(augite)으로 구성되며, 그 외 감람석, 사방휘석, 피조나이트, 각섬석, 흑운모, 자철석, 티탄철석, 실리카 광물, 알칼리장석, 인회석, 불석, 네펠린, 류사이트 등과 같은 광물 중에서 수 종류를 주성분 혹은 부성분 광물로 포함한다. 또한 예외적으로 사장석을 포함하지 않는 네펠린나이트, 황장암, 류시타이트 등이 있다. 색지수는 35~90 %의 범위를 갖지만, 70 %를 초과하는 것은 극히 드물다. 대부분 반상조직이며 반정의 양은 드물게 50 %를 넘는 경우도 있다. 그러나 일반적으로 5~30 % 정도이다. 또한 5 % 이하일 때 무반정현무암이라 부르기도 한다. 석기는 완정질에서 유리질까지로 여러 조직을 나타내지만, 지표에 분출하는 경우 일반적으로 다른 화산암과 비교할 때 결정도가 높고 조립이며 갈색유리는 적다.

현무암의 화학조성에서 $SiO_2$는 대부분의 경우 45~52 wt. %이고(반정이 없는 암석은 55 wt. %), MgO, FeO, CaO가 풍부하고 $Na_2O$, $K_2O$가 적다. 또한 미량성분 원소는 Co, Cr, Ni, Sc, V 등이 많고, Ba, F, Nb, Pb, Rb, Th, U, Zr이나 희토류원소 등이 적다.

### 2) 현무암의 분류

현무암은 광물 조합과 화학조성에 의한 분류가 다양하여 많은 혼란을 초래한

다. 앞에서 언급한 바와 같이 실리카와 알칼리의 양에 의해 알칼리암과 비알칼리
암으로 나뉘고, 또한 비알칼리암은 쏠레아이트 계열과 칼크알칼리 계열로 나뉨을
설명했다. 한편 놈 광물에 의해 알칼리, 감람석 쏠레아이트, 쏠레아이트로 분류되
며, 알루미늄의 함량에 따라 고알루미나, 메타알루미나, 고알칼리의 셋으로 분류
한다. 일본의 제4기 염기성화산암의 분류에 자주 이용되는 Kuno(1968)의 분류인
저알칼리 쏠레아이트, 고알루미나 현무암, 고알칼리 쏠레아이트, 알칼리 현무암,
칼크알칼리 현무암과 Yoder&Tilley(1962)의 분류를 표 14.1에 나타냈다.

여기서 주의할 것은 칼크알칼리 계열의 현무암은 유색 광물의 광물 조합에 있
어서 다른 현무암과 차이를 보여 주지만, 화학조성은 독자적인 영역을 갖지 못하
고 쏠레아이트 또는 고알루미나 현무암 영역에 속한다는 점이다.

쏠레아이트 계열의 현무암은 반상조직이 발달한 경우가 많으며 수 mm~1 cm
크기의 사장석이 산재한다. 그 외에 짙은 황색의 감람석, 흑색의 휘석을 관찰할
수 있다. 한편 알칼리 현무암에서는 반상조직이 그다지 발달하지 않는다. 사장석
반정이 오히려 적어지고 감람석이나 휘석이 많아지며 석기도 세립결정질인 경우
가 많다.

알칼리 현무암은 네펠린이나 류사이트와 같은 준장석류 반정과 최후기의 회장
석과 같은 장석류를 포함하며, 석기로서 감람석을 포함한다. 또한 붉은 갈색 또
는 보라색을 띠며 티탄을 포함하는 휘석을 포함하기도 한다. 쏠레아이트 현무암
의 반정으로 감람석을 포함하는데, 만약 이들이 석기와 반응하면 둥근 형태로 관
찰된다. 하이퍼신이나 피저나이트처럼 Ca이 적은 휘석을 포함하면 물론 쏠레아
이트다.

표 14.1  Kuno의 분류와 노옴에 의한 분류의 대비

| Kuno(1960, 1968a, b) | Yoder & Tilley(1962) |
|---|---|
| 저알칼리 쏠레아이트 | 쏠레아이트 |
| 고알루미나 현무암($Al_2O_3>16.5$ %)<br>고알칼리 쏠레아이트($Al_2O_3<16.5$ %) | 감람석 쏠레아이트 |
| 알칼리 현무암 | 알칼리 현무암 |
| 칼크알칼리 현무암 | 없음 |

## 3) 산상

현무암은 산상에 의해 각양각색의 외관을 보여주나 다른 화산암보다 검고 무거운 것이 최대 특징이다. 일반적으로 반정이 없는 것은 흑색이 치밀하며, 반정이 많은 것은 암회색~회색이다. 1매의 용암류라도 부분에 따라 외양이 다르다. 표면은 다공질이며 스코리아와 같은 모양을 보이나 내부로 들어감에 따라 기포의 수와 크기가 감소하여 치밀해지며 결정질로 바뀐다. 더욱 안쪽 부분은 치밀 견고한 세립결정질의 외관을 보여준다. 또한 결정도가 높아지면 미소한 석기 사장석으로 인해 흑색에서 암회색~회색으로 변해간다. 두꺼운 용암류의 중심부는 조립으로서 확대경을 이용하면 단책상의 사장석이나 입상의 휘석을 식별할 수 있다.

스코리아나 용암 표면은 산화되어 암적색~갈색을 나타낸다. 또한 기포 중에 산재하는 가스로부터 정출한 크리스토발라이트, 휘석, 각섬석, 흑운모나 불석과 같은 미세한 결정이 관찰되는 경우가 있으며, 그 외에 열수에서 침전하여 생성된 옥수(chalcedony), 단백석(opal), 방해석 또는 불석이 관찰된다.

## 2 조립현무암(dolerite)

## 1) 일반적인 특성

돌러라이트(dolerite)라 불리는 이 암석은 세립질인 현무암과 조립질인 반려암의 중간형으로 약간 조립의 현무암으로 기재되는 경우가 많다. 이 때문에 용암류라도 조립질현무암으로 분류되는 경우도 있다. 화학조성에 있어서 현무암질 화산암류와 동일한 범위를 갖는다. 그러나 일반적으로 산출되는 이 암류는 쏠레아이트 계열과 알칼리 계열이다.

유럽이나 일본의 연구자들은 dolerite라는 명칭을 이용하나 미국에서는 휘록암(diabase)으로 불려진다. 휘록암이란 명칭에는 변질 또는 변성작용을 경험한 염기성암(화산쇄설암도 포함)이라는 의미도 포함되어, 여기서는 조립질현무암이라는 용어를 사용한다.

조립현무암이 암석학의 연구대상이 된 이유 중의 하나는 현무암질 마그마의 결정분화작용을 암체 내부에서 목격할 수 있다는 점이다. 이는 현무암질 마그마가 지하에 관입하여 비교적 천천히 냉각되어, 암체 내부에 다양한 암종을 형성하는 경우에 가능하다.

## 2) 산상

일반적으로 조립현무암체는 수 cm~1 m 정도 두께의 급랭 주변대(chilled zone)를 갖는다(그림 14.1). 이 부분은 표본의 크기에서는 통상적인 현무암 용암류와 똑같아 보인다. 용암류와 다른 점은 주변암과의 경계부근에서 클링커(clinker)를 보이지 않고, 단순한 접촉관계를 보인다.

암체 하부의 급랭 주변상에서 내측으로 유색 광물이 농집된 부분을 갖는 조립현무암도 관찰되나 현저한 층상구조를 나타내는 것은 거의 없다. 이 부분에서 더 안쪽으로는 통상적인 조립현무암으로 전이한다. 조립현무암 부분에는 수십 cm의 폭을 갖는 주상절리가 발달하고, 이 절리와 수직으로 십~수십 cm 간격으로 불석에 의해 메워진 기포가 모여 있는 층이 반복되어 나타나는 경우가 많다. 비교적 두꺼운 암체의 경우는 중심부에 아주 조립의 유색 광물이 관찰되는 경우가 많다. 이 부분은 수 mm, 때로는 1 cm 정도의 장주상의 사장석과 비슷한 크기의 주상의

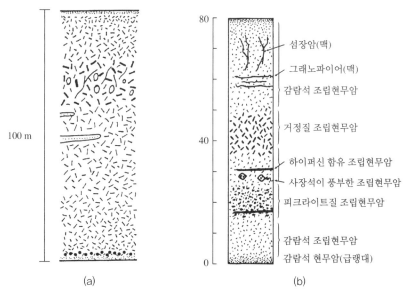

그림 14.1 조립현무암의 모식 주상도[(a) 경북 문경군 상내리, 안건상, 1991, (b) 일본 아오자와, Kushiro 외, 1989]

휘석이 육안으로도 쉽게 식별되며, 서브오피틱 조직을 육안으로도 확인할 수 있다. 또한 자철석의 커다란 결정도 확인되는 경우가 많다.

비교적 얇은 암체의 경우, 조립의 광물은 렌즈상 또는 맥상의 분화 맥에서 확인할 수 있으며, 이때 일반적인 조립현무암과의 경계는 비교적 뚜렷하다. 분화맥을 형성하는 것으로 조립질 광물 외에 섬장암이나 그래노파이어와 같이 세립이기는 하나 장석류가 풍부하고 유색 광물이 적은 것이 있다. 분화맥은 일반적으로 암체의 중심부보다 위쪽에 분포한다.

## 3 반려암(gabbro)

### 1) 일반적인 특성

반려암은 조립 완정질의 염기성 화성암류이다. 현무암은 마그마가 그대로 고결하여 만들어진 것에 비해, 반려암은 마그마에서 정출하여 만들어진 각종 광물군의 집적에 의해 형성되며, 암체의 형성조건에 따라 광물의 양 비가 여러 가지로 변한다.

그 화학조성은 현무암의 조성에 대비되는 경우가 많지만, 그것은 대략적인 성질이며 엄밀하게는 현무암의 조성에 대응하지 않는다. 보웬의 반응원리는 이렇게 암상변화가 현저한 화성암복합체에서 각종 조암 광물의 선후관계를 연구하여 얻은 결과이다. Palisade 암상, Skaergaard 암체 그리고 Sudbury 암체에서의 결정분화 연구가 암석학에 미친 영향은 상당히 크다.

반려암의 명칭은 원래 라브라도라이트 혹은 바이토나이트와 보통휘석으로 구성된 완정질암석에 적용하고, 감람석을 포함한 것을 감람석반려암이라 불렀다. 반려암의 한자 명칭은 검은 바탕에 밝은 색 반정이 쌀알처럼 보인다는 것에서 유래했다. 반려암의 정의는 색지수가 35~60이며, Or×100/(An+Ab+Or)<15인 완정질 조립화성암류이며, 석영을 포함하면 석영반려암이 된다. 이 정의로 색지수가 35 이하는 섬록암류, 석영을 포함하면 석영섬록암류로 분류한다. 최근에는 그림 14.2와 같이 국제지질연합에서 제안된 분류표를 이용하여 분류한다.

트록톨라이트(troctolite)는 라브라도라이트 혹은 바이토나이트와 감람석을 주로 하는 완정질암석으로, 보통휘석을 수반하는 것도 있다. 앨리발라이트(allivalite)는 회장석과 감람석이 거의 등량인 것, 유크라이트(eucrite)는 바이토나이트 내지 회장석과 보통휘석으로 구성된 암석으로 동일한 광물 조성을 갖는 운석에도 적용된다. 노라이트(norite)는 주로 라브라도라이트와 사방휘석으로 구성된 것으로, 보통휘석이 들어가면 하이퍼신 반려암으로 변해간다. 반려암과 밀접히 수반되어 산출하는 암석으로 회장암(anorthosite)이 있다. 이는 사장석을 주로 하는 암석이며, 선캄브리아기 시대의 것이 많다. 또한 회장암은 변성에 수반되어 분포하는 것이 많은데, 크고 작은 여러 가지 결정분화암체의 일부로도 산출된다.

반려암의 산상·암체의 형태는 암상, 실, 암맥, 암경, 암주, 병반, 막대형으로 아주 다양하게 관찰되거나 추정된다. 그 외에도 복합암체로 산성 심성암류나 각종 화산암과 함께 원통형 아니면 그와 유사하게 분포하기도 한다.

## 2) 산상

조립질인 반려암은 단단하여 작은 망치로 시료를 채취하는 데 어려움이 있다. 절리의 발달은 화산암류나 산성·중성 심성암류와 비교할 때 그다지 좋지 않다. 반려암은 일반적으로 검은색 내지는 회색이며, 감람석 반려암, 감람석-휘석-반려암의 변질되지 않는 것은 팥 색을 띠는 검은색이다. 감람석이 없어지면 사장석의 백색이 뚜렷해지고 전체적으로 회색 내지 백색과 검은색이 뒤섞인 얼룩무늬가 된다. 각섬석이 증가하면 암석 전체는 더욱 검어지면서, 휘석류와 비교할 때 각섬석의 신장비가 큰 것을 느낄 수 있다.

감람석은 원래 올리브색이지만 변질 광물들로 인해 녹색(사문석), 적갈색~황갈색(이딩사이트) 등으로 색이 변한다. 트록톨라이트나 앨리발라이트와 같이 감람석을 많이 포함하는 것은 부분적인 변질 때문에 녹색으로 보인다. 하이퍼신의 특징은 약간 붉은 색으로 하이퍼신을 포함하는 노라이트와 같은 암석은 시료 크기에서는 약간 붉은 색으로 보인다. 반려암의 풍화면은 상당히 백색으로 변하여, 전석이나 하상의 자갈에서는 회색, 회백색으로 얼룩무늬를 보인다. 따라서 광물의 배열, 조직, 구조는 풍화면에서 확연히 드러난다.

반려암체의 외측 경계부에는 폭 수십 cm~수 m 정도의 조립현무암으로 구성된 급랭 주변상의 둘러싸고 있는 경우가 많다. 이 부분의 화학조성은 보통 미분화된 초기의 마그마조성을 나타낸다. 급랭 주변상을 정밀하게 관찰하면, 이 부분은 암질이 약간 다른 여러 개의 층으로 구성되어 있음을 알 수 있는 경우도 있다.

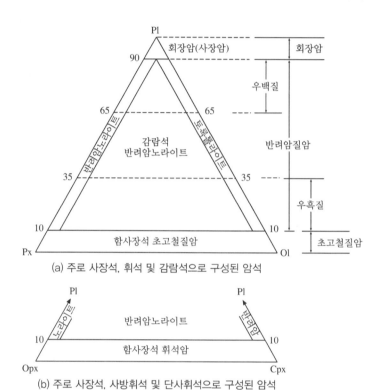

(a) 주로 사장석, 휘석 및 감람석으로 구성된 암석

(b) 주로 사장석, 사방휘석 및 단사휘석으로 구성된 암석

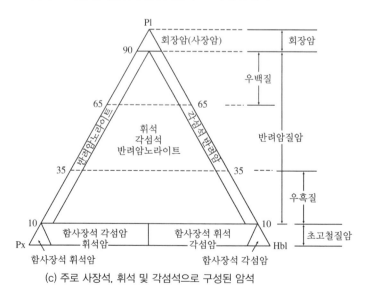

(c) 주로 사장석, 휘석 및 각섬석으로 구성된 암석

그림 14.2  반려암류의 IUGS분류(Streckeisen, 1979)

암체의 내부는 광범위하게 비교적 균질한 경우도 있지만, 많은 경우에 다양하게 암상이 변한다. 그 주요한 원인은 결정분화작용이다. 사장석과 유색 광물의 분리 정도가 경미한 경우에는 선명하지 않으며, 연속성도 좋지 않은 백색과 흑색의 대상구조(banded structure)가 보일 듯 말듯 하다. 하지만 분리가 좀 더 진행되면 사장석을 주로 하는 우백질 부분과 감람석, 휘석류로 구성된 흑색 부분이 규칙적으로 반복된다. 이 경우 아래쪽에 있는 우흑색대의 하부 경계는 깨끗하지만, 위쪽의 우백질대의 경계는 약간 점이적이다. 한편 변성작용을 받아 재결정된 각섬암 내지 각섬석편마암상의 반려암에는 각 대의 경계부가 그다지 뚜렷하지 않은 경우가 많다.

마그마가 유동하는 공간의 규모가 크고 유동작용이 활발하면, 정출 광물이 쌓이는 과정에서 이미 생성된 흑백의 대상구조가 뒤에서 밀려오는 강한 흐름으로 인해 깎여 나가고, 부정합 형태로 대상구조가 형성된다. 마그마에서 정출한 각종 광물이 중력장에서 유동하는 과정에서 퇴적되는 것을 화성퇴적작용이라 부른다.

유색 광물과 무색 광물의 분리는 결정을 포함하는 마그마의 연직방향의 유동에 의해 생성된다. 이렇게 유동에 의해 만들어지는 줄무늬(호상)는 수평적인 광물의 집적에 의해 생기는 대상구조와 비교하면 그다지 선명하지 않고, 비연속적이며 폭도 좁고 구성 광물의 화학조성 변화의 범위 역시 좁다.

반려암의 암체 중에는 초기 광물인 감람석, 휘석의 집적에 의한 암흑색의 초염기성암 외에 초기에 정출한 회장석을 주로 하는 회색 내지 회백색의 암석(회장암 혹은 우백질 사장석반려암)이 독립적으로 분포한다. 이것도 일종의 화성퇴적작용에 의해 형성된 것으로 추정된다. 또한 반려암암체의 내부에는 반려암질 페그마타이트의 맥, 애플라이트 맥, 그래노파이어와 같이 다양한 암석류, 다양한 크기의 암맥을 수반하는 경우가 많다. 암체와 모암과의 접촉부에는 가끔 모암의 일부를 암체 내에 포획한 것(포획 암편)을 관찰할 수 있다.

## 4 초염기성암(ultramafic rocks)

### 1) 일반적인 특성

초염기성암이란 현무암이나 반려암보다 한층 Fe나 Mg이 풍부한 암석의 총칭이다. 보통 감람석, 휘석, 각섬석 등의 유색 광물이 70 % 이상을 차지하며, 장석이나 석영과 같은 무색 광물이 소량이거나 전혀 포함하지 않는 암석을 말한다.

원래 초염기성암은 ultrabasic rock에서 유래된 용어인데, 이는 본래 $SiO_2$의 함유량이 아주 적다(45 % 이하)는 의미이다. 그러나 초염기성복합암체의 주요 암석인 휘석암(pyroxenite)이나 각섬암(hornblendite) 등은 뚜렷이 $SiO_2$가 결핍된 암석이 아니다. 색지수를 기준으로 하는 ultramafic rock은 초고철질로 번역해야 맞지만, 고철(苦鐵)이란 용어가 마그네슘과 철을 의미함에도 불구하고, 철이 많다(高鐵)는 의미로 잘못 이해하는 사람이 많기 때문에, 여기서는 초염기성암이라는 용어를 선택한다.

초염기성암은 명백히 마그마가 고결하여 생성된 경우도 있으나 그렇지 않은 경우도 있는 듯하다. 여기서는 성인과는 상관없이 편의상 일괄적으로 화성암으로 취급하여 소개한다. 초염기성암은 일반적으로 중립에서 조립이며, 관입암으로 산출하는 일이 많다. 단 림버자이트(limbergite) 및 그에 속하는 암석은 세립이며, 주로 화산암으로 산출한다. 이 암석은 감람석과 보통휘석의 반정 그리고 유리로 구성되며, 일반적으로 장석은 포함하지 않는다.

초염기성암을 구성하는 광물의 종류도 적고 암상의 변화도 비교적 단조롭다. 또한 풍화에 약하여 노두에서는 갈색~적갈색을 나타내는 일이 많다. 감람석은 휘석, 사장석에 비히여 선택적으로 풍화되기 쉽기 때문에, 풍화 변에서 감람석의 양에 따라 요철이 만들어진다. 이 요철을 암상이나 암체의 구조를 해석하는데 이용하기도 한다.

감람석은 육안으로 회백색에서 담황녹색을 나타내는 경우가 많다. 따라서 신선한 감람암은 흐릿한 광택의 회색~담황녹색을 띤다. 사방휘석(엔스타타이트)은 육안으로 담회갈색~담회녹색을 띠고 벽개가 발달한다. 단사휘석은 신선한 경우에는 녹색에서 짙은 녹색이며, 특히 Mg이 풍부한 크롬투휘석은 에메랄드 녹색을 띤다. 그러나 약간 풍화가 진행되면 하얗게 변한다. 크롬스피넬은 광택을 가진 흑색으로 유리상의 단면을 보여 준다. 각섬석 중에서 Mg이 풍부한 파가사이트와 투각섬석은 담녹색을, Fe이 풍부한 것은 보다 검게 보인다. 사장석은 신선한 경우 투명감을 가진 백색이지만 소슈르라이트(saussurite)화된 것은 탁한 백색이다. 사문화된 감람암류는 자철석 등의 미세한 결정이 생겨 검게 되며, 밀도와 경도가 저하된다.

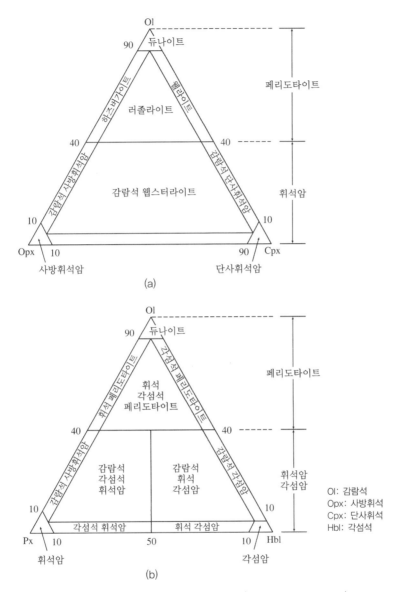

그림 14.3 초염기성암의 IUGS분류(Streckeisen, 1976)

## 2) 감람암(peridotites)

MgO는 일반적으로 20 % 이상이고 40 %를 초과하는 것도 흔히 있다. FeO도 비교적 많다. SiO₂는 비교적 적어 보통 45 % 이하이지만 50 %를 초과하는 경우도 있다. CaO, Na₂O, K₂O, Al₂O₃ 등은 일반적으로 적다. 놈 광물로는 감람석, 휘석이 많고 장석은 적다.

감람암은 관입암 또는 집적암으로 산출되며, 그밖에 현무암 가운데 포획물로서 출현한다. 어느 것은 변성작용을 받아서 재결정했을 가능성이 있다. 지각 속에 밀려들어간 맨틀의 파편으로 볼 수 있는 것도 있다.

일반적으로 중립~조립으로 완정질이다. 결정의 대부분은 타형~반자형이며, 각섬석이 크게 성장하는 일이 많다. 구성 광물에 따라서 몇 개의 종류로 분류된다 (그림 14.3). 주요한 암형의 광물 조성은 다음과 같으며, 괄호 안의 것은 소량으로 들어 있는 광물이다.

듀나이트(dunite)는 감람석 외에 반드시 소량(통상 5 % 이하)의 크롬스피넬을 수반한다. 변성작용에 의해 생긴 듀나이트는 가끔 "벽개 감람석(cleavable olivine)"이 관찰된다. 하즈버가이트(harzburgite)는 감람석과 사방휘석으로 구성되며, 단사휘석을 5 % 이하로 포함하지만, 그 일부는 사방휘석에서 용리된 것이다. 각섬석은 파가사이트로서 현미경하에서는 무색인 경우가 많다. 러졸라이트(lherzolite)는 감람석, 사방휘석, 투휘석 또는 보통휘석 등으로 구성되며, 하즈버가이트보다 단사휘석이 풍부하다. 전형적인 웰라이트는 약간 조립의 단사휘석이 입상의 감람석과 크롬스피넬 포획하여 포이킬리틱조직을 형성한다.

킴버라이트(kimberlite 또는 mica peridotite)는 남아프리카 및 시베리아에서 산출되며 다이아몬드를 포함하는 것으로 유명한 암석이다. 이 암석은 감람석, 금운모 또는 흑운모 등으로 구성되며, 보통은 현저하세 변질뇌어 다량의 사분석이나 방해석을 포함한다.

### 3) 휘석암(pyroxenite)

전형적인 휘석암은 타형의 휘석의 집합체로서 휘석(단사휘석, 사방휘석)의 화학조성에 가깝다. $SiO_2$는 45~58 %이며, 투휘석 또는 그에 가까운 단사휘석을 포함하는 것은 CaO가 많다. 휘석암은 관입암체 또는 현무암질 암석 내의 포획물로 산출한다. 휘석은 중립~조립으로 타형 또는 반자형을 나타낸다.

주로 단사휘석으로만 구성된 것은 단사휘석암이라 하며, 사방휘석과 단사휘석의 양자를 포함하는 것을 웹스터라이트(websterite), 주로 사방휘석만으로 구성된 것은 정휘석암이라 부른다.

휘석 이외에 감람석을 포함하는 일도 흔히 있으며, 그밖에 피코타이트, 크롬스피넬, 자철석, 티탄철석, 각섬석, 사장석 등이 소량 산출되는 경우도 자주 있다.

## 4) 사문암(serpentinite)

보통은 감람암을 구성하는 감람석이나 휘석이 사문석화되어 만들어진다. 이 변화의 일부분은 감람암류와 동반된 물의 작용에 의하는 것일지 모르나 대개는 나중에 외부에서 유입된 물이 첨가되어 일어나는 변화인 것 같다. 변성대에서는 변성작용에 의해서 사문석화가 일어날 것이다.

사문석에는 많은 동질이상 광물이 있는데, 그중에서 가장 흔한 것이 리자다이트와 크리소타일(온석면) 그리고 안티고라이트(antigorite)이다. 극히 저온의 변성지역에서의 사문암은 대체로 리자다이트(lisadite)로 구성되며, 중간정도 온도의 변성작용을 받은 지역의 사문암은 대체로 안티고라이트를 주로 하고 있다. 따라서 변성대에서 산출되는 사문암을 구성하는 현재의 광물 조성은 변성작용에 의해서 생성된 것 같다. 원래의 감람암류를 구성했던 광물의 일부가 남아 있는 일도 흔하다.

감람석이 사문석화 될 때, 감람석 내부에 불규칙한 틈새가 망처럼 생기고, 그 틈새를 따라서 사문석이 생성되는 일이 있다. 또 사문석화 과정에서 $FeO$의 일부가 산화되어 자철석의 미세한 가루가 생성되고, 이들이 원래의 틈새를 따라 치밀하게 분포하기 때문에 감람석이 완전히 사문석화 되더라도 틈새의 흔적들이 그물처럼 보인다. 이처럼 뱀껍질처럼 보이는 구조를 망상구조(mesh structure)라 한다. 원래의 감람석이 커다란 사방휘석을 포함했을 때, 그 휘석이 커다란 사문석으로 치환되어 그것이 육안으로 크게 드러나는 구조를 바스타이트 구조(bastite structure)라 한다.

## 5 | 램프로파이어(lamprophyre, 황반암)

암맥(또는 맥상으로 관찰되는 암체)으로 흔히 산출되는 염기성암(때로는 초염기성암 내지 중성암) 중에는 이제까지 기술한 어느 화성암과도 일치하지 않는 암류가 많다. 이들을 일괄해서 램프로파이어라 한다. 그 가운데 상당수는 분명히 알칼리화성암이고, 알칼리 계열의 마그마 분화나 또는 다른 물질을 동화해서 형성되는 것 같다. 그러나 램프로파이어로 일괄하는 것 가운데는 이와 다른 여러 가지 성인에 의해 형성된 암석이 포함되어 있는 것 같다. 어느 쪽이든 성인은 아직 분명하지 않다.

램프로파이어에는 반상조직을 가진 것과 없는 것이 있다. 반상조직인 경우에 대부분 장석과 준장석 반정이 없고, 유색 광물 반정만 존재한다는 점이 과거부터 강조되어 왔다. 또 반정과 석기 모두가 자형의 성향이 강해서, 전자형(panidiomorphic) 조직을 보이는 것이 램프로파이어의 특징이라 할 수 있다.

더욱 색다른 점은 램프로파이어가 저온에서 안정한 광물이 되려는 어떤 변질작용을 경험했다는 것이다. 즉 원래의 화성 광물이 녹니석, 방해석, 기타의 광물로 변해 있다. 그로 인하여 $H_2O$가 많고, 또한 $CO_2$ 및 S가 상당히 포함되어 있는 경우가 있다.

램프로파이어는 커다란 관입암체(특히 알칼리 심성암체)에 수반되어 산출된다. 또 침식이 진행된 오랜 화산체에서 방사상 혹은 평행한 암맥군을 만들고 있는 일도 있다.

# 15장
# 중성 및 산성화성암류

## 1 안산암(andesite)

### 1) 일반적인 특성

염기성(mafic)과 규장질(felsic) 사이의 중간 화성암류 중에서 세립 암석 모두를 안산암이라 부른다. 안산암은 일본과 같이 섭입하는 판의 경계에 가장 많이 출현하는 화산암이다. 또한 과거의 조산대에서도 다량의 안산암이 분출된 것으로 알려져, 섭입대에서 화성활동을 이해하는 데에 있어서 안산암의 성인은 커다란 논쟁의 대상이다. 조산대에서 대량으로 산출하는 안산암의 대부분은 칼크알칼리 계열에 속한다. 따라서 칼크알칼리 계열의 안산암만을 안산암이라 부르자고 하는 의견도 있다. 그러나 쏠레아이트 계열의 안산암도 대개의 경우, 쏠레아이트 계열 안산암 혹은 단지 안산암이라 불리고 있다. 알칼리 계열의 중간 화성암류 가운데의 일부분도 안산암이라 하는 경우가 있지만 오늘날에는 부르지 않는 경향이 강하다. 가령 하와이에서 알칼리 계열의 중성암(뮤거라이트)이 산출되는데, 이것을 안산암이라 부르면 조산대의 안산암과 동일한 암석이 하와이에서도 산출된다는 그릇된 인상을 주기 쉽기 때문이다.

안산암이란 19세기 초에 Leopold von Buch가 안데스산맥에 산출하는 사장석과 각섬석의 반정을 포함하는 화산암에 사용하기 시작했다. 안산암의 정의에는 보통 색지수를 이용하는데, 색지수가 40~20 % 혹은 35~15 %의 비알칼리암(실리카 광물과 장석을 포함하는 화산암)을 안산암이라 불러왔다(Miyashiro and Kushiro, 1975; Kuno, 1976). 그러나 유색 광물의 체적을 정확히 측정하기 위해서는 많은 노력이 필요하고, 반정질이나 유리질 암석에서는 이 방법을 적용하기가 본질적으로 불가능하다. 따라서 최근에는 형광X선 분석(XRF)으로 전암조성을 비교적 간단히 결정할 수 있기 때문에, 전암조성의 $SiO_2$ 중량 %를 기초로 한 분류가 광범위하게 이루어지게 되었다. Miyashiro와 Kushiro(1975)는 52~62 %, Gill(1981)은

53~63 %, 그리고 Ewart(1982)는 52~63 %의 것을 안산암이라 부르고 있다. 그러나 뮤거라이트, 조면안산암, 조면암, 알칼리 유문암와 같은 알칼리 계열의 안산암에 대해서는 $SiO_2$에 의한 정의를 적용할 수 없기 때문에 다음 항에서 따로 설명한다.

## 2) 안산암의 분류

암석의 분류는 화학조성 보다는 성인에 근거를 두는 것이 바람직하다. 그러나 안산암의 성인에 관해서는 명확하지 않은 점이 많아 성인적 분류는 곤란하다. 따라서 화학조성이나 광물 조성을 근거로 기재적인 분류가 일반적으로 이루어지고 있다.

현무암에서 언급했듯이 화성암의 암석 계열은 알칼리, 쏠레아이트, 칼크알칼리의 세 계열로 나누고 있다. 또한 조산대의 현무암에서는 고알루미나 현무암 계열을 또 하나의 계열로 독립시키는 경우도 있다. 알칼리 계열의 안산암은 나머지 두 계열의 안산암에 비해 상대적으로 알칼리의 함유량이 많다. 따라서 알칼리 계열과 비알칼리 계열의 안산암을 구별하기 위해서 $SiO_2$와 $(Na_2O+K_2O)$상관도를 이용한다. 쏠레아이트 계열과 칼크알칼리 계열 안산암은 주로 철의 상대량 혹은 철의 농집정도 그리고 철과 $SiO_2$의 조합으로 구분한다.

동일 세열의 화산암류를 비교했을 때, 안산암은 현무암보다 $SiO_2$ 및 $Na_2O+K_2O$가 많고 $MgO$ 및 $CaO$가 적다. $SiO_2$ 함유량은 쏠레아이트 계열과 칼크알칼리 계열은 대개 54~65 %, 알칼리 계열은 48~55 % 정도이다. $SiO_2$ 함유량을 기준으로 암석을 분류할 때, 현무암과 안산암의 경계를 $SiO_2$ 52 %(또는 52.5 %)로 하는 경우가 많은데, 이는 비알칼리암류에서는 색지수에 의한 분류와 거의 일치한다. 동일한 $SiO_2$ 함유량을 가진 안산암류를 비교할 때, 쏠레아이트 계열 및 칼크알칼리 계열은 알칼리 계열보다 $Na_2O+K_2O$가 적다. 쏠레아이트 계열은 칼크알칼리 계열보다 $FeO^*/MgO$ 비가 크고, $FeO^*$가 보다 많은 경향이 있다.

Kuno(1950)는 석기를 구성하는 휘석을 이용하여 안산암을 분류하였다. 그는 피저나이트 계열과 하이퍼신 계열로 나누었는데, 휘석 외의 다른 광물에도 차이가 존재한다. 즉 각섬석이나 흑운모와 같은 함수 광물은 하이퍼신 계열에 한정되어 출현하며, 석영이나 장석 등의 외래 반정 또한 하이퍼신 계열에서만 가끔 나타난다.

### 3) 알칼리 계열의 중성~산성암류의 특징과 분류

화산암류 중에서 알칼리 계열의 중성~산성암류는 모드조성에 의해 명명하기가 어렵기 때문에 보통 화학조성에 의해 분류한다. 여기에 속하는 대표적인 암류는 뮤거라이트(mugearite), 조면안산암(trachy andesite), 조면암(trachyte), 알칼리 유문암(alkali rhyolite)이다. 알칼리 계열은 크게 Na이 풍부한 계열과 K이 풍부한 계열로 나누며, 양적으로 볼 때 세계적으로 전자쪽이 압도적으로 많다.

Na이 풍부한 계열은 조면암(trachyte) 계열과 포놀라이트(phonolite) 계열로 세분한다. 전자는 분화가 진행하면 석기에 실리카 광물이 출현하고 반정으로 석영을 포함한다. 또한 화학조성은 $SiO_2$가 증가하며, 놈 광물 조합은 (Ol+Ne) → (Ol+Hy) → (Hy+Q)로 규산염불포화에서 과포화로 변해간다. 한편 후자는 석기나 반정에 네펠린이 출현하고, SiO는 아주 적게 증가하나 $Na_2O+K_2O$가 증가하는 비율이 높고, 놈 광물은 Ol+Ne이며 분화가 증가함에 따라 오히려 Ne이 증가하는 경향을 보여준다.

조면암 계열의 화산암에서 색지수가 35~10이면 뮤거라이트와 조면안산암으로 분류하고, 10 이하 중에서 실리카 광물이 적은 것을 조면암, 많은 것을 알칼리 유문암으로 분류한다. 화학조성에서 $SiO_2$와 $Na_2O+K_2O$의 함유량은, 뮤거라이트와 조면안산암의 경우 50~58 %와 6~8 %이고 조면암의 경우 58~68 %와 8~12 %이며, 알칼리 유문암의 경우 68 % 이상과 8~12 % 정도이다.

연구자에 따라 화학조성을 기준하여 SiO의 함유량이 47~52 %는 하와이아이트(hawaiite), 52~55 %는 염기성 뮤거라이트, 55~58 %는 뮤거라이트, 58~62 %는 벤모라이트(benmoreite)로 분류하기도 한다. 또 다른 분류로는 중성 화산암으로 $Na_2O : K_2O$가 2 : 1 이상이면 뮤거라이트, 그 이하이면 조면안산암으로 분류한다. 원래 알칼리 현무암질 중에서 놈 장석이 안데신일 경우는 하와이아이트, 약간 분화가 진행된 암석에서 놈장석이 올리고클레이스일 경우는 뮤거라이트라 불렀다. Raymond 의 암석학에는 하와이암석 계열의 분화순서를 알칼리 감람석 현무암 → 하와이아이트 → 뮤거라이트 → 벤모라이트 → 조면암으로 설명하고 있다.

### 4) 산상

안산암은 같은 화학조성이라도 마그마의 냉각 경로의 차이, 산화되는 방법의 차이, 발포 양상에 따라 다양한 외관을 보여준다. 따라서 육안관찰 특징으로 안산암을 식별하고 동정할 때는 충분히 주의를 기울여야 한다. 대부분의 안산암은 반상조직을 나타낸다. 반정의 양은 거의 0에 가까운 것(무반정질)에서 많은 것은 60 %에 달하는 것까지 있다. 많은 경우 석기는 다량으로 존재하는 미세한 사장석으로 인해 회색을 나타낸다. 일반적으로 석기 중의 유리 함량이 증가할수록 외견상 흑색, 치밀한 인상을 준다. 또한 석기 중에 유색 광물의 양이 많을수록 검게 보인다. 안산암용암이 고온에서 공기의 공급을 충분히 받으면, 철이 산화되기 때문에 외관상 붉은 색을 보인다.

중성의 알칼리 계열의 안산암인 조면안산암 및 뮤거라이트와 다른 안산암류를 육안으로 구분하기는 곤란하다. 그러나 이 암류는 알칼리 현무암과 유사한 암상을 갖지만, 현무암보다는 장석이 많기 때문에 색이 약간 밝아 암회색~회색을 나타낸다. 반상조직이 발달되어 있으나 다른 안산암처럼 현저하지 않으며, 무반정인 암석(뮤거라이트)도 적지 않다. 가장 보편적인 반정은 백색자형의 사장석이지만, 5 mm 이하로 그다지 크지 않다. 그 다음으로 흑색의 보통휘석, 호박색의 감람석이나 금속광택의 자철석이 산재한다. 일부의 조면안산암에는 주상~단주상 자형이며 벽개가 발달된 케어슈타이트(kaersutite, Ti가 많은 단사정계의 각섬석)가 관찰된다. 석기 부분은 안산암보다 결정도가 높고, 세립 완정질의 외관을 보이는 경우가 많으며, 미약한 유리구조가 관찰되기도 한다. 또한 길이가 3 cm에 달하는 케어슈타이트, 사장석, 보통휘석, 자철석 등의 대형 결정을 포함하는 일도 있다.

사누카이트류는 일반적으로 반정이 거의 없고 치밀하며 견고하다. 특히 사누카이트는 흑색 유리질로서 패각상 깨짐을 보인다. 막대 모양이나 판상의 암석을 두드리면 종처럼 울려서 캉캉석이라고도 불린다. 사누카이트류는 육안으로 식별할 수 있는 반정 광물로 사방휘석, 감람석이 있으며, 경우에 따라서 각섬석, 보통휘석, 사장석도 있다. 외래반정으로 석영, 사장석이 소량이기는 하지만 육안으로 관찰할 수 있다.

보니나이트는 암맥, 베개상용암 등의 급랭 주변상(두께 약 1 cm)에서는 광택을 띠는 흑색유리질이며, 안쪽의 비교적 천천히 냉각된 용암은 둔한 광택을 갖는 암회녹색을 보인다. 일반적으로 보니나이트는 발포하며, 특히 베개상용암의 내부에서 발포도가 양호하다. 육안으로 식별되는 반정 광물은 감람석(담녹색), 단사 엔스타타이트(백색), 사방휘석(올리브색), 보통휘석(녹색)이 있다.

## 2 ∥ 중성 심성암류(intermediate plutonic rocks)

### 1) 일반적인 특성

중간 조성을 갖는 심성암류에서 중요한 것은 섬록암(diorite), 석영섬록암, 몬조나이트 등이다. 섬록암과 석영섬록암은 비알칼리암 계열에 속하고, 몬조나이트(monzonite)는 알칼리암 계열과 비알칼리암 계열에 속하는 것이 있다.

이들 암류는 화강암질암의 분류그림인 Q-A-P 삼각도에서 석영(Q)이 적어 그림의 하단부에 위치한다. 특히 모서리 P부근의 섬록암은 사장석이 풍부하며, 사장석의 An함량도 높고, 유색 광물이 많은 중성암으로 색지수는 25~50이다. 석영섬록암은 토날나이트와 섬록암의 중간적인 것으로 색지수는 25~45이다. 몬조나이트는 알칼리 장석과 사장석이 거의 같은 양으로 구성되며, 석영을 포함하지 않고 색지수는 15~45이다. 한편 석영을 포함하는 석영 몬조나이트는 화강암(아다멜라이트)과 몬조나이트의 중간적인 성격을 가지며 색지수는 10~35이다.

### 2) 산상

섬록암과 석영섬록암의 화학조성은 칼크알칼리암 계열의 안산암과 비슷하며 관입암체를 이룬다. 특히 석영섬록암은 조산대에서 커다란 암체를 이루며 산출되는 경우가 많다. 일반적으로 반자형입상조직을 보이며 화강암과 비교할 때 사장석의 자형성이 강하고, 누대구조가 뚜렷해진다.

몬조나이트는 사장석과 알칼리 장석의 함량이 거의 비슷하다. 즉 알칼리 장석의 함량이 섬록암에서보다 아주 많다. 몬조나이트는 독특한 조직을 나타내는데, 사장석의 자형결정 사이를 정장석이 타형으로 채우는 형태이다.

몬조나이트 중에서 비알칼리 계열은 유색 광물로서 각섬석, 흑운모 등을 포함하는데, 알칼리 계열은 알칼리 각섬석 (바케비카이트, 알프베소나이트)을 포함하는 경우가 있다. 사장석은 보통 안데신이나 올리고클레이스이며, 알칼리 장석은 정장석이나 미사장석이다. 몬조나이트는 석영이 없거나 소량만 있을 뿐이다. 그러나 몬조나이트와 흡사하며 석영을 다량으로 포함하는 암석이 자주 산출되는데, 이를 석영몬조나이트라 부른다. 그러나 이것은 일반적으로 색지수가 낮기 때문에 규장질(산성)로 취급한다.

　알칼리 계열의 몬조나이트는 섬장암(syenite), 네펠린섬장암과 같이 알칼리암 암석구를 형성하며 산출되나 그 양은 극히 적다. 그러나 비알칼리 계열의 석영섬록암이나 석영몬조나이트는 조산대에 대규모의 심성암체를 형성하여 다량으로 출현하는 중요한 암석으로, 넓은 의미의 화강암의 주요한 부분을 차지한다. 따라서 지각의 구성물질로는 섬록암이나 몬조나이트보다 석영섬록암이나 석영몬조나이트가 훨씬 중요하다.

## 3 ┃ 산성 화산암류(felsic volcanic rocks)

### 1) 일반적인 특징

　산성 화산암류는 주요 구성 광물을 기준으로 장석과 실리카를 포함하는 데사이트(dacite)와 유문암(rhyolite), 장석은 많으나 실리카 광물이나 준장석을 포함하지 않는 조면암(trachyte), 그리고 준장석을 포함하는 포놀라이트(phonolite)의 셋으로 나눌 수 있다. 그 외에 유문암과 화학조성이 유사한 유리질 암석으로, 물을 포함하는 흑요석(obsidian), 진주암(perlite), 송지암(pitchstone)이 있다. 데사이트는 대부분 칼크알칼리 계열이나 드물게 쏠레아이트 계열에 속하는 것도 있으며, 유문암은 대부분 비알칼리 계열이지만 가끔 알칼리 계열에 속하는 경우도 있다. 한편 조면암과 포놀라이트는 중성암 부분에서 언급한 바와 같이 알칼리 계열에 속하며, 특히 Na이 풍부한 계열의 암류이다.

### 2) 데사이트(dacite)

　실리카 광물이 풍부한 규장질 화산암 중에서 사장석>정장석인 것을 데사이트라 한다. 이 정의에 따르면 $SiO_2$ 함량은 대체로 60~75 % 사이에 들어가는데, 이는 유문암과 거의 동일하다. 그러나 $SiO_2$ 함량이 60~70 % 정도를 데사이트, 70 % 이상을 유문암이라 부르기도 한다. 많은 데사이트는 칼크알칼리 계열에 속하지만 때때로 쏠레아이트 계열의 암석도 있다.

　데사이트는 조산대의 화산분출물로 산출하며 반상조직을 갖는다. 석기는 유리질에서 결정질까지 다양하다. 유리질 석기는 가끔 미세한 미정이 많이 포함되어 있다.

반정 광물은 보통휘석, 각섬석, 흑운모, 석영, 사장석(대개는 안데신~올리고클레이스), 알칼리 장석(안올소클레이스 또는 새니딘) 등이며, 석기는 보통휘석, 실리카 광물(석영, 트리디마이트), 사장석, 알칼리 장석(아놀소클레이스), 자철석, 티탄철석 등이다.

석영은 반정으로 산출되는 경우가 많은데 산출되지 않는 경우도 있다. 반정으로서 석영이 나오는 데사이트를 석영을 포함하지 않는 데사이트와 구별하기 위해 석영데사이트라 하기도 한다. 석영반정은 가끔 뒤얽혀진 외형을 나타낸다. 쏠레아이트 계열의 데사이트에는 Fe-피저나이트가 나타나는 일도 있다. 쏠레아이트 계열의 데사이트는 칼크알칼리 계열과 비교할 때, FeO$^*$/MgO 비가 보다 크고 FeO$^*$가 많은 경향이 있다.

### 3) 유문암(rhyolite 또는 liparite)

유문암은 실리카 광물이 많은 산성화산암류 가운데 사장석<정장석인 것을 유문암이라 부른다. 이 정의에 의하면 유문암의 $SiO_2$ 함량은 대체로 60~77 % 정도가 된다. 그러나 조산대의 화산암 중 $SiO_2$가 52~62 %이면 안산암, 62~70 %는 데사이트, 그보다 $SiO_2$가 많은 것을 유문암으로 부르는 경우도 있다.

유문암은 대륙 또는 조산대의 화산분출물로 산출된다(예; 미국의 옐로우스톤 공원 및 안데스 산맥). 육안으로 유문암은 세립 또는 유리질로 담회색~담갈색, 백색 등이며, 유리가 많은 것은 흑색이고 윤이 난다. 유리(流理)구조가 보이는 것이 많다. 일반적으로 반상조직이며, 석기는 완정질에 가까운 것에서 유리질까지 있다. 완정질에 가까운 석기는 세립의 입상, 조면암조직과 그래노파이어조직 등을 나타낸다. 또 은미정질의 것도 있다. 유리질의 석기는 미정을 포함하거나 유상조직 및 구상조직을 나타내는 것도 있다.

### 4) 유리질 화산암류(흑요암, 진주암, 송지암)

유문암과 거의 같은 화학조성을 갖는 유리질 암석을($H_2O$<1 %) 흑요암(obsidian)이라 부른다. 거의 완전한 유리질의 석기 중에 무수히 많은 구상의 균열이 들어

있는 것이 있는데, 이 균열을 진주상조직이라 한다. 이러한 조직을 갖는 흑요암을 진주암(perlite)이라 한다. 흑요암과 비슷하나 광택이 흐릿하고 송진처럼 녹갈색의 수지상광택을 보이는 암석을 송지암(pitchstone)한다. 진주암은 4 % 이하의 물을, 송지암은 대략 4~10 %의 물을 포함한다.

흑요암은 전체적으로 흑색을 보이며, 유리는 무색, 회색, 담갈색을 나타낸다. 유리에는 여러 가지의 정자(crystallite, 즉 광학적으로 판별할 수 없는 미세한 결정이 모여서 여러 가지 모양을 만들고 있는 것) 및 미정(microlite, 정자보다 약간 크고 세립의 단책상)이 포함된다. 또 구상(spherulite, 미세한 결정이 방사상으로 집합하여 적은 반립을 만들고 있는 것)이 포함되는 일이 있다. 흑요석은 유리(流理)구조가 뚜렷하다. 유리 구조는 정자나 미정이 평행하게 배열하거나, 색이 다른 유리가 호상(줄무늬)을 이루어 만들어진다.

송지암은 흑색 외에도 녹색, 회색, 갈청색, 적색을 나타내며, 산성 마그마가 흑요석으로 고결된 뒤에 2차적으로 지하수에 노출되어 변한 것이라는 주장도 있다. 최근에 진주암을 고온에서 발포시켜 경량골재나 양액재배용 토양으로 사용하기도 하는데, 이를 펄라이트라 부른다.

### 5) 조면암(trachyte)

유문암보다 $SiO_2$가 적다(58~67 %). 일반적으로 알칼리 계열에 속하고 알칼리($Na_2O+K_2O$)의 함량이 많으며, 10 % 전후의 것이 많다. 그러나 놈 광물을 계산하면 석영이 나오는 것과 그렇지 않은 것이 있다. 또 유문암과 같이 $K_2O$가 많은 것과 $Na_2O$가 많은 것이 있는데, $K_2O$가 많은 조면암이 일반적이다. 화산분출물로서 산출되며, 드물게는 얕은 소규모의 관입암체로써 출현하는 일도 있다.

조면암은 일반적으로 반상조직이 발달하며, 대형의 주상~단주상, 자형의 알칼리 장석이 조밀하게 분포한다. 그 외에 보통휘석, 각섬석, 흑운모나 자철석을 포함하는 것이 있으나 그 양은 아주 적다. 석기는 보통 결정도가 높고, 세립 결정질로서 특징적인 조면암질조직을 나타내는 경우가 많다. 또한 석기가 유리질인 경우는 적다.

### 6) 포놀라이트(phonolite)

준장석(특히 네펠린)을 포함하는 알칼리암의 일종으로, 조면암보다 알칼리가 많다. 포놀라이트에도 $Na_2O$가 비교적 많은 것과 $K_2O$가 비교적 많은 것이 있다. 화산암으로 산출되며 드물게 얕은 곳에서 소규모의 관입암체로 나타난다. 일반적으로 반상조직을 보이나 반정의 양은 비교적 적다. 드물게는 반정이 없는 경우도 있다. 또한 완정질의 경우가 많다. 석기는 조면암질 조직에 가까운 것도 있으며 입상인 것도 있다.

## 4 　산성 심성암류(felsic plutonic rocks)

### 1) 일반적인 특징

산성(또는 규장질, felsic)이며 석영을 포함하는 심성암류(plutonic rocks)는 보통 넓은 의미로 화강암질암(granitic rocks)이라 불리는 암류이다. 화강암(granite)이란 이름은 원래 석영섬록암, 화강섬록암, 석영몬조나이트 등을 포함하는 넓은 의미로 쓰였으나, 19세기 후반에 기재암석학자들이 현재와 같은 좁은 의미로 사용하게 되었다. 화강암질 암석은 조산대에서 대규모의 암체로 광범위하게 출현한다. 조산대의 화강암질암은 일반적으로 비알칼리암 계열이다. 따라서 그의 화학조성은 칼크알칼리 계열의 화산암과 유사하다. 그밖에 알칼리암류에 속하는 산성심성암의 대부분은 알칼리암석구 내에서 다른 알칼리암(가령 네펠린 섬장암)과 수반하여 산출된다.

### 2) 화강섬록암(granodiorite)

칼크알칼리 계열의 데사이트와 유사한 화학조성을 갖는다. 중립~조립질이며 결정은 거의 등립으로 반자형이나 타형을 보여 준다. 미르메카이트가 결정 사이의 간극을 메우고 있는 경우가 있다. 화강섬록암은 흑운모가 많고 흑운모와 각섬석의 양비는 1:1 정도이거나 그 이상일 때가 많다. 한편 석영섬록암은 각섬석류가 많고 흑운모는 비교적 적은 것이 많다.

### 3) 석영몬조나이트(quartz-monzonite)

알칼리 장석과 사장석 모두 상당량 포함하는 것이 보통이다. 중립~조립질이며 결정은 거의 등립으로 반자형 또는 타형을 나타낸다.

보통은 비알칼리암으로 구성 광물은 화강섬록암과 유사하지만, 광물의 양비가 다소 차이가 있다. 즉 화강섬록암에 비해서 정장석이 많으며, 흑운모가 각섬석보다 많은 것이 보통이다. 또 사장석은 대부분 올리고클레이스이다. 단, 알칼리암석구에 산출되는 석영몬조나이트는 일반적인 석영몬조나이트보다 석영이 적고, $Na_2O+K_2O$가 많은 것이 보통이다.

## 4) 화강암(granite)

화강암은 산성심성암의 대표적인 암석으로 석영, 알칼리 장석(정장석-미사장석), 사장석, 흑운모를 주 구성 광물로 한다. 색지수가 아주 낮은 것에는 백운모 또는 석류석을, 색지수가 높은 것에는 각섬석을 포함하는 경우가 있다. 드물게 변성암에서 특징적으로 산출되는 근청석이나 규선석이 포함되는 경우도 있다. 불국사 화강암에서와 같이 알칼리 장석이 때때로 담홍색~적색을 띤다. 알칼리 장석과 사장석의 양이 거의 같은 것을 아다멜라이트(adamelite)라 부르기도 한다. 함유하는 유색 광물의 종류에 의해 흑운모화강암, 백운모화강암, 복운모화강암 각섬석화강암이라고도 부른다.

여기서 말하는 화강암, 즉 협의의 화강암은 유문암과 거의 동일한 화학조성을 갖는다. 즉 MgO, FeO, $Fe_2O_3$, CaO가 적고, $SiO_2$, 알칼리($Na_2O+K_2O$)가 많다. $SiO_2$ 함량의 대체로 65~77 %의 범위를 갖는다. 대개의 경우 조립질이며, 결정은 거의 등립인데 때때로 커다란 알칼리 장석을 포함한다. 유색 광물과 사장석은 반자형 또는 자형에 가깝다. 알칼리 장석과 석영은 타형으로 유색 광물이나 사장석의 사이를 메우고 있는 일이 많다.

## 5) 섬장암(syenite)

섬장암이란 석영을 거의 포함하지 않거나 전혀 포함하지 않고, 알칼리 장석(정장석과 조장석)을 주성분으로 하는 심성암이다. 그중 일부분은 조산대의 화강암질 암석(비알칼리) 중에서 석영이 특히 적은(10 % 혹은 5 % 이하) 암석이다. 그러나 알칼리암 계열에 속하는 것도 산출되는데, 이 알칼리 섬장암(alkali syenite)은 알칼리 장석을 주로 하거나 극소량의 석영을 포함하는 경우(흔히 석영섬장암이라 부름)가 있으며, 극소량의 네펠린을 포함하는 일도 많다. 네펠린의 양이 10 %를 초과하는 경우에는 반드시 네펠린 섬장암(nepheline syenite)이라 부르지만, 전통적인 기재암석학들은 이를 섬장암으로 취급하지 않고 섬장암과는 다른 별개의 암류로 분류한다. 왜냐하면 섬장암은 조면암(화산암)에 대응하는 심성암이며, 네펠린 섬장암은 포놀라이트에 대응하는 심성암으로 보기 때문이다.

섬장암은 중립~조립질이며, 결정은 대개 등립이고 반자형~타형으로 나타난다. 단지 유색 광물은 자형 또는 자형에 가까울 때가 있다.

## 5 기타 산성 화성암류

### 1) 화강반암(granite porphyry)

화강암질암에 수반되어 화학조성과 광물 조성이 화강암질암과 흡사한데, 반상조직을 보이는 암석이 자주 산출된다. 반정은 석영, 장석, 운모 등이다. 석영 반정의 양이 많을 때는 석영반암, 장석반정이 많으면 장석반암으로 부른다.

### 2) 그래노파이어(granophyre)와 펠사이트(felsite)

일반적으로 그래노파이어라 불리는 것은 두 종류가 있다. 하나는 세립의 화강암이나 화강반암으로서, 거의 전체 혹은 석기가 미문상조직으로 이루어진 것이다. 이는 화강암체에 수반된 적은 관입암체로 나타나는 경우가 많다. 또 하나는 쏠레아이트질 조립현무암이나 반려암의 분화에 의해 형성된 사장석(올리고클레이스)과 석영이, 초기에 정출된 광물사이에서 미문상조직이 형성한 암석이다. 우리나라 불국사 화강암 중 상당히 많은 것이 미문상화강암이다. 그리고 철이 많은 단사휘석이나 철감람석을 포함하는 일이 많다. 펠사이트는 비현정질의 규장질암으로 눈에 띄는 석영이나 장석의 반정을 포함하는 경우도 있다.

### 3) 페그마타이트(pegmatite)와 애플라이트(aplite)

넓은 의미의 화강암이며, 밝은 색 암석으로 이루어진 암맥 및 불규칙한 관입암체로 관찰된다. 이 암석을 동반시킨 화강암류보다 석영이나 알칼리 장석이 많다.

이와 같은 암석 중에서 비교적 세립(2 mm 이하)이며, 타형의 광물 입자로 이루어진 암석을 애플라이트라 한다. 때로는 석영과 장석이 문상조직의 연정을 이루는 경우도 있다.

애플라이트와는 대조적으로 커다란 입자로 구성된 암석을 페그마타이트라 부른다. 결정의 크기는 수 cm~수십 cm가 보통이며 때로는 수 m에 달하는 경우도 있다. 따라서 페그마타이트는 폭이 수십 m에 달하는 것도 드물지 않다. 페그마타이트는 불규칙한 암체를 만드는 일이 많고, 또 광물 조성이 다른 여러 대로 나누어져 있을 때가 많다. 문상조직을 이루는 연정은 아주 흔히 관찰된다. 알칼리 장석이 조장석에 의해 치환되는 듯한 구조를 자주 볼 수 있다.

페그마타이트는 화강암질 암석이나 그 부근의 변성암에 수반되어 산출하는 경우가 가장 흔하다. 그러나 그 외에 섬장암, 네펠린 섬장암, 반려암 등에 수반되어, 각각 섬장암, 네펠린 섬장암, 반려암 등과 유사한 광물 조성을 갖는 우백질의 조립 또는 거정질의 소암체가 출현하는 일도 있다. 이들을 각각 섬장암 페그마타이트, 네펠린 섬장암 페그마타이트, 반려암 페그마타이트라 한다. 그들에 대해 위에서 소개한 보통의 페그마타이트를 화강암질 페그마타이트라 부른다. 페그마타이트 및 애플라이트는 대개 그에 수반되는 화강암체의 결정작용의 잔액으로부터 형성될 것이다. 그러나 경우에 따라서는 화강암체와 관계없이 변성작용에 의해 형성될 가능성도 있다.

### 4) 회장암(anorthosite)

주로 Ca이 많은 사장석 또는 라브라도라이트~안데신 정도의 조성을 가진 사장석으로 구성된 조립결정질의 암석을 회장암이라 한다. 여기서는 주로 규장질(felsic) 광물로 이루어진다는 의미에서 취급하지만, 사정석의 조성은 다른 많은 규장질 암석처럼 Na이 많은 것이 아니며, 때때로 반려암에 수반되어 산출하는 점에서 다른 많은 규장질 암석과 차이가 있다. 성인적으로 두 개 이상의 다른 종류가 있으며, 그중 일부는 변성작용에 의해서 형성되었을 가능성도 있다. 주로 라브라도라이트~안데신으로 이루어지는 것은 가끔 거대한 암체를 만들며, 장석은 크기가 수 cm에 이르고 육안적으로 회색 또는 흑색인 경우가 많다.

# 3 부  연 습 문 제

3.1 그림 (가)는 다량의 화산 쇄설물을 분출하는 화산의 모습을, (나)는 이러한 유형의 화산 분포를 각각 나타낸 것이다.

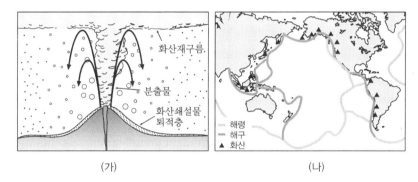

(가)                    (나)

자료에서 제시된 유형의 화산에 관한 설명으로 옳지 않은 것은?

① 가스 함량이 높은 마그마에 의한 화산이다.

② 분화구에서 멀어질수록 화산탄의 크기는 작아진다.

③ 지도에 표시된 화산은 주로 순상화산이다.

④ 이러한 유형의 화산활동은 주로 판의 수렴경계에서 일어난다.

⑤ 대기권으로 퍼져나간 화산재는 지구 기후 변화를 초래한다.

3.2 다음은 어떤 지역에 분포하는 암석의 현미경 관찰 결과와 화학분석 자료를 성분변화도에 나타낸 것이다. 화학성분은 그림과 같이 $SiO_2$가 증가함에 따라 MgO는 감소하고, 알칼리 ($Na_2O + K_2O$)는 증가하는 경향을 나타낸다.

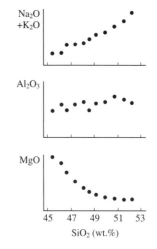

```
─────── <현미경관찰 결과> ───────

가. 주요 구성 광물이 Ca-사장석과 휘석이며, 감
    람석이 소량으로 나타난다.
나. 세립질이며 때때로 반상 조직을 보이는 경우도
    있다.
다. 석기는 주상의 사장석과 휘석 및 불투명 광물
    로 되어있다.
```

이에 대한 설명으로 옳은 것을 <보기>에서 모두 고른 것은?

```
─────────────────── <보 기> ───────────────────

ㄱ. 세립의 사장석과 휘석이 반상 조직을 이루고, $SiO_2$ 함량이 52 %이하인 암석은
   현무암이다.
ㄴ. 감람석과 휘석이 정출할 때 MgO가 소비되므로, 알칼리는 상대적으로 많아진다.
ㄷ. 이 지역에서 $SiO_2$가 증가함에 따라 CaO는 상대적으로 증가할 것이다.
```

① ㄴ          ② ㄷ          ③ ㄱ, ㄴ          ④ ㄱ, ㄷ          ⑤ ㄱ, ㄴ, ㄷ

3.3   그림은 화성암을 구성하는 주요 광물의 부피 비(%)를 나타낸 것이다.

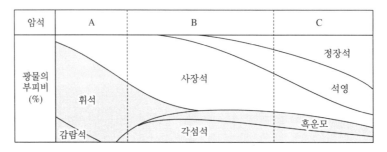

화성암 A, B, C에 관한 설명으로 옳은 것은?
① 색은 A가 C보다 밝다
② $SiO_2$ 함량은 A가 C보다 많다
③ 암석의 밀도는 A가 C보다 작다
④ 현무암은 B에 해당하는 화산암이다.
⑤ 세 가지 무색 광물의 부피 비가 비슷한 암석은 C에 속한다.

3.4 제주도의 어느 바닷가에서 그림과 같이 초염기성 물질이 포함되어 있는 현무암을 발견하였다.

현무암          초염기성 물질

이에 대한 설명으로 옳은 것을 <보기>에서 모두 고른 것은?

─── <보 기> ───

ㄱ. 이 초염기성암은 현무암보다 밝은 색을 나타낸다.
ㄴ. 초염기성암은 마그마가 상승할 때 맨틀 물질이 포획된 것으로 추정된다.
ㄷ. 현무암은 육안으로 구별하기 어려운 세립질 입자로 구성되어 있다.
ㄹ. 현무암의 표면의 구멍들은 광물이 풍화되어 빠져 나간 흔적이다.

① ㄱ, ㄴ　　② ㄱ, ㄹ　　③ ㄴ, ㄷ　　④ ㄱ, ㄴ, ㄷ　　⑤ ㄴ, ㄷ, ㄹ

3.5 그림은 현정질 초고철질암에 대한 분류도이고, 표는 어느 고철질암을 구성하는 광물의 모드(mode) 분석 값이다.

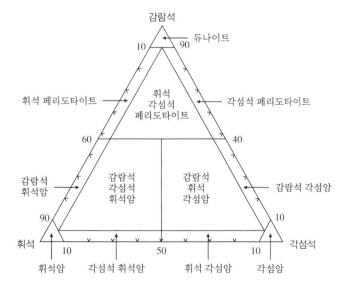

| 광물 | 감람석 | 사방휘석 | 단사휘석 | 각섬석 | 사장석 | 크롬철석 |
|------|--------|----------|----------|--------|--------|----------|
| 부피 비(%) | 20 | 20 | 15 | 30 | 8 | 7 |

표의 광물 조성을 갖는 암석을 그림에서 찾을 경우 옳은 것은?

① 각섬석 휘석암          ② 감람석 휘석암          ③ 감람석 휘석 각섬암

④ 감람석 각섬석 휘석암      ⑤ 휘석 각섬석 페리도타이트

3.6 그림은 판구조 운동을 설명하기 위해 일본 부근에서 칠레 부근까지의 단면을 개략적으로 그린 것이다.

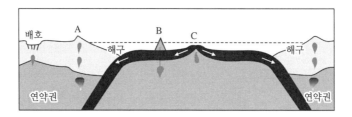

이에 대한 설명으로 옳은 것을 <보기>에서 모두 고른 것은?

<보 기>

ㄱ. A에서는 칼크알칼리 계열의 안산암이 자주 관찰된다.

ㄴ. 플룸(plume)과 관련하여 마그마가 생성되고 관입이 일어나는 곳은 B이다.

ㄷ. 주로 쏠레이아이트(tholeiite) 계열의 마그마가 분출하여 MORB라고 하는 현무암이 만들어지는 곳은 C이다.

① ㄴ       ② ㄷ       ③ ㄱ, ㄴ       ④ ㄱ, ㄷ       ⑤ ㄱ, ㄴ, ㄷ

3.7 방사성 동위원소인 $^{87}Rb$은 붕괴하여 안정한 $^{87}Sr$로 변한다. $^{87}Rb$이 붕괴되어 생성된 $^{87}Sr$이 없는 어떤 운석 내에 $^{87}Rb$의 초기 함량이 서로 다른 몇 개의 광물이 포함되어 있다고 가정하자. 일정한 시간이 경과한 후, 이 운석에 포함된 각 광물 내의 변화된 동위원소의 함량을 연결한 선이 등시선(isochron)이다.

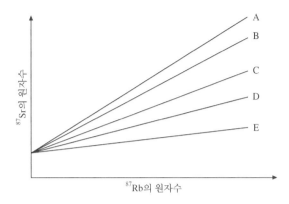

이에 대한 설명으로 옳은 것을 <보기>에서 모두 고른 것은?

―――――― <보 기> ――――――

ㄱ. 가장 긴 시간이 경과된 등시선은 A이다.

ㄴ. 등시선 B에 포함된 $^{87}Rb$의 양은 C보다 작다.

ㄷ. 암석에 포함된 $^{87}Rb$의 반감기는 D가 E보다 크다.

① ㄴ      ② ㄷ      ③ ㄱ, ㄴ      ④ ㄱ, ㄷ      ⑤ ㄱ, ㄴ, ㄷ

# 4부

# 변성암

16장 변성작용

17장 변성작용의 유형

18장 구조와 조직

19장 변성암의 분류

20장 변성상

21장 변성 상평형도

22장 변성상 계열과 판구조론

# 16장
# 변성작용

## 1 변성작용이란 무엇인가?

**변성작용**(metamorphism)이란 용어는 그리스어로 변화(meta)와 형태(morph)의 합성어로서 형태가 변화한다는 의미를 갖는다. 변성작용이란 기존의 암석이 열과 압력 등을 받아 구성 광물과 조직이 재구성되는 과정이다. 따라서 고체상태의 화성암, 퇴적암 또는 다른 변성암 모두는 변성암으로 다시 태어날 수 있다.

변성작용은 속성작용에서 용융되기 전까지의 온도·압력 조건에서 일어나는 모든 과정들을 포함한다. 구성 광물이 변하지 않고 조직만 변하는 형태로는 재결정작용과 압쇄작용이 있다. 압쇄작용은 암석을 구성하는 광물 입자를 잘게 깨지는 과정으로 어떤 암석에서도 일어날 수 있다. 그러나 재결정작용은 입자가 깨지지 않은 상태에서 이온들이 이동하고 격자가 변형되는 과정이다. 재결정작용은 순수한 석회암, 석영사암 또는 감람암과 같이 단일 광물로 이루어진 암석에서 자주 일어난다. 재결정작용의 예로 세립의 석회질연니 내에 조개껍질을 포함하는 석회암이 재결정작용을 받아 대리암으로 변성된 경우이다[그림 16.1(a)].

재결정작용이 일어나는 원인은 크게 2가지이다. 첫째, 결정에 왜곡이 생기면 이를 해소하기 위해 재결정이 일어난다. 둘째, 결정의 표면을 구성하고 있는 원자나

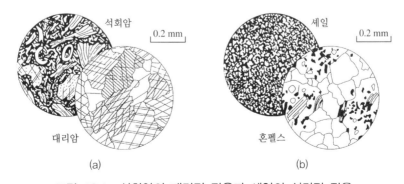

**그림 16.1** 석회암의 재결정 작용과 셰일의 신결정 작용

이온의 결합이 불안정한 경우(일종의 격자 결함)에 계면자유에너지가 갖게 된다. 이 경우에 작은 결정일수록 체적에 비해 표면적이 크기 때문에 불안정하다. 따라서 작은 결정들은 주변에 있는 같은 종류의 광물끼리 들러붙어 크게 성장함으로써 계면자유에너지를 최소화시킨다.

일반적으로 변성과정에서 2종 이상의 광물들 사이에 화학반응이 일어나, 기존의 광물이 소멸되거나 새로운 광물이 출현한다[그림 16.1(b)]. 이러한 화학반응은 광물간의 반응(고상–고상 반응)으로 반응의 진행속도는 지극히 느리지만, 일반적으로 온도가 상승함에 따라 반응이 일어나기 쉬워진다. 또한 단일 광물에서는 화학반응이 아니라 결정구조가 변하는 것도 있는데, 이러한 현상을 상전이(전이)라 한다. 또한 온도·압력이 변하면 단일 광물이 2종 이상의 광물로 분해하는 반응도 일어난다. 이렇게 새로운 광물이 생성되는 과정을 **신결정작용**이라 한다. 즉 신결정작용은 이전에 존재하지 않았던 새로운 광물이 생성되는 과정이다. 변성작용은 속성작용과 유사하기는 하나 속성작용이 일어나는 조건인 저압(지표 근처), 저온, 낮은 응력의 한계를 넘어선 온도와 압력 조건에서 일어나는 과정들이다.

변성과정에서 온도와 압력이 변하기 때문에, 이전의 광물 조합이 불안정해지고 새로운 광물 조합이 안정하게 된다. 여기서 광물 조합(또는 공생 광물)은 동일한 물리화학적 조건에서 생성된 광물의 집단(광물군)을 말한다. 변성과정에서 한 종류의 광물이 단독으로 불안정한 것과 광물 조합이 불안정한 것은 별개의 문제이다. 예를 들면 일정한 압력 하에서 백운모가 단독으로 분해하는 온도는 백운모와 석영이 반응하여 새로운 광물이 생성되는 온도보다 상당히 높다.

쇄설물이 운반되어 퇴적되고, 이 퇴적물들이 퇴적암으로 바뀌는 과정에서 일어나는 모든 현상을 총칭하여 속성작용이라 한다. 퇴적암이 보다 깊은 곳에 매몰되어 보다 상승된 온도·압력 하에서 재결정이 일어나면, 광물 조성이나 조직이 원래의 퇴적암과 다른 변성암으로 변해간다. 이러한 속성작용과 지각의 비교적 얕은 곳에서 일어나는 변성작용(매몰변성작용)은 점이적인 관계이다. 한편, 지각심부의 고온·고압 하에서 변성암이 용융되어 마그마가 생성되는 경우도 있다. 이렇게 부분용융을 수반하는 변성작용을 변성작용과 화성활동의 경계로 생각한다.

## 2 변성작용을 지배하는 요인

변성작용을 일으키는 중요한 요인은 온도, 일정한 응력 그리고 활성화된 유체이며 여기에 시간도 포함된다. 기존의 암석이 그 자신이 만들어질 당시의 조건과 다른 새로운 조건에 놓이면, 안정조건에서 불안정조건으로 바뀐다. 즉 기존의 암석을 구성하고 있는 광물이나 조직은 평형상태를 벗어난다. 만약에 주어진 에너지가 충분하다면, 이들은 새로운 조건과 평형을 이룰 수 있도록 변해 갈 것이다.

변성작용에서 구성 광물은 고체인 상태로 재결정한다고 정의하지만 여기에는 논란의 여지가 있다. 일반적으로 완전한 고체 내에서 재결정작용이 발생하기는 어려워 기체나 액체가 작용할 것으로 추정되는데, 이러한 유체를 입간 유체(간극 용액)라 부른다. 그러나 이 유체가 어떻게 해서 생성되는지, 어떠한 유체의 화학 조성이 재결정작용에 무슨 역할을 했는지 등 모르는 점이 너무 많다. 다만 재결정이 일어날 때 유체들은 물질의 이동을 돕는 역할을 했을 것이다. 왜냐하면 고체 내에서 원자의 확산은 거의 일어나지 않아, 간극 용액 없이 광물의 성장이나 생성은 생각할 수 없기 때문이다.

### 1) 온도

열은 광물을 재결정시키는 에너지를 제공하기 때문에 변성작용의 가장 중요한 요인이다. 변성작용이 일어나는 온도 조건은 비교적 잘 알려져 있다. 변성작용의 절대적인 온도 상한선은 건조한 초염기성암의 고상선 온도로 규정된다(그림 16.2). 이 온도 상한선은 암석의 화학성분이나 압력에 따라 다르며, 대략 1200 ℃와 2000 ℃ 사이의 범위에 놓인다. 암석이 용융하는 온도는 그 화학조성에 따라 크게 다르기 때문에, 변성작용의 온도 상한선은 전암조성에 따라 달라진다. 화강암질암 또는 석영-장석-운모로 구성된 암석에 대한 변성작용의 최소 상한선은 약 600 ℃ 정도로 물을 포함하는 화강암의 고상선에 해당한다(Huang and Wyllie, 1981; Stern and Wyllie, 1981). 물을 포함하는 화강암과 건조한 초염기성암의 용융곡선 사이에서 암석은 변성작용을 받거나 부분용융 또는 암석의 화학조성, 압력, 온도, 유체의 양이나 조성에 따라 완전용융이 일어날 것이다.

변성작용의 온도 하한선은 명확히 규정되어 있지 않다. 속성작용과 풍화작용의

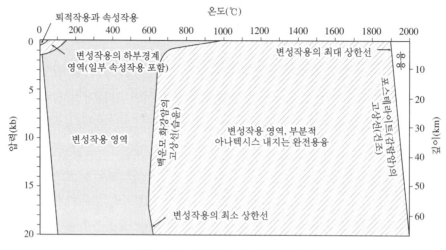

그림 16.2　변성온도와 압력의 한계

말기 그리고 변성작용이 초기에 형성된 새로운 광물은 지표나 지표근처에서 안정하지 않다. 이러한 광물에서 일어나는 반응은 좀더 낮은 온도에서 일어날 가능성도 있지만 대략 100 ℃ 정도에서 시작되는 것으로 알려져 있다. 가장 보편적인 변성암은 100 ℃에서 750 ℃ 사이의 온도에서 형성된다. 그러나 드물게는 위의 온도범위 외에서도 변성작용이 일어난다.

변성암의 온도를 변화시키는 열의 주된 근원은 깊이에 따른 압력의 증가, 방사성 원소의 붕괴열, 변형작용 그리고 마그마의 이동이다. 지구에서 깊이에 따른 온도의 증가는 잘 알려져 있다. 일반적으로 이러한 온도증가는 압력 증가에 수반되는 온도 증가와 방사성 원소의 붕괴열에 의한 결과이다. 또한 조산대에서는 암석 내로 침투하는 마그마로부터 방출되는 열에 의해 가열된다. 이 경우에 관입체와 인접한 곳에서 변성된 암석에서 그 효과가 좀더 분명해진다. 활발하게 형성되는 산맥 내부에 침투하는 수많은 관입체로부터의 열이 산맥 심부로 확산되고, 광역적인 가열을 일으켜 변성작용을 촉진될 것으로 예상된다. 국지적인 열적효과는 단층대를 따라 발생하는 전단응력에 의한 마찰열이다.

## 2) 압력

압력은 깊이에 따라 상승하는데 매몰된 암석은 위에 놓인 물질의 하중을 받는다. 이 압력은 단위면적에 작용하는 힘으로, 이는 모든 방향에서 동일하게 작용하는

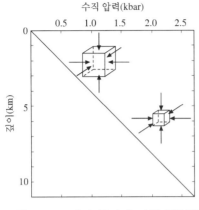

수직 압력(kbar)

그림 16.3 깊이 증가에 따른 정암압(압력)의 증가

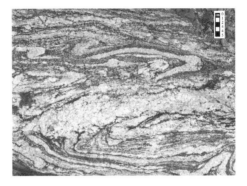

그림 16.4 편압(압축)에 따른 습곡형성

힘으로 정암압이라 부른다. 경험적으로 지각에서는 지하로 3.3 km씩 하강할 때마다 약 1 kb의 정도의 압력이 증가한다. 변성작용을 일으키는 압력 범위는 매우 넓게 나타나지만, 변성작용은 주로 1 kb(100 Mpa)에서 약 15 kb(1.5 GPa) 사이에서 발생한다(그림 16.3).

암석들은 위에 놓인 물질의 하중에 의한 압력 이외에 조산운동에 의한 차별적인 응력(편압)도 받게 된다. 이러한 상황에서 힘은 방향에 따라 달라지며 물질들은 거대한 펜치에 물려놓은 것처럼 압착된다. 매우 깊은 곳에 위치한 암석은 상당히 뜨거우며, 변형될 때 가소성 있게 행동한다. 따라서 암석은 물결 모양이나 복잡한 습곡 모양으로 구부러질 수 있다(그림 16.4). 편압은 힘이 작용하는 방향에 따라 3가지 형태로 나눌 수 있는데, 각각의 힘은 서로 다른 조직과 구조를 발달시킨다. 첫째는 한 점에서 선을 따라 반대방향의 멀어지는 장력을 만들며, 둘째는 동일한 선을 따라 한 점을 향해 반대방향으로 작용하는 압축력 그리고 셋째는 서로 다른 선을 따라 반대방향으로 작용하는 짝힘(전단력)이다.

변성암에서 가장 전형적인 특징인 편리는 평면형태이다. 편리는 원래 판상의 운모나 주상 또는 침상의 각섬석과 같은 광물 결정들이 평행 또는 거의 평행하게 배열되어 만들어진다. 여러 종의 광물로 구성된 암석에서 편리가 발달하는 구체적인 상황은 최근에 와서야 실험적으로 연구되고 있으나, 일반적으로 광물이 배열되어 형성되는 편리는 압축력과 전단력에 의한 것으로 알려져 있다(그림 16.5). 따라서 편압은 많은 변성암을 형성하는 데 중요한 역할을 하게 된다.

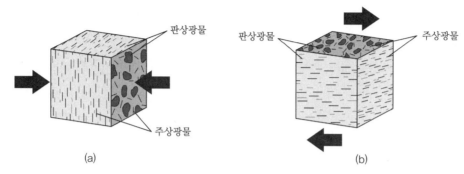

그림 16.5  횡압력(a)과 전단력(b)에 의한 편리의 형성

## 3) 활성화된 유체

화학적으로 활성화된 유체는 변성작용에 큰 영향을 끼친다. 휘발성 물질이 많은 상을 유체라 부르는데, 이런 유체상은 임계상태를 초과하면 기체와 액체를 판별할 수 없다. 가장 흔한 유체는 암석의 공극에 포함되어 있는 물이다. 온도가 매우 높거나 불투성질 암석이 우세한 특이한 지역을 제외하면 암석은 대부분 유체를 포함한다.

결정을 둘러싸고 있는 물은 이온의 이동을 도움으로써 촉매제와 같은 역할을 한다. 어떤 경우에 광물들은 좀더 안정한 결정형태로 재결정화하거나 광물들 사이의 이온 교환으로 전혀 새로운 광물이 형성되기도 한다. 따라서 암석 내에서 유체는 늘 광물들과 화학적인 평형을 이루려 한다. 그러나 유체의 성분이 변하거나 다른 암체로 이동하여 암석과 유체의 평형이 깨지면, 다시 평형을 이루기 위해 고체와 반응하는 과정에서 광물 및 조직이 변화된다.

## 4) 시간

변성작용은 화학적 반응을 포함하는데, 화학반응은 가장 낮은 에너지 상태에 도달하기 위한 과정이다. 화학반응이 평형상태에 도달하기 위해서는 반응시간이 필요하다. 변성과정에 일어나는 암석의 화학반응은 매우 긴 시간을 필요로 한다. 일정한 온도 압력에서 변성암이 반응을 하는데 걸리는 시간을 측정할 수 있는 적절한 방법은 아직 없다. 그러나 고온 고압 조건에서 반응시간이 길어지면 큰 광물 입자가 생성될 수 있다는 점은 실험을 통하여 알고 있다. 따라서 고온 고압 조건이 오래 지속되면 조립질 암석이 생성될 수 있고, 저온 저압 조건에서 반응시간이 짧을 경우에는 세립질 암석이 생성될 것으로 예상된다.

## 3 변성과정

변성작용은 원암을 둘러싼 물리화학적 환경의 변화로 발생된 지질학적 현상이다. 암석의 물리적 환경을 지배하는 온도 압력이 변하면 고상과 고상 사이의 반응 등이 일어나서 원암의 광물 조성과 조직이 변하게 된다. 화학적환경의 변화를 지배하는 것은 주로 $H_2O$나 그 외의 성분을 포함하는 유체이다. 유체가 암석에 침투하여 반응을 일으켜, 원암의 화학성분이 변하고 광물 조성도 변하게 된다.

암석을 구성하는 광물은 지각이나 맨틀의 매우 한정된 온도·압력 범위 내에서 안정하게 존재한다. 또한 2종 이상의 광물이 화학적인 평형관계를 가지고 공생할 수 있는 온도·압력도 제한되어 있다. 따라서 변성과정에서 온도 압력이 완만하게 변하는 경우에는 한정된 조건에서 안정한 광물 조성(광물 조합)으로 이루어진 변성암이 형성된다. 이때 어느 한정된 시기에 안정한 광물 조합을 **평형광물 조합**이라 한다. 그러나 온도, 압력이나 화학적 환경이 급격하게 변하는 경우에는 환경변화 이후의 온도, 압력에서 평형상태의 광물이 아닌, 변화가 일어나기 전에 안정했던 광물이 남아있는 경우가 있다. 이렇게 복수의 평형광물 조합을 포함하는 광물 전체의 광물 조합을 **공존 광물**이라 한다.

변성과정은 다음과 같은 5가지 정도로 나누어 볼 수 있으며, 대부분의 변성작용은 이들 중 몇 개가 중복되어 진행된다.

① 화학조성이 변화하지 않는 변성과정(isochemical process)
② 원소확산에 의해 화학조성이 변화하는 변성과정(diffusion controlled process)
③ 유체를 수반하는 변성과정(fluid-related process): 탈수반응(dehydration reaction), 흡수반응(hydration reaction), 원소이동(element mobility)
④ 부분용융과정(partial melting process)
⑤ 구조운동에 의해 원암의 혼합을 수반하는 변성과정(tectonic mixing process)

긴 시간의 지질과정에서 어떤 원암이 여러 차례 변성작용(복변성작용)을 받는
경우가 있다. 이러한 각각의 변성과정에서는 위의 5가지가 복잡하게 얽혀서 작용
하기 때문에 원암을 파악하기가 매우 곤란하다.

## 4 변성 경로(P-T-t 곡선)

변성작용에 있어서 온도와 압력이 계속 증가하면 순차적으로 새로운 광물 조합
이 만들어진다. 이렇게 온도·압력이 높아지는 과정을 **변성도**가 높아진다고 표현한
다. 변성도가 점차 높아지는 변성작용을 **전진변성작용**(prograde metamorphism)이
라 한다. 높은 변성도의 변성암이 나중에 저온에서 안정한 광물 조합으로 변하는
과정을 **후퇴변성작용**(retrograde metamorphism)이라 부른다. 변성암에 새겨진 변성
작용의 경력, 즉 시간 변화에 따른 온도·압력 변화를 나타낸 것이 P-T-t 곡선
이다.

### 1) 전진변성작용

변성작용이 진행될수록 변성암의 온도는 상승하여, 이윽고 최고온도(thermal peak)
에 도달한다. 이때 변성도를 최고변성도라고 하는데, 최고변성도에 이르는 온도

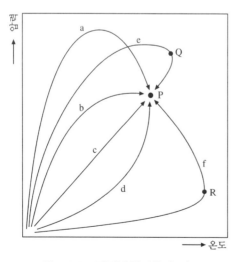

그림 16.6  전진변성작용의 경로

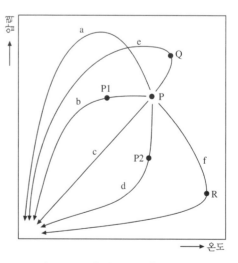

그림 16.7  후퇴변성작용의 경로

상승기의 변성과정이 전진변성작용이다. 이 과정에서 변성암의 온도변화는 온도-압력도(PT diagram)에 온도-압력변화경로(PT path)로 나타낸다(그림 16.6).

변성과정에서 각 변성암이 최고온도에 도달하기까지 경험하는 온도와 압력 변화는 항상 동일한 것은 아니다. 예를 들면 그림 16.6에서 변성경로(PT path) a를 경험한 변성암의 온도는 고압상태에서 압력이 내려가면서 최고 온도(그림 16.6의 p점)에 도달한다. 또한 경로 d의 변성암은 온도상승과 함께 압력이 상승한다. 경로 c는 어느 지온구배를 따라 전진변성작용이 진행하여 최고온도(p점)에 도달했다고 추정할 수 있다. 경로 e, f의 변성경로에서는 p점에 도달하기 이전에 p점보다도 고온이 되기 때문에, Q점이나 R점에 이르기까지 과정이 전진변성작용에 해당한다.

## 2) 후퇴변성작용

지하 심부에서 긴 지질학적 시간에 걸쳐 형성된 광역변성암은 그 후에 지각변동에 의한 융기와 삭박작용으로 지표에 노출되게 된다. 이 변성암은 지하 심부의 고온 하에서 형성된 후, 온도 하강기를 거쳐 지표로 운반되었을 것으로 추정할 수 있다. 이 과정에서 고온에서 형성된 변성암의 광물 조합이나 조직은 저온에서 안정한 광물 조합이나 조직으로 변화하게 된다. 이렇게 최고 온도상태로부터 온도가 내려가면서 일어나는 변성작용이 후퇴변성작용이다.

후퇴변성작용의 온도-압력변화경로(P-T path)는 그림 16.7의 경로 a~d 등이며, 경로 e~f에서 P~Q지점과 P~R점 사이는 전진변성작용이고, 후퇴변성작용은 Q점 및 R점 이후의 경로이다. 또한 경로 b의 P~P1지점 사이는 압력이 거의 변하지 않고 온도가 하강하기 때문에 여기에서 나타낸 변성과정을 등압냉각과정(isobaric cooling)이라 한다. 경로 d의 P~P2지점 사이는 온도가 거의 변하지 않고 압력이 감소하기 때문에, 이런 변성과정을 등온감압과정(isothermal decompression)이라 한다.

## 3) 변성도의 해석과 온도-압력-시간 경로

많은 변성암에서는 전진변성작용과 함께 변성반응이 일어나기 쉬워진다. 왜냐하면 온도상승기에는 광물A+광물B=광물C+광물D+$H_2O$와 같은 탈수반응이 일어나기 때문이다. 전진변성작용이 진행되는 과정에서 대부분의 변성암에서는 광물A나 광물B가 소멸되어 사라지기 때문에, 변성작용이 끝난 암석 내에서 온도상승기의 흔적을 찾아내기 어려운 경우가 많다. 한편 후퇴변성작용 기간에는 변성암에 $H_2O$와 같이 화학반응을 촉진시키는 유체가 존재하는 경우가 드물기 때문에, 일반적으로 온도 하강에 수반되는 고상-고상반응은 일어나기 어렵다. 이 때문에 지표에서 채취된 암석시료를 자세히 연구하면, 변성암 내부에서 최고 변성도를 나타내는 광물 조합을 찾아낼 수 있다. 그러나 온도 하강기에 전단대 등을 따라 $H_2O$ 등의 유체가 공급되면, 새로운 재결정작용이 일어나 최고온도에서 형성되었던 광물 대부분이 분해되어 소멸되는 경우가 있다.

변성암의 원암이 변성작용을 거쳐 지표에 노출되기까지의 변성과정은 크게 두 종류이다. 그 하나는 그림 16.6의 경로 a나 b의 전진변성작용을 거치고, 그림 16.7의 c 혹은 d의 후퇴변성을 지나는 **시계방향의 P-T경로**(clockwise PT path)이다. 또 하나는 전체의 변성과정이 그림 16.6의 경로 d에서 그림 16.7의 경로 a를 거치는 **반시계방향의 P-T경로**(counterclockwise PT path)이다. 그림 16.7의 경로 e는 Q점에서 최고변성도에 이르는 반시계방향의 경로이며, 경로 f는 R점에서 최고온도에 도달하는 시계방향의 경로이다. 그림 16.6의 경로 c에서 그림 16.7의 경로 c로 변하는 변성과정은 어떤 지온구배를 따라 전진변성작용이 진행되어 최고온도(P점)에 도달한 후에 진진변싱작용과 동일한 경로를 따라 반대로 온도·압력이 하강하는 변성과정이다. 그러나 실제로 이러한 경로를 나타낸 변성과정은 거의 없다.

최근 개량된 표면전리형질량분석계가 보급되고, 다양한 광물의 각종 동위체의 폐쇄온도가 상당히 파악되어 암석이나 광물의 구체적인 방사성연대 측정이 가능하게 되었다. 그 결과 현재는 그림 16.6, 그림 16.7에 나타낸 온도-압력변화경로에 시간(절대연대)이라는 척도를 추가할 수 있게 되어 온도-압력-시간경로(P-T-t path)가 밝혀지게 되었다. 최근에는 P-T-t path에 변형작용의 경력을 추가하여 온도-압력-시간-변형경로(P-T-t-D path, pressure-temperature-time-deformation path)도 연구하고 있다.

## 4) 모식적인 온도-압력-시간경로

어떤 변성암의 시계방향 P-T-t path가 형성되는 과정을 그림 16.8에서 도식적

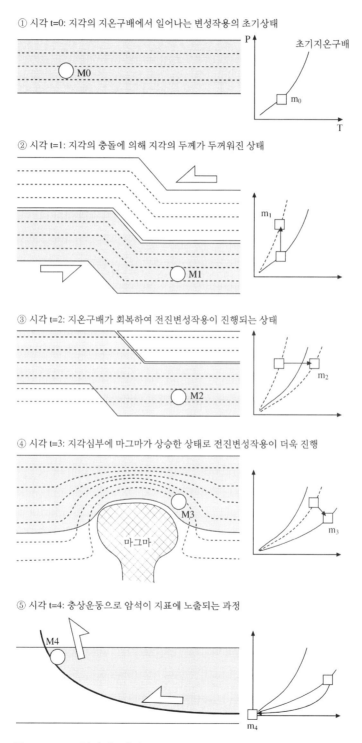

① 시각 t=0: 지각의 지온구배에서 일어나는 변성작용의 초기상태

② 시각 t=1: 지각의 충돌에 의해 지각의 두께가 두꺼워진 상태

③ 시각 t=2: 지온구배가 회복하여 전진변성작용이 진행되는 상태

④ 시각 t=3: 지각심부에 마그마가 상승한 상태로 전진변성작용이 더욱 진행

⑤ 시각 t=4: 충상운동으로 암석이 지표에 노출되는 과정

그림 16.8   모식적인 지질과정에서 변성암의 온도-압력-시간의 경로

으로 나타냈다. 변성작용은 시각 t=0에서 t=4로 다음과 같이 진행될 것으로 추정된다.

① 시각 t=0: 지각 내의 암석 $M_0$은 정상적인 온도구배 환경에서 비교적 저온·저압의 변성작용($m_0$)을 받았다.

② 시각 t=1: 지각의 충상단층을 수반하는 구조운동으로 암석 $M_0$은 지각 심부(고압)로 운반되고(암석 $M_1$), 고압에서 변성작용이 진행된다. 이때 암석 $M_1$의 온도는 그다지 상승하지 않는다. 그 결과 암석 $M_1$은 비교적 저온·고압($m_1$)에서의 변성작용을 받는다.

③ 시각 t=2: 지각 심부에서 암석 $M_1$의 온도는 시간이 지남에 따라, 그 암석이 위치하는 심도에 대응하는 온도까지 상승한다(정상적인 온도구배의 환경에 놓였다). 이렇게 암석 $M_1$은 등압에서 온도가 상승한 결과, 고온($m_2$)에서의 암석 $M_2$로 변화했다.

④ 시각 t=3: 맨틀기원의 화성암체가 지각 심부로 관입해 들어오면, 암석 $M_2$를 포함한 지각물질은 전체적으로 융기하고, 지표에서는 삭박작용이 진행된다. 그 결과 암석 $M_2$는 화성암체로부터 열을 받아 더욱 고온의 조건에 놓이게 되지만, 지각의 융기와 삭박으로 압력은 낮아진다. 여기서 온도는 최고 온도($m_3$)까지 상승하여 암석 $M_3$이 형성된다. 최고 온도($m_3$)까지 도달하는 과정이 전진변성작용이다.

⑤ 시각 t=4: 암석 $M_3$을 포함한 지각물질에 충상단층이 생겨 암석 $M_3$은 지표를 향해 이동한다. 이 과정에서 온도·압력은 내려가고, 흡수반응을 수반하는 후퇴변성작용이 진행되어 저변성도의 광물을 포함하는 암석 $M_4$가 생성된다.

# 17장
# 변성작용의 유형

대부분의 변성작용은 지각 내의 온도와 압력 조건에서 발생한다. 지각은 대륙지각, 호상열도, 해양지각과 같이 두께가 서로 달라서 지각 심부에서 일어나는 변성작용이라 하더라도 어떤 지각에서 발생했는가에 따라 변성작용의 성격이 달라진다. 다이아몬드를 포함하는 변성암은 지하 150 km보다 깊은 상부맨틀에 해당하는 온도·압력 하에서 변성된 것으로 추정된다.

변성작용의 유형은 무엇을 기준으로 하느냐에 따라 달라질 것이다. 주로 이용되는 구분은 변성요인(온도·압력)에 의한 구분과 변성대의 범위(광역변성작용과 국소변성작용)에 의한 구분이 있다.

가장 널리 알려진 변성요인(온도·압력)에 의해 나눈 3가지 변성유형은 접촉변성작용·광역변성작용·동력변성작용이다. 이 변성작용을 일으킨 주된 변성요인은 각각 열, 열과 압력, 압력으로 볼 수 있다. 그러나 이 분류는 변성조건을 지나치게 단순화시킨 구분으로 모든 변성작용을 이 분류에 적용하기에는 어려운 점이 많지만, 관습적으로 사용하고 있다. 이 책에서는 온도와 압력을 기준으로 나눈 변성작용의 유형을 살펴본 다음, 변성대의 범위를 기준으로 나눈 광역변성작용과 국소변성작용을 설명하고자 한다.

## 1 온도·압력에 의한 유형

변성작용을 온도와 압력의 범위로 구분하면 기재학적으로 편리한 면이 많다. 온도를 기준으로 변성작용을 분류하면 저온(LT)변성작용과 고온(HT)변성작용으로 나눌 수 있다.

최근에 저온변성작용의 온도·압력 범위는 약 500 ℃ 이하, 4~5 kb로 보고 있다(Robinson & Merriman, 1999). 저온에서 변성온도와 속성작용 사이에는 명확한 경계 없이 점이적인 관계지만, 대략적으로 150±50 ℃일 것이다(Frey & Kisch, 1987).

한편 고온변성작용 중에서 900 ℃ 이상에서 일어나는 경우를 초고온변성작용이라
한다(Harley, 1998).

고온변성작용의 한계는 화학조성·압력·유체의 분압에 따라 달라지기 때문에
일괄적으로 한정지을 수 없으나 부분용융이 일어나 용액이 생성되는 온도를 변성
작용의 한계로 삼는 것이 일반적이다. 이렇게 추정한 고온변성작용의 한계는 650
℃에서 1200 ℃까지의 온도 폭을 갖는다. 변성암이 부분용융하면 이를 초변성작
용이라 한다.

각 변성작용은 변성 강도에 따라 저변성도(low-grade)와 고변성도(high-grade)
로 더욱 세분할 수 있다. 변성작용의 온도가 다를 경우에 변성도(metamorphic grade)
가 다르다고 표현한다.

압력에 의해 변성작용의 유형을 구분해 보면, 저압(LP)변성작용·고압변성작용(HP)·
초고압(UHP)변성작용으로 나눌 수 있다.

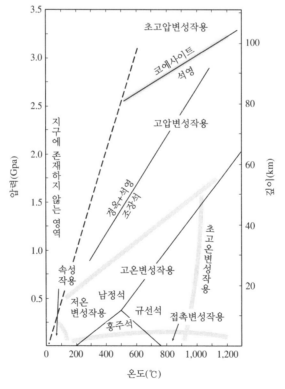

그림 17.1 온도·압력 영역에 의한 변성작용의 구분

저온이라도 5 kb 이상의 압력에서 형성된 변성암은 고압변성암이라 한다. 변성작용의 저압측 한계는 접촉변성작용이 일어나는 지표부근의 압력이다. 한편 고압측의 한계는 다이아몬드나 코에사이트를 포함하는 에클로자이트에서 추정된 35~45 kb 정도이다. 이러한 에클로자이트는 약 750~900 ℃의 변성 온도를 나타내지만 초고압변성암으로 취급하며, 고온변성암이나 초고온변성암과는 구별한다. 온도·압력에 따른 변성작용의 유형은 그림 17.1에 나타냈다.

## 2 광역변성작용

광역적인 구조운동을 받아 지하 심부로 밀려들어간 암석이 경험하는 변성작용을 광역변성작용이라 한다. 이 과정에서 형성된 변성암을 총칭하여 광역변성암이라 한다. 편리가 관찰되는 편암이나 편마조직을 나타내는 편마암이 여기에 해당한다. 광역변성작용에 의해 넓은 지역에 걸쳐 여러 가지 변성암들이 생겨나는데, 이러한 변성암들의 집합을 변성암체라고 하며, 이들이 분포하는 지역을 변성대라 한다. 변성대의 "대(belt, zone)"라는 용어는 변성지역을 지구규모로 볼 때 좁고 긴 띠 모양을 하기 때문에 붙여진 것이다.

일반적으로 하나의 변성대를 구성하는 변성암은 비교적 유사한 성질을 보인다. 이러한 성질을 근거로 고압형 변성대·고온형 변성대 등으로 구분할 수 있다. 그러나 고압형과 고온형이 섞여있는 경우에는 변성암체라는 용어를 사용하기도 한다. 변성암체는 서로 다른 온도·압력에서 형성된 다양한 변성암으로 구성되어 있는 암체이므로 **변성암복합체**라고도 한다.

또한 주위의 지질과는 전혀 다른 소-중규모의 광역변성암 및 심성암의 분포지역을 변성핵복합체(metamorphic core complex)라고 부르는 경우도 있다. 변성핵복합체는 대륙이나 호상열도의 인장응력장에서 얇아진 지각 하부의 변성암(화성암을 포함하여)이 돔 모양 또는 배사구조형으로 상승한 것을 말한다.

광역변성작용은 변성작용이 일어난 판구조적 위치에 따라 조산대변성작용(orogeneic metamorphism), 해양저변성작용(ocean-floor metamorphism), 매몰변성작용(burial metamorphism)으로 구분할 수 있다.

### 1) 조산대변성작용

이 변성작용은 대륙판과 대륙판의 충돌, 호상열도와 호상열도의 충돌이나 해양판이 섭입할 때 발생한다. 조산운동 과정에서 일어나는 변성작용으로 규모가 아주 큰 것은 수천 km²에 달하는 변성대를 형성한다. 이러한 변성대에서 변성작용을 유발시킨 온도·압력은 매우 넓은 범위를 가지며, 7~8개의 변성상에 걸친 극저온-초고온과 극저압-초고압에서 형성된 변성암이 분포한다. 대륙판과 대륙판의 충돌로 발생하는 변성작용을 **대륙충돌대변성작용**, 해양판의 섭입에 기인하는 변성작용을 **섭입대변성작용**으로 부르기도 한다.

현재는 소규모로 분포하는 변성암체라 해도 대륙이 분열하기 이전의 상태로 복원하면 대규모의 변성대인 경우도 있다. 조산대변성작용으로 형성된 광역변성암에는 일반적으로 변성 조직이 뚜렷이 나타난다. 또한 긴 시간의 지질과정에서 수차례 중복된 변성작용(복변성작용)으로 형성된 광역변성암에는 복잡한 재결정작용의 흔적이나 변성 조직이 관찰된다. 조산대변성작용에서는 점판암, 천매암, 결정편암, 편마암, 각섬암, 백립암, 에클로자이트 등의 각종 변성암이 생성되는데, 이 중에서 지각 심부에서 형성된 변성암에는 부분용융이 일어난 경우도 있다.

변성암에서 관찰되는 편리와 편마 조직은 변성과정에서 형성된 광물 입자의 배열을 나타낸다. 이러한 조직이 표품, 노두 크기 또는 좀더 큰 규모에서 나타날 때 변성구조라 하지만, 현미경에서 관찰되는 미소규모일 때는 변성조직이라 한다. 후자를 페브릭(fabric)이라고도 한다. 최근에는 변성조직을 미세구조(micro-stricture)라 부르는 경우도 있다.

Barrow(1983)가 고전적인 변성암 연구를 수행한 지역으로 유명한 영국 북부의 스코틀랜드 고지의 변성암이나, Eskola(1920, 1939)가 처음으로 변성상을 정의했던 핀란드 오리엘비(Orijärvi)지방의 변성암은, 조산대변성작용으로 형성된 변성암의 전형적인 것이다. 일본에서는 료케[領家]변성대 등의 고온형 변성대와, 삼바가와[三波川]변성대 등의 고압의 변성대도 조산대변성작용에 속한다.

### 2) 해양저 변성작용

이 형태의 변성작용은 대서양 중앙해령과 같은 해령이나 동태평양 해팽 같은 광활한 대양저 하부의 해양지각, 또는 상부맨틀에서 발생하는 변성작용이다. 이 변성작용에서는 염기성, 초염기성암을 원암으로 하는 변성암이 형성된다. 일반적으로 이들 변성암은 편리나 편마조직과 같은 변성조직을 나타내지 않는다. 거의 정적인 환경 하에서 변성작용이 진행된다는 점에서 해양저 변성작용은 매몰작용과 유사하다.

중앙해령 부근에서 상승하는 고온의 연약권에 의해 가열된 해수가 해양지각이나 상부맨틀의 틈새를 따라 순환하면서 해양저변성작용이 진행된다고 추정된다. 따라서 해양저변성작용을 해령변성작용이라고도 한다. 대양저에서 여러 개 발견된 블랙스모크나 열수분출이 이러한 변성작용에 관련되었을 것이다. 이런 점에서 해양저변성작용을 열수변성작용이라고도 한다.

해양저변성작용의 온도·압력은 비교적 저압(3kb)이며, 최고 온도도 500 ℃ 정도이다. 이 변성작용으로 불석상, 프레나이트-펌펠리아이트상, 녹색편암상, 저온의 각섬암상의 변성암이 형성된다. 이 변성작용으로 형성된 변성암은 변성현무암, 녹색암, 변성반려암, 사문암 등이며, 여기에는 화성암 원래의 조직이나 구조가 남아 있는 경우가 많다.

1970년대 육상의 오피올라이트는 해양판의 파편으로 확인된 바 있어, 해양저변성작용의 연구는 오피올라이트를 대상으로 이루어지고 있다(예를 들어 키프로스섬의 Troods ophiolite; Gills & Robinson, 1990). 최근에는 주로 해양저에서 직접 채취된 시료나 DSDP(심해굴착사업), ODP(국제심해굴착사업) 등에 의해 채취된 시료를 대상으로 연구하고 있다.

## 3) 매몰변성작용

두꺼운 퇴적암층(용암이나 화산쇄설암과 같은 화산암이 협재된 경우도 있음)의 하부에서 속성작용이나 비교적 저온·저압의 변성작용이 진행되면, 광범위한 암체의 광물 조성이 변하여 불석상이나 프레나이트-펌펠리아이트상 등의 변성암이 형성된다. 이러한 속성작용과 조산대 변성작용의 중간적인 작용을 매몰변성작용이라 한다. 이 변성작용으로 형성된 암석에는 광역변성암의 특유한 조직(편리·편마조직)은 형성되지 않고, 원암의 퇴적구조나 암석 조직이 남아 있는 경우가 많다. 재결정작용도 완전하게 일어나지 않기 때문에, 변성 광물은 극세립인 것이 많아 편광현미경, 전자현미경, X선회절분석을 통해 식별한다. 이러한 변성 광물은 원암에 포함되어 있던 광물(잔존 광물)과 공존하는 경우가 많다.

현재까지 잘 연구된 매몰변성암의 분포지역은 뉴질랜드 남섬의 Wakatipu 지역, 안데스산맥의 Santiago 지역, 호주 서부의 Hamersley 지역 등이 있다. 일본의 중신세 화산암이 변성된 녹색암(greentuff)도 일종의 매몰변성암이다.

## 3 국소변성작용

국소변성작용은 광역변성작용 보다는 훨씬 적은 규모로 일어나는 지각 내부에서의 변성작용이다. 이 변성작용은 변성암의 형성과정인 온도상승이나 구조운동 등의 요인을 명확히 판별하기가 어렵다. 국소변성작용은 변성 요인에 따라 접촉(contact)변성작용, 열수(hydrothermal)변성작용, 동력(dynamic 또는 파쇄, cataclastic)변성작용, 충격(impact or shock)변성작용, 교대작용(metasomatism)의 5개로 구분할 수 있다.

### 1) 접촉변성작용

접촉변성작용은 관입암체의 열 확산에 의해 모암이 국부적으로 재결정되는 변화 과정이다. 접촉변성작용이 영향을 미치는 범위를 접촉변성대(aureole)라 한다. 접촉변성대는 화성암체를 둘러싸듯이 형성되며, 그 범위는 화성암체의 규모에 따라 다르다(폭 수 cm ~ 수 km). 접촉변성암의 대부분은 원암의 화학조성과는 관계없이 괴상(massive)이며 치밀한 암석이다. 특히 셰일의 접촉변성암을 혼펠스라 부른다. 이들은 편리나 편마조직을 형성하지 않는 것이 보통이다. 그러나 저온에서 형성된 혼펠스는 원암의 퇴적구조나 편리가 잔존하는 경우가 많다. 또한 고온에서 형성된 접촉변성암에서는 부분용융이 일어나는 경우도 있는데, 이 경우에 생성된 용액이 고화되어 유리질부가 생성된다. 접촉변성작용은 일반적으로 저압(2 kb)에서 발생하지만 변성 온도는 조산대변성작용의 녹색편암상 정도에서 백립암상의 고온부까지 넓은 온도범위를 나타내기 때문에, 4개의 변성상(조장석-녹염석 혼펠스상, 각섬석 혼펠스상, 휘석 혼펠스상, 새니디나이트상)으로 구분한다.

염기성 화산암이나 소규모의 화성암체로 둘러싸인 사질 또는 이질암은 고온의 변성작용을 받아 새니디나이트상의 변성암이 형성되며 그 일부는 용융되기도 한다. 이렇게 특수한 접촉변성작용을 파이로변성작용(pyrometamorphism)이라 한다. 고온으로 생성된 용액이 급랭하여 고화된 갈색유리 내부에 근청석, 규선석, 멀라이트, 트리디마이트, 사방휘석 등을 포함하는 것을 부카이트(buchite)라 한다.

### 2) 열수변성작용

열수변성작용은 고온의 열수나 가스가 암석의 틈새를 따라 침투하여, 암석의 화학성분을 변화시키는 국부적인 변성작용을 말하며, 열수변질작용(hydrothermal alteration)이라고도 한다. 해양저변성작용이나 지열지대에 현재도 진행 중인 변성작용은 열수변성작용의 한 종류라 볼 수 있다. 일반적으로 열수변성작용은 극저압(1kb 이하)에서 일어나지만 변성온도는 700~800 ℃에 달하는 경우도 있다.

### 3) 동력변성작용

충상단층대(thrust fault zone)나 전단대(shear zone) 등을 형성하는 변성작용에 수반되어 기존의 암석이 기계적으로 파괴되거나 기존의 암석이 변형될 때 유체가 관여되는 변성작용으로 **압쇄화작용**이라고도 한다. 이 변성작용을 받으면 고체 암석의 구성 광물은 변형되거나 재결정되어 **압쇄암**[또는 마이로나이트(mylonite)]이 생성된다(그림 17.2). 비교적 저온에서 이 변성작용을 받으면 재결정작용이 거의 일어나지 않고, 광물이 파쇄되거나 입상화되어 **파쇄암**(cataclasite)이 형성된다. 마찰열에 의해 변형의 집중부가 고온이 되면 암석은 용융되어 **슈도타킬라이트**(pseudotachylite)가 형성되기도 한다.

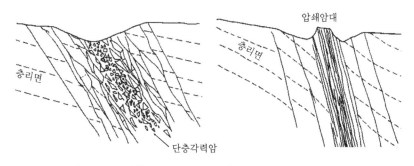

그림 17.2 단층운동에 의한 단층각력암과 압쇄암의 생성

## 4) 충격변성작용

운석과 같은 소규모의 천체가 초속 수 km의 속도로 지표에 충돌할 때 일어나는 변성작용이다. 미국의 애리조나의 Barrenger 운석구덩이에는 운석이 충돌할 때 지표의 암석이 파괴되어 각력 모양의 암편이 집적된 충격각력암이 다수 관찰된다. 변성작용의 지속시간은 다른 변성작용과는 달리 아주 짧아, 수 마이크로 초~수 10초 정도의 순간적인 것이다. Barrenger 운석구덩이에는 운석이 충돌할 당시, 지표의 암석이 초고온(2000 ℃ 이상)·초고압(수 100 kb) 상태에 놓이는데 이때 형성된 코에사이트, 스티쇼바이트, 다이아몬드를 포함하는 암석도 발견된다. 초고온을 반영하는 유리상의 용융 암편인 **임펙타이트**(impactite)도 이 변성작용의 산물이다. 이들 충격 생성물은 침식이 진행되고 오래된 운석구덩이의 흔적을 운석구덩이로 판단하는 데 중요하다.

## 5) 교대작용

변성작용의 과정에서는 $H_2O$뿐만 아니라 다양한 화학성분이 이동하고 암석의 화학조성이 변한다. 이러한 과정을 통해 구성 광물뿐만 아니라 화학성분도 현저하게 변화된 암석을 교대변성암이라 한다. 교대작용은 유체가 광물 입자 내부나 입자 사이를 통해 확산하여 소규모 반응대(reaction rim)를 형성하는 확산교대작용(diffusion metasomatism)과 암석 중에 침투한 유체와 모암의 반응으로 암석의 광물 조성·화학성분이 대규모로 변하는 침투교대작용(infilteration metasomatism)으로 구분한다.

침투작용의 좋은 예로 접촉변성작용에 수반된 스카른화작용(skarnization)이 있다. 이는 마그마에서 방출된 MgO, FeO 등을 포함하는 과열수증기나 용액이 석회암과 반응하여 휘석(투휘석~헤덴버자이트 계열), 석류석(Ca가 풍부), 녹염석 등으로 구성된 스카른을 형성하는 작용으로 가끔 유용한 금속광상을 생성한다. 유사하게 열수용액이 침투하여 일어난 규화작용, 견운모작용, 카올리나이트화작용 등도 교대작용의 좋은 예이다.

# 18장
# 구조와 조직

변성암의 가장 큰 특징 중의 하나는 암석에서 관찰되는 줄무늬나 소용돌이 무늬이다. 변성암을 구성하는 광물은 기존의 광물이 고체상태에서 재결정되어 형성되는데, 이 과정에서 암석이나 광물은 동시에 변형작용을 받는 경우가 많다. 그 결과 변성암에는 화성암이나 퇴적암에서 찾아볼 수 없는 독특한 구조 또는 조직이 형성된다. 아주 낮은 온도와 압력 하에서 형성되었던 변성암에는 원암인 퇴적암이나 화성암의 조직이 잔존하는 경우가 있다. 부분용융을 수반하는 고온의 변성작용으로 형성된 변성조직들은 오히려 화성암의 조직에 가깝다. 변성암의 조직은 생성 당시 어느 정도의 온도·압력 조건에서 형성되었는가, 어느 정도의 변형작용을 받았는가에 따라 달라진다. 따라서 변성암의 조직을 올바르게 기재하는 것은 변성암의 형성과정을 밝히는데 있어 필수불가결한 과정이다.

## 1 | 구조

구조는 채취한 시료 크기 또는 커다란 암체의 특징을 보여주는 생김새이다. 구조는 조직과 규모가 다른데, 조직은 광물 입자의 모양, 크기, 방향, 분포 그리고 입자들 사이의 관계를 나타내는 현미경적 크기에서 눈으로 관찰되는 소규모의 형태를 말한다. 조직은 채취된 시료의 어느 부분에서나 관찰할 수 있지만 그 정도의 크기에서 모든 구조를 확인하기는 힘들다. 구조와 조직 사이의 구분은 그다지 명확하지 않다.

변성암에서 대부분의 변성구조는 변형작용에 의해 만들어진다. 변형작용의 과정을 반영하는 면구조(fabric)를 가진 암석을 텍토나이트라 하는데, 여기서 면구조는 암석의 구조적·조직적 특징과 함께 기하학적 특성을 나타내는 말이다.

변성암의 모든 구조가 변형작용이나 변성과정에서 만들어지는 것은 아니다. 변성암의 모암은 퇴적암이나 화성암이므로, 모암이 갖는 구조가 남아 있을 수 있다.

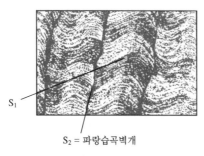

$S_1$

$S_2$ = 파랑습곡벽개

그림 18.1  천매암의 파랑습곡벽개

그림 18.2  천매암의 킹크밴드

이와 같이 잔존하는 원래의 구조를 잔류구조라 부른다. 일반적으로 변성암에 남은 복잡하지 않은 잔류구조는 광물 입자의 크기나 조성이 다르기 때문에 육안으로 식별할 수 있다. 변성암에서 관찰되는 층리나 사층리 그리고 점이층리는 전형적인 퇴적암의 잔류구조이다. 행인상구조와 베개상구조는 가장 자주 관찰되는 화성암의 잔류구조이다.

자주 관찰되는 변성구조로는 편마구조, 벽개, 습곡, 킹크밴드, 부딩, 단층, 절리와 맥암 등이 있다. 습곡, 킹크밴드, 부딩 등 연성전단대는 연성변형에 의해 생성된다(그림 18.1과 18.2). 부딩의 일부와 파쇄단층 그리고 절리는 파쇄변형에 의해서, 맥암과 성분이 다른 줄무늬는 물질의 화학적 이동에 의해서 만들어진다.

변성암은 일반적으로 육안관찰이 가능한 층을 가지고 있는데, 이 변성암 층은 광물 조성과 조직의 차이에 의해 만들어진 조성상의 층이다. 변성층은 수 m에서 수 mm의 두께를 갖는데, 이 정도 두께의 층으로 구성된 구조를 편마구조라 부른다. 편마암은 서로 다른 광물로 구성된 층들이 교호하는 줄무늬를 가진 암석이다.

평행 또는 준평행하게 표면을 따라 깨지는 암석 벽개는 잘 알려진 변성구조이

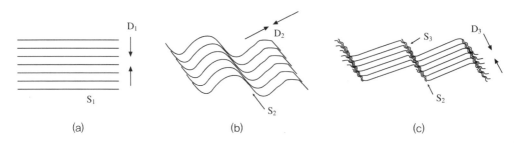

$D_1$

$S_1$

(a)

$D_2$

$S_2$

(b)

$S_3$

$D_3$

$S_2$

(c)

그림 18.3  파랑습곡벽개의 발달 단계

다. 암석벽개는 방향성을 가진 광물 입자가 평행하게 배열하여 형성되거나 암석 내에서 급격한 물리적 변화로 생긴 틈이 준평행하게 배열된 것이다(그림 18.1). 킹크밴드는 이미 조직을 갖는 암석에 발달하는 소규모의 단열된 습곡이다. 가장 일반적인 킹크밴드는 천매암과 같이 입자의 크기가 작은 암석에서 발견되지만, 편암이나 편마암 또는 압쇄암에서도 관찰된다(그림 18.2). 그림 18.3은 이러한 구조가 만들어지는 과정으로 D는 힘의 방향이고 S는 면의 방향이다.

## 2  조직의 분류

조직은 입자의 크기와 형태, 입자 상호간의 관계, 입자의 분포 상태와 방향성을 나타내는 역할을 한다. 변성암의 조직에는 엽리조직, 입상변정질조직, 파쇄조직 그리고 잔류조직 등이 있다.

**엽리조직**은 광물 입자들이 일정한 방향으로 배열하여 평탄한 조각이나 층으로 쪼개지는 양상을 보이는 조직을 말한다(그림 18.4). 일반적으로 엽리조직을 나타내는 암석에는 침상이나 판상의 광물이 우세하다. 엽리조직 중에서 가장 흔하게 기재되는 조직은 점판조직, 천매암질조직, 편리, 그리고 편마조직일 것이다.

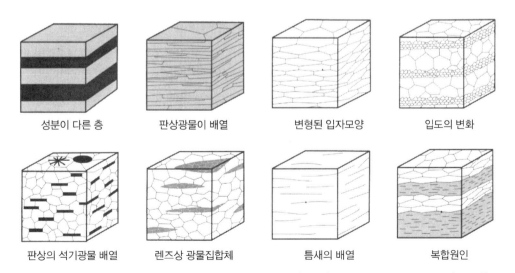

성분이 다른 층　　판상광물이 배열　　변형된 입자모양　　입도의 변화

판상의 석기광물 배열　　렌즈상 광물집합체　　틈새의 배열　　복합원인

그림 18.4  다양한 엽리의 형태[Turnerand Weiss (1963), Passchierand Trouw(1996)]

점판조직은 다량의 층상구조형 광물들이 강한 방향성을 가지고 배열하여 판상 또는 준판상을 나타내는 매우 세립질 조직으로 입자의 크기는 0.1 mm 정도이다. 천매암질조직은 치밀한 습곡벽개 또는 킹크밴드를 포함하는 세립질의 조직으로, 입자의 크기는 대략 0.5 mm 정도이다. 편리는 침상, 주상 그리고 판상의 광물들(층상구조형 광물과 각섬석)이 준 평행하게 정렬된 세립에서 조립질의 조직으로, 입자의 크기는 0.1 mm 이상이다. 편마조직은 대조적인 광물로 이루어진 줄무늬를 갖는 세립에서 매우 조립질의 조직이다. 줄무늬는 채취된 시료 크기에서도 어느 정도의 연속성을 갖는다.

**입상변정조직**은 입자가 거의 등차원적인 조직을 말한다. 입상변정이란 입자의 경계 형태나 크기의 변화가 없으며 우세한 방향성도 없는 것을 의미한다. **파쇄조직**은 조각난 암석의 파편이나 광물 입자로 이루어진 조직이다. 그 외에도 침상이나 판상의 광물들이 편리를 형성하지 않고 인접하여 방사형을 이루는 조직을 다이아블라스틱조직이라 한다.

**잔류조직**이라는 용어는 변성작용을 받기 이전의 원암이 가진 조직이 남아있다는 의미이다. 변성암의 조직에서 원암의 구조를 식별할 수 있는 경우에 접두어로 **블라스토**(blasto-, 잔류)를 붙이고, 이어서 원암의 조직과 명칭을 이용한다. 예를 들어 blasto porphyritic조직은 '잔류반상조직'이라 하며, 화성암의 반상조직이 변성 후에도 잔류히는 것을 의미한다. 같은 예로 잔류오피틱(blastophitic)조직은 오피틱조직을 갖는 화성암이 변성된 경우이다. 잔류사질(blastopsammitic)조직은 사암의 조직이 남아있는 변성암의 조직이다.

한편, 접미어인 블라스틱(-blastic, -변정질)은 변성작용에 의해 형성된 조직을 나타낸다. 예를 들어 자형변정질(idioblastic)조직, 반자형변정질(hypidioblastic, subidioblastic)조직, 그리고 타형변정질(zenoblastic)조직은 변성작용에 의해 생성된 각각 자형, 반자형, 타형의 변성 광물로 구성된 조직을 나타낸다.

**반상변정질**(porphyroblastic)**조직**은 재결정과정에서 다른 결정보다 크게 성장한 반상변정이 세립의 석기에 의해 둘러싸인 조직을 나타내는 용어이다. 반상변정질 편마암은 정장석의 반상변정이 특별히 크게 성장한 것이다. 취반상변정질(poikiloblastic)조직은 반상변정이 세립질 광물을 포함한 조직이며, 포유 광물이 아주 많은 경우는 체(sieve)조직이라 한다.

　**래피도블라스틱**(lepido-blastic)이란 운모·녹니석 등의 판상-비늘 모양의 광물이 다량으로 평행하게 배열된 조직이다. **네마토블라스틱**(nemato-blastic)**조직**은 각섬석이나 규선석과 같은 막대 모양이나 섬유상의 광물이 한 방향으로 배열하여 형성된 조직이다.

　**스케르탈**(skeletal)**조직**은 취반상변정질조직의 일종으로 포유 광물의 수가 과다하게 증가하여 반상변정이 그물 모양의 얇은 막으로 연결된 조직이다. **점문상조직**은 극세립의 기질에 세립의 반상변정 또는 광물의 집합체가 육안으로 확인할 수 있는 조직이다.

　**봉합**(sutured)**조직**은 커다란 광물이 세립화할 때, 광물사이의 경계가 불규칙적으로 맞물린 조직으로 특히 석영의 입자 사이에서 자주 관찰된다.

## 3　변형되지 않은 조직

　이 형태의 조직에는 입상변정질(granoblastic)조직, 교차(decussate)조직, 심플렉틱조직, 코로나(corona)조직 등이 있다. 입상변정질조직은 방향성이 없으며 크기가 비슷한 타형의 변성 광물로 이루어진 조직으로, 모자이크(mosaic)조직이라고 부른다. 이 조직은 백립암, 에클로자이트, 대리암, 규암과 같이 단일 광물로 구성된 변성암에서 관찰되는데, 특히 순수한 대리암에서 나타나는 조직이 당상(saccharoidal, 막대사탕)조직이다. 괴상의 중-조립의 입상변정질조직을 나타내는 변성암을 입상변성암이라 한다.

　교차조직은 혼펠스에서 전형적으로 관찰되며, 반자형의 주상-단주상의 광물이

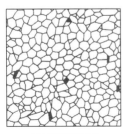　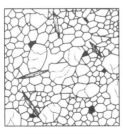　　

　　입상변정질조직　　　　비립상변정질조직　　　다이아블라스틱조직　　　　파쇄조직

**그림 18.5**　엽리가 없는 변성조직의 종류(Raymond, 1984)

여러 가지 방향으로 배열되어 십자형으로 교차되는 조직으로 운모, 각섬석, 휘석 등이 이러한 조직을 형성한다.

심플렉타이트는 동일시기에 재결정되어 형성된 조직이다. 2종 또는 그 이상의 광물이 연정을 이룬다. 고온에서 형성된 변성암에서 자주 관찰되며, 최고변성조건 에서 압력이 낮아지는 시기에 형성된 반응조직인 경우도 많다. 광물은 통상적으로 현미경 하에서 식별되는 경우가 대부분이지만 전자현미경으로 관찰하면 효과 적으로 관찰할 수 있다. 코로나조직은 화성암의 광물에서도 자주 관찰된다. 코로 나 중에 단일 광물이 다른 광물을 완전히 감싸고 있을 때는 모트(moat)라 한다(그 림 18.6).

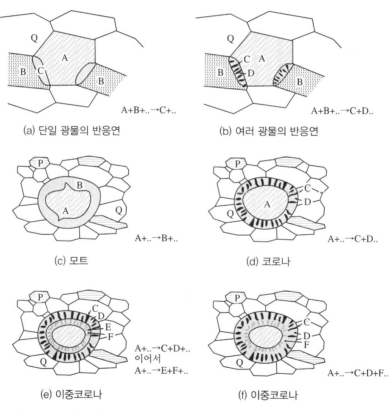

그림 18.6  심플렉틱, 코로나 조직의 생성원리(Passchier & Trouw, 1996)

## 4 변형된 조직

변성작용시 횡압력이나 전단력이 작용하여 변형된 조직은 반상파쇄(porphyroclastic) 조직, 리본(ribbon)·헤리사이트(helicitic)조직, 안구상(augen)조직, 압력음영대, 스파이랄(spiral)조직, 프리카이네틱(pre-kinetic, 전시기)조직, 신카이네틱(syn-kinetic, 동시기)조직, 포스트카이네틱(post-kinetic)조직이 있다.

반상파쇄(porphyroclastic)조직은 변형작용에 의해 암석이 파쇄 되어 세립화 될 때, 원암의 조립 결정이 잔존하여 반상결정형태로 남는 조직이다. 변형이 현저하여 파쇄반정이 둥근 모양이 되면서 내부가 세립화 되면 몰탈(mortar)조직이 만들어진다. 세립화 된 석영입자 사이의 경계는 불규칙하게 봉합된 조직을 나타낸다.

리본조직은 압쇄화작용 등으로 결정들이 현저하게 늘어난 조직을 말하는데 대표적인 광물인 석영이 변형되면, 리본석영이라고 한다.

헤리사이트조직은 반상변정 내에 기질과 동일한 광물이 포유되어, 이들이 방향성을 가지고 배열된 조직이다. 포유물들은 반상변정이 성장하면서 광물을 둘러싼 것으로, 이들의 배열방향(si 편리)은 반상변정이 성장하기 이전의 면구조가 남은 것이기 때문에, 기질의 광물이 나타내는 면 구조(se 편리)와의 관계로부터 변성·변형과정을 해독할 수 있다(그림 18.7).

압력음영대는 조립의 광물 또는 광물 집합체 양측의 약한 변형영역에 형성되는데, 주위의 기질과는 전혀 다른 조직을 갖는 세립광물의 집합체이다[그림 18.7 (c), (e), (f)]. 조립결정의 양측에서 비대칭적인 압력음영대가 관찰되는 경우에는, 변형·전단작용의 운동방향이나 강도를 결정하는 단서가 된다.

안구상조직은 조립인 장석(특히 정장석)의 반상변정이 세립의 석영이나 운모 등으로 둘러싸인 조직이다. 편마암이나 압쇄화 된 화강암 등에서 자주 관찰된다. Augen은 독일어로 눈을 의미하여 안구상조직이라 부른다. 안구상조직을 특징적으로 나타내는 규장질편마암이나 편마상화강암을 안구상편마암이라 한다.

스파이랄조직은 헤리사이트조직의 일종으로 반상변정에서 관찰되는 si 편리를 나타내는 포유 광물이 S자형으로 회전한 것처럼 보이는 포유물 배열을 갖는 조직이다. 이는 눈덩이(snowball)구조라고도 하는데, 변형작용에 의해 회전하면서 반상변정이 형성되었음을 시사한다[그림 18.7 (e)].

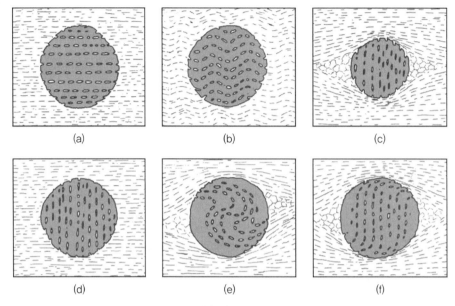

그림 18.7  변형시기와 반상변정의 형태. (a), (b)는 변형 후 형성(post-kinetic). (c), (d)는 변형 이전에 형성. (e), (f)는 변형되면서 성장함. (c), (e), (f)는 압력음영대 형성(Yardley, 1989)

프리카이네틱(pre-kinetic, 전시기)조직, 신카이네틱(syn-kinetic, 동시기)조직, 포스트카이네틱(post-kinetic)조직은 전진변성작용 또는 후퇴변성작용의 어느 특정한 변성·변형작용으로 형성된 광물을 기준으로 그전이나 동시기 혹은 후기에 생성된 조직을 말한다.

## 1 변성암의 분류기준

변성암은 기존의 암석을 구성하는 광물 조성이나 조직이 변화되어 만들어진 암석이다. 기존의 암석, 즉 원암은 화성암이나 퇴적암일 수도 있고 기존의 변성암일수도 있다. 따라서 변성암을 기재하기 위해서는 변성암뿐만 아니라 화성암이나 퇴적암에 관한 지식도 필요하다. 변성암의 이름은 일반적으로 원암과 조직을 기준으로 정하는데, 특별한 경우에 변성암의 독특한 명칭을 붙이기 한다.

- **원암을 기준으로 한 이름**: 원암을 중시하는 경우 원암의 암석 이름에 [변성]이란 단어를 붙여 사용한다. 예를 들면 원암이 염기성암, 퇴적암, 현무암, 처트일 경우에 각각 변성염기성암, 변성퇴적암, 변성현무암, 변성처트라 부른다. 이들 암석명은 변성암의 원암을 나타낸 것뿐이고, 변성작용의 온도·압력과 같은 변성조건이나 구조운동의 성질을 나타내는 것은 아니다.
- **조직에 의한 이름**: 조직을 기준으로 하면 변성작용이나 구조운동의 성질이 어느 정도 반영된 암석 이름을 만들 수 있는데, 예를 들면 천매암, 편암, 편마암 등이다. 실제로 녹니석편암, 흑운모편마암, 이질편암, 염기성편마암 또는 백색 편암과 같이 암형 앞에 광물 이름, 원암의 이름, 특징적인 색 등을 붙여 만들기 때문에, 암석 이름으로부터 원암을 식별할 수 있는 경우도 있다. 변형작용의 성질을 나타낼 때 압쇄암이나 슈도타킬라이트 등도 사용된다.
- **변성암 특유의 명칭**: 변성암에서만 찾아볼 수 있는 이름은 각섬암, 백립암, 혼펠스와 같은 것들이 있다. 이런 암석명은 특징적인 광물이나 인명·지명 또는 암석의 성질로부터 유래되지만, 일반적으로는 접두어로 광물이나 원암의 이름을 붙여 석류석각섬암, 이질백립암과 같이 사용한다.

## 2 원암에 의한 분류

대부분의 변성암은 화학조성이나 야외에서의 지질학적 지식으로부터 그 원암을 식별할 수 있다. 변성암의 화학조성은 원암인 화성암이나 퇴적암의 화학조성과 거의 동일한 것으로 간주할 수 있다. 즉 어떤 변성암의 화학조성이 원암의 화학조성과 크게 다르지 않다고 판단되면, 화성암이나 퇴적암의 각종 지구화학적 판별도를 이용하여 원암이 생성되었던 지구조적 성격에 대해 논의하기도 한다. 여기서는 일반적으로 사용하는 변성암의 원암(화학조성)에 의한 분류를 살펴보자.

### 1) 화성기원의 변성암

화성암의 분류 기준과 유사하게 초염기성암·염기성암이란 명칭이 사용되고, 여기에 변성작용을 받은 것을 명시하기 위해 변성(metamorphosed)이란 수식어를 붙인다. 예를 들어 염기성초변성암·염기성 변성암 또는 변성초염기성암·변성염기성암과 같은 형태이다. 한편, 중성암·규장질암은 변성암을 기술하는 데 일반적으로 사용하지 않고, 이 암석이 변성된 것을 **석영장석질 변성암**이라 부르는 경우가 많다. 석영장석질 변성암의 원암은 화성암에 국한되지는 않는다. 왜냐하면 석영이 풍부한 사암(예를 들어 석영사암) 기원의 변성암과 규장질 화성암 기원의 변성암을 구별하기가 힘들기 때문이다.

Shaw(1972)는 변성암의 화학조성과 퇴적암·화성암의 화학조성을 비교하여 원암을 추정하는 방법을 제안했다. 하지만 어느 지역의 원암을 판정하기 위해서는 화학적인 방법과 야외에서의 산상을 관찰한 지질학적인 결과를 종합적으로 검토하는 것이 중요하다. 화학조성으로부터 대략적인 원암을 추정하고, 야외에서의 산상이나 현미경관찰을 근거로 암석명을 판명할 수 있을 때, 변성반려암, 변성현무암, 변성화강암질암처럼 화성암의 암석명을 사용할 수 있다. 한편 암석명을 판정하지 않고 단순히 산상만을 기준으로 이름을 붙일 수 있는데, 변성맥암이 그 예이다.

### 2) 퇴적기원의 변성암

퇴적기원 변성암의 원암은 이질암(pelitic 또는 argillaceous rock), 사질암(psammitic rock), 처트(chert), 탄산염암(carbonate rock), 마르(marl; 탄산염 광물이 많은 이질암, 이회암) 등이 있다. 이들의 변성암을 각각 이질 변성암(metapelite), 변성사질암(metapsammite), 변성처트(metachert), 변성탄산염암(metacarbonate)이라 한다. 규질의 탄산염암 또는 마르 기원의 변성암은 석회규질암(calc-silicate rock)이라 한다.

사질변성암은 석영이나 장석이 풍부하기 때문에 석영장석질변성암 또는 변성사암(meta sandstone)이라 한다. 또한 석영이 풍부한 것을 규질변성암(siliceous metamorphic rock)이라 한다. 이 중에서 처트 또는 거의 석영만으로 구성된 사암을 원암으로 하는 변성암처럼 석영이 현저히 많은 것을 규암(quartzite)이라 한다.

특수한 화학조성을 나타내는 것으로 변성호상철광(meta banded iron formation, meta-BIF)과 변성증발암(meta-evaporite) 등의 명칭이 사용된다.

## 3 조직에 의한 분류

변성암의 원암이 동일해도 변성조건(온도, 압력, 유체)의 차이 또는 구조운동의 차이로 광물 조합과 조직이 다른 변성암이 형성된다. 변성암은 조직의 차이를 기준으로 점판암(slate), 천매암(phyllite), 결정편암(편암, schist), 편마암(gneiss), 압쇄암(mylonite), 슈도타킬라이트로 분류한다.

### 1) 점판암과 천매암

점판암은 세립의 셰일이나 응회암 등이 저온·저압에서 변형작용을 받아 얇게 쪼개지는 성질(박리)을 갖게 된 변성암이다. 점판암의 박리는 세립의 광물들이 한 방향으로 배열되어(정향배열, preferred orientation) 벽개가 형성되었기 때문이다. 이를 점판벽개(slaty cleavage)라 하는데, 견운모, 녹니석 등이 벽개면을 따라 배열하는 경우가 많다. 천매암은 점판암과 결정편암의 중간적인 암석으로 점판암보다 재결정작용이 더 진행된 변성암이다. 천매암은 운모, 녹니석 등과 같은 판상의 광물이 평행하게 배열하여 형성한 뚜렷한 면구조(편리: schistosity)를 갖는다. 이질암 기원의 천매암에는 탄질물이 많이 포함되어 흑색을 나타내는 경우가 많다. 원암이 응회암인 경우에는 녹색천매암이 만들어진다.

## 2) 결정편암

편암은 세립~중립(드물게 조립)으로 판상, 주상, 침상의 광물이 평행하게 배열하여 뚜렷한 편리를 형성한다. 이 편리를 따라 쪼개지기 쉬운 성질이 있으며, 광물의 크기가 작아 육안으로는 판별하기 곤란한 경우에 준편암(semi-schist)라 부른다. 이 편암은 저온·저압~저온·고압에서 형성되는 경우가 많다. 유럽에서는 편마암으로 분류 가능한 변성암도 편암이라 부르며, 보다 광범위한 온도·압력을 나타내는 암석에도 적용한다.

편암의 특징적인 색은 구성 광물의 색에서 유래된 경우가 있다. 예를 들면 녹니석, 녹염석, 양기석이 많아 녹색을 띠는 것은 **녹색편암**(greenschist), 남섬석, 크로이사이트 등의 청색 광물이 많아 파란색을 띠는 것은 **청색편암**(blueschist), 활석, 펜자이트, 남정석이 풍부하여 백색을 나타내는 것은 백색편암(whiteschist)이라 한다.

## 3) 편마암

편마암은 일반적으로 중~조립인 광물이 한 방향으로 배열되어 **편마조직**을 갖는 암석이다. 편마암의 명칭은 비교적 고온에서 형성된 광역변성암에 사용된다. 표품 정도의 크기에서도 호상구조(굵은 줄무늬)가 관찰되고, 특히 무색 광물이 많은 우백질부(leucocratic band)와 유색 광물이 풍부한 우흑질부(melanocratic band)가 줄무늬를 이루면 **호상편마암**(banded gneiss)이라 한다. 화강암질의 가느다란 암맥이 얇은 층상으로 스며든 것 같은 변성암을 주입편마암(injection gneiss)이라 한다. 어느 정도의 두께를 갖는 여러 개의 편마암이 연속성을 갖는 층상구조를 이루는 경우에는 층상편마암(layered gneiss)이라 한다. 원암이 어느 정도 파악되었을 때, 화성기원의 편마암을 **정편마암**(orthogneiss), 퇴적기원의 편마암을 **준편마암**(paragneiss)이라 한다. 편마암이나 결정편암에는 재결정작용으로 비교적 커다란 반정상의 광물이 형성되는 경우가 있는데, 이를 **반상변정**(porphyroblast)이라 한다. 그리고 반상변정을 둘러싼 보다 세립 부분을 기질(matrix)이라 한다. 반상변정 내에는 변성작용의 역사를 해석하는 데 중요한 잔류 광물들을 포함한다. 여기서 잔류 광물이란 편마암의 주요 광물이 생성되기 이전에 만들어진 광물이 포유물로 반상변정에 둘러싸인 것을 말한다.

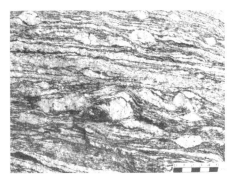 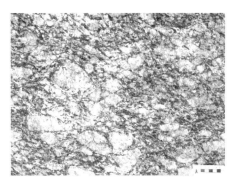

(a) 경기육괴의 호상편마암          (b) 지리산육괴의 반상변정질 편마암

그림 19.1   우리나라의 대표적인 편마암

그림 19.1의 (a)는 경기육괴의 편마암으로 석영·장석의 우백질대와 흑운모의 우흑질대로 구성되며, (b)의 반상변정은 정장석(미사장석)이다.

### 4) 압쇄암과 슈도타킬라이트

압쇄암(mylonite)은 기존의 암석이 단층운동이나 전단운동과 같은 변형작용을 받아 형성된 변성암이다. 이 암석은 기존의 광물들이 세립화·재결정화 되어 호상구조 또는 광물의 선구조를 잘 나타낸다. 압쇄화되는 과정에서 세립화되기 어려운 광물이 반점상의 조립질 결정으로 남아있는 것을 **파쇄반정**(porphyroclast)이라 한다. 압쇄암은 원암의 종류에 따라 화강암질 압쇄암 또는 각섬암질 압쇄암 등으로 부른다. 화강암질 압쇄암은 사장석, 정장석 등이 파쇄반정으로 잔존하고, 석영, 흑운모, 각섬석 등은 재결정하여 세립화 되어 있다. 압쇄화 정도는 세립인 기질과 파쇄반정의 구성비 혹은 기질이 재결정한 광물의 입도로 구분하는데, 약압쇄암 (protomylonite), 압쇄암(정압쇄암, orthomylonite), 초압쇄암(ultramylonite)의 순으로 압쇄정도가 커진다.

변형작용이 현저하게 진행되면 마찰열로 암석의 일부가 용융되기도 하는데, 이렇게 생성된 용액이 급랭하여 고결된 검고 치밀한 암석을 슈도타킬라이트라 한다. 슈도타킬라이트는 주로 변형작용이 집중되는 곳에서 형성된다. 대부분의 슈도타킬라이트는 파쇄된 광물편과 유리질~은미정질로 구성되며, 기질에는 파쇄변정 외에도 급랭으로 형성된 침상의 사방휘석의 미정(microlite) 등이 산출된다.

그림 19.2 압쇄암과 슈도타킬라이트 (아래쪽 검은 부분), 호남 순창전단대

그림 19.3 홍주석 혼펠스(칠레, 크기 8 cm)

### 5) 혼펠스

혼펠스는 저압과 넓은 온도 범위에 걸쳐 형성되며, 광물의 정향배열, 편리, 편마조직을 갖지 않는 치밀한 세립질 변성암이다. 이는 화강암 등의 관입암체에 의한 접촉변성작용으로 형성된다. 가끔 홍주석이나 근청석의 반상변정을 포함한다 (그림 19.3). 이렇게 뚜렷한 반상변정을 가진 세립의 혼펠스를 점문 점판암(spotted slate)이라 한다. 이 암석은 우리나라에서 석탄을 포함하는 셰일이 접촉변성작용을 받은 지역에서 흔히 산출된다. 도자기는 인공적으로 만든 점토암 기원의 고온형 혼펠스라 볼 수 있다.

### 4 변성암 특유의 암석명에 의한 분류

원암의 화학조성이나 변성암의 조직과는 관계없이 변성암에서만 사용하는 이름이 있다. 이들은 유별난 광물 조합을 갖거나 특수한 산상을 보여주는 경우에 사용한다. 이러한 변성암은 각섬암(amphibolite), 백립암(granulite), 에클로자이트(eclogite), 챠노카이트, 미그마타이트(migmatite), 대리암(marble)이 있으며, 그 외에도 로딩자이트(rodingite), 콘다라이트(khondalite), 랩티나이트(leptinite), 다이앱토라이트(diaphthorite), 아나텍사이트(anatexite) 등이 있다. 이 중에서 앞의 세 암석은 변성상의 명칭과 동일하기 때문에 암석명 그 자체가 이들이 경험한 변성작용의 온도·압력을 어느 정도 제시하고 있다. 챠노카이트를 화성암이 아닌 백립암상의 변성암으로 보는 견해도 있다.

## 1) 각섬암

각섬암은 주로 각섬석과 사장석을 주성분 광물로 하며 광물의 정향배열이나 면구조가 그다지 발달되지 않은 괴상의 암석으로, 비교적 광범위한 온도·압력에서 형성된다. 주 구성 광물인 각섬석은 고온에서 형성된 갈색 각섬석이며, 단사휘석, 사방휘석과 공생하기도 한다. 한편 저온에서 형성된 각섬암은 녹색각섬석으로 녹염석과 공생한다. 커밍토나이트를 포함하는 각섬암이나 석류석, 흑운모를 포함하는 각섬암도 가끔 산출된다.

일반적으로 각섬암의 원암은 염기성 화성암인 경우가 대부분이지만, 석회질 퇴적암이 변성된 것으로 추정되는 것도 존재한다. 전자를 정각섬암(ortho-amphibolite), 후자를 준각섬암(para-amphibolite)으로 구별하기도 하지만, 육안이나 현미경관찰도 구별하기는 어렵다.

그림 19.4는 각섬암의 박편을 편광현미경으로 촬영한 사진으로 왼쪽은 개방니콜상태로 유색 광물이 각섬석과 흑운모이고, 중심에 있는 둥근 광물을 제외한 무색 광물은 석영과 장석이며 검은색 광물은 불투명 광물이다. 오른쪽은 직교니콜상태로 가운데 검게 보이는 광물은 석류석임을 알 수 있다.

## 2) 백립암

백립암은 조립이며 등립상의 암석으로 백립암상에 해당하는 온도·압력에서 형성된 변성암에 사용되는 명칭이다. 그래뉼라이트라고도 한다. 백립암은 원암의 종류와 특징적인 구성 광물을 기준으로 이름을 붙인다. 예를 들어 휘석백립암, 사피린백립암 또는 추정되는 원암을 기준으로 염기성백립암, 석회규질백립암 등으로

그림 19.4 석류석을 포함하는 각섬암의 편광현미경 사진(가로 5 mm)

부른다.

백립암은 일반적으로 운모나 각섬석과 같은 함수 광물은 거의 없고, 원암이 사질~이질암인 백립암은 석영, 사장석, 정장석 외에 석류석(Fe, Mg가 풍부), 근청석, 규선석, 사방휘석, 스피넬 등이 포함한다. 염기성암 기원의 백립암에는 사방휘석과 단사휘석이 포함되는 경우가 많다. 백립암에 함수규산염 광물이 산출되는 경우에 이 광물들은 불소(F)가 많은 특징적인 화학조성을 나타낸다.

또한 고온~초고온에서 형성된 백립암은 $SiO_2$, LIL원소, LREE가 현저히 부족하고, $Al_2O_3$, MgO가 풍부한 특이한 화학조성을 갖는 것도 가끔 산출된다. 이 백립암에는 부적합원소가 거의 없기 때문에, 부분용융으로 부적합원소가 제거되고 남은 잔류암일 것으로 생각된다. 이 암석에는 사피린과 같은 특수한 광물이 들어있다. 우리나라의 백립암은 화천지역과 경남 산청지역에서 산출된다(그림 19.5).

### 3) 에클로자이트

파이로프성분(Mg 많음)이 풍부한 석류석(Grt)과 옴파사이트(Omp)를 주성분으로 하는 에클로자이트는 남정석, 석영 등의 광물을 수반하며, 고압에서 형성된 염기성 변성암이다. 석류석과 휘석이 풍부하여 유휘암(榴輝岩)이라 불리기도 했다. 에클로자이트에 사장석을 산출될 수 없지만 각섬석이나 조이사이트가 산출되는 경우는 있다. 코에사이트를 포함하는 일부 에클로자이트는 2.5 GPa 이상의 초고압에서 형성되었을 가능성이 있다. 에클로자이트는 대륙의 충돌과 관련된 암석으로 충남 홍성군 비봉지역에서 발견되었다(그림 19.6).

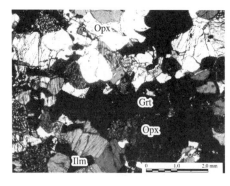

그림 19.5 백립암(경남 산청)

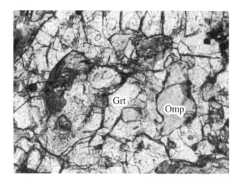

그림 19.6 에클로자이트(충남 비봉)

에클로자이트가 형성될 수 있는 고압에 도달하더라도 원암의 화학조성이 염기성암과 다른 경우 경옥-남정석-활석 등의 광물 조합을 갖는 암석이 형성되는데, 이러한 변성암은 에클로자이트질암이라 부른다. 에클로자이트는 고압변성대에서 산출되지만 알칼리 현무암이나 킴벌라이트의 포획암으로 산출되기 때문에, 일부 에클로자이트는 화성암으로 취급하기도 한다.

### 4) 미그마타이트

미그마타이트는 결정편암이나 편마암으로 이루어진 부분과 화강암질 부분이 불균질하게 혼재하는 암석으로, Sederholm(1970)이 이름을 붙였다. Sederholm은 이러한 산상의 특징으로부터 이질편마암, 각섬암 등이 부분용융하여 화강암질 마그마가 생성되었다고 생각했는데, 이러한 작용을 **아나텍시스**(anatexis)라 한다. 현재 미그마타이트의 성인은 편마암이나 각섬암의 일부가 용융되어 생성된 용액과 잔류암의 혼합물이라는 주장(아나텍시스)과 편마암이나 각섬암에 화강암질 마그마가 침투되어 생성되었다는 주장이 맞서고 있다. 따라서 미그마타이트의 성인을 논하려면 먼저 여러 지역의 노두에서 산상을 자세히 검토할 필요가 있다.

미그마타이트는 변성암이나 화성암에서 볼 수 없는 복잡한 암상이 특징이므로, 화강암질 부분과 결정편암질~편마암질인 부분을 상세하게 구분한다. 즉 부분용융되기 전의 변성암 혹은 화강암질 마그마가 관입하기 이전의 모암으로서의 변성암을 팔레오좀이라(paleosome) 하며, 화강암질 부분을 네오좀(neosome)이라 한다. 네오좀은 유색 광물이 풍부한 우흑질부(melanosome)와 석영과 장석이 풍부한 우백질부(leucosome)로 나눈다. 팔레오좀과 네오좀 또는 네오좀 내부의 우백질부와 우흑질부의 형태 및 조직으로부터 미그마타이트화의 정도 차이에 따라, 아그마타이트, 배나이트(venite, veined migmatite), 스트로마틱 미그마타이트(stromatic migmatite), 네뷸라이트(nebulite) 등으로 구분한다(그림 19.7).

- **아그마타이트**는 각력암상의 팔레오좀이 블록 모양으로 네오좀의 우백질부로 둘러싸여 있다. 일반적으로 모암에 화강암질암이 관입했을 때 형성된다. 팔레오좀이 보다 둥글게 변형되고 늘어난 형태를 레프트상(raft-like)조직이라 한다.

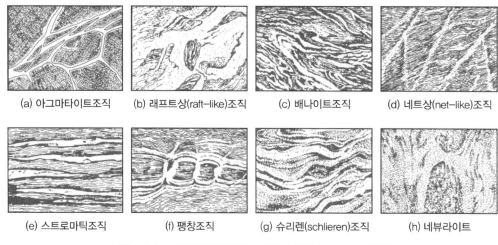

(a) 아그마타이트조직　　(b) 래프트상(raft-like)조직　　(c) 배나이트조직　　(d) 네트상(net-like)조직

(e) 스트로마틱조직　　(f) 팽창조직　　(g) 슈리렌(schlieren)조직　　(h) 네뷰라이트

그림 19.7　미그마타이트의 조직 분류(Mehnert, 1968)

- **배나이트**는 화강암질암의 망상으로 분포하는 우백질부의 맥과 우흑질부가 뒤섞인 산상을 보인다. 우백질부, 우흑질부 모두 변형되고 미습곡 구조를 나타내는 경우가 있다. 변형이 약하고, 우백질의 맥들이 팔레오좀 또는 우흑질부의 편리를 자르는 형태를 망상(net-like)조직이라 한다.

- **스트로마틱 미그마타이트**는 가장 일반적인 미그마타이트로 우백질부가 층상으로 형성되어, 팔레오좀 또는 우흑질부의 편리와 나란한 경우가 많으나 편리를 사르는 것도 있다. 우흑질부가 부딩(boudin)을 형성하여 떨어져 나간 부딩 사이의 틈새로 우백질부가 스며들어간 것을 팽창(dilation)조직이라 한다. 또한 변성이 강하여 우백질부가 늘어나면서 우흑질부가 렌즈상~호상을 이룬 것을 슈리렌(schlieren)조직이라 한다.

- **네뷰라이트**는 화강암질인 우백질부의 형태가 일정치 않고, 우흑질부와의 경계가 점이적이다. 일반적으로 이질 변성암의 부분용융에 의해 형성된다.

### 5) 대리암

석회암의 주성분 광물인 방해석은 넓은 온도·압력에서 안정한 광물이기 때문에, $CaCO_3$ 이외의 성분을 거의 포함하지 않는 순수한 석회암이 변성작용을 받으면, 주로 조립의 방해석으로 구성되는 변성암이 된다. 이를 대리암 또는 방해석대리암(calcite marble)이라 한다. 화학식이 $CaMg(CO_3)_2$인 광물을 돌로마이트(dolomite,

苦灰石), 돌로마이트를 주성분 광물로 하는 암석을 돌로마이트암(dolostone, dolomite; 苦灰岩)이라 한다.

## 6) 기타 변성암

**로딩자이트**는 석회규질암의 일종이지만, 알칼리 원소나 탄산염 광물이 거의 없는 우백질암석이다. 주성분 광물은 단사휘석과 Ca이 많은 석류석이며, 그 외에 프레나이트와 같이 Ca이 풍부한 광물을 포함한다. 로딩자이트는 사문암으로 둘러싸인 염기성암이 해양저에서 CaO의 교대작용으로 형성된 것으로 추정된다.

**콘다라이트**는 백립암상에 해당하는 온도·압력에서 형성된 $Al_2O_3$ 성분이 많은 이질 변성암으로 스피넬, 근청석, 사장석, 정장석 등을 포함하며, 흑운모 등의 함수규산염 광물이 산출되지 않는다. 흑연광상을 수반하는 경우가 많다. 콘다라이트는 인도 남부, 스리랑카 등에 광범위하게 분포하고 있어 남아시아 지역에서 특히 사용되는 경향이 있다.

**랩티나이트**는 백립암상 등의 고도의 변성작용으로 형성된 석류석을 포함하는 석영장석질편마암이다. 콘다라이트와 같이 흑운모 등의 함수규산염 광물이 산출되지 않는다. 석영과 장석이 풍부하고 석류석이 거의 없는 것은 랩타이트(leptite)라 한다. 기원암이 퇴적암이라는 견해와 유문암과 같은 규장질암이라는 견해가 있다.

**다이압토라이트**는 압쇄화 된 변성암에 이용되는 암석명으로 후퇴변성작용의 영향이 강하다. 현재는 그다지 사용되지 않는다.

**아나텍사이트**는 고온의 변성과정에서 변성암이 부분용융하여 생성된 화강암질암으로 미그마타이트의 네오좀에 해당한다.

# 20장
# 변성상

## 변성상 구분

변성작용이 진행될 때 일어나는 가장 큰 변화는 암석 전체의 화학성분이 아니라 광물 조합이다. 변성작용에서 화학적인 변화는 수증기나 이산화탄소 등의 휘발성 물질들이 추가되거나 방출될 뿐 주요 성분의 변화는 거의 없다. 따라서 변성암의 광물 조합은 변성작용을 받는 동안 가해진 온도와 압력의 결과이다. 이러한 점에 착안하여 핀란드의 지질학자 에스콜라는 1915년 변성상(metamorphic facies) 개념을 도입하였다.

변성상이란 광물 조합을 기준으로 해석한 개략적인 변성조건이다. 일반적으로 암석의 화학성분이 다르면 변성조건이 동일해도 서로 다른 광물 조합을 갖는다. 그러나 암석의 화학성분이 달라도 특정한 온도·압력 범위 나타내는 안정한 광물 조합을 포함하면 모두 동일한 변성상으로 취급한다.

변성상의 개념은 지표에 성장하는 식물 집단으로 기후구를 구분하는 것과 유사하다. 예를 들면 양치식물, 야자나무, 넝쿨나무가 번성하는 지역은 따뜻하고 강수량이 많은 기후구에 해당한다. 반면 야자나무, 선인장, 쑥의 식물 집단은 뜨겁고 건조한 기후를 의미한다. 지질학자들은 현재 지표에 노출된 암석의 변성상을 파악하여 변성작용이 발생했던 지하 심부의 대략적인 깊이(압력)와 온도를 추정한다.

변성상은 온도와 압력을 축으로 하는 공간을 소규모 영역으로 나누어 표시하는데, 영역 사이의 경계는 약간의 폭을 갖는다(그림 20.1). 여기서 접촉변성작용을 나타내는 혼펠스변성상은 4개로, 저온에서 고온으로 갈수록 조장석-녹염석혼펠스상, 각섬석혼펠스상, 휘석혼펠스상, 세니디나이트상으로 구분한다. 녹색편암상, 각섬암상, 백립암상은 전형적인 광역변성작용에서 나타난다. 불석상, 프레나이트-펌페리아이트상 그리고 청색편암상, 에클로자이트상은 저온 고압변성 지역에서 발견된다. 최근에는 녹염석-각섬암상을 녹색편암상과 각섬암상 사이의 중간상으로 받아들이고 있다.

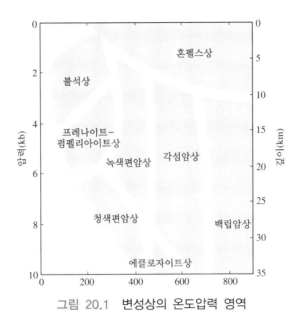

그림 20.1 변성상의 온도압력 영역

에스콜라가 변성작용을 받은 현무암을 연구하여 변성상 개념을 제안하였을 때, 그가 사용한 변성상 이름들은 현무암질의 암석에서 생성되는 광물 조합으로부터 유래되었다. 예를 들어 녹색편암상은 녹니석과 녹염석을 포함하며 각섬암상은 보통각섬석을 포함한다. 그러나 변성상의 이름은 단지 이름일 뿐이며 그 변성상에

표 20.1 변성상을 나타내는 대표적인 암석과 원암

| 변성상 | 변성되기 전의 원암 | | |
|---|---|---|---|
| | 셰일 | 현무암 | 석회암 |
| 불석상 | 불석질 셰일 | 불석질 녹색편암 | 방해석 대리암 |
| 프레나이트-펌펠리아이트상 | 녹니석 천매암 | 펌펠리아이트 녹색암 | 방해석 대리암 |
| 청색편암상 | 남섬석 천매암 | 남섬석 편암 | 아라고나이트 대리암 |
| 에클로자이트상 | 남정석 에클로자이트 | 에클로자이트 | 규회석 대리암 |
| 녹색편암상 | 점판암 | 양기석 녹색암 | 방해석 대리암 |
| 각섬암상 | 남정석-운모 편암 | 각섬암 | 투각섬석-방해석 대리암 |
| 백립암상 | 규선석-정장석 백립암 | 석류석-휘석 백립암 | 규회석-투휘석 대리암 |

속하는 모든 암석에 항상 산출하는 광물이 아니라는 사실을 유의해야 한다. 또한 각 상들 사이의 경계는 변성반응에 의해 정해지는데, 화학성분이 다른 암석에서의 반응곡선이 서로 일치하지 않아 약간의 폭을 갖는다.

모든 원암은 특정한 광물 조합을 갖는 암석을 생성하며, 이를 기준으로 변성상을 지정한다. 따라서 원암이 동일해도 변성상이 달라지면 광물 조합은 당연히 달라지고 또한 유사한 조건이라도 원암이 다르면 광물 조합 역시 달라진다(표 20.1). 각 변성상의 변성암을 대표하는 광물 조합의 예를 표 20.2에 나타냈다.

표 20.2 각 변성상의 대표적인 광물 조합

| 변성상 | 염기성 변성암의 구성 광물 |
|---|---|
| 불석상 | 로몬타이트·와이라카이트·아날사이트 |
| 프레나이트<br>-펌펠리아이트상 | 프레나이트＋펌펠리아이트(＋녹니석＋조장석) |
| 녹색편암상 | 녹니석＋조장석＋녹염석(조이사이트)＋석영±양기석 |
| 각섬암상 | 보통각섬석＋사장석(올리고클레이스-안데신)±석류석 |
| 백립암상 | 사방휘석＋단사휘석＋사장석±석류석±보통각섬석 |
| 청색편암상 | 남정석＋로소나이트·남섬석＋녹염석(＋조장석±녹니석)·경옥·석영 |
| 에클로자이트상 | 석류석＋옴파사이트(±남정석) |
| 접촉변성상 | 저온-고온의 접촉 변성상은 녹색편암상-백립암상의 광물 조합과 동일 |

## 2  최저온의 변성상

최저온의 변성상은 불석상과 프레나이트-펌펠리아이트상이 있다. 에스콜라(1939)는 저변성도의 변성암에서 불석이 관찰되는 사실에 주목했으나 불석의 유무가 변성상을 구분하는 기준은 아니다.

응회암이나 잡사암이 저온의 변성작용을 받은 변성암은 온도 상승에 따라 세 단계로 광물 조합이 변화한다.

1단계: 휴란다이트＋애널사이트＋석영
2단계: 로몬타이트＋조장석＋석영

3단계: 프레나이트＋펌펠리아이트＋석영

1단계는 속성작용과 점이적인 관계이고 전형적인 불석상의 변성작용은 2단계이며 3단계가 프레나이트-펌펠리아이트상이다.

불석상에는 세라도나이트, 스멕타이트, 카올리나이트도 출현한다. 해양저변성작용과 같은 저온변성작용에서는 챠바카이트, 와이라카이트 등의 불석이 안정한 상으로 존재함이 확인되었다.

## 3 　녹색편암상

- **변성염기성암**: 프레나이트, 펌펠리아이트가 사라지고, 녹니석-양기석-녹염석이 출현한다. 이 광물들에 의해 염기성 변성암은 녹색을 나타낸다. 일반적으로 조장석과 석영을 포함하고, 흑운모, 스틸프노멜레인이 포함되는 경우도 있다. 녹색편암상의 변성염기성암 중에서 편리가 있는 것이 녹색편암(green schist)이며, 편리가 없는 것이 녹색암(greenstone)이다.
- **이질 변성암 및 석회질암**: 이질 변성암에서 홍주석 또는 남정석이 출현하지만, 규선석이 산출되는 경우는 없다. $FeO \cdot Al_2O_3$이 풍부한 이질 변성암에는 경녹니석(클로리토이드)이 관찰되며, $MgO$이 풍부한 석회질암에는 활석, 금운모가 출현하기도 한다. 녹색편암상의 변성온도와 압력은 각각 350~500 ℃, 200~800 MPa 정도이다. 스코틀랜드 고지의 바로비안 변성대의 녹니석대와 흑운모대가 이 변성상에 해당한다.

## 4 　녹염석각섬암상

녹색편암상의 고온부에서는 다음과 같이 두 광물의 성분변화가 거의 동시에 일어나 각섬암상으로 변화한다.

　　조장석 → 올리고클레이스, 양기석 → 보통각섬석

고압에서는 올리고클레이스보다 보통각섬석이 먼저 만들어진다. 녹염석각섬암 상의 이질 변성암에는 바로우형 변성지역의 석류석대가 여기에 해당하며, 석류석 (알만딘)+흑운모+백운모+석영의 광물 조합이 자주 관찰된다. 석회질암에서는 투각섬석, 양기석, 조이사이트 등이 산출된다.

한편 저압에서는 사장석(올리고클레이스-라브라도라이트)보다 보통각섬석이 먼 저 형성되어 양기석+사장석의 광물 조합이 출현한다.

## 5  각섬암상

변성염기성암에서 '보통각섬석+사장석($An_{17}$ 이상)'의 광물 조합이 출현하면 각 섬암상이라고 정의한다.

**변성염기성암:** 석영을 포함하고 FeO와 $Al_2O_3$가 풍부한 암석에서는 석류석(파이 로프-알만딘)이 출현한다. 각섬암상의 하부에서는 흑운모나 녹염석이 산출되는 경우도 있다. 상부에서는 단사휘석이나 커밍토나이트가 산출되기도 하는데, 전자 는 $Al_2O_3$이 적고 CaO가 풍부한 암석에서, 후자는 $Al_2O_3$, CaO 모두 결핍된 암석 에서 관찰된다. 각섬암상의 변성암이라도 변성온도가 상승하면 보통각섬석은 녹 색에서 갈색으로 변한다.

**이질 변성암·석회질암:** 저압에서 형성된 이질 변성암에는 홍주석이, 고압에서 는 남정석이, 고온에서는 규선석이 출현한다. 석회질암에서는 투휘석, 그로슐라, 스카폴라이트가 출현한다. 이 변성상의 온도·압력 범위는 500~700 ℃와 200 Mpa~ 1.0 Gpa로 아주 넓다.

저-중압 각섬암상의 고온부에서 유체가 존재하는 경우, 이질 변성암에서 부분 용융이 일어나기도 한다. 이때 생성된 용액은 주위의 변성암에 침투하여 미그마 타이트를 형성시킬 가능성이 있다. 이런 변성조건에서 변성염기성암도 부분용융 이 일어나는 경우도 있으나 비교적 드물다. 부분용융이 증대되고 유동 가능한 마 그마가 생성되려면 보다 고온인 백립암상에 상당하는 온도가 필요하다.

바로비안 변성대의 십자석대, 남정석대, 규선석대가 각섬암상에 해당한다.

## 6 백립암상

이 변성상의 변성암에는 물을 포함하는 규산염 광물이 전혀 없거나 있어도 극히 소량이다.

**염기성 변성암:** 각섬암상보다 고온이며, 염기성 변성암에 '사방휘석+단사휘석+사장석+석영'의 광물 조합이 안정한 변성상을 말한다. 하부 백립암상의 암석에는 파가사이트질 각섬석, 커밍토나이트, 흑운모 등이 포함되는 경우가 있다. 백립암상의 고압부 암석에서 사방휘석과 사장석이 반응하여 생성된 석류석+단사휘석+석영의 광물 조합이 자주 관찰된다. 특히 저압부(400 MPa)에서는 염기성 백립암에 스피넬이 산출된다.

**이질 변성암·석회질암:** 규선석, 근청석, 석류석, 정장석, 석영 등이 산출되고 백운모가 산출되지 않는 점이 특징이다. 흑운모가 산출되는 경우는 흔하며 $Al_2O_3$가 적은 암석에 사방휘석이 산출되는 경우는 있으나 규선석과 공생하는 경우는 없다. 스피넬(헤르시나이트인 경우가 많음)이 산출하는 경우에는 근청석과 규선석이 공존하는 경우가 많으며, 백립암상의 이질 변성암에서 스피넬+석영이 나타나는 경우는 아주 드물다. 특히 고압부의 이질백립암에서는 남정석도 출현한다. 석회질암에서는 감람석이나 포스테라이트가 산출된다. 바로비안 변성대의 규선석대 정장석대가 이 변성상에 해당한다.

**온도·압력:** 백립암상에 상당하는 온도는 700~900 ℃ 정도며, 압력은 200 Mpa~1.2 Gpa으로 아주 넓은 범위를 갖는다. 조산대변성작용 지역에서 백립암상의 변성암이 최고의 변성온도를 나타내는 경우가 많다. 백립암상의 변성암은 전진변성작용이 진행 동안에 탈수반응으로 암석에서 물이 제거된다. 각섬석이나 흑운모 등의 함수규산염 광물을 포함하는 상부 각섬암상-백립암상의 변성암에 $CO_2$가 풍부한 유체가 침투하면 다음과 같은 반응이 일어난다.

각섬석+흑운모+석영+$CO_2$=사방휘석+정장석+사장석+탄산염 광물+$H_2O$

이 반응은 전형적인 탈수 반응으로 변성온도가 일정해도 각섬암상에서 백립암상으로 변화할 수 있음을 보여 준다. 이와 같은 예는 인도 남부나 스리랑카 등의 각섬석-흑운모 편마암 등에서 관찰되는데, 이 탈수반응으로 사방휘석을 포함하는 고온형의 변성암이 형성된다. 이런 이유로 챠노카이트(Mg, Al이 풍부한 석류석과 휘석을 포함)의 형성과정을 나타내는 것으로 주목받고 있다. 또한 이 변성상에 상당하는 온도·압력 하에서는 이질백립암, 염기성백립암 모두 부분용융이 일어나는 것으로 추정된다. 그 결과 일반적으로 백립암상의 변성암은 LIL원소나 그 외의 부적합원소가 결핍되는 경향이 있다.

## 7 청색편암상

청색편암상은 프레나이트-펌펠리아이트상과 녹색편암상보다 고압이며, 에클로자이트상보다 저온의 변성상이다.

**염기성 변성암:** Na이 풍부한 청색의 각섬석(남섬석, 크럿사이트, 리베카이트 등)이 산출된다. 하부 청색편암상의 변성염기성암은 '남섬석+녹염석'의 광물 조합을 갖는다. 고압부 청색편암상의 염기성 변성암은 조장석의 분해반응으로 '경옥+석영'의 광물 조합이 안정하다. 경옥(jadeite)은 초록색의 Na을 포함하는 단사휘석으로 보석 광물일 때는 비취라 부른다.

이 변성상에서 산출되는 또 하나의 특징적인 광물은 로손석이다. 로손석은 프레나이트-펌펠리아이트상의 암석에서도 인정한 광물이지만, 넓은 범위의 온도·압력 하에서 청색편암상에서도 산출되며 남섬석과 공존한다. 또한 저압에서 안정한 방해석 대신에 아라고나이트가 산출되는 것도 이 변성상의 특징이다. 녹니석, 스틸프노멜레인, 견운모, 펌펠리아이트, 조장석, 석영 등이 존재한다.

**이질 변성암:** 청색편암상의 이질 변성암은 그다지 산출되지 않으며, 활석, 금운모, 백운모(펜자이트 또는 세라도나이트 성분이 풍부), 석류석, 경녹니석(클로리토이드), 남섬석을 포함한다. 최근에는 저온에서 안정한 Fe, Mg이 부족하고, Al이 풍부한 녹니석이 고온에서 분해하여 생성된 칼포라이트의 존재도 알려져 있다.

**온도·압력:** 이 변성상의 온도·압력 범위는 200~500 ℃, 500 MPa~1.5 GPa 정도이다. 청색편암상은 저온·고압 하에서 일어나는 전형적인 섭입대변성작용으로 생성된다. 여기서 형성된 변성상은 불석상, 프레나이트-펌펠리아이트상 또는 녹색편암상에서 청색편암상으로 변화한다. 저온 저압부의 청색편암상에는 로손석, 조장석, 녹니석이 넓은 온도·압력 범위에 걸쳐 공생한다. Miyashiro(1994)는 이 온도·압력 범위를 로손석-조장석-녹니석암상으로 독립시킬 것을 주장했다.

## 8 에클로자이트상

에클로자이트상은 청색편암상보다 고온이며, 각섬암상, 백립암상보다 고압을 나타내는 변성상이다.

**변성염기성암:** 이 변성상의 특징은 옴파사이트(녹휘석)와 석류석(파이로프 성분이 많고, 그로슐라 성분도 비교적 풍부)으로 구성되며, 사장석은 전혀 산출되지 않는다. 사장석이 에클로자이트상에서 산출되지 않은 이유는, 에클로자이트상의 온도·압력에 이르는 과정에서 사장석의 Na 성분이 청색편암상에 상당하는 온도·압력 하에서 남섬석과 경옥을 형성하면서 소모되었기 때문이다. 또한 Ca 성분은 에클로자이트상에 상당하는 온도에서 각섬석·휘석과 반응하여 옴파사이트·석류석을 형성하면서 소모되었기 때문이다. 각섬석과 휘석이 존재하지 않아도 에클로자이트상에 해당하는 온도·압력에서는 회장석이 분해하여 '조이사이트＋남정석＋석영' 또는 '그로슐라＋남정석＋석영'의 광물 조합이 형성된다.

**이질 변성암:** 저압에서는 녹니석, 금운모가 분해하여 '활석＋펜자이트'로 구성된 백색의 변성암이 산출된다. Schreyer(1977)는 이러한 에클로자이트상의 이질 변성암을 백색편암이라 하였다. 에클로자이트상의 저온·고압부의 이질 변성암에서는 녹니석이 불안정하며, 활석, 남정석, 경녹니석이 산출되고 더욱 고온이 되면 경녹니석이 분해되어 남정석, 흑운모, 석류석이 형성된다.

**온도·압력:** 에클로자이트상은 변성온도에 따라 저온부(약 450~550 ℃), 중온부(550~900 ℃), 고온부(900~1600 ℃)로 구분하기도 한다(Carswell, 1990). 각각의 에클로자이트에 포함된 석류석의 조성은 서로 다르다.

위 세 분류는 Coleman, et al.(1965)이 산상의 차이로 구분한 그룹 C~A의 에클로자이트에 대응한다. 그룹 C의 에클로자이트는 청색편암에 수반되거나 얇은 층으로 산출되며, 녹염석, 조이사이트, Na이 풍부한 각섬석과 펜자이트 그리고 파라고나이트 등으로 구성된다. 그룹 C에 포함된 석류석의 파이로프 성분[100 Mg /

(Mg+$Fe^{2+}$+Mn+Ca)]은 30 % 이하이다. 그룹 B의 에클로자이트는 각섬암상이나 백립암상에 수반되어 렌즈상 또는 얇은 층으로 산출된다. 이 에클로자이트에는 석영, 남정석, 조이사이트, 파라고나이트, Ca이 풍부한 각섬석을 포함하며, 석류석의 파이로프성분은 30~55 %이다. 이 그룹의 에클로자이트의 최고 압력은 20 GPa 에 이른다. 그룹 A의 에클로자이트의 대부분은 킴벌라이트나 알칼리 현무암의 포획암으로 산출되며, 주로 남정석, 코에사이트, 다이아몬드 등으로 구성되어 있다. 석류석의 파이로프성분은 50 % 이상이다. 그룹 A의 최고 압력은 4.5 GPa에 달하는데, 이 에클로자이트는 초고압변성암에 속한다.

## 9 저온의 혼펠스상

저온의 혼펠스상에는 조장석-녹염석 혼펠스상과 각섬석 혼펠스상이 있다. 이들은 각각 녹색편암상과 각섬암상의 극 저압부(약 200 MPa 이하)에 해당한다. 조장석-녹염석 혼펠스상보다 저온 영역에서는 프레나이트-펌펠리아이트상, 불석상과의 식별이 곤란하다.

**염기성 변성암**: 녹색편암상, 각섬암상과 비슷한 광물로 구성되어 있으나 Ca이 결핍된 각섬석(커밍도나이트 등)이 풍부하며 석류석이 없는 것이 특징이다.

**이질 변성암**: 아주 낮은 압력에서 형성된 암석이지만 다양한 광물 조합이 산출되므로 염기성 변성암 보다 세밀한 변성상의 구분이 가능하다.

**조장석-녹염석 혼펠스상**: 저온부에서 '녹니석+백운모+정장석'의 광물 조합이 안정하지만 430 ℃에서 '흑운모+백운모' 조합으로 변한다. 고온부에서 녹니석이 분해되면서 흑운모의 구성비가 증가하면 경녹니석이 생성된다.

**각섬석 혼펠스상**: 녹니석이 불안정하게 되어 약 520 ℃에서 근청석이 형성된다. Mg이 풍부한 근청석은 녹니석(Mg 풍부)과 홍주석이 반응하여 생성된다. 이 반응은 저온의 조장석-녹염석 혼펠스에서도 발생한다. 각섬석 혼펠스상의 고온부(570 ℃)에서는 '백운모+석영'의 광물 조합이 불안정하고 '홍주석+정장석'조합이 안정하다. 이러한 저온의 이질혼펠스에서는 홍주석 또는 근청석이 점문상의 반상변정으로 산출되는 경우가 많다. 그러나 석류석이나 십자석을 산출되지 않는다.

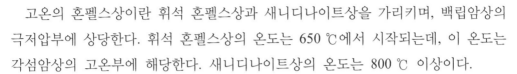

**10     고온의 혼펠스상**

고온의 혼펠스상이란 휘석 혼펠스상과 새니디나이트상을 가리키며, 백립암상의 극저압부에 상당한다. 휘석 혼펠스상의 온도는 650 ℃에서 시작되는데, 이 온도는 각섬암상의 고온부에 해당한다. 새니디나이트상의 온도는 800 ℃ 이상이다.

**염기성 변성암:** 보통각섬석, 커밍토나이트가 분해하여 '사방휘석+단사휘석+사장석+석영'의 광물 조합이 형성된다. 백립암상의 광물 조합과는 다르게 석류석이 관찰되지 않으며 스피넬이 자주 산출된다.

**이질 변성암:** '흑운모+홍주석'의 광물 조합이 불안정하고 '석류석+근청석'이 안정하다. 약 700 ℃에서는 홍주석이 규선석으로 상전이가 일어나며, 백운모가 분해하여 '강옥+정장석'의 광물 조합이 생성된다. 700 ℃보다 약간 낮은 온도에서는 이질 변성암의 부분용융이 일어날 가능성이 있다. 이 온도는 $H_2O$가 포화된 화강암의 고상선보다 높기 때문이다. 또한 100 MPa 이하의 압력에서는 부분용융이 일어나는 온도보다 낮은 온도영역에서 고온의 변성암에서나 산출되는 사방휘석이 형성된다. 휘석 혼펠스상의 고온부에서는 '석류석+흑운모'의 광물 조합이 불안정하고, '사방휘석+근청석+정장석+용액'이 안정하다. 이 사실은 휘석 혼펠스상의 고온부에서는 이질 변성암이 부분용융 할 가능성이 있음을 시사한다.

이질 변성암에서는 휘석 혼펠스상에 상당하는 온도·압력 하에서 안정하게 존재하는 근청석이 분해되어 스피넬이 생성된다. 염기성암에 포획된 이질암에서는 용융이 일어나 부카이트(buchite)가 형성된다. 부카이트에는 근청석이 분해되어 형성되었다고 생각되는 멀라이트가 산출되고, 이 멀라이트의 형성에는 1100~1200 ℃ 이상의 고온이 필요하다.

**11     초고압변성암**

초고압변성작용은 에클로자이트, 석류석감람암 또는 이질암, 석회질퇴적암 등을 원암으로 하는 변성암을 형성한다. 이들 변성암은 에클로자이트상의 초고압부에 해당하는 압력, 즉 석영-코에사이트의 경계(약 2.5 GPa)를 초월하는 고압하의

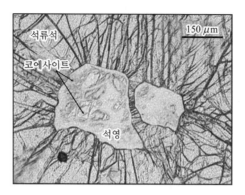

그림 20.2 코에사이트를 포함한 초고압변성암

상부맨틀 내에서 일어나는 변성작용으로 형성된 것이다. 변성온도는 일반적으로 750~900 ℃ 정도일 것으로 추정되며, 1100 ℃에 달하는 경우도 있다.

- **염기성 변성암**: 초고압변성암의 특징적인 광물은 코에사이트, 다이아몬드이다. 활석을 포함하는 에클로자이트나 마그네사이트, 투휘석, Ti-클리노휴마이트 등을 포함하는 석류석 감람암도 초고압변성암으로 생각된다. 코에사이트, 다이아몬드는 석류석, 저어콘 또는 옴파사이트 내의 포유물로 산출되는데, 이들은 지표의 상승과정(후퇴변성과정)에서 석영의 집합체나 석고로 전이하는 경우가 많다.

- **이질 변성암**: 광물 조합은 '활석+펜자이트+파이로프(Mg 석류석)+남정석+석영'이며, 코에사이트가 파이로프에 포획되어 나타난다(그림 20.2). 2.5 GPa 이상의 압력은 지하 100 km 이상의 심도에 해당하기 때문에, 퇴적암 기원의 초고압변성암의 존재는 지각상부에서 형성된 이질암이 부분용융 없이 지하심부까지 운반되었음을 의미한다.

## 12 초고온변성작용

초고온변성작용은 백립암상의 고온부에 해당하는 온도(900~1100 ℃)에서 발생하는 지각 내부의 변성작용으로 압력범위는 700 MPa~1.3 GPa(중~하부 지각에 해당하는 압력)이다.

초고온에서 특히 고온·고압에서 형성된 이질편마암, 석영장석질편마암에는 '사피린(sapphirine)+석영', '스피넬+석영' 및 '사방휘석+규선석+석영' 등의 광물 조합이 관찰된다. 그러나 1000 ℃, 1.0 GPa 이하의 온도·압력에서 형성된 초고온 변성암에는 보다 저온의 이질백립암 광물 조합과 동일한 '석류석+근청석+규선석+석영'도 관찰된다. 또한 현저히 Al이 풍부한 사방휘석(최대 12 %), 불소(F)를 다량으로 포함한 흑운모, 금운모 또는 엽층의 조장석 가진 정장석 등도 초고온변성암의 특징적인 광물이다.

초고온변성작용을 받은 변성염기성암과 백립암은 거의 같은 광물 조합을 나타낸다. 그러나 염기성현무암에 출현하는 보통각섬석은 초고온의 이질 변성암의 흑운모처럼 대부분 불소(F) 성분이 현저히 많다. 특수한 화학성분을 나타내는 호상철광상과 비슷한 사방휘석-자철석-석영편마암(meta-ironstone이라고도 함)에는, 변성피저나이트가 분해되어 형성된 엽층의 단사휘석 갖는 사방휘석(전이 피저나이트)이 산출되며, 양휘석의 지질온도계로부터 계산된 변성온도는 1000 ℃ 이상이다.

초고온변성암은 사피린(사파이어와 유사하나 Mg)을 포함하고 석영이 관찰되지 않은 경우가 있다. 이러한 초고온변성암에는 누진변성과정에서 변성암이 부분용융되어 생성된 용액이 빠져나가고 남은 잔류암인 경우가 많다.

# 21장

# 변성 상평형도

## 1 광물의 안정관계

광물의 안정관계를 기초로 한 암석학 연구는 20세기 초에 골드슈미트(V. M. Goldschmidt)와 에스콜라(P. E. Eskola)의 접촉변성암에 대한 연구로부터 시작되었다. 골드슈미트가 연구한 크리스차니아(현재의 오슬로)지역은 선캄브리아 변성대 내에 협재된 북북동-남남서 방향의 지구대이다. 이 지구대는 고생대 지층과 이들을 관입한 화강암이나 섬장암이 분포하고 있다. 고생대 지층들은 심성암체와의 접촉부에서 접촉변성작용을 받아 혼펠스가 형성되었으며, 혼펠스의 반상변정은 홍주석에서 흑운모까지 다양하다(그림 21.1).

접촉변성대 내의 좁은 구역에서는 온도나 압력이 동일한 것으로 간주할 수 있으므로, 변성암의 광물 조합 차이는 원암의 화학조성 차이에 의한 것으로 판단할 수 있다. 오슬로지역의 고생대 지층은 이질에서 석회질까지의 다양한 퇴적암이 분포하므로 변성암의 광물 변화도 매우 다양하다. 골드슈미트는 광물 변화를 10단계로 나누고 암석의 화학조성과 광물 조합 사이에는 일정한 상관관계가 있음을 밝혔다.

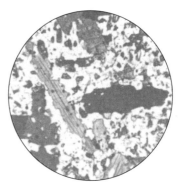

(a) 홍주석–근청석 혼펠스      (b) 휘석–흑운모 혼펠스

그림 21.1  크리스차니아 접촉변성암

1단계: Al₂O₃가 풍부, CaO는 거의 없음: 혼펠스의 광물 조합은 홍주석-근청석

2단계: 1단계에 CaO 약간 증가: 홍주석-근청석-사장석

3단계: 2단계 보다 FeO, MgO가 증가하고 Al₂O₃가 감소 : 근청석-사장석

4단계: FeO, MgO가 더욱 증가 Al₂O₃는 감소: 근청석-사방휘석-사장석

　　　　4단계 까지 순차적으로 CaO가 증가

5단계: 사방휘석-사장석

6단계: 사방휘석-투휘석-사장석

7단계: 투휘석-사장석

8단계: 투휘석-그로슐라(석류석)-사장석

9단계: 투휘석-그로슐라(석류석)

10단계: 투휘석-그로슐라(석류석)-규회석

　골드슈미트 자신은 ACF도와 같은 그림을 이용하여 광물의 공생관계를 표현하지는 않았다. 골드슈미트와 함께 연구할 기회가 있었던 에스콜라는 골드슈미트가 연구한 혼펠스 중에서 석영이 과잉인(항상 포함되는) 암석에 주목하고, 그 광물 조합을 ACF도로 표현했다(그림 21.2).

　그러나 위의 삼각도는 원암의 중요한 화학조성인 SiO₂, K₂O 등을 고려하지 않았기 때문에 혼펠스의 광물 조합을 완벽히 표현했다고 보기는 어렵다. 왜냐하면

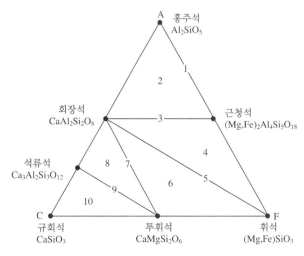

**그림 21.2  ACF도에 나타낸 광물 공생관계**

골드슈미트가 제시한 10단계의 혼펠스에는 석영과 정장석을 포함되어 있으며, CaO가 적은 1단계~7단계까지의 혼펠스에 포함된 흑운모가 표시되지 않았다. 그림에서 Ca-석류석(그로슐라)이 포함되어 있지만, 그로슐라는 석영이 부족한 경우를 제외하면 산출되지 않는 광물이다.

## 2 | 상평형도의 구성

일반적으로 암석의 화학조성은 11성분(Si, Ti, Al, Fe, Mn, Mg, Ca, K, Na, P, $H_2O$)으로 나타내기 때문에, 이 모든 성분을 상평형도에 표현하면 다차원의 그림이 된다. 이 그림을 2차원인 평면에 나타내기 위해서는 광물 조합을 지배하는 주요한 성분만을 선별할 필요가 있다. 다양한 광물을 평면에 표현하기 위한 필수적인 성분을 선택하는 방법은 다음과 같다.

우선 고용체 광물 중에서 어느 정도 자유롭게 치환할 수 있는 성분은 통합하여 하나로 간주한다. 예를 들면 Mg과 Fe 등이다. 두 번째는 어느 성분이 특정 광물의 출현을 지배하지만 그 외의 광물과는 전혀 영향을 미치지 않는 경우에 그 성분은 생략한다. 예를 들어 $P_2O_5$가 존재하면 인회석이 생성되지만 그 외의 광물의 출현과는 거의 관련이 없다. 세 번째는 $SiO_2$와 같이 모든 광물에 다량으로 존재하는 성분은 생략해도 된다. 네 번째 미량성분은 생략한다. 일반적으로 Ti이나 Mn은 소량이므로 상평형도를 작성할 때 고려하지 않는다. 마지막으로 성분의 수를 줄이기 위한 것은 아니지만, 광물의 수를 감소시키기 위해 극히 소량으로 산출하는 부성분 광물(예를 들어 자철석과 티탄철석)도 생략한다.

위 과정을 통해 남은 성분은 $Al_2O_3$, (Mg,Fe)O, CaO, $K_2O$, $Na_2O$이다. 그러나 $Na_2O$는 특수한 경우(예를 들어 알칼리 각섬석)를 제외하면 모두 사장석에 흡수되므로, $Na_2O$는 생략하고 회장석을 대표 사장석으로 내세운다. 또한 CaO가 풍부한 암석은 $K_2O$가 적은 경향이 있으므로, 그림에 두 성분을 동시에 나타내는 경우는 거의 없다. 따라서 최종적으로 남는 성분은 $Al_2O_3$, CaO, $K_2O$, (Fe,Mg)O 정도이다. 이 성분들을 필요에 따라 조합한 후 삼각형의 정점에 배치하여, 변성암의 안정광물 조합을 표시한 그림이 변성상평형도이다.

에스콜라는 위에서 선별한 3가지 성분으로 A'CF도와 A"KF도를 고안하고, 핀란드의 오리엘비 지방의 접촉변성암에서 일어난 화학조성의 차이에 따른 광물 조합의 변화를 삼각도에 나타냈다(Eskola, 1915). A'는 $Al_2O_3-(Na_2O+K_2O)$을 의미하고, A"는 $Al_2O_3-(Na_2O+K_2O+CaO)$을 의미한다. 에스콜라는 나중에(1939) 단순히 ACF도라 했지만 현재는 이들 각각 ACF도와 A'KF도로 이용되고 있다.

삼각형의 상평형도에서 암석, 광물 및 화학성분은 몰 비로 나타낸다. 즉 삼각형의 각 정점은 그 점에 있는 성분이 100몰 퍼센트(mol. %)임을 나타낸다. 삼각형의 내부나 선상에 있는 점들은 정점에 있는 성분들이 결합되어 나타나며, 점의 위치는 각각의 성분들이 차지하는 몰 퍼센트에 따라 달라진다.

예를 들어 화학식이 $CaMgSi_2O_6$인 투휘석은 1몰의 CaO, 1몰의 MgO, 2몰의 $SiO_2$로 구성된다. 이를 몰 비로 따지면 CaO 25 %, MgO 25 %, $SiO_2$ 50 %이다. 그러나 $SiO_2$를 과잉성분으로 취급하여 상평형도에서 무시하는 그림 21.3에서는 CaO와 MgO가 각각 50 %를 차지한다. 따라서 이 광물은 정점 C와 F의 정확히 중간 지점에 위치한다.

## 3 ACF도

ACF 상평형도는 변성염기성암이나 불순물이 섞인 석회질암에 포함된 광물 조합을 도시하기 위해 사용된 삼각도이다(Eskola, 1939). 그림의 세 정점은 특정한 산화물의 몰로 나타낸다. 상평형도에 여러 성분을 표현하기 위해서는 몇 가지 전제조건이 필요하다. 즉 항상 존재하는 석영은 그림에서 무시한다. $Al^{3+}$과 $Fe^{3+}$ 사이는 완전하게 치환한다고 가정한다. 장석을 만들기 위해 $Na_2O+K_2O$을 Al에 결합한다. 따라서 삼각도의 세 정점에 표시되는 몰 값은 다음과 같다.

$$A = Al_2O_3+Fe_2O_3-(Na_2O+K_2O)$$
$$C = CaO$$
$$F = FeO+MnO+MgO$$

ACF도에 도시되는 전형적인 광물을 그림 21.3에 나타냈다. 화학조성의 범위가 상당히 넓은 광물들은(고용체 광물들) 점이 아닌 영역으로 도시된다.

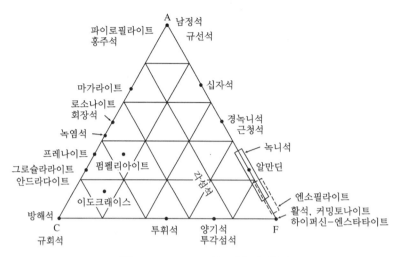

그림 21.3   ACF도와 광물의 위치

## 4   AFM도

에스콜라가 제안했던 ACF도와 A'KF도는 각섬석의 $Al_2O_3$ 함유량이나 백운모의 펜자이트 성분변화를 나타내는 경우에는 유용하지만, Mg/Fe의 변화를 나타내기는 불가능하다. 따라서 톰슨(J.B. Thompson, 1976)은 이런 단점을 극복하기 위해 KAFM($K_2O$, $Al_2O_3$, FeO, MgO) 사면체를 만들고, 백운모 성분에서 투영하는 방법을 고안해 냈다. 이 상평형도를 AFM도라 하며, 변성이질암, 변성사암의 일부, 화학조성이 유사한 변성된 화성암과 석영, 백운모 모두를 포함하는 암석의 안정광물 조합을 묘사하는 데 이용된다. 이 그림에서 FeO와 MgO를 별개의 성분으로 취급한다(그림 21.4).

AFM도는 6개의 주요 성분($SiO_2$, $Al_2O_3$, FeO, MgO, $K_2O$, $H_2O$)으로 이루어진 6성분계를 기반으로 구축된다. $TiO_2$, $Fe_2O_3$, $Na_2O$는 부수적인 성분으로 취급한다. 이 그림은 $SiO_2$가 포화된 계, 즉 석영이 항상 존재하는 계에서만 이용되므로 석영은 그림 내에 표현할 필요가 없으며 그림 옆에 첨부한다. 유사하게 $H_2O$는 필요한 만큼 충분히 존재하는 성분으로 간주한다. 왜냐하면 계는 $H_2O$에 포화되거나 특정한 상의 형태가 필요할 때는 외부 환경으로부터 적당량의 물을 공급받을 수 있기 때문이다. 부수적인 성분을 제외하면 그림에 표시할 4개의 성분($Al_2O_3$, FeO, MgO,

K₂O)이 남게 된다.

알루미늄질 광물, 고철질 광물 또는 이러한 성분을 가진 암석은 AFM도에 도시 할 수 있다. K₂O가 결핍된 광물(예를 들어 석류석)이나 암석은 AFM의 바닥 면에 직접 도시한다. 백운모의 성분[그림 21.4(a)의 점 M]에서 투영하면, 사면체 내에 들어있는 점(광물)들을 AFM의 바닥 면에 도시하거나 무한 면에 도시할 수 있다. 흑운모(점 B)와 같이 K 성분이 많은 광물은 FeO-MgO 선을 넘어서(AFM삼각형 바깥쪽) 투영된다. 백운모를 투영점으로 이용했으므로 계는 백운모가 과잉된 것 으로 간주할 수 있다. 즉 이 그림은 백운모를 항상 포함하는 광물 조합만이 이용 가능하다. 백운모는 AFM도 옆에 석영과 함께 첨부한다[그림 21.4(b)]. AFM도에 성분을 실제로 표시하기 위해서는 화학분석 값을 필요에 따라 계산한다. 그림 21.4(b)에서 보여주는 두 좌표 값은 MgO/(MgO+FeO)와 (Al₂O₃-3K₂O) / (Al₂O₃-3K₂O+MgO+FeO)의 몰 값이다. AFM면에 도시되는 일반적인 광물 조성의 위치 는 그림 21.4(b)와 같다.

이질암은 그림의 내부의 어떤 곳에도 도시되나 대부분은 중심 아래쪽에 도시된 다. 유사하게 사암의 조성은 다양하다. 석영사암은 석영과 알루미늄질 점토로 구

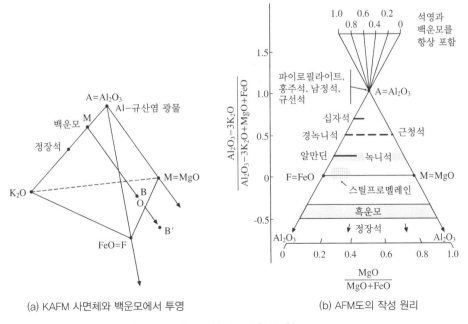

(a) KAFM 사면체와 백운모에서 투영    (b) AFM도의 작성 원리

그림 21.4  변성이질암을 위한 AFM도

성되어 있기 때문에 전형적으로 정점A 근처에 도시된다. 한편 암편 사암은 Fe-Mg을 포함하는 광물과 화산암질 암편을 내포하기 때문에 기저(M-F선) 근처에 도시된다.

## 5 상률과 변성반응

골드슈미트는 오슬로 지역의 혼펠스에 관하여 광물학적 상률을 제안했다. "임의의 압력과 온도 하에서 포화된 용액 이외에 안정한 광물로 존재할 수 있는 광물의 최대 수는 광물에서 분리시킬 수 있는 성분의 수와 같다"(Eskola, 1915). 간단하게 $C \geq P$로 쓸 수 있다. C는 성분(component), P는 상(phase)의 약어이다. 즉 암석의 화학성분 수를 초과하는 종류의 광물이 암석 내에 존재할 수 없다. 이는 깁스(J.W. Gibbs)가 발견한 상률을 암석에 적용한 것이다. 깁스는 안정하게 존재하는 상(광물)의 집합에서는 $F = C + 2 - P$가 성립됨을 19세기 후반에 발견했다. 여기서 자유도 F는 온도와 압력이며, 압력과 온도 모두가 결정되지 않았을 경우는 $F = 2$로 나타낸다.

변성작용이 발생한 온도와 압력은 변성 광물이 생성되거나 소멸되는 반응들을 조사함으로 추정할 수가 있다. 오늘날에 변성조건을 결정짓는 중요한 변성반응은 여러 개가 알려져 있다. 가장 잘 알려진 것은 $Al_2SiO_5$의 조성을 갖는 동질이상 광물인 남정석, 홍주석, 규선석의 상전이 반응이다. 각 광물의 안정영역은 그림 21.5와 같다.

그림의 반응선(1)의 저온 측에는 홍주석이 안정하고, 고온 측에는 규선석이 안정하다. 반응선(1)의 선상에서는 두 광물이 동시에 산출(공존)한다. 상률에 의하면 이 세 광물의 생성과 소멸과정에는 화학성분의 변화를 수반하지 않기 때문에 Al, Si, O를 별개의 성분으로 구분할 필요 없이 $Al_2SiO_5$를 하나의 성분으로 간주할 수 있다. 이때 2개의 상, 예를 들면 홍주석과 규선석이 공존하면 $C = 1$, $P = 2$이므로 $F = 1 + 2 - 2$가 되어 $F = 1$이 된다. 여기서 자유도가 1이면, 온도나 압력 중 하나를 임의로 선정하면 다른 한쪽도 결정되는 일변수반응(혹은 단변계)으로 그림에서 선으로 표현된다. 그림의 반응선 위에서는 두 광물(홍주석과 규선석(1), 규선석과 남정석(2) 혹은 홍주석과 남정석(3))이 안정하게 공존한다. 상이 홍주석 하나

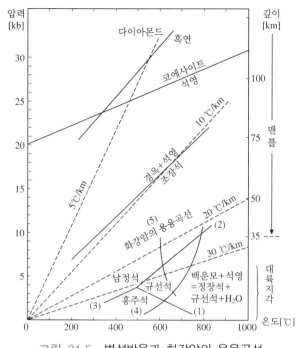

그림 21.5  변성반응과 화강암의 용융곡선

라면 F=2가 되고, 홍주석의 안정영역 내, 즉 반응선(1)과 (3)으로 둘러싸인 영역 내에서 온도와 압력 모두를 임의로 취할 수 있다. 즉 안정영역은 2차원적 공간으로 표현된다. 세 개의 상이 공존하면 F=1+2−3=0이 되므로 온도와 압력이 고정되는 점으로 표현되며, 이 경우에는 세 선분이 모이는 삼중점이다.

일변수반응의 구배(그림에서 선의 경사)는 크라페이론식 $dP/dT = \Delta S/\Delta V$에 의해 결정된다. $\Delta S$는 엔트로피의 변화, $\Delta V$는 체적의 변화이다. 따라서 홍주석이 규선석으로 둘러싸여있는 조직을 갖는 암석이 있다면, 이 변성암은 압력의 큰 변화 없이 온도가 상승한 변성조건에서 생성되었음을 시사한다. 유사한 경우로 남정석에서 규선석으로의 변화를 나타낸 암석은 앞의 경우보다 고압의 조건에서 온도가 상승하는 변성작용을 받아 형성되었음을 알 수 있다.

조장석($NaAlSi_3O_8$)이 경옥($NaAlSi_2O_6$)과 석영($SiO_2$)으로 분해되는 반응은 그림 21.5에서와 같이 고압에서 일어나는 반응이므로, 경옥+석영의 출현은 저온-고압의 변성조건을 알려주는 지시자이다. 여기서 성분은 $NaAlSi_2O_6$과 $SiO_2$로 2개이다. 이 두 성분을 합하면 조장석이 만들어지기 때문에 이 이상의 성분으로 나눌

필요가 없다. 그림에서 반응선은 변수가 1이므로 F=1, 또한 F=2+2−P이므로 P
=3을 얻을 수 있다. 즉 반응선 상에서 조장석, 석영, 경옥이 공존한다. 단 경옥이
석영을 수반하지 않고 단독으로 출현하는 반응은 보다 저압에서 일어난다.

변성반응의 대부분은 $H_2O$를 방출하는 탈수반응이다. 이질편암에서 일어나는
중요한 고온의 변성반응인 백운모의 분해반응[그림 21.5(4)]은 다음과 같다.

백운모  + 석영 = 알루미늄 규산염 광물 +  정장석  + 수증기
$$KAl_3Si_3O_{10}(OH)_2 + SiO_2 = Al_2SiO_5 + KAlSi_3O_8 + H_2O$$

$Al_2SiO_5$가 홍주석이라면 저압에서, 규선석이라면 보다 고압에서 반응이 일어난
것으로 해석할 수 있다. 이 반응에 관여된 성분은 $K_2O$, $Al_2O_3$, $SiO_2$, $H_2O$이다. 위
반응은 일변수반응이므로 F=4+2−P=1가 된다. 즉 상(광물)의 수는 백운모, 석
영, $Al_2SiO_5$ 광물, 정장석, 수증기의 5가지이다. 그러나 실제의 암석에서는 $Na_2O$를
무시하기 어렵기 때문에 보다 자연스러운 백운모의 분해반응은 다음과 같다.

백운모+조장석+석영 = $Al_2SiO_5$ +정장석+수증기

이 반응은 조장석이 없는 경우보다 저온에서 발생한다. 이 백운모의 분해반응
은 백운모를 포함하는 화강암의 용융곡선[그림 21.5(5)]과 교차한다. 따라서 백운
모를 포함하는 화강암은 위 용융곡선보다 고온에서, 백운모의 분해반응선보다 저
온에서 형성되어야 하는 제약이 따른다.

## 6 상평형도에서의 반응관계

상평형도 내의 작은 삼각형은 세 개의 상으로 구성된 안정광물 조합을 나타낸
다. 만일 압력·온도 그리고 조성의 변화로 인하여 광물 조합이 변하게 되면, 이 변
화는 종결반응과 비종결반응 중의 하나로 나타난다. 비종결반응은 상평형도에서
공존선의 이동이 일어나며, 광물상이 출현하거나 소멸되지 않는다. 한편 종결반응
은 광물과 공존선이 추가되거나 제거되지만, 공존선의 이동은 일어나지 않는다.

그림 21.6은 비종결반응의 대표적인 예이다. 좌측은 석영-방해석-돌로마이트가,
우측은 방해석-돌로마이트-활석이 공존선에 의해 연결되어 있다. 반응의 결과로

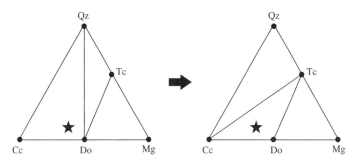

그림 21.6  비종결반응: 석영(Qz)＋돌로마이트(Do)＋$H_2O$＝
활석(Tc)＋방해석(Cc)＋$CO_2$(★: 암석의 화학조성)

돌로마이트와 석영을 이어주는 공존선이, 방해석과 활석을 이어주는 공존선으로 교체되었다. 즉 석영＋돌로마이트＝방해석＋활석의 반응이 일어나 공존선의 위치가 이동되었다.

상평형도를 이용한 연구에는 2가지 기본적인 법칙이 있다. 첫째, 상평형도는 삼상 영역으로 세분된다. 둘째, 동시연결선은 교차되지 않는다. 만일 교차된다면 이 광물 조합은 비평형상태이거나, 하나의 평면에 조건이 다른 여러 조건의 상들을 투영한 경우이다.

종결반응의 예로서 반응 방해석＋석영＝규회석＋$CO_2$를 생각해 보자. 그림 21.7에서 공존선에 의해 연결된 두 광물(방해석＋석영)이 반응하여 새로운 광물상(규회석, Wo)이 생성되었다. 이는 공존선 위에서 새로운 광물이 추가되었지만 공존선의 이동은 없었다. 또 다른 예로는 삼각형 내부에서의 광물이 생성되거나 소멸되는 경우도 있다. 그림 21.7에서 예상되는 반응 Di＝Qz＋Cc＋Fo도 종결반응이다.

위에서 살펴본 바와 같이 종결반응과 비종결반응은 1변수 반응곡선(F＝C＋2－P＝3＋2－4＝1)을 포함하는 불연속반응이다. 그러나 고용체를 포함하는 상평형도는 단지 두 상만으로 구성된 광물 조합으로, 이 고용체 광물 중에서 적어도 하나는 안정하게 공존한다. 이런 경우에 계는 3변수이다.

$$F＝C＋2－P＝3＋2－2＝3$$

연속반응은 AFM도에서 뚜렷이 나타나는데, 두 상으로 구성된 광물 조합은 하나의 공존선보다 그룹으로 된 공존선으로 나타나며(예, 그림 21.8에서 녹니석-흑운모의 여러 개 공존선), 고용체 상들은 점보다는 영역이나 막대로 나타낸다(그림 21.8

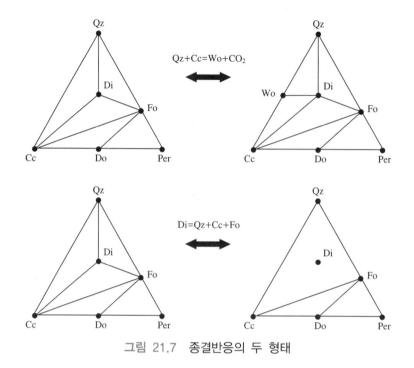

그림 21.7 종결반응의 두 형태

의 흑운모과 녹니석 영역). AFM도에서는 불연속반응을 포함하는 종결반응과 비종결반응 모두 나타낼 수 있다. 그러나 고용체를 포함하는 반응들은 연속반응이다.

변성작용이 일어나는 동안에 석류석과 흑운모는 서로 반응하여 각각의 성분(Fe

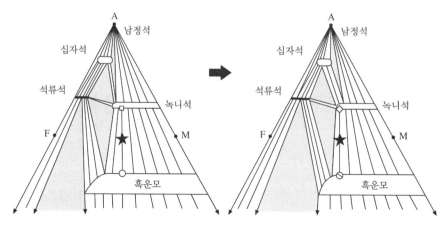

그림 21.8 AMF도에서의 연속반응(★는 암석의 화학조성) 녹니석과 흑운모의 위치(성분)가 점진적으로 변화

/ Fe+Mg)이 변한다. 이 경우에는 상평형도의 일반적인 윤곽은 변하지 않으나, 공존선의 위치가 반응물과 생성물의 조성변화에 따라 이동하게 된다. 이와 같이 공존하는 광물상의 화학조성이 반응의 경로를 따라 점진적으로 변하는 반응을 연속반응이라 한다.

## 7    지질온도·압력계

변성반응은 계의 자유에너지를 최소화하는 방향으로 진행된다. 즉 주어진 온도 압력 조건에서 광물 조합과 각 광물의 화학조성이 갖는 자유에너지를 가장 적게 만드는 과정이다. 반응에 의해 광물 조합이 변하는 온도·압력 조건을 연결한 곡선을 반응곡선이라 한다.

### 1) 반응곡선의 형태와 경사

반응곡선의 경사는 Clausius-Clapeyron's 식으로 나타낼 수 있다.

온도·압력구배(dP / dT) = 미세한 압력변화/미세한 온도변화

= $\Delta S / \Delta V$(엔트로피변화/체적변화) ·········· (식 21.1)

일반적으로 변성반응은 보다 고온에서 안정한 광물로 바뀌는 반응으로서, 함수광물이 분해하여 광물 안에 갇힌 $H_2O$를 방출하여 보다 물이 적은 광물이나 물이 없는 광물을 생성한다. 즉 탈수반응이 많다. 탈수반응에서는 유체인 $H_2O$가 방출되므로 체적변화가 커지는데, 이 체적변화량은 압력에 크게 의존한다. 즉 저압에서는 $H_2O$에 의해 체적이 증가하기 때문에 $\Delta S/\Delta V$가 적어져 경사가 완만하지만, 압력이 높아져 체적변화가 작아지면 급경사가 되어 직선을 만든다(그림 21.9). 한편 고상-고상 반응에서는 엔트로피도 체적도 압력에 의한 차이가 적기 때문에 $\Delta S/\Delta V$는 일정값에 가깝다. 따라서 반응곡선의 경사는 거의 일정하여 반응곡선은 직선을 나타낸다. 반응곡선은 대부분 정(+)의 경사를 갖는다.

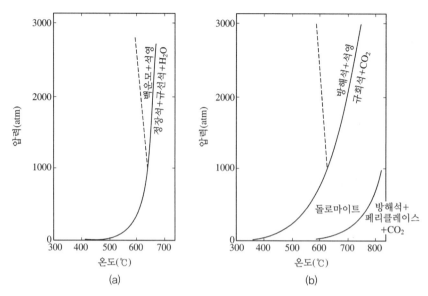

그림 21.9  (a) 탈수반응곡선과 (b) 탈탄소반응곡선의 예. 반응곡선은 저온부에서는 볼록하지만 고온부에서는 거의 직선을 이룸

## 2) 교환반응과 광물 증감반응

변성반응은 광물 증감반응(net transfer reaction)과 교환반응(exchange reaction)의 2가지 타입으로 나눌 수 있다. 그림 21.9에 나타낸 것이 광물 증감반응으로 반응이 진전됨에 따라 어떤 광물은 사라지거나 양이 줄어들고, 별개의 광물이 생겨나거나 양이 증가한다. 한편 교환반응에서는 식 21.2에서처럼 고용체 광물 상호간에 단성분원소를 주고받아 그 조건에서 가장 안정한 조성을 갖는 광물쌍이 형성되기 때문에 반응이 진행되더라도 광물의 양은 반응전과 동일하다.

석류석(알만딘)+투휘석(단사휘석)=석류석(파이로프)+헤덴버자이트(단사휘석)

$$Fe^{2+}_3Al_2Si_3O_{12} + 3CaMgSi_2O_6 = Mg_3Al_2Si_3O_{12} + 3CaFe^{2+}Si_2O_6 \cdots\cdots (식\ 21.2)$$

이러한 고용체 광물 사이에서 동일한 단성분원소를 교환하는 것을 원소분배(element partition)라 한다. 그 광물 사이의 원소분배의 상황을 분배계수(partition coefficient)로 수치화 한다.

분배계수 $K_D$는 식 21.3과 같으며 변성조건에 따라 달라진다. 교환반응의 분배계수는 지질온도계로 이용된다.

$$K_D = (X_{Fe}/X_{Mg})_{석류석}/(X_{Fe}/X_{Mg})_{단사휘석} \cdots\cdots (식 \ 21.3)$$

여기서 $X_{Mg} = Mg/(Mg+Fe)$ 이다.

보통 온도와 압력을 축으로 하는 면에 반응곡선을 그리는 것은 광물 증감반응이다. 광물 증감반응은 연속반응(continuous reaction)과 불연속반응(discontinuous reaction)으로 나눌 수 있다. 연속반응은 복변수반응(divariant reaction), 불연속반응은 단변수반응(univariant reaction)에 해당한다.

석영과 정장석이 항상 존재하고, 물이 자유롭게 이동하는 조건의 $K_2O$–$MgO$–$Al_2O_3$–$SiO_2$–$H_2O$계(KMASH계)에서 규선석, 석류석, 흑운모, 근청석의 평형관계를 살펴보자. 이 계는 AKF도에 나타낼 수 있고, 이 광물 모두가 Mg 단성분이라면 이들은 공존선(tie line)변환형의 단변수반응식(식 21.4)으로 나타낼 수 있다[그림 21.10(a)].

규선석 +흑운모(+석영)　　　　　　　=석류석+정장석(+물) ········ (식 21.4)
$$Al_2SiO_5 + KMg_3AlSi_3O_{10}(OH)_2(+2SiO_2) = Mg_3Al_2Si_3O_{12} + KAlSi_3O_8(+H_2O)$$

그러나 이 광물들은 천연에서는 Mg 단성분이 아니고 상당량의 $Fe^{2+}$를 포함하는 고용체 조성으로 존재하기 때문에 KMASH계에 FeO을 추가한 $K_2O$–$FeO$–$MgO$–$Al_2O_3$–$SiO_2$–$H_2O$계(KFMASH계)로 취급하는 것이 현실적이다. 이 계는 Thompson이 정장석으로부터 투영한 $FeO$–$MgO$–$Al_2O_3$의 3성분계로 나타낼 수 있다[그림 21.10(b)]. 식 21.4는 흑운모를 소비하여 석류석이 생성되는 반응이므로 온도가 상

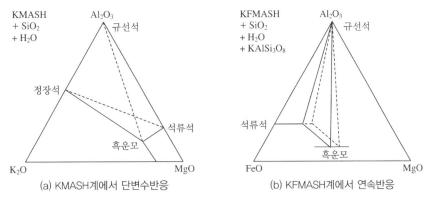

그림 21.10  변성반응 '규선석+흑운모(+석영)=석류석+정장석(+물)'의 도식화

승하여 반응이 진행되면 그림에서와 같이 흑운모의 존재영역이 후퇴하고 석류석의 영역이 확대된다. 즉 흑운모-석류석-규선석의 3상 영역은 Fe 측에서 Mg 측으로 이동하여, 결과적으로는 암석 중의 흑운모는 감소하고 석류석은 증가한다. 이처럼 광물의 공생관계는 변하지 않고 공존하는 광물의 조성이 연속적으로 변화하는 반응을 연속반응이라 한다.

이 3성분계에는 Mg 측에 흑운모-근청석-규선석의 3상영역이 존재하지만, 온도가 더 올라가면 석류석과 공존선(tie line)변환형의 반응(식 21.5)이 일어난다[그림 21.11(a)].

규선석+흑운모(+석영)=석류석+근청석(+정장석+물) ···················· (식 21.5)

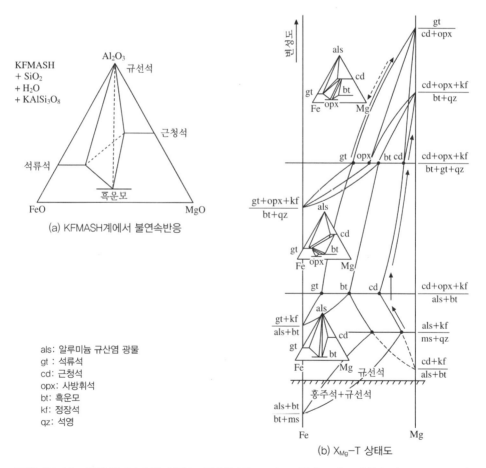

(a) KFMASH계에서 불연속반응

als: 알루미늄 규산염 광물
gt : 석류석
cd: 근청석
opx: 사방휘석
bt: 흑운모
kf: 정장석
qz: 석영

(b) $X_{Mg}$-T 상태도

그림 21.11 반응식 21.5의 삼각도 투영(a)와 $X_{Mg}$-T 상태도에 표현(b). (Speer, 1982)

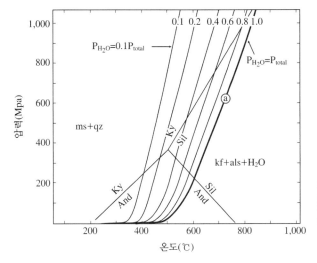

그림 21.12 $P_{total} > P_{H_2O}$의 경우에 백운모＋석영＝정장석＋알루미늄 규산염 광물＋물(Winter, 2001)

그림 21.11(b)는 이 3성분계를 규선석에서 투영한 Mg-Fe$^{2+}$의 2성분계이다. 두 성분 축에 광물의 조성-공존관계가 변성온도에 따라 변화하는 모양을 나타낼 수 있다. 반응식 21.5보다 고온에서는 규선석＋흑운모의 광물 조합이 불안정하고, 대신에 근청석과 석류석이 규선석과 공존하기 때문에 새로운 연속반응

규선석＋석류석＝근청석 ·············································································· (식 21.6)

에 의해 각 광물의 조성은 온도 상승과 함께 연속적으로 변화하게 된다. 따라서 KFMASH계에서 반응식 21.5는 불연속반응이다.

### 3) 유체상의 관여

변성작용에서 많은 광물 증감반응은 탈수반응이므로 물이 없는 환경, 즉 $P_{total}$ > $P_{H2O}$이라면 반응이 일어나기 쉽고 반응곡선은 저온 측으로 이동한다(그림 21.12).

$P_{total}$ > $P_{H2O}$이 되는 요인은 $P_{total}$ > $P_{fluid}$과 $P_{fluid}$ > $P_{H2O}$인 경우가 있다. 전자는 유체가 적은 상태, 후자는 유체 중에 물이 적은 경우이다. 실제로 고온의 변성암에는 $P_{H2O}$가 $P_{fluid}$보다 상당히 낮은 경우가 많은데, 이런 경우 유체상의 상당량은 이산화탄소인 것으로 알려져 있다.

### 4) 지질온도압력계

지질온도압력계는 고용체 광물의 조성이 공존하는 광물과 온도·압력 조건에 의해 달라지는 점을 이용하여, 고용체의 화학조성과 광물의 열역학적 상수로부터 계산을 통해 얻을 수 있다. 즉 ⓐ 고용체의 불혼화간극이 온도에 따라 결정되는 점을 이용하는 솔버스(Solvus) 온도계, ⓑ 광물 증감반응에 의한 방법, ⓒ 교환반응에 의한 원소분배로부터 구하는 방법 등이 있다. 표 21.1은 여러 가지 지온지압계의 예이며, 더 많은 예는 Spear(1993)에 제시되어 있다. ⓐ의 예로서 방해석–돌로마이트 지온계가 있다. 이 지온계는 $CaCO_3$-$MgCa(CO_3)_2$의 2성분계 불혼화 영역을 근거로 하며, 다른 성분은 관여하지 않는다. 솔버스(고상분리선)는 비대칭으로 돌로마이트 측에 비해 방해석 측이 경사가 완만하기 때문에(그림 21.13), 돌로마이트와 공존하는 방해석의 조성이 온도의 지표로 사용된다.

ⓑ의 예로서 사장석–석류석–규선석의 압력계가 있다. 이들 광물간의 평형관계는 $CaO$-$Al_2O_3$-$SiO_2$계에서 연속반응 (식 21.7)로 나타낼 수 있다.

사장석(회장석)＝석류석(그로슐라)＋규선석＋석영

$$3CaAl_2Si_2O_8 = Ca_3Al_2Si_3O_{12} + 2Al_2SiO_5 + SiO_2 \quad\text{(식 21.7)}$$

표 21.1 지질온도계·압력계의 예

| 솔버스 온도계의 예 |
| --- |
| · 방해석–돌로마이트(Goldsmith and Newton, 1969) |
| · 사장석–정장석(Whitney and Stormer, 1977) |

| 광물 증감반응에 의한 온도·압력계의 예 |
| --- |
| · 석류석–사장석–알루미늄 규산염 광물–석영(Ghent, 1976; Powell and Holland, 1988)<br>　　$Ca_3Al_2Si_3O_{12} + 2Al_2SiO_5 + SiO_2 = 3CaAl_2Si_2O_8$ |
| · 사장석–단사휘석–석영(Johannes et al., 1971; Liou et al., 1987)<br>　　$NaAlSi_3O_8 = NaAlSi_2O_6 + SiO_2$ |
| · 석류석–사방휘석(Wood and Banno, 1973) |

| 교환반응에 의한 온도계의 예 |
| --- |
| · 석류석–흑운모 $Mg$-$Fe^{2+}$교환(Ferry and Spear, 1978; Hodges and Spear, 1982) |
| · 석류석–근청석 $Mg$-$Fe^{2+}$교환(Holdaway and Lee, 1977) |
| · 석류석–단사휘석 $Mg$-$Fe^{2+}$교환(Ellis and Green, 1979; Powell, 1985) |

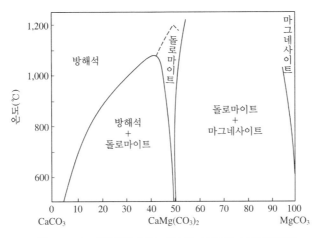

그림 21.13   방해석-돌로마이트 사이의 불혼화영역

양변이 평형이라면 화학퍼텐셜(1몰당 자유에너지)을 이용하여

$$3\mu_{an} = \mu_{gros} + 2\mu_{sil} + \mu_{qz} \quad \text{(식 21.8)}$$

로 쓸 수 있다. 이 중에서 고용체 조성을 갖는 석류석과 사장석 항은 고용체를 이상용액으로 가정하면, 실제의 고용체 조성 $X_{Ca}^{Pl}$, $X_{Ca}^{Gar}$을 이용하여

$$\mu_{an} = G_{an} + RTlnX_{Ca}^{Pl} \quad \text{(식 21.9)}$$
$$\mu_{gros} = G_{gros} + 3RTlnX_{Ca}^{Gar} \quad \text{(식 21.10)}$$

라고 표기할 수 있다. 단, G는 각 단성분의 자유에너지, R은 기체상수이다. 이들을 식 21.8에 대입시키면 식 21.11이 얻어진다.

$$3(G_{an}+RTlnX_{Ca}^{Pl}) = G_{gros} + 3RTlnX_{Ca}^{Gar} + 2G_{sil} + G_{qz}$$
$$3RTln(X_{Ca}^{Pl}/X_{Ca}^{Gar}) = G_{gros} + 2G_{sil} + G_{qz} - 3G_{an} \quad \text{(식 21.11)}$$

여기서 우변의 각 항은 조성에 의존하지 않고 온도·압력에 의해 정해진 양이기 때문에 $\Delta G(P, T)$로 정리하면

$$X_{Ca}^{Pl}/X_{Ca}^{Gar} = exp(\Delta G(P, T)/3RT) \quad \text{(식 21.12)}$$

가 얻어진다. 즉 사장석과 석류석의 화학조성이 온도·압력의 관수로 표시된다. 실내 실험에 의해 이 평형이 실현되는 온도·압력 조건을 결정하면, 식 21.7의 반

응곡선이 그려진다(그림 21.14).

이 곡선은 비교적 경사가 크기 때문에 압력에 민감한 것을 알 수 있다. 그 때문에 이 반응은 압력계로 자주 이용된다. 식 21.12은 온도와 압력의 2변수 관수이므로 온도를 다른 방법으로 구하여 대입함으로써 압력을 구한다.

온도를 측정하는 방법으로 자주 이용되는 것이 석류석-흑운모 지질온도계이다. 이것은 ⓒ의 교환반응의 예이다.

석류석과 흑운모가 공존하는 경우 Fe-Mg 교환반응은 다음과 같이 일어난다.

석류석1    +    흑운모1    =    석류석2  +    흑운모2

$$Mg_3Al_2Si_3O_{12} + KFe_3AlSi_3O_{10}(OH)_2 = Fe_3Al_2Si_3O_{12} + KMg_3AlSi_3O_{10}(OH)_2$$

································································································· (식 21.13)

여기서 좌우의 자유에너지의 변화가 없고($\Delta G=0$), 고용체인 석류석과 흑운모를 이상용액(체)라고 가정하면 다음 식이 성립한다. 분배상수 $K_D$는

$$K_D = (X_{Fe}/X_{Mg})_{석류석}/(X_{Fe}/X_{Mg})_{흑운모}$$ ···························· (식 21.14)

여기서 $X_{Mg} = Mg/(Mg+Fe)$이다. 따라서 온도·압력에 의해 공존하는 석류석과

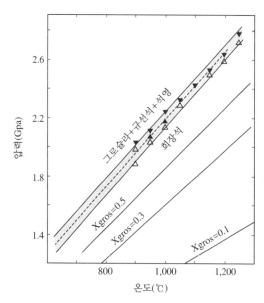

그림 21.14  사장석(회장석) = 석류석(그로슐라) + 규선석 + 석영의 반응곡선.
석류석의 그로슐라 성분의 몰분률에 따라 반응곡선의 위치가 달라짐.

흑운모의 Fe/Mg 비가 달라진다. 흑운모는 보통 약간의 $Fe^{3+}$이 포함되어 있으나 흑연(graphite)을 포함하는 이질 변성암이라면 $Fe_{total} = Fe^{2+}$로 가정할 수 있다. 여기에 합성실험에서 얻은 열역학적 자료를 이용하여 Ferry와 Spear(1978)는 식 21.15를 얻었다.

$$3RT \ lnK_D = -12454 + 4.662T - 0.057P \quad \text{(식 21.15)}$$

이 평형상수는 압력의 효과는 거의 없고, 온도만의 관수로 취급할 수 있다. 석류석-흑운모 지질온도계뿐만 아니라 교환반응은 압력 의존성이 작고, 원리상 유체조성이 관여하지 않는 온도계라는 장점이 있다.

한편 광물 증감반응을 이용한 온도압력계의 경우, 그것이 탈수반응이라면 유체조성 $X_{H2O}$(유체 중 $H_2O$ 농도)에 의해 반응곡선의 위치가 변하는 것에 주의할 필요가 있다(그림 21.12 참조).

표 21.2는 자연계에서 공존하는 석류석-흑운모 쌍의 화학성분과 여러 가지 지온계로 계산한 변성온도이다. 여기서 계산된 변성온도들 사이에는 상당히 큰 차이를 보인다. 이들은 사용한 고용체모델이 다르거나 열역학적 상수가 다르기 때문에, 동일 암석에 적용하더라도 서로 다른 결과가 나온다. 따라서 지온지압계를

표 21.2  석류석과 흑운모 쌍의 화학성분과 여러 지질온도계를 이용한 변성온도

| 성분(%) | 석류석 | 흑운모 | 석류석-흑운모 지질온도계 | 온도(℃) |
|---|---|---|---|---|
| $SiO_2$ | 38.60 | 36.89 | Ferry & Spear, 1978 | 559 |
| $TiO_2$ | | 2.44 | Thompson, 1976 | 581 |
| $Al_2O_3$ | 21.27 | 18.00 | Perchuk & Lavrent'eva, 1983 | 581 |
| $Cr_2O_3$ | | 0.10 | Hodges & Spear, 1982 | 620 |
| FeO | 22.26 | 16.60 | Goldman & Albee, 1977 | 594 |
| MnO | 10.84 | 0.50 | Indares & Martignole, 1985A | 626 |
| MgO | 2.43 | 10.80 | Indares & Martignole, 1985B | 683 |
| CaO | 5.35 | 0.06 | Bhattacharya et. al., + G & S. 1992 | 463 |
| $Na_2O$ | | 0.11 | Bhattacharya et. al., + H & W. 1992 | 422 |
| $K_2O$ | | 9.65 | Dasgupta et al., 1991 | 613 |

사용할 때에는 그 원리를 정확히 이해하고 가장 적절한 것을 골라 사용해야 한다. 주요한 지온지압계는 컴퓨터 프로그램으로 정리되어 있다. Holland and Powell의 "THERMOCALC"나 P. Apple의 "ThermoBaro", Berman의 "TWO" 등이 자주 이용된다.

이러한 광물 사이의 평형을 근거로 하는 지온지압계를 이용할 때, 각 광물의 어떤 부분의 화학성분을 사용해야 할까? 석류석을 비롯한 변성 광물은 성분상 불균질한 경우가 많아서 어느 부분의 성분을 사용하느냐에 따라 계산 결과도 달라진다. 석류석처럼 누대구조가 뚜렷한 광물은 주변 광물과 평형을 이루었던 부분이 결정의 가장자리라고 생각하는 경우가 많다. 중심부는 형성 시의 성분이 결정 내부 확산에 의해 조성이 변화했을 가능성이 있음에 주의할 필요가 있다. 한쪽 광물은 같은 분석치를 사용하고, 한쪽의 광물은 중심부와 주변부의 분석치를 사용하여 두 시기의 조건을 구했다면 둘 중의 하나는 의미가 없다.

어떤 지온지압계라도 그것을 사용하기 위한 전제 조건이 있다. 각 광물이 그 온도·압력 조건에서 열역학적 평형에 도달했을 것, 또는 이 광물 중 평행에 도달했을 때의 조성이(국부적이라도) 보존되어 있을 것, 각 고용체 광물이 그 온도 범위 내에서 모델에 가까운 열역학적 성질을 가질 것 등이다.

이들에 대해 충분히 검토한 후 사용하더라도 지온지압계에는 상당한 오차가 생긴다. 예를 들어 동일한 암석이라노 여러 지온지압계를 동시에 사용할 경우, 이들 사이에는 50~100 ℃의 범위에서 다른 값을 나타내는 것이 일반적이나 서로 상충되어 정보의 가치가 없는 경우도 있다. 이것이 지온지압계의 실용적 정량성의 한계이다.

그림 21.15는 알프스 펜닌변성대의 석류석-흑운모-녹니석-십자석-(남정석)의 공생관계를 AFM도에 나타낸 것이다. 이 상태도의 변화에서 우리가 알 수 있는 2가지 사실이 있다. 첫째는 출현하는 광물이 동일해도 변성도가 다를 수 있으며, 둘째는 공존하는 석류석과 흑운모의 Mg/Fe 비는 변성도에 따라 달라지는 점이다. 두 번째 변화는 온도 변화에 의해 발생하므로 지질온도계로 이용할 수 있다.

AFM도와 같은 삼성분계에서는 안정하게 공존할 수 있는 광물은 상률에 따라 최대 5개(예를 들어 석류석, 규선석, 흑운모, 녹니석, 십자석)이다. 이들 중 하나를 제외한 네 광물이 공존하는 1변수(F=1) 반응선이 5개가 생성되며, 이들은 불변점

(F＝0)에서 방사상으로 분포한다. 여기서 하나의 반응선과 나머지 4개의 반응선과의 관계를 결정짓는 방법을 **슈라이렌마커스 법칙**이라 한다. 5개의 반응선을 방사상으로 배치하면 반응선 사이에 공간(면)이 생겨나는데, 이 면이 2변수(F＝2)반응의 영역이 된다. 슈라이렌마커스의 해석 방법은 1변수 반응선들이 불변점 주위에 어떤 순서로 배열되는가만 정해준다. 따라서 실제로 존재하는 광물의 공생관계는 그림 21.15와 같을지 아니면 거울에 비친 상(그림에서 점선의 반응선)의 형태가 될지 알 수 없다.

온도와 압력을 축으로 하는 공간에서 반응선의 위치와 기울기는 실험으로 직접 얻거나 클라페이론 공식(dP/dT＝$\Delta$S/$\Delta$V)을 이용하여 결정한다. 이렇게 얻은 1변수 반응선을 경계로 양측의 변성도 차이를 식별할 수 있다. 이때 출현하는 광물의 종류가 같더라도 공존 방식은 서로 다르다.

이렇게 얻은 불변점과 반응선의 위치, 그리고 실험암석학적 자료를 바탕으로 온도와 압력을 축으로 하는 공간에 배치한 것을 **변성반응선도**(petrogenetic gris)라 한다.

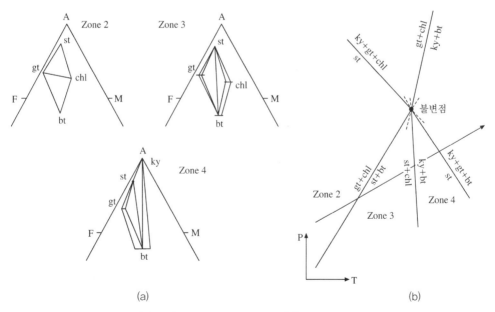

그림 21.15 알프스 펜닌변성대의 광물 공생 관계(a). 슈라이렌마커스 방법으로 해석한 AFM도에서의 남정석(ky), 흑운모(bt), 녹니석(chl), 십자석(st), 석류석(gt)의 공생관계(b)

# 22장
# 변성상 계열과 판구조론

## 1  등변성도선과 변성분대

종류가 다른 암석들이 분포하는 넓은 지역에서 변성상이나 변성분대를 식별하기 위해서는 반응곡선과 안정영역이 잘 알려진 표식 광물(지시광물)과 광물 조합을 파악할 필요가 있다. 잘 알려진 표식 광물로는 알루미늄 규산염 광물(홍주석, 규선석, 남정석)이 있다. 예를 들어 석영-운모를 포함하는 편암이 산출되는 지역에서, 홍주석을 포함하는 광물 조합은 남정석을 포함하는 광물 조합 보다 저압의 조건에서 생성된 것으로 간주할 수 있다.

어떤 변성암 지역에서 변성조건의 변화를 보여주기 위해서 표식 광물이나 광물 조합이 출현하는 상황을 지도에 표시하여 나타낸다. 영국 북부에 위치한 스코틀랜드 고지의 광역변성작용을 조사한 지질학자들은 이 같은 도면을 살펴본 결과, 동일한 화학조성을 가진 셰일이 서로 다른 광물 조합을 가지고 있음을 발견했다.

스코틀랜드 고지의 그램피언 고지(Grampian Highland)의 변성암(달라디안 변성대)은 그레이트글랜(Great Glen)단층과 하이랜드경계(Highland Boundary)단층 사이에 분포한다(그림 22.1). 이 지역의 변성암은 세계에서 가장 자세히 연구되어, 미지의 변성대를 연구할 때는 이 변성대와 자주 비교한다.

스코틀랜드 고지의 변성대는 약 500 Ma전에 일어난 칼레도니아 조산작용에 의해 형성되었으며, 스코틀랜드 고지의 대부분을 차지하는 바로비안 전진변성지역(Barrovian region)과 동측의 부칸 전진변성지역(Buchan region)으로 구분된다. 전자는 Barrow(1893)에 의해 연구된 대표적인 중압형 계열이며, 후자는 Read(1952)에 의해 연구된 저압-중압 중간형 계열에 속한다.

이 광역 변성지역의 변성작용을 좀더 세밀하게 구분하는 변성분대(metamorphic zone)는 이질 변성암을 구성하는 표식 광물의 출현과 소멸을 기준으로 나눈다. 변성정도에 따라 순차적으로 출현하는 표식 광물은 녹니석, 흑운모, 석류석, 십자석,

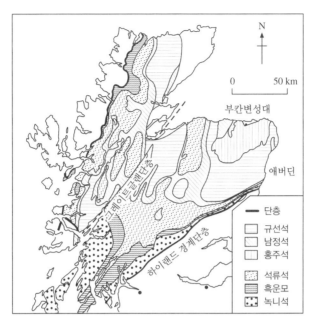

그림 22.1 스코틀랜드의 달라디안변성대(중압의 바로비안형과 저압의 부칸형으로 구성)

남정석, 규선석이다. 연구자들은 도면에 표식 광물이 처음으로 출현하는 지점을 표시하고, 이들을 연결하여 선으로 표시했다(그림 22.1). 지도에서 규선석이 처음 나타나는 지점을 연결한 선은 남정석이 규선석으로 상전이가 이루어진 반응곡선에 해당한다. 이 도면의 선상에 놓인 각 지점은 동일한 변성반응, 즉 동일한 온도-압력 조건 혹은 동일한 "변성도"를 나타내기 때문에, 이 선을 등변성도선(Isograd)이라 한다. 각 등변성도선 사이의 지역을 변성분대라 하며, 분리된 각각의 띠 모양의 공간을 녹니석대, 흑운모대 등으로 부른다.

## 2 ▌ 변성분대와 광물 조합

바로비안 전진변성지역의 이질 변성암은 출몰하는 광물과 광물 조합을 기준으로 7개의 변성분대로 나눌 수 있다. 괄호 안에 나타낸 광물은 이질 변성암에 수반되는 변성탄산염암의 광물 조합이다.

　　1. 녹니석대: 녹니석＋펜자이트＋조장석＋석영

2. 흑운모대: 흑운모＋녹니석＋펜자이트＋조장석＋석영(활석, 금운모)

3. 석류석대: 석류석＋흑운모＋녹니석＋백운모＋조장석＋석영＋녹염석
   (투각섬석, 양기석, 녹염석, 조이사이트)

4. 십자석대: 십자석＋석류석＋흑운모＋백운모＋사장석＋석영
   (탄산염암은 석류석대와 동일)

5. 십자석-남정석대: 남정석＋십자석＋석류석＋흑운모＋백운모＋사장석＋석영
   (투휘석)

6. 규선석대: 규선석＋석류석＋흑운모＋백운모＋사장석＋석영
   (그로슐라·스카폴라이트)

7. 규선석-정장석대: 규선석＋석류석＋흑운모＋정장석＋사장석＋석영(Mg감람석)

한편 이질 변성암에 수반되는 변성염기성암은 4개의 변성상(녹색편암상 → 녹염석각섬암상 → 각섬암상 → 하부 백립암상)으로 구분된다. 동일 지역의 변성대에서 이질 변성암의 변성분대와 염기성 변성암으로 나눈 변성상과의 대응관계는 다음과 같다. 이질 변성암의 녹니석대와 흑운모대는 녹색편암상에, 석류석대와 십자석대는 녹염석각섬암상에, 십자석-남정석대와 규선석대는 각섬암상에, 규선석-정장석대는 하부 백립암상에 해당한다(그림 22.2).

부칸 전진변성지역의 이질 변성암은 녹니석대, 홍주석, 규선석의 세 개로 변성분대로 나눈다. 부칸형의 변성암에서는 홍주석, 근청석이 산출되는 점이 바로비안형과 다르다.

넓은 변성지역에서 관찰되는 다양한 광물 조합의 변화를 나타내는 방법으로 광물상도표가 있다. 광물상 도표는 세로축에 출몰하는 광물을 나열하고, 가로 축에 광물의 출몰로 분별한 변성상과 변성분대를 표기한다. 두 축으로 하는 공간에는 가로 축과 나란히 연장된 선으로 광물이 안정하게 존재하는 것들을 보여주는데, 점선은 안정성이 한정된 조건을 나타낸다(그림 22.2). 이 도표에서는 표식 광물들의 출현과 소멸을 확인할 수 있으며, 변성상과 변성도의 관계도 명확히 알 수 있다. 더욱이 화학성분이 다른 변성암에서의 광물학적 변화를 간단히 비교할 수 있다.

각 변성상과 변성분대에서 공존하는 광물 조합을 AKF도와 AFM도를 이용하여 설명하면 다음과 같다. 녹색편암상의 하부 녹니석대에서는 백운모와 녹니석 등이 공존한다(그림 22.3).

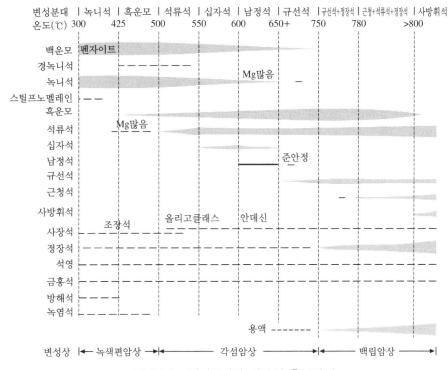

그림 22.2 변성분대와 광물의 출몰관계

녹색편암상(~ 430 ℃)에서 등변성도선 아래[그림 22.4(a)]에서는 공존선(tie-lines)으로 연결된 녹니석과 정장석 쌍이 안정하며, 변성도가 증가함에 따라 녹니석-정장석 영역은 하나의 공생선으로 축소된다. 등변성도선 위[그림 22.4(b)]에서는 흑운모+펜자이트 조합이 안정하며, 녹니석+정장석 조합은 새로운 흑운모-백운모

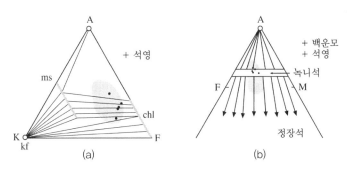

그림 22.3 녹색편암상의 (a) AKF 상평형도(Spear, 1993)와 (b) AFM 상평형도. 음영부는 일반적인 이질암.

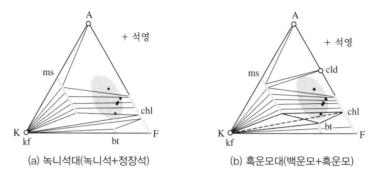

(a) 녹니석대(녹니석+정장석)  (b) 흑운모대(백운모+흑운모)

그림 22.4 흑운모 등변성도선 전후의 녹색편암상 상평형도

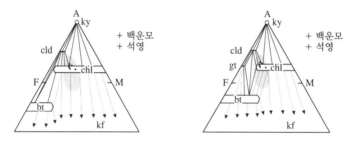

그림 22.5 녹색편암상의 흑운모대의 AFM 상평형도(Winter, 2001)

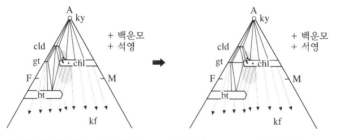

그림 22.6 녹색편암상에서 각섬암상으로 전이되는 AFM 상평형도(bt+cld=gt+chl)

(펜자이트) 공생선으로 분리되면 더 이상 안정한 조합이 아니다.

흑운모의 등변성도선 이상에서 Al이 풍부한 이질암은 녹색편암상의 흑운모대에서 연속반응을 통해 삼각형 ms-kf-chl에서 삼각형이 ms-bt-chl으로 이동한다(그림 22.4의 b에서 반응전 후).

녹색편암상의 흑운모대에서는 경녹니석+녹니석, 경녹니석+녹니석+흑운모, 흑운모+녹니석이 안정하다(그림 22.5).

초기 각섬암상의 석류석대(~ 530 ℃)에 이르면 경녹니석과 흑운모가 반응하여 석류석+녹니석의 조합이 안정하게 된다(그림 22.6).

각섬암상의 십자석대(570 ~ 610 °C)에 이르면 석류석과 녹니석이 반응하여 십자석과 흑운모가 생성되는데, 암석의 화학성분에 따라 다양한 광물 조합이 만들어진다. 그림 22.7의 A·B·C·D 영역은 화학성분이 달라 다른 광물 조합을 갖는다.

각섬암상의 남정석대(630 °C)에서는 십자석과 녹니석이 반응하여 남정석과 흑운모의 조합이 안정하게 된다(그림 22.8).

상부 각섬암상의 규선석대(690 °C)에 이르면 십자석이 분해하여 규선석+흑운모+석류석의 광물 조합을 형성한다(그림 22.9).

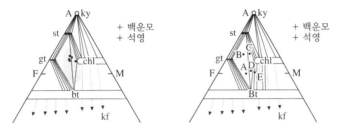

그림 22.7 각섬암상의 석류석대에서 십자석대로의 전이(gt+chl=st+bt)

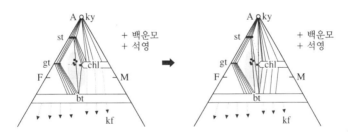

그림 22.8 각섬암상 남정석대의 AFM 상평형도(st+chl=ky+bt)

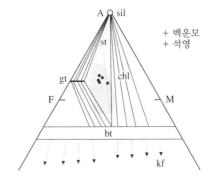

그림 22.9 상부각섬암상 규선석대에서 십자석 소멸반응이 일어남(st=sil+gt+bt)

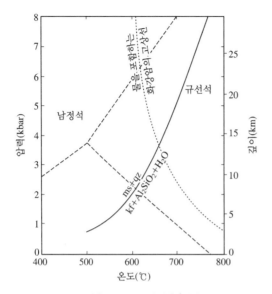

그림 22.10 백운모의 분해반응(백운모＋석영
＝정장석＋규선석＋H₂O)

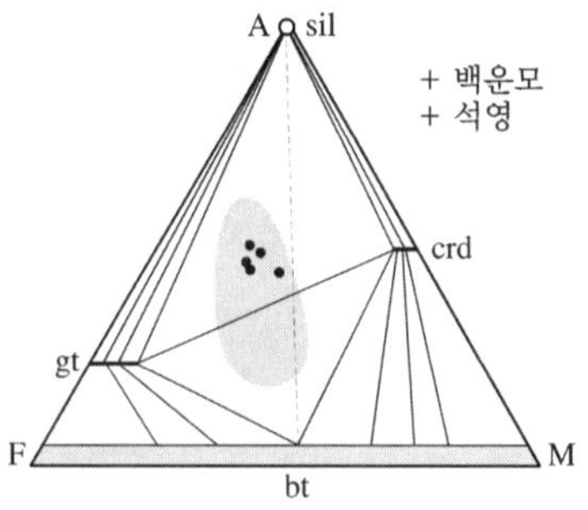

그림 22.11 AFM도(정장석에서 투영).
백립암상의 근청석 등변성도선(sil＋bt
＝gt＋crd)

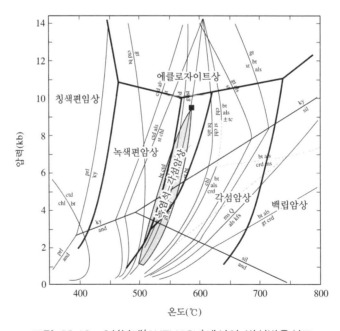

그림 22.12 6성분계(AKFMASH)에서의 변성반응선도

초기 백립암상의 조건에 들어서면(＞750 ℃) 백운모가 분해되어 정장석과 규선

석의 조합을 형성한다(그림 22.10). 백립암상(~ 790 ℃)에서 규선석과 흑운모가 반응하여 석류석과 근청석을 형성한다(그림 22.11).

이 광물 조합의 변화를 온도·압력의 축에 반응선으로 연결한 것이 변성반응선도(petrogenetic Grid)이다. 그림 22.12는 Spear(1993)가 작성한 6성분계(AKFMASH)에서의 변성반응선도이고, 음영부분은 각섬암상에서 석류석의 안정범위를 나타낸 것이다.

## 3 변성상 계열

변성작용에 대한 초기의 연구는 판구조적으로 분리되기 전에 하나로 연결되어 있었던, 북서 유럽(칼레도니아 조산대)이나 미국 동부(애팔래치아 조산대)에 이루어졌기 때문에, 이 두 지역에서 나타나는 변성분대의 양상을 표준으로 생각했다.

그러나 변성대(지역)가 다르면 광물 조성과 등변성도선이 다르고, 나아가 변성사도 다르게 나타난다. 예를 들어 미국의 동부지역처럼 고온을 나타내는 변성대에서는 불석상, 프레나이트-펌펠리아이트상, 녹색편암상, 각섬암상이 차례로 출현하여 이들이 하나의 계열을 형성하는데, 이 계열에서는 남정석보다는 홍주석이 주로 관찰된다.

이에 반해 미국의 서부지역인 캘리포니아의 프란시스칸 복합체는 지온구배가 약하여, 불석상, 프레나이트-펌펠리아이트상 및 청색편암상이 차례로 출현하여 하나의 변성상 계열을 이룬다. 이곳의 이질암들은 남섬석을 포함한다. 즉 변성대의 위치가 다르면 형성되는 변성조건이 다르므로 다른 광물 조합과 다른 계열의 변성상들이 나타난다. 이와 같이 하나의 조산대에서 특정한 변성상들이 차례로 출현하는 것을 **변성상 계열**이라 한다.

변성상 계열은 압력 상승 패턴에 따라 저압형, 중압형, 고압형의 3가지 압력형(baric type)으로 구분한다. 저압형(low P/ T series)은 변성상의 변화에 따른 압력의 상승이 온도의 상승보다 적은 경우이며, 반대로 고압형(high P/ T series)은 변성상의 변화에 따른 압력의 상승이 온도의 상승보다 큰 변성경로를 말한다.

이 변성상 계열은 각각의 변성대가 경험한 온도·압력의 특징을 나타낸다. 즉

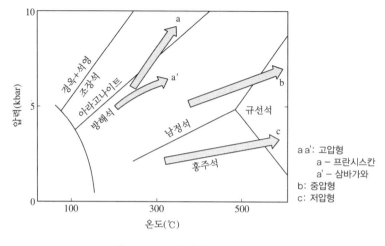

그림 22.13 변성상 계열의 압력형

변성상 계열은 변성대의 야외 P-T곡선(field P-T curve, 야외에서 관찰되는 겉보기 온도·압력 곡선)을 나타낸다. 따라서 변성상 계열을 결정하는 것은 변성 당시의 온도구조(변성지온 구배)를 추정하는 데 매우 중요하다. 각 변성상 계열의 대표적인 온도·압력 곡선은 그림 22.13과 같다.

### 1) 저압형 계열

이 변성 계열을 고온-저압형 계열(high T, low P), 혹은 홍주석-규선석 계열이라 한다. 이 계열의 변성지온구배는 50 ℃/km 정도이며, 변성대의 저온 측에서는 홍주석이 안정하다. 이 계열의 변성대에서는 편마암이나 화강암이 함께 산출되는데, 이는 화강암질 마그마가 상승하면서 지각 얕은 곳의 암석을 가열하여 지온상승률을 높였을 가능성을 보여준다. 이 계열에서 화산활동이 활발한 호상열도나 해령의 직하부에서는 고온상태가 된다.

대표적인 예로서 스코틀랜드 북부의 부칸(Buchan) 변성대와 일본의 료케-아부쿠마(Ryoke-Abukuma)변성대가 있다. 이들은 전형적인 조산대 변성작용에 의해 형성된 변성암지역으로, 부칸형이라고도 부른다.

조산대 변성작용으로 형성된 저압형 변성대의 관찰되는 변성상 계열은 저온부에서 고온부로 갈수록, 녹색편암상의 저압부 → 각섬암상의 저압부 → 백립암상의 저압부로의 변화를 보이는 경우가 많다(그림 22.13 의 곡선 c). 또한 불석상과 같은 저온의 변성작용이 식별되는 경우도 있다. 접촉변성대에서 조장석-녹염석 혼펠스상에서 휘석혼펠스상까지의 변화가 관찰된다.

## 2) 중압형 계열

이 변성 계열을 남정석-규선석 계열 또는 바로비안 계열이라 한다. 그림 22.13의 곡선 b의 저온 측에서는 남정석이, 고온 측에서는 규선석이 안정하다. 이 계열의 지온구배는 약 30 ℃/km 정도이다. 조산대 변성작용으로 형성된 중압형변성대에서 관찰되는 변성상 계열은, 저온에서 고온으로 감에 따라 불석상 → 프레나이트-펌펠리아이트상 → 녹색편암상 → 녹염석각섬암상 → 각섬암상 → 백립암상 → 초고온변성작용으로 변화한다. 각섬암상의 고온부에서는 이질 변성암과 염기성 변성암 모두에서 부분용융이 일어날 가능성이 있다. 백립암상의 변성암이나 초고온변성암에서는 함수규산염 광물이 산출되지 않는다.

이 계열의 변성작용은 두 대륙판이 충돌하여 형성된 히말라야와 같은 대규모의 산맥에서 일어난다. 단, 해령과 해구가 매우 가까운 경우에 해령에서 생성된 해양판이 해구로 섭입하면, 지온구배가 그다지 낮지 않아 중압형의 변성작용이 발생할 가능성도 있다.

## 3) 고압형 계열

이 변성 계열을 저온-고압형 계열(low-T, high-P series) 또는 경옥-남섬석 계열이라 한다. 이 변성작용들은 조장석=경옥+석영의 반응곡선 부근으로 청색편암상 또는 에클로자이트상이 안정하다. 또한 석영의 다형으로는 저온형석영($\alpha$석영)이 안정하다. 이 변성작용은 해양판이 섭입하는 해구부근에서 일어나는데, 세계적인 고압변성대의 분포는 그림 22.14와 같다.

고압형 계열의 변성암에는 남섬석·로손석 외에도 '경옥+석영'의 광물 조합이 특징적으로 산출된다. '조장석=경옥+석영'반응선 보다 고압저온 측에는 '경옥+석영'의 광물 조합이 안정하고, 저압고온 측에는 조장석이 안정하다. 이 형의 변성지온구배는 10 ℃/km 이하로 섭입대의 부가체에서 일어나는 변성작용이 여기에 해당한다. 이 형의 변성상 계열은 불석상 → 프레나이트-펌펠리아이트상 → 청색편암상 → 에클로자이트상으로 변화한다. 이 변성대에서는 결정편암이나 감람암, 에

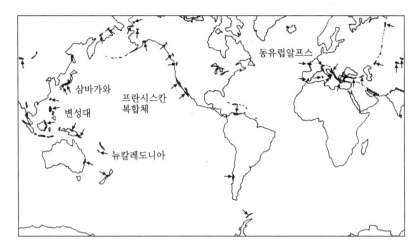

그림 22.14  세계적인 고압 변성대의 분포도(Coleman, 1972)

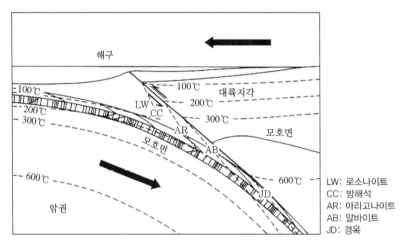

그림 22.15  고압변성대 형성에 대한 섭입대 모델

클로자이트 또는 사문암 등이 자주 관찰된다.

그림 22.15은 섭입대에서 고압변성대가 형성되는 과정을 도식적으로 나타낸 것으로, 지온분포와 관련된 반응 관계를 살펴볼 수 있다. 여기서 그림 22.13의 고압반응(방해석→아라고나이트, 조장석→경옥+석영)이 일어나는 위치를 나타냈다.

고압형에는 온도 구배에 따라 2가지로 나눌 수 있는데, 하나는 온도구배가 더욱 작은 프란시스칸형(Franciscan type, 그림 22.13의 곡선 a)이며, 또 하나는 비교적 온도구배가 높은 삼바가와형(Sambagawa type, 그림 22.13의 곡선 a')이다.

그림 22.16은 미국 캘리포니아의 프란시스칸복합체의 개략적인 지질분포와 변성상을 나타낸 것이다. 변성도는 태평양 쪽에서 대륙내부를 향해 불석상 → 프레나이트-펌펠리아이트상 → 청색편암상으로 증가한다.

### 4) 일본의 쌍변성작용

태평양판이 유라시아판 하부로 섭입하면서 형성된 호상열도인 일본은 화산암의 분출과 함께 부가체에 의해 육지가 태평양 쪽으로 넓어지고 있다. 일본열도는 열도 가운데에서 거의 남북방향으로 발달한 대지구대의 서측 구조선을 경계로 서남일본과 동북일본으로 나뉜다.

서남일본은 일본열도 방향과 거의 나란한 중앙구조선(MTL)에 의해 외대(태평양 측)와 내대(동해 측)로 나눈다. 외대는 결정편암으로 구성된 삼바가와[三波川]변성대 등이 긴 띠 모양으로 배열하고 있으며, 내대는 편마암으로 구성된 히다[飛驒]변성대, 결정편암이나 천매암으로 이루어진 삼군[三郡]변성대, 그리고 편마암과 화강암 등으로 구성된 료케[領家]변성대가 차례로 분포하고 있다(그림 22.17).

일본과 같은 섭입대에서는 2가지 형태의 광역변성작용이 일어난다. 해양판이 해구에서 섭입해갈 때, 육지 쪽으로 깊이 10~30 km에서는 차가운 판이 섭입하기 때문에 지하 증온율이 감소되고, 따라서 섭입되는 퇴적물은 '저온고압형'의 변성작용을 받는다. 그러나 해구에서 떨어진 호상열도의 중심부에서는 마그마가 발생

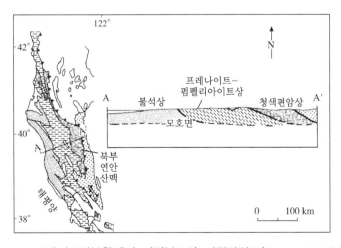

그림 22.16 프란시스칸복합체의 지질분포와 지질단면도(Raymond, 1995 수정)

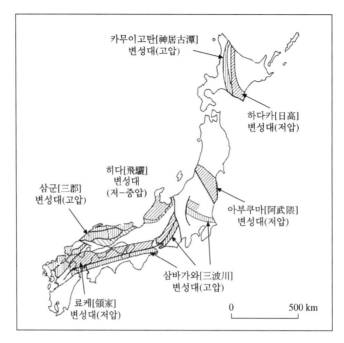

그림 22.17   일본의 쌍변성대

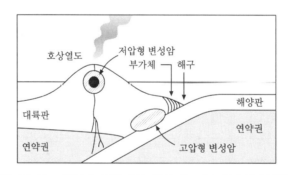

그림 22.18   섭입대 부근에서 일어나는 두 형태의 변성작용

하여 상승하기 때문에 지하증온율이 증가하여 '고온형'의 변성작용을 받게 된다 (그림 22.18).

다시 말해 해구에 가까운 곳에서는 저온고압, 해구에서 먼 곳에서는 상승하는 마그마에 의해 보다 많은 열을 공급받아 고온저압의 변성작용이 진행된다. 이와 같이 좁은 지역에서 계열이 다른 변성작용이 함께 나타나는 것을 쌍변성작용이 라 한다. 서남일본의 경우를 보면, 저온고압의 삼바가와 변성대와 고온저압의 료 케변성대가 하나의 쌍변성대를 이룸을 알 수 있다.

### 5) 초고압형 변성작용

초고압변성암은 고압형의 변성상 계열과는 별개로 나타나는 경우가 많다. 일반적인 변성작용의 압력 상한선은 10 kbar로, 경옥＋석영＝조장석의 반응곡선 부근으로 청색편암상 또는 에클로자이트상이 안정하다. 그러나 이탈리아 알프스의 변성암에서 코에사이트가 발견됨으로 변성작용의 압력 상한선은 10 kbar이라는 상식이 깨지게 되었다.

최근에는 중국의 충돌대인 스루-다비변성대에서 다이아몬드와 함께 코에사이트가 발견되었다. 코에사이트는 석영의 동질다형 광물로 그림 22.19와 같은 안정범위를 갖는다. 이 변성암의 생성온도는 800 ℃ 정도일 것으로 추정되기 때문에, 생성압력은 이 그림에서 판단할 때 거의 30 kbar 이상으로 판단된다. 따라서 이 변성암의 기원암은 퇴적암이므로 지표 근처에서 형성된 암석이 지하 약 100 km의 깊은 곳까지 운반되어 들어갔음을 알 수 있다. 이렇게 지극히 높은 압력 하에서 일어난 변성작용을 초고압변성작용이라 한다.

초고압변성작용은 두 개의 대륙판이 충돌하는 곳에서 발생한다(그림 22.20). 두 판이 충돌할 때에 대륙지각 상부의 화강암들은 초고압 상태에 놓이기 때문에 석영의 다형인 코에사이트가 만들어진다. 다이아몬드는 킴벌라이트에도 포함되어 있듯 감람암으로 구성된 상부맨틀에 의해서도 운반된다.

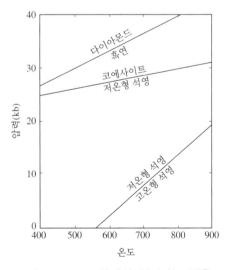

그림 22.19  고압에서 일어나는 반응

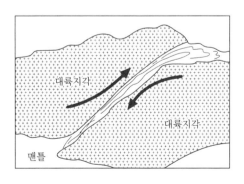

그림 22.20  대륙판의 충돌에 의한 초고압의 형성모식도

## 4 변성상 계열과 판구조론

지질학자들은 변성상과 판구조론을 연계시켜 다양한 변성상이 생성되는 판구조론적 환경을 찾으려 애써왔다. 그림 22.21은 판구조론과 관련된 광역변성작용의 온도 분포로 각 변성상의 환경을 추론하는데 이용할 수 있다. 그림의 등온선의 분포로 보아 지온경사가 같은 지역이 없으며, 화성활동이 활발한 곳에서 지온경사가 큼을 알 수 있다. 즉 동일한 깊이에서 온도는 마그마의 분출과 관입이 활발한 곳(C)이 해구(A)나 대륙판 내부(B) 보다 높다.

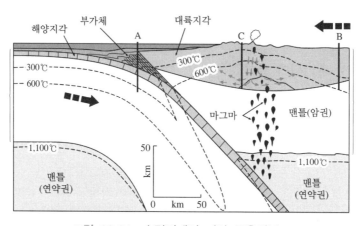

그림 22.21 수렴경계의 지하 등온선분포

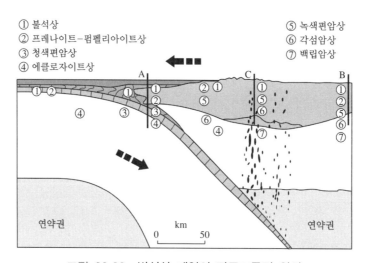

① 불석상
② 프레나이트–펌펠리아이트상
③ 청색편암상
④ 에클로자이트상
⑤ 녹색편암상
⑥ 각섬암상
⑦ 백립암상

그림 22.22 변성상 계열의 판구조론적 위치

그림 22.22는 수렴경계의 수직단면에서 나타나는 변성상을 그려 넣은 것이다. 섭입대의 단면도 그림 22.21과 그림 22.22의 수직선 A, B, C는 그림 22.23의 세 화살표에 대응한다.

지표에서 선 A를 따라 수직으로 파 내려가면, 처음에는 비변성암, 불석상의 암석을 발견할 수 있을 것이다. 더욱 깊이 파 내려가면 불석상과 프레나이트-펌펠리아이트상의 경계에 도달할 것이다. 이 깊이에서의 압력은 약 4 kb, 온도는 150 ℃에 이를 것이다. 드릴의 성능이 아주 뛰어나다면 청색편암상의 암석을 손에 넣을 수 있을 것이다.

대륙판 내부의 수직선 B에서는 불석상 → 프레나이트-펌펠리아이트상 → 녹색편암상 → 각섬암상 → 백립암상이 차례로 관찰된다. 한편 대륙지각 내로 대량의 마그마가 지속적으로 상승하는 C에서는 프레나이트-펌펠리아이트상이 출현하지 않고 불석상 → 녹색편암상 → 각섬암상 → 백립암상의 변성암이 관찰된다.

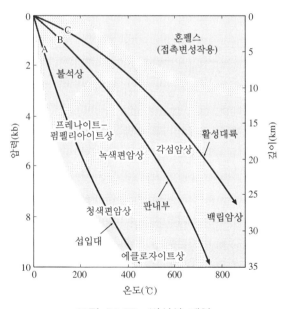

그림 22.23 변성상 계열

# 4부 연습문제

**4.1** 그림은 퇴적암 지층을 화강암질 마그마가 관입한 후 현무암질 마그마가 분출한 지역의 지질단면도이다.

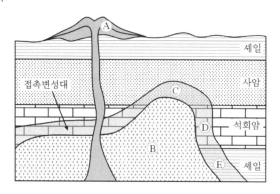

이에 대한 설명으로 옳은 것을 <보기>에서 모두 고른 것은?

────── <보 기> ──────

ㄱ. SiO₂ 함량은 A가 B보다 많다.

ㄴ. 광물 입자의 크기는 A가 B보다 작다.

ㄷ. C는 규암이고, D는 대리암이다.

ㄹ. E는 편리가 잘 발달된 편암이다.

① ㄱ, ㄴ    ② ㄱ, ㄷ    ③ ㄴ, ㄷ    ④ ㄴ, ㄹ    ⑤ ㄷ, ㄹ

**4.2** 다음은 철수가 어느 지역을 답사한 후 정리한 내용이다.

〈야외 관찰〉

○ 습곡구조가 잘 관찰된다.

○ 검은 띠와 흰 띠의 줄무늬가 교대로 나타난다.

○ 광물 입자는 맨눈으로 구별할 정도로 굵다.

〈편광현미경 관찰〉

○ 구성 광물들은 재결정되어 일정한 방향으로 배열되어 있다.

○ 구성 광물은 흑운모, 장석, 석영, 홍주석 등이다.

○ 미세한 습곡구조가 관찰된다.

이 지역에 대한 설명으로 옳은 것을 <보기>에서 모두 고른 것은?

─────── <보 기> ───────

ㄱ. 야외에서 관찰된 줄무늬는 층리이다.

ㄴ. 답사 지역의 암석은 광역 변성 작용을 받았다.

ㄷ. 현미경 관찰에서 검은 띠를 이루는 광물은 주로 흑운모이다.

① ㄱ      ② ㄴ      ③ ㄷ      ④ ㄱ, ㄴ      ⑤ ㄴ, ㄷ

4.3    그림 (가)는 암석의 변성 정도를 알려주는 지시 광물들을 나타낸 것이고, (나)는 전진변성작용과 후퇴변성작용의 경로를 온도-압력 관계도에 모식적으로 나타낸 것이다.

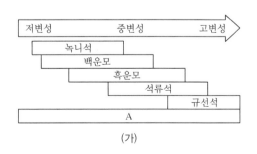

(가)

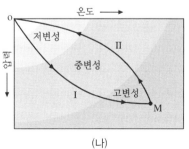

(나)

이에 대한 설명으로 옳은 것을 <보기>에서 모두 고른 것은?

─── <보 기> ───

ㄱ. (가)의 광물 중 고변성환경에서 상대적으로 가장 안정한 함수 광물은 흑운모이다.

ㄴ. (가)의 A에 해당되는 광물로는 석영이 있다.

ㄷ. 지표에서 변성암이 흔히 관찰되는 것은 (나)에서 변성작용이 Ⅱ의 경로를 따라 M에서 O까지 완전하게 일어나기 때문이다.

① ㄱ      ② ㄷ      ③ ㄱ, ㄴ      ④ ㄴ, ㄷ      ⑤ ㄱ, ㄴ, ㄷ

4.4 그림 (가)는 어느 변성대에서 변성 조건을 지시해 주는 특징적인 광물(조합)의 분포도이다. 변성대 서쪽은 주로 Na-사장석을, 동쪽은 주로 경옥과 석영을 포함한 암석이 분포한다. 두 광물(조합)의 경계를 점선으로 표시하였다.

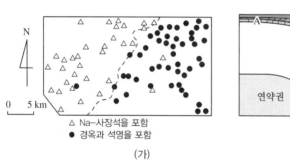
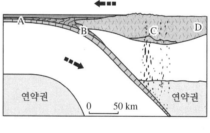

(가)             (나)

이에 대한 설명으로 옳은 것을 <보기>에서 모두 고른 것은?

─── <보 기> ───

ㄱ. (가)에서 변성도는 점선 좌측에서 우측으로 증가한다.

ㄴ. (가)의 변성작용이 주로 일어나는 판구조적 위치는 (나)의 B이다.

ㄷ. (가)의 변성반응은 저온고압환경에서 발생한다.

① ㄴ      ② ㄷ      ③ ㄱ, ㄴ      ④ ㄱ, ㄷ      ⑤ ㄱ, ㄴ, ㄷ

4.5 그림 (가)는 해양판과 대륙판 충돌대 부근의 모식적인 단면도이고, 그림 (나)는 변성작용에 대한 온도-압력 다이어그램이다.

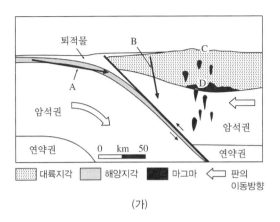
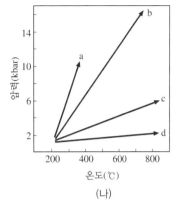

(가)

(나)

이에 대한 설명으로 옳은 것을 <보기>에서 모두 고른 것은?

─── <보 기> ───

ㄱ. (가)에서 A 방향을 따른 온도와 압력의 변화 경향성은 (나)의 a~d 중 a와 같다.
ㄴ. (가)에서 B 방향을 따른 온도와 압력의 변화 경향성은 (나)의 a~d 중 b와 같다.
ㄷ. (가)의 C 지역에서는 칼크-알칼리 현무암과 안산암이 산출된다.
ㄹ. (가)의 D 지역에서 생성된 마그마의 $^{87}Sr/^{86}Sr$ 동위원소 초기값은 0.700이다.

① ㄱ, ㄴ　　② ㄱ, ㄹ　　③ ㄴ, ㄷ　　④ ㄱ, ㄴ, ㄷ　　⑤ ㄴ, ㄷ, ㄹ

4.6 해양판이 대륙판 하부로 섭입하는 수렴경계를 따라 멜란지(melange) 지층이 있다. 이 지역에서 주로 발생하는 변성작용의 변성상 영역을 35 km 깊이까지 표시하였다.

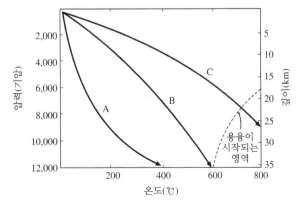

이에 대한 설명으로 옳은 것을 <보기>에서 모두 고른 것은?

---
&lt;보 기&gt;
---

ㄱ. 이 변성대에서는 남섬석을 포함한 청색편암상의 변성암이 형성된다.

ㄴ. 해양판의 현무암이 높은 변성작용을 받으면 석류석과 녹휘석(옴파사이트)으로 구성된 에클로자이트가 만들어진다.

ㄷ. 이 변성대의 유형은 그림의 곡선 A의 저온고압형이다

ㄹ. 일본의 삼바가와 변성대나 북미의 프란스시칸 변성대가 여기에 해당한다.

① ㄱ, ㄴ, ㄷ    ② ㄴ, ㄷ, ㄹ    ③ ㄱ, ㄷ, ㄹ    ④ ㄱ, ㄴ, ㄹ    ⑤ ㄱ, ㄴ, ㄷ, ㄹ

**4.7** 그림 (가)는 온도 − 압력도에 2가지 변성경로를 나타낸 것이다. 그림 (나)는 ⓑ와 ⓓ지점의 온도 − 압력 조건에서 Al 성분이 풍부한 변성이질암(AFM 삼각도에 ★로 표시)의 변성 광물 조합을 제시한 AFM 삼각도이다.

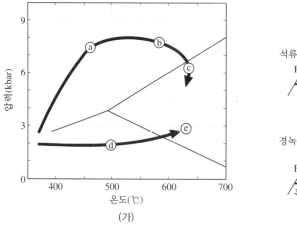

(가)　　　　　　　　　　　　(나)

그림 (가)의 ⓐ, ⓒ, ⓔ 각 지점의 온도-압력 조건에서 형성된 이 변성이질암의 변성 광물 조합으로 적합한 것을 &lt;보기&gt;에서 골라 옳게 짝지은 것은?

---
&lt;보 기&gt;
---

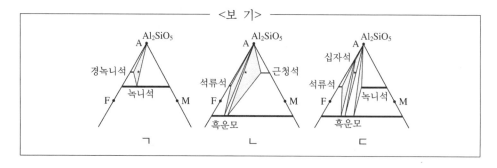

ㄱ　　　　　　ㄴ　　　　　　ㄷ

| | ⓐ | ⓒ | ⓔ |
|---|---|---|---|
| ① | ㄱ | ㄴ | ㄷ |
| ② | ㄱ | ㄷ | ㄴ |
| ③ | ㄴ | ㄱ | ㄷ |
| ④ | ㄷ | ㄱ | ㄴ |
| ⑤ | ㄷ | ㄴ | ㄱ |

4.8 그림 (가), (나), (다)는 $K_2O$-$FeO$-$MgO$-$Al_2O_3$-$SiO_2$-$H_2O$계에서 바로비안 유형의 광역변성작용을 받은 이질암의 변성 광물 조합 변화를 표시한 AFM도이다. AFM도에 표시한 광물의 일반적인 화학식을 표에 제시하였다(단, 광물 d의 결정은 침상 또는 섬유상으로 산출되고, 변성작용 동안 암석의 화학조성은 변하지 않는다).

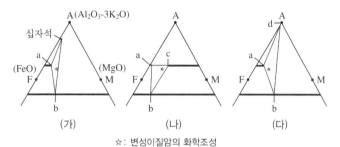

☆: 변성이질암의 화학조성

| 광물 | 화학식 |
|---|---|
| a | $(Fe,Mg,Mn,Ca)_3Al_2Si_3O_{12}$ |
| b | $K(Fe,Mg)_3(Si,Al)_4O_{10}(OH)_2$ |
| c | $(Fe,Mg,Al)_6(Si,Al)_4O_{10}(OH)_8$ |
| d | $Al_2SiO_5$ |

AFM도에 제시한 변성 광물 조합에 대한 설명으로 옳은 것을 <보기>에서 모두 고른 것은?

─── <보 기> ───

ㄱ. (가)에서 변성 광물 조합 '십자석 + 광물a + 광물b'는 각섬암상을 나타낸다.

ㄴ. (나)에서 광물a의 $Fe/(Fe+Mg)$ 비는 압력이 일정할 때 온도가 증가할수록 감소한다.

ㄷ. (나)에서 광물b의 $Fe/(Fe+Mg)$ 비는 압력이 일정할 때 온도가 증가할수록 증가한다.

ㄹ. AFM도는 변성온도가 증가함에 따라 (가)→ (나)→ (다)순으로 변한다.

① ㄱ, ㄴ      ② ㄱ, ㄷ      ③ ㄴ, ㄹ      ④ ㄱ, ㄷ, ㄹ      ⑤ ㄴ, ㄷ, ㄹ

4.9 그림은 판의 경계와 내부의 온도 분포를 나타낸 모식도이다.

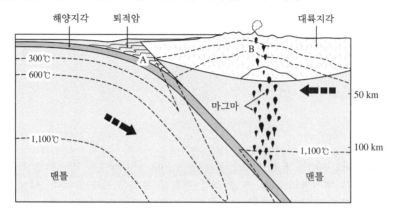

이에 대한 설명으로 옳은 것을 <보기>에서 모두 고른 것은?

──────── <보 기> ────────

ㄱ. A 지역은 B 지역보다 낮은 온도와 높은 압력의 변성작용을 받는다.

ㄴ. B 지역에서 지각의 온도가 주변보다 높은 것은 상승하는 마그마 때문이다.

ㄷ. A 지역에는 접촉변성암이, B 지역에는 광역변성암이 주로 분포한다.

① ㄱ      ② ㄷ      ③ ㄱ, ㄴ      ④ ㄴ, ㄷ      ⑤ ㄱ, ㄴ, ㄷ

# 5부

# 퇴적암

23장  퇴적암의 생성과정

24장  퇴적물의 종류와 조직

25장  퇴적구조

26장  쇄설성 퇴적암

27장  비 쇄설성 퇴적암

28장  화산쇄설암

29장  퇴적환경

# 23장
# 퇴적암의 생성과정

퇴적물이 속성작용에 의해 고결되어 형성된 암석을 퇴적암(sedimentary rocks) 이라 한다. 퇴적암은 여러 종류의 육상쇄설물, 화학적침전물, 화산쇄설물, 생물의 유해 또는 이들의 혼합물로 구성된다.

퇴적암은 지구표면 또는 표층의 물질이 풍화작용, 퇴적작용 및 속성작용을 받아 형성된다. 그 후에 상승, 습곡, 단층 등의 변위나 변형을 받아 지표에 노출되고, 침식 받아 소멸되어 간다. 또 일부는 지하 심부까지 밀려들어가 재결정되어 변성암이 된다. 이러한 퇴적암의 생성에서 소멸까지의 과정은 지구의 표면 또는 표층에서 일어나기 때문에, 각 시대의 표층에서 일어나는 여러 현상이 잘 기록되어 있다. 특히 퇴적암에 포함된 화석은 지구의 역사를 연구하는 데 중요한 단서가 된다.

## 1 풍화작용

풍화란 지표 및 지표 근처에서 공기나 물 등에 노출된 암석이나 퇴적물이 물리적으로 붕괴되거나 화학적으로 분해되는 모든 과정이다. 대부분의 암석들은 본래 높은 온도압력, 그리고 수분이 없는 상태에서 생성되는데, 이들이 새로운 지표의 환경에 노출되어 평형상태를 이루는 과정이 풍화이다.

풍화작용에 의해 잘게 분해된 풍화토(regolith)가 제거되는 것을 침식(erosion), 풍화에 의해 원암이 깎여 나가는 것을 삭박작용(denudation)이라 한다. 풍화된 암석이 원래의 구조와 조직을 유지하며 제자리에 존재하는 것을 잔류물(residue)이라 하며, 화학적으로 변질되고 구성성분이 그대로 남아있는 경우(saprolite)도 있다. 용해된 물질(Fe, Si, Ca 등)은 소실되거나 침전되어 결핵체(nodule)가 되는데, 호소환경에서는 새로이 형성된 황산염, 염화물, 증발암 및 점토 광물도 결국은 침식 운반되어 제자리에서 사라진다.

　지구환경은 여러 가지 기후요소(기온, 습도, 바람)의 작용이 다를 뿐만 아니라 지형이나 물의 존재도 다양하여, 풍화에 의한 암석의 변화는 각양각색이다(표 23.1). 여기에서는 주로 우리나라와 같은 중위도의 온난한 기후 조건하에서의 풍화를 취급한다. 풍화를 일으키는 요인에 의해 물리(기계)적 풍화, 화학적 풍화로 나누고, 생물활동이 주된 원인이 되는 것은 별도로 취급하기도 한다.

표 23.1　풍화속도에 영향을 미치는 요인들

| 풍화속도 | | 느림 ➡ ➡ ➡ ➡ ➡ ➡ 빠름 | | |
|---|---|---|---|---|
| 원암의 특성 | 물에서 광물의 안정도 | 안정(석영) | 중간(휘석, 장석) | 불안정(방해석) |
| | 암석 구조 | 괴상 | 약대 존재 | 파쇄, 얇은 층상 |
| 기후 | 강수 | 건조 | 중간 | 다우 |
| | 기온 | 한대 | 온대 | 열대 |
| 토양과 식생 | 토양의 두께 | 미미함 | 약간 발달 | 두껍게 발달 |
| | 식생의 함량 | 낮음 | 중간 | 많음 |
| 노출 시간 | | 짧다 | 중간 | 넓다 |

## 1) 물리(기계)적 풍화

　암석이 물리(기계)적 작용에 의해 입도가 감소되어 보다 작은 쇄설물로 변화하는 현상이며, 암석의 온도·압력 변화에 의한 것, 물의 동결·해빙에 의한 것, 풍화표면의 박리, 암석과 다른 고체·액체와의 충돌에 의한 파괴, 염류의 결정성장에 수반되는 파괴 등이 포함된다.

　흔히 관찰되는 물리적 풍화현상으로는 화강암처럼 암석 내부의 결합력이 이완되어 광물 입자가 하나하나 분리되는 입상붕괴(granular disintegration), 양파껍질처럼 벗겨지는 박리작용(exfoliation), 절리면을 따라 각진 덩어리로 분리되는 암괴분리(block separation), 물리적 충격에 의해 깨지는 파쇄작용(shattering), 사막의 모래 바람이 암석을 깎아내는 마식작용(abration) 등이 있다.

　화강암과 같이 수 km 지하 심부에서 형성된 암체는 막대한 하중을 받고 있는데, 지반이 융기하거나 위에 놓인 암석이 제거되어 노출된 암석은 압력해방(unloading)

에 의해 팽창하게 된다. 이때 암체 표층에서는 지표와 평행한 판상절리가 형성된다. 지하에서 돔상의 암체가 상승하면 양파 껍질 모양의 박리현상이 일어난다. 고온다습한 기후환경 하에서는 수평절리와 함께 발달된 수직절리를 따라 수분이 침투하여 모서리가 풍화되어 구상풍화가 일어난다. 구상풍화로 둥글게 형성된 핵석의 외각(shell) 두께는 수 mm에서 수 cm에 이른다. 구상풍화가 일어나는 깊이는 수십 미터에서 수백 미터 정도이다.

암석 내부의 절리, 틈새, 깨진 부위를 따라 수분이 침투하여 결빙과 융해를 반복하는 결빙파쇄작용(frost shattering)으로 암석이 부서진다. 이 풍화는 수분이 충분하고 결빙과 융해가 자주 반복되는 지역에서 발생한다. 우리나라 겨울에 자주 관찰되는 서릿발과 같은 원리이다. 암석이 가열되면 팽창하고 냉각되면 수축하는데, 암석은 열전도도가 낮아 수축과 팽창이 암석 전체에 동일하게 발생하지 않는다. 즉 가열되면 암석 내부보다는 바깥쪽에 집중되어 암석의 껍질에 균열이 발생하고 깨져 떨어진다. Griggs(1936)는 단순한 태양의 가열과 대기에 의한 냉각으로 암석을 쪼개는 것은 매우 힘들다고 결론지었다. 그러나 Ollier(1965)는 암체의 일부는 지표에 노출되어 압력을 받지 않고 가열되어 팽창하는 반면, 그중 일부는 지하 압력을 받으며 온도 변화가 없다면 파쇄가 일어난다고 보고했다. 또한 화재에 의한 표면의 팽창도 보고된 바 있다(Blackwelder, 1926). 또한 광물마다의 열팽창률이 달라 광물사이에도 내적 압력이 발생할 수 있다. 함수 광물과 무수 광물 또는 유색 광물과 무색 광물은 열팽창률이 다르다.

바닷가 암석의 공극이나 틈새에 해수가 유입되어 증발하면 소금결정이 형성된다. 이 과정이 반복되면 공극이나 틈새가 벌어져 바위가 갈라지거나 구성 광물이 떨어져 나오게 된다. 물에는 여러 종의 염류가 용해되어 있는데 그중에 소금결정의 성장은 암석을 분리시키는 역할을 하는데 이를 염풍화작용(salt weathering)이라 한다. 이 작용은 열대건조지역에서 우세한데, 염분이 조암 광물을 분리하거나 이슬을 흡수하면서 팽창하여 암석을 파괴한다. 염풍화작용은 염류가 지속적으로 공급되는 해안환경 그리고 염류가 비에 씻겨나가지 않고 집적될 수 있는 조건에서 이루어진다.

암석이 모래바람을 맞아 깎여나가 예리한 모서리가 남은 삼능석이나 버섯바위가 형성되거나, 빙하 밑바닥의 자갈에 의해 암반이 기계적으로 마모되는 현상을 마식작용(abration)이라 한다. 또한 하천과 인접한 절벽 하부가 유수의 작용으로 깎여 절벽이 붕괴되기도 한다. 해안에서는 파도에 의해 수직적인 절벽(sea cliff), 수평적인 파식대지(wave-cut platform)와 해식동굴(sea cave)이 형성되며, 돌출된 곳이 점차 침식되어 아치(arch)가 생성되고 이들이 무너지면 외딴바위(stack)나 여(썰물 때 나타나는 바위섬)로 분리된다.

## 2) 화학적 풍화

암석이나 광물이 지표 근처의 조건에서 화학반응에 의해 안정한 광물로 변하는 과정이다. 강우량이 많고 기온이 높은 조건하에서 특히 화학적 풍화가 잘 일어난다. 화학적 풍화에서 가장 중요한 역할을 하는 것은 물이다. 물이 화학반응 중에 수행하는 역할의 중요성을 항상 강조되고 있지만, 실제로 지표에서의 화학반응은 물이 관여하지 않고는 거의 일어나지 않는다. 자주 발생하는 풍화작용으로는 산화작용(oxidation), 가수분해(hydrolysis), 수화작용(hydration), 탄산염화 작용(cabonation) 등이 있다.

물질의 용해도는 pH에 영향을 많이 받는다. 예를 들어 철분은 pH 8.5보다 pH 6.0에서 용해도가 10만 배 크다. 용액에 존재하는 이온의 한 형태가 수소이온($H^+$)이다. 수소이온농도(pH)는 마이너스 log값으로 나타낸다. ($H^+$)농도가 $10^{-7}$(중성)이라면 log값은 $-7$이고 이를 역으로 표시하면 $-\log 10^{-7}=7$이다. 자연환경에서 pH는 다음과 같다.

| pH | 1 | 2 | 3 | 4 | 5 | 6 | 7 | 8 | 9 | 10 |
|---|---|---|---|---|---|---|---|---|---|---|
| 자연 환경 | | 산성 온천수 | 광산수 | | 산성 토양 | 빗물 칼슘토양 | | 해수 | | 알칼리 토양 |

통상적인 지표수는 $CO_2$의 용해에 의해 pH 5정도의 약산성을 나타내지만, 부식산 등의 유기산이나 최근에 주목받고 있는 아황산가스 또는 아초산가스에 의해 만들어진 산성도가 강한 물도 존재한다. 즉 빗물은 대기 중의 이산화탄소와 결합하여 탄산($H_2CO_3$)을 형성하고, 탄산은 빗물을 약산성으로 변화시켜 광물과 반응을 일으킨다. 약산성의 철분은 알칼리성인 해수에서는 침전된다. pH 5와 9 사이에서 알루미늄은 용해되지 않으나 실리카의 용해도는 증가하여 상대적인 용탈(leaching)

을 일으켜 라테라이트나 보오크사이트를 형성한다.

우리나라 기후에서는 약산성의 빗물이 여러 화학반응을 일으켜 고령석 등과 같은 점토 광물이 생성된다. 약간 염기성 조건에서는 K가 점토 광물에 포획되어 일라이트가 되며, 염기성화성암이 풍화되면 몬모릴로나이트가 만들어진다. 석회암에서 용출되어 나온 물은 pH 9 정도의 약알칼리성이다. 공기가 접하고 있는 부분에서는 산화반응이 진행되지만, 생물활동이나 유기물의 분해가 일어나는 곳에서는 환원반응이 진행된다. 화학적 풍화작용의 화학식을 정리하면 표 23.2와 같다.

풍화작용이 진행됨에 따라 원암에서의 MgO, CaO, Na$_2$O, K$_2$O, SiO$_2$ 성분은 점차 감소하지만 Fe$_2$O$_3$은 증가한다. 풍화로 녹아나온 칼슘이온은 모두 지하수로 이동되며, Si, Ti, Al과 같이 물에 잘 녹지 않는 이온은 고체상(예를 들어 보크사이트)의 풍화 잔류물로 남아 토양을 형성한다. 이온의 이동성은 Ca > Na > Mg > K > Si >

표 23.2 광물의 화학적 풍화에 의한 2차 광물

| 광물과<br>풍화작용 | 풍화과정 | 풍화<br>산물 |
|---|---|---|
| 장석<br>(수화<br>작용) | $2KAlSi_3O_8 + 2H^+ + 12H_2O \rightarrow KAl_3Si_3O_{10}(OH)_2 + 6H_4SiO_4 + 2K^+$<br>　정장석　　　　　　　　　　　　일라이트<br><br>$4KAlSi_3O_8 + 4H^+ + 2H_2O \rightarrow 2Al_2Si_2O_5(OH)_4 + 8SiO_2$<br>　정장석　　　　　　　　　고령석　　　　실리카<br><br>$2NaAlSi_3O_8 + 2CO_2 + 11H_2O \rightarrow Al_2Si_2O_5(OH)_4 + 2Na^+ + 2HCO_3^- + 4H_4SiO_4$<br>　조장석　　　　　　　　　　고령석<br><br>$CaAl_2Si_2O_8 + 2CO_2 + 3H_2O \rightarrow Al_2Si_2O_5(OH)_4 + Ca^{2+} + 2HCO_3^-$<br>　회장석　　　　　　　　고령석 | 석영<br><br>점토<br>광물 |
| 휘석, 철<br>(산화<br>작용) | $(Mg,Fe)SiO_3$(휘석) $ + O_2 + H_2O \rightarrow Mg^{2+} + Fe^{2+} + SiO_2$<br>　　　　$4Fe^{2+} + 3O_2 \rightarrow 2Fe_2O_3$(적철석)<br><br>$4FeO + 2H_2O + O_2 \rightarrow 4FeO \cdot OH$<br>철산화물　　　　　　　침철석<br><br>감람석, 휘석, 각섬석→ 풍화→ $Fe_2O_3$, $Fe_3O_4$, 석영, 백운모, 점토 광물 생성 | 산화<br>철석 |
| 방해석<br>(용해<br>작용) | $CaCO_3 + H_2CO_3 \rightarrow Ca^{2+} + 2HCO_3^{3-}$<br>방해석 | Ca<br>이온 |

표 23.3 광물의 상대적인 풍화 안정도

| 안정성 | 광물 | 풍화속도 |
|---|---|---|
| 안정<br>↓<br>↓<br>↓<br>↓<br>↓<br>↓<br>불안정 | 철산화물(적철석)<br>알루미늄 수산화물(깁사이트)<br>석영<br>점토 광물<br>백운모<br>정장석<br>흑운모<br>조장석<br>각섬석<br>회장석<br>감람석<br>방해석<br>암염 | 느림<br>↓<br>↓<br>↓<br>↓<br>↓<br>↓<br>빠름 |

Fe > Al 순이다. 잔류 광물 중 풍화에 강한 석영, 자철석($Fe_3O_4$) 등은 토양에 잔류한다. 규산염 광물이 풍화되어 생성된 점토 광물은 도자기, 화장품, 종이, 세라믹의 중요한 자원으로 이용된다.

일반적으로 산출되는 광물에 대한 풍화 안정도를 요약하면 표 23.3과 같다. 이 중에서 주요한 조암 광물의 풍화에 대한 안정 순서는 보웬의 반응 계열에 의한 광물의 생성순서와 깊은 관계가 있음을 알 수 있다. 즉 고온에서 생성된 광물일수록 풍화에 약하며, 저온에서 치밀하게 결합된 광물들은 상대적으로 풍화에 강하다.

해안 근처에서 암석은 바닷물에 의한 물리적 풍화작용과 함께 소금에 의한 풍화를 받는다. 바닷가 암석의 공극이나 틈새에 해수가 유입되어 이들이 증발하면 소금결정이 형성된다. 이 과정이 반복되어 공극이나 틈새가 더욱 커지면 바위가 갈라지거나 구성 광물이 떨어져 나오게 된다. 암석의 기계적 풍화에 의해 생긴 광물 간의 미세한 틈새가 물의 침투를 촉진하고 화학적 풍화를 일으키는 것은 앞에서 설명했지만, 화강암의 경우는 이러한 풍화작용이 지하 수 10 m까지 작용하는데 이를 심층풍화라 한다.

## 2 운반과 퇴적작용

### 1) 침식과 운반작용

침식작용에는 강수나 유수에 의한 지표의 표면침식, 한랭기후나 저온기의 빙설에 의한 침식, 건조기후나 계절풍이 강한 해안지역의 바람에 의한 침식 등이 있다. 이외에도 산기슭이나 해저사면에서는 포행(creep), 산의 붕괴, 산사태, 암설류, 토사류 등 지표의 물질 자체가 중력에 따라 이동하는 매스플로우(mass flow, 물질류)가 있다.

하천에서 물질은 용해, 부유, 소인(掃引)운반으로 이동한다(그림 23.1).

**용해운반:** 물에 용해된 물질은 하천수와 함께 운반되기 때문에 Na이나 K 등과 같은 알칼리 금속이온, Ca이나 Mg과 같은 금속이온, Cl이온과 황산이온 등이 대량으로 운반된다. 이외에도 여러 원소들이 용해도에 따라 유수에 용해되어 운반된다.

**부유운반:** 콜로이드입자, 점토, 실트, 모래 등이 물에 부유한 채로 운반되는 것을 말한다. 실제로 하천에서는 홍수 때 물이 증가함에 따라 대량의 부유물이 운반된다. 물이 불어날 때는 끊임없이 소용돌이가 생겨 상당히 큰 모래입자도 뜬짐 상태가 된다.

**소인(掃引)운반:** 입자가 점프하면서 운반되는 도약운반, 밑바닥에서 구르면서 운반되는 구름운반, 미끄러지며 운반되는 미끄럼 운반이 있다.

해수에서의 운반도 하천의 경우와 비슷하게 3가지 양식이 있다. 이러한 운반작용을 일으키는 해수의 유동으로는 해류, 조석류, 연안류, 저층류 등이 있다.

대기에 의한 운반에는 부유 및 소인 운반이 있다. 공중에서 부유 상태로 운반되는 물질은 바다소금, 화산분출물, 점토 등의 무기물, 화분, 미생물, 매연, 분진이

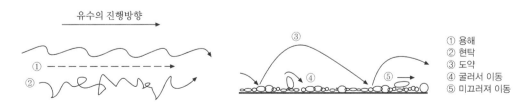

그림 23.1 쇄설물의 운반양식

있다. 때로는 실트 입자도 운반되는 일이 있는데, 봄에 자주 나타나는 황사현상으로 알려져 있다. 이러한 공중 부유물질은 에어로졸이라 불리며, 지구 표층의 물질 순환에도 중요한 역할을 한다. 원양성 퇴적물의 퇴적속도는 1000년에 수 mm로 아주 느리지만, 그 고형물의 주요한 것은 에어로졸이다.

공중의 소인운반은 사막이나 해안의 사구 등에서 흔히 찾아볼 수 있다. 공기는 물과는 달리 점성이 훨씬 작기 때문에, 한정된 속도의 공기로 운반할 수 있는 쇄설물의 입도 범위는 아주 좁다. 따라서 풍성층은 수성층에 비해 비교적 입자 크기 범위가 한정되어 나타난다.

쇄설물의 운반작용 중에서 과거에는 물이나 공기 등의 매질에 의한 운반이 중요시 되었지만, 최근에는 매스플로우(물질류)의 역할이 큰 것으로 알려져 왔다. 물질류는 쇄설물 그 자체가 유동하는 현상으로, 거시적으로 보면 몇 가지 메커니즘에 의해 쇄설물이 물과 같은 유체로 거동한다. 액체인 물의 경우에, 물분자는 분자 간의 결합력이 고체와는 달리 작기 때문에 물분자 상호위치가 이동할 정도로 자유롭게 유동할 수 있다. 이와 마찬가지로 매스플로우의 경우도 쇄설물 입자 간의 결합력, 구속력이 감소하여 유동화 한다.

물질류에는 (a) 입자 상호 간에 끊임없는 충돌을 반복하여 입자 간의 구속력이 감소한 것(입자류), (b) 물이나 점토, 실트가 큰 입자 사이에서 윤활유 역할을 하는 것(산시테, 암설류), (c) 닌류싱태의 물, 가스와 함께 쇄설물이 유농하는 것(혼탁류) 등이 있다(그림 23.2). 토사류나 화쇄류(화산쇄설류)도 물질류지만, 입자 간의 충돌과 매질의 난류상태 모두가 커다란 역할을 하고 있다. 이러한 물질류는 몇 개의 메커니즘이 혼합되어 일어나는 일이 많다.

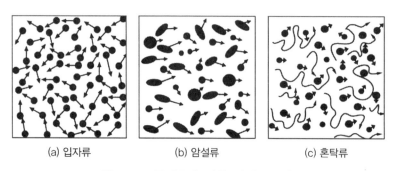

(a) 입자류   (b) 암설류   (c) 혼탁류

그림 23.2 물질류에 의한 쇄설물의 운반

## 2) 퇴적작용

지표의 암석은 풍화, 침식, 운반과정을 거치면서 형태가 변화되어 용해물질, 세립의 점토 광물이나 산화물, 세립의 쇄설물로 분화된다. 이 분화의 결과로 얻어진 물질은 입도나 광물 조성이 선별되어 균질한 조성을 갖게 된다. 또한 분별된 물질은 각각 특유한 퇴적 장소에 쌓이게 된다. 조립쇄설물은 운반작용에 있어서 영력이 큰 장소, 예를 들면 선상지, 범람원, 해저선상지 등에 퇴적되고, 세립쇄설물은 상대적으로 운반영력이 작은 장소, 즉 호수의 바닥, 만의 내측, 심해 등에 퇴적한다.

일반적으로 퇴적물이 고정되기 위해서 퇴적분지의 침강이 필수적이지만 그와 함께 운반·퇴적환경이 급변하는 장소에 많은 퇴적물이 축적되는 것이 특징이다. 그러한 곳은 선상지나 해저선상지와 같이 지형적인 경사가 급변하는 곳, 하천에서 호수나 바다 등의 분지로 유입되는 곳 등이다. 그러나 바다로 유입되는 하구에서는 하천의 운반영력이 감소할 뿐 아니라 강 이온성 해수 중에 세립쇄설물이 유입되어 **응결효과**(콜로이드가 전해질용액 중에서는 전하가 중화되면 불안정하게 되어 응결)에 의해 응집된 쇄설물이 급속히 침전된다.

## 3 | 속성작용

미 고결 퇴적물이 매몰된 후 생물활동이나 물리·화학적 변화를 받아 고결되어 퇴적암으로 변하는 작용을 속성작용이라 부른다. 퇴적물이 두껍게 매몰되고, 온도·압력이 상승하여 일어나는 변성작용을 매몰변성작용이라 부르지만, 속성작용과 매몰변성작용 사이의 온도·압력 조건을 명료히 나눌 수는 없다. 일반적으로 암석의 변성작용으로 정의되어 있는 불석상은 속성작용에 의한 경우가 많다.

### 1) 속성작용이 일어나는 장소

속성작용은 퇴적물과 그것을 둘러싸고 있는 매질과의 교호작용이 커다란 역할을 하기 때문에, 다음과 같이 4개의 장소로 나눌 수 있다.

**통기대**: 육상의 지표 근처에서 지하수위보다 높은 부분이다. 여기에서는 퇴적

물 사이에 공기의 조성에 가까운 기체나 흡착수가 있어 지표수가 통과한다. 압력은 지표와 그다지 다르지 않고, 통상적인 산화환경이다. 물의 화학적 성질은 해안과 내륙이 크게 다르며, 강수, 증발작용, 모세관현상 등에 의해 변화한다.

**지하수대:** 육지에서 지하수위 이하의 부분으로 퇴적물 사이를 지하수가 차지하고 있다. 온도·압력은 낮고, 지하수의 화학적 성질은 통기대의 경우처럼 크게 변한다. 심층이 되면 환원적 환경이 된다.

**해수역의 표층:** 온도·압력은 해저면과 크게 다르지 않다. 여기에서는 박테리아에 의한 산화환원반응이 큰 역할을 하기 때문에, 간극수의 화학적 성질은 크게 변한다. 산화환원전위는 표층 근처에서는 플러스($+$)이나 수 cm~수십 cm 아래에서는 마이너스($-$)가 된다.

**매몰대:** 온도·압력은 매몰심도에 따라 증가한다. 간극수의 조성은 크게 달라지며, 또한 탈수작용과 함께 공극률도 감소한다. 속성작용이 일어나는 주된 장소이며, 퇴적 시 광물 조성은 재결정작용에 의해 변화한다.

### 2) 속성작용의 단계

속성작용에서 온도·압력 조건이 높아져 변성작용을 받는 단계까지는 몇 개로 세분되어 있다. 특히 과거 러시아의 연구자들에 의해 여러 가지가 제안되었는데, 퇴적 시 속성삭용, 속성작용, 후속성작용, 변성작용의 4단계이다. 또한 이질암은 주요한 점토 광물로 일라이트가 포함된 경우가 많아 일라이트의 결정도를 지표로 하여 구분하기도 한다. 예를 들면 큐브라(B. Kubler, 1968)는 속성에서 약변성까지를 속성대, 안키대, 에피대의 3단계로 나누었다.

### 3) 속성작용에 의한 퇴적물의 변화

퇴적 직후에 일어나는 변화로 가장 현저한 것은 박테리아 등에 의한 유기물의 분해와 환원작용이다. 생물기원의 유기물은 분해되어 단순한 것으로 변하든가 아니면 거대한 분자량의 켈로겐 등으로 변한다. 또한 산화환원변위의 변화에 민감한 철, 망간 등은 원자가 변하고, 퇴적물 중의 농도도 크게 변한다.

퇴적물이 누적되어감에 따라 하중이 증가하여 퇴적물은 압밀(壓密)작용을 받게 된다. 입자 사이의 공극에는 담수 또는 해수 기원의 간극수가 존재하기 때문에 압밀에 의해 공극에서는 탈수작용이 일어난다. 세립 이질퇴적물의 경우에 체적의 감소가 극도로 커서 퇴적 후 초기속성작용 단계의 공극은 60~85 %이지만 탈수에 의해 35~45 % 정도까지 줄어든다.

공극수로부터 침전이 일어나 공극을 충진한 것이 교결물(시멘트)로, 이 작용을 교결작용이라 한다. 교결물은 탄산염 광물인 경우가 많고, 생성할 때 산화환원전위나 간극수의 조성에 의해 방해석($CaCO_3$), 돌로마이트[$CaMg(CO_3)_2$], 능철석($FeCO_3$), 능망간석($MnCO_3$) 등의 고용체 조성이 된다. 이외에 일반적인 교결물은 석영, 칼세도니(옥수), 녹니석과 같은 점토 광물, 불석 등이다.

매몰에 의한 온도·압력의 증가에 의해 아라고나이트와 같이 불안정한 광물이 안정된 광물로 변화하는 것을 **재결정작용**이라 한다. 아라고나이트의 껍질을 갖는 많은 이매패(조개)가 방해석으로 변하는 것이나 비결정질 실리카로 이루어진 방산충껍질이 크리스토발라이트의 단계를 거쳐 석영으로 변하는 과정은 잘 알려져 있다. 또 사암의 주요 구성 광물인 사장석은 해저에서의 속성변화에 의해 조장석으로 변한다. 이 반응은 대략 120 ℃, 매몰심도 2800 m 이상에서 발생한다. 점토 광물은 퇴적 당시에는 여러 종류가 있으나 셰일과 같이 일라이트와 녹니석이 주체가 되도록 변한다.

압축에 의해 공극이 축소된 단계에서 더욱 발전되는 변화는 **압력용해작용**이다. 특히 모래 크기 이상의 입자에서 매몰에 의해 하중이 걸리면 입자끼리 점 접촉으로 맞붙는 경우, 접촉면에 있어서의 압력은 대단히 크게 작용하여 접촉부분이 간극수에 용해되는 경우가 있다. 사암의 경우에 현미경 하에서 압력용해가 일어난 것이 명료하게 인정되는 경우가 많다. 세립의 석회암 등에서 탄산염 광물이 용해

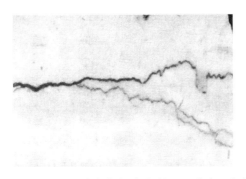

그림 23.3  세립질 석회암에서 나타나는 스타이로라이트 구조

하여 이질물이 불규칙한 필름형태로 남는 경우가 있는데, 이를 **스타이로라이트 구조**라 부른다(그림 23.3). 또 용출된 것들이 입자 사이에 상대적으로 압력이 작은 부분에서 교결물로 침전하기도 하는데, 이를 용해-침전 작용이라 한다. 이렇게 용해를 수반하는 암석조직은 변성암에서도 자주 발견된다.

## 4 퇴적학적 물질순환

지구규모의 물질순환은 지구화학의 중요한 테마의 하나인데, 그중에서 퇴적물이 비중 있는 역할이라는 것은 말할 나위도 없다. 전 지구의 물질순환은 고체지구(내부와 표층)-해양(수권)-대기(기권) 사이에서 일어나는 물질의 이동, 변화를 나타내는 것이다.

해양의 물질순환에서 원소의 거동을 나타내는 지표로 **평균 체류시간**이라고 하는 개념이 이용된다. 이는 특정원소에 대하여 해수 중의 전체량을 하천에 의한 평균 운반 량으로 나눈 것으로 보통 년을 단위로 표기한다. Na, Ca, K, Cl 등과 같이 해수의 주요 원소의 평균 체류시간은 $10^6$년 이상이다.

또한 지구표층 부근에서 원소의 거동을 검토하는 데 **질량수지**(mass balance)라고 하는 개념이 이용된다. 예를 들어 특정 원소에 관해 하천의 운반과 해양의 퇴적작용과의 질량수지는 다음과 같이 표기한다.

하천의 현탁 물질 + 하천의 용해물질 = 셰일 + 원양성 퇴적물

이러한 검토에 의해 현재 지구에서 질량수지가 전혀 맞지 않은 원소로 Na, Mg, Cl, Zn, Pb, S, P 등이 알려져 있다. 그 원인으로 생각되는 것은 해염의 바람에 의한 이동과 인공적인 오염이다.

또한 지구규모의 질량수지에 관해서 다음 식에 의거하여 검토되고 있다.

일차 암석(화성암) + 과잉 휘발성분 = 해양수 + 퇴적암

주요 원소로는 Ca이나 Cl이 균형을 이루지 못하지만, 이러한 원소는 지구사적 관점에서 검토할 필요가 있다.

지금까지 설명한 물질순환에 대한 검토는 지구 전체, 특히 지구 표층 근처를

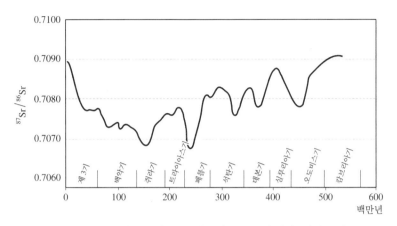

그림 23.4  해양탄산염 퇴적물의 Sr 동위체비 변화곡선

하나의 폐쇄계로 잡고, 각각 원소의 거동을 정적인 순환으로 해석한 것이다. 그러나 앞서 언급했듯이 질량수지로부터 크게 벗어난 원소, 또는 유사한 퇴적암에서 농도가 현저하게 다른 천이금속 등의 원소는 그 거동이 매우 동적이다.

최근에 동위체 지구화학이 진전됨에 따라 지질연대에서 특정한 시기의 동위체 수지를 고찰하면서 지구환경에 초점을 맞춘 지구사의 해명에 커다란 역할을 하고 있다. 예를 들면 원양성 퇴적물 중의 미화석으로부터 추출된 산소동위체 변화곡선으로 제4기의 기후변화를 훌륭하게 추적할 수 있다. 나아가 이러한 추적은 제3기, 중생대, 고생대로 검토가 진행되고 있다. 또한 해양탄산염 퇴적물의 Sr동위체비 변화곡선은 대륙의 소멸과 성장, 해양판의 활동도를 나타내는 것으로 여겨지고 있다(그림 23.4).

퇴적암은 지구사의 특정한 시기에 생성되어 이것이 보존된다는 점에서 지구 전체의 물질대순환과 지질시대의 지구환경을 사사한다.

## 5  퇴적암의 화학조성

퇴적암의 화학조성은 화성암에 비해 매우 다양하다. 그 이유는 지표에서 풍화, 침식, 운반, 퇴적의 전 과정을 통해 물리화학적 또는 생물활동에 의해 원래의 암석을 구성하는 광물이나 원소가 분별, 분해, 합성, 용해, 침전되어 변했기 때문이다. 이러한 화학조성을 크게 변화시킨 근본 원인은 수용액반응이다. 즉 물을 매개로 하여 암석으로부터 용해원소와 불용해 잔류물이 끊임없이 분리되고, 용해원소는 물의 흐름과 함께 이동한다. 더욱이 수용액에서의 침전은 단순한 조성의 화합물을 대량으로 만들어 낸다.

## 1) 육성 쇄설암

**풍화잔류물:** 열대 아열대 지역의 풍화생성물의 대표적인 것은 보크사이트이다. 보크사이트에는 60 % 이상의 $Al_2O_3$가 함유되어 있다. 이들은 주로 깁사이트 [$Al(OH)_3$]로 구성되며, 적철석도 포함한다. 풍화토양은 라테라이트라고 불리며, Al, Fe의 산화물, 수산화물 외에 고령석을 포함한다. 온대습윤 지역의 풍화잔류물은 석영과 고령석으로 구성된 고령토가 있다.

**육성 조립질 쇄설암:** 역암은 원암의 조성을 많이 간직하고 있다. 사암은 풍화, 운반과정에서 입자의 조성이 변하고 화학조성도 변화한다. 편암을 포함하는 이질의 기질이 많은 암편 잡사암은 상부 대륙지각의 조성과 유사하다. 광물 조성의 변화가 진행되면 석영, 장석의 증가에 수반되어 $SiO_2$가 늘어나고, $K_2O/(MgO+Fe_2O_3)$의 비가 커진다.

사암의 주요 화학조성과 판구조적 위치(tectonic setting)를 연계시키고자 하는 노력도 활발하게 신행되고 있다. 퇴적장소의 판별도로 바티아(M. R. Bhatia, 1983)는 ($SiO_2/Al_2O_3$)−($K_2O/Na_2O$)도와 ($Al_2O_3/SiO_2$)−($Fe_2O_3+MgO$)도를 제안했으며, 코르슈(R.J. Korsch)는 ($K_2O/Na_2O$)−$SiO_2$도를 제안했다[그림 23.5(a), (b)]. 君波和雄 등(1992)은 ($Al_2O_3/SiO_2$)−[(FeO+MgO)/($SiO_2+K_2O+Na_2O$)]도로 구조장을 식별하고자 했다[그림 23.5(c)].

**이질암:** 이암의 조성은 암편잡사암과 마찬가지로 상부 대륙지각의 조성과 유사하다. 단 판의 수렴대에서 형성된 이암은 Ca이나 Na이 상부 대륙지각의 조성값보다 상당히 적다. 이는 천해성 이암과 같이 $CaCO_3$을 그다지 포함하지 않고, 점토 광물이 증가함에 따라 $Na_2O$양이 감소하기 때문이다. Na은 많은 점토 광물에는 포함되지 않고, 조장석이나 불석류에 포함되는 성분이다.

특수한 이질암으로 녹색암에 수반되는 적색셰일이 있다. 소위 원양성 퇴적물에서 열수활동의 영향이라 여겨지는 것도 있다. 화학조성은 Fe이나 Mn 또는 그

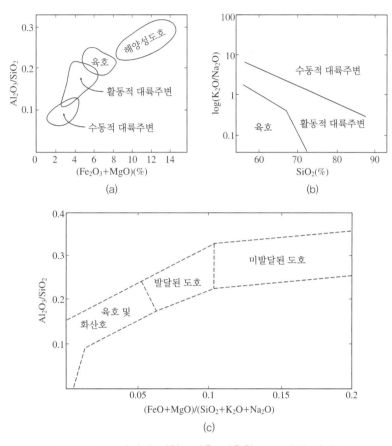

그림 23.5 사암의 화학조성을 이용한 구조장의 식별도

외의 천이금속의 산화물이 많은 것이 특징이다. 이들의 일부는 열수활동에 의한 침전물이며, 일부는 해수에서의 침전물이다. 해수에서 침전한 대표적인 물질은 **망간단괴**이다. 어느 쪽이든 퇴적속도는 대단히 느리다.

**황사:** 중국대륙으로부터 불어오는 황사는 최근에 봄뿐만 아니라 겨울에도 자주 나타난다. 황사에는 Zr과 Hf함량이 셰일의 평균조성보다 높은 것이 특징이다. 이는 기원물질이 대륙의 풍화생성물이며, 풍화잔류물인 저어콘을 많이 포함하기 때문이다.

## 2) 퇴적암의 유기물

유기물의 속성이 변화되어 집적한 유기질 퇴적물로는 석탄과 석유가 있다. 퇴

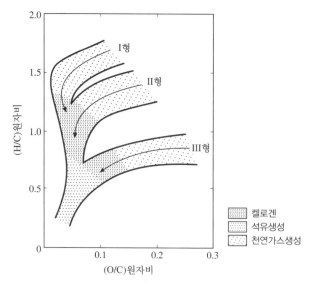

그림 23.6 석유, 천연가스의 생성과 켈로겐의 조성 변화

적물에 포함된 유기물은 주로 탄수화물, 단백질, 지방질 등인데, 이들은 박테리아에 의해 분해되어 당, 아미노산, 지방산과 같은 단순체로 변한다. 아니면 혐기성 박테리아에 의한 메탄발효가 일어나는데, 이때 메탄을 생성한 후에 유기물의 대부분은 중합을 일으켜 고분자유기물을 만들어낸다. 이들은 탈아민, 탈탄산, 탈메칠작용에 의해 복잡한 고분자화합물이 되어, 유기용매에 불용성인 물질이 된다. 이것을 켈로겐(kerogen)이라 부른다. 켈로겐은 석유의 원물질로 알려있는 것으로 H/C–O/C도에서는 H/C비가 큰 I형(부정형질), O/C비가 큰 Ⅲ형(목부·석탄질), 그 중간의 Ⅱ형(초목형)으로 나뉜다(그림 23.6). 석유 생성 능력에서 보면 I형은 탄화수소 생성 능력이 높고, Ⅲ형은 식물체의 셀룰로오스를 주체로 하는 것으로 변한다. 이 타입의 켈로겐들은 열분해 등에 의해 석유, 천연가스로 변하지만 보다 고도의 변화를 받게 되면 탄질물이 남게 된다. 수렴대의 퇴적물인 흑색 셰일은 이러한 탄질물이 남은 것이다.

### 3) 퇴적암의 색

퇴적암의 신선한 표면은 암석에 따라 그 색이 다르다. 다른 색소(pigment)가 들어있지 않으면 암석의 색은 구성물질의 색에 지배된다. 그러나 소량의 색소가 입자들 사이를 충진 되거나 구성입자들의 표면을 피복하면 그 색소가 암석의 색을 전적으로 지배하게 된다. 가장 중요한 색소로는 산화제이철, 산화제일철, 유기원의 탄소가 있다. 산화제이철은 적색 또는 황색, 산화제일철은 녹색, 탄소는 흑색 내지 회색, 소량이면 담회색의 색소가 된다. 산화제이철은 탄소가 들어 있으면 환원작용을 받아 산화제일철로 변하므로 녹색을 띠게 된다. 어떤 이유로 탄소분이 전부 산화된다면 산화제일철은 더 산화되어서 산화제이철로 변하여 암석의 색을 붉게 만들 것이다. 이런 예는 풍화를 심하게 받은 퇴적암 지대에서 볼 수 있다.

　노출된 후 오래된 암석의 면은 이끼식물로 덮여서 검게 되기도 하고 암석 중에서 용해되어 나와 다시 침전한 이산화망간($MnO_2$), 자철석($FeO \cdot Fe_2O_3$)으로 흑색으로 변해있는 일이 많으므로 암석의 색을 조사할 때에는 언제나 신선한 단면을 보도록 주의하여야 한다.

# 24장
# 퇴적물의 종류와 조직

## 1 퇴적물의 종류

    퇴적물은 기원에 따라 크게 4가지로 나눌 수 있다. 첫째, 기존 암석들이 화학적 또는 물리적 풍화에 의해 생기는 쇄설성 입자(clastic grain), 둘째, 화학적인 침전으로 생기는 입자, 셋째, 생물기원의 입자, 넷째, 폭발적인 화산분출에 의해 생기는 화산쇄설성 입자이다. 이외에도 소량의 온천 침전물, 우주진, 운석 물질도 퇴적물의 재료가 된다. 퇴적암이 생성되는 윤회과정을 정리하면 다음과 같다(표 24.1).

### 1) 쇄설성 퇴적물

    쇄설성 퇴적물의 구성 성분은 크게 물리화학적으로 파쇄된 조립의 쇄설성 입자 및 입자 사이를 채우는 세립질 기질, 속성작용을 통해 새롭게 생성되는 자생 광물과 교결물로 나눌 수 있다. 자연에서 산출되는 광물과 기존 암석으로부터 유래한

표 24.1 기원에 따른 퇴적물의 분류

| 초기 기원물질 | 암석 또는 퇴적물 | | |
|---|---|---|---|
| 풍화 | 파쇄 | 용해 | |
| 운반 수단 | 물, 바람, 중력 | 물 | |
| 퇴적 | 중력 | 화학적 침전 | 생물의 작용 |
| 생성암 | 쇄설성 퇴적암 | 화학적 퇴적암 | 생물학적 퇴적암 |
| 퇴적암 이름 | 역암, 사암, 셰일 | 석회암, 처트, 암염 | 석회암, 인회토 |

모든 종류의 파편은 쇄설성 입자로 존재할 수 있다.

쇄설성 퇴적물의 광물 성분, 입자의 크기 및 입자의 모양은 퇴적물을 공급하는 기원지 암석과 직접적으로 관련되어 있다. 따라서 모래 크기나 그 이상의 입자의 크기, 모양, 성분 등은 기원암석에서 그대로 유래된다. 이는 입자가 단일결정이거나 복합 광물 또는 여러 가지 작은 입자로 구성된 입자 모두에게 적용된다.

광물의 용해는 암석이 풍화되는 장소에서 일어나는데, 특히 기계적 풍화보다는 화학적 풍화작용이 우세할 때 많이 일어난다. 광물 입자의 용해는 물에 의해 입자가 운반되는 동안, 그리고 속성작용이 일어나는 동안에 퇴적물 사이의 공극수에 의해 일어난다. 광물의 기계적 안정도는 벽개면의 유무와 광물의 강도에 의하여 좌우된다. 비교적 굳고 벽개가 없는 석영은 기계적으로 매우 안정하며 운반되는 동안의 상당한 마모에도 견딜 수 있다. 반면에 벽개의 발달이 뚜렷한 장석과 대체로 결정 사이의 결합이 약한 암편들은 운반되는 동안 쉽게 부서진다. 육성기원 쇄설성 입자는 암편, 석영, 장석, 운모 및 점토 광물, 중광물 등으로 나눌 수 있다.

### 가) 암편(岩片)

암편은 역암과 각력암의 주요 구성성분으로 사암에서는 보통 조립의 입자로 나타나는 경향을 보인다. 암편은 크기가 점점 작아짐에 따라 각각의 구성 광물로 쪼개지는 경향을 보인다. 암편의 성분은 근본적으로 기원암의 지질과 운반되는 동안의 입자의 내구성에 의해 좌우된다. 사암 내의 암편은 보통 ① 이암, 셰일, 실트암, 점판암과 같은 세립의 퇴적암과 변성퇴적암, ② 처트와 규질 퇴적암, ③ 화성암, 특히 화산암 등의 조각들로 구성된다. 다짐작용과 속성변형으로 인하여 셰일, 점판암, 화성암 등의 암편은 세립질의 기질과 구분할 수 없을 정도로 변질되고 화성암편은 녹니석과 불석으로 교대된다. 대부분의 암편은 매우 불안정하지만 암편사암과 이질잡사암과 같은 사암에서 자주 관찰된다.

역암과 각력암을 구성하는 자갈들은 분지 외부에서 유입된 암편과 분지 내에서 형성된 암편의 두 유형으로 구분된다. 퇴적작용이 일어나고 있는 분지 내에서 형성된 내분지 기원 역은 주로 이미 퇴적되어 어느 정도 고화된 이암에서 떨어져 나온 덩어리들이다. 외분지 기원력들은 퇴적작용이 일어나고 있는 지역의 외부로부터 유래된 것들로 어떠한 종류의 암석도 포함될 수 있으며, 운반 거리가 짧을 때는 매우 불안정한 암석도 포함된다. 먼 거리에 걸쳐 이동된 퇴적물로 구성된 역암 또는 각력암에는 여러 종류의 성분들이 다양하게 포함된다. 이러한 암석을 복성역암이라 하는데, 일부 빙하 퇴적층과 하성 자갈이 그 예이다. 한 종류의 자갈만으로 된 역암을 단성역암이라 하며 보통 공급지가 국부적임을 지시한다.

### 나) 석영

석영은 퇴적환경에서 가장 안정한 광물로 사암을 구성하는 가장 흔한 광물이다. 보통 사암은 약 65 %의 석영을 포함하지만 전체가 석영으로 이루어진 것도 있다.

석영 입자는 대부분 심성화강암, 산성편마암 및 편암으로부터 유래된 것들이다. 석영은 하나의 결정으로 구성된 단결정질 석영과 두 개 또는 그 이상의 결정으로 된 복결정질 석영으로 구분할 수 있다. 복결정질 석영은 결정 입자간 봉합선, 일직선, 불규칙한 결정 접촉 등을 갖는 여러 개의 작은 결정으로 분리된다.

또한 소광과 포유물을 근거로 석영 입자를 좀더 세분할 수 있다. 직교 니콜 하에서 결정 전체가 균일하게 일어나지 않고 결정 내부를 불규칙적으로 지나가는 형태를 파동소광이라 한다. 파동소광은 보통 결정격자가 변형 받았음을 지시한다. 석영 입지 내에는 포유물이 흔히 포함되는데, 보통은 기포를 함유하는 액체(이는 투과광에서는 갈색 또는 검게 보이며 반사광에서는 은색임)이거나 금홍석, 운모, 녹니석, 자철석, 전기석 등과 같은 광물의 미세한 결정들로 구성되어 있다.

화산암으로부터 유래된 석영입자는 전형적으로 단일소광을 하는 단결정질 석영이며 포유물이 없고, 열수광맥에서 유래된 석영은 다수의 유체포유물을 함유한다. 역암 내의 역 중에 종종 맥석영이 포함되는데 이들은 유체 포유물 때문에 유백색 또는 백색을 띠고 있어 다른 기원의 역들과 구별된다.

변성암 지역에서 유래한 복결정질 석영은 전형적으로 여러 기원의 결정들을 포함하고 종종 한 방향의 결정배열을 보이며 길게 늘어난 모양을 보인다. 파동소광은 한때 변성기원임을 나타낸다고 생각되기도 하였으나 실제로는 화성기원의 석영에서 흔히 나타난다. 따라서 소광과 복결정도를 자세히 조사하면 입자가 심성암 및 저변성도, 고변성도의 변성암 기원인지를 구별할 수 있다.

파동소광을 하는 단결정질 석영과 복결정질 석영입자는 단일소광의 단결정질 석영보다 불안정하다. 따라서 풍화·운반과 속성작용을 거치는 동안에 이들은 선택적으로 제거되어 사암에서는 기원암인 화성암과 변성암에서보다는 복결정질 석영에 대한 단결정질 석영의 비가 증가할 것이고, 변형된 석영에 비해서 변형되지 않은 석영의 양이 훨씬 많아질 것이다.

### 다) 장석

사암 내 장석의 함량은 평균 10~15 %이나 장석사암은 보통 50 %까지 장석을 포함한다. 장석은 석영보다 무르고 벽개가 잘 발달되어 있기 때문에 물리적으로 안정하지 못하다. 따라서 장석은 운반되는 동안 그리고 흐름이 활발한 환경에서는 잘 부서지기 때문에 연안사주, 천해 그리고 풍성사암보다는 하성 퇴적물 내에 더 많은 장석이 포함된다.

또한 장석은 가수분해가 잘 되어 화학적 안정도도 낮다. 장석은 화학적으로 변질되어 견운모, 고령토, 일라이트와 같은 점토 광물로 교대된다. 장석은 변질 초기에는 지저분하게 나타나며 결국에는 장석이 완전히 점토 광물의 가상으로 교대된다. 장석의 풍화는 기계적 풍화작용보다 화학적 풍화작용이 우세한 환경에서, 암석이 분포하는 지표면에서 곧바로 일어나기도 하고 또한 매몰되거나 융기되며 속성작용을 받는 동안에도 일어난다.

장석 입자는 석영과 마찬가지로 결정질 암석으로부터 유래된다. 이러한 암석은 주로 정장석이 사장석의 양보다 많은 화강암과 편마암들이다. 퇴적암 내에 들어 있는 장석의 대부분은 첫째 윤회단계의 것들이다. 퇴적암 내 장석의 함량은 기원암의 장석 함량 이외에도 침식속도와 기후에 많은 영향을 받는다. 공급지의 기후가 습윤하면 화학적 풍화가 우세하므로 장석이 쉽게 파괴되는 반면, 건조한 지역에서는 기계적 풍화에 견뎌 본래대로의 장석이 그대로 보존된다. 습윤한 기후조건이라 하더라도 고지대에서 빠르게 침식이 일어나는 경우에는 장석 입자가 파괴되지 않고 보존된다.

### 라) 운모와 점토 광물

판상의 규산염광물은 사암의 기질에 흔히 나타나며 이암의 주구성원이다. 흑운모, 녹니석, 백운모 등은 커다란 쇄설편으로 나타나며, 보통 엽층과 층리면을 따라서 집중되어 있다. 이들은 판상의 성질 때문에 조립의 퇴적층으로부터 쉽게 씻겨나가 세립의 모래나 실트에 집적되는 경향이 있으며 풍성 퇴적층으로부터는 바람에 의해 쉽게 제거되기도 한다. 백운모와 흑운모는 여러 화성암으로부터 유래하나 특히 변성암인 편암과 천매암으로부터 많이 공급된다. 녹니석은 대부분 저변성도의 변성암과 이산화망간 광물의 풍화와 변질로부터 유래된다. 일반적인 기원암에는 백운모보다 흑운모가 훨씬 많이 함유되어 있지만 백운모가 화학적으로보다 안정하기 때문에 사암에서는 백운모가 훨씬 풍부하게 나타난다.

점토 광물로 분류되는 광물은 고령석(kaolinite), 몬모릴로나이트(montmorillonite), 일라이트(illite), 녹니석이 있는데, 이들은 알루미늄 규산염의 분해에 의해 생성된 2차적인 알루미늄 규산염 광물이다(그림 24.1).

점토 광물은 물을 포함하는 판상구조이며, c축 방향으로 2개의 서로 다른 단위가

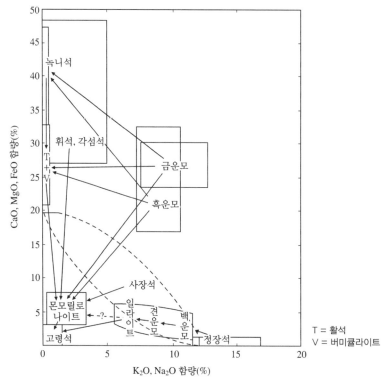

그림 24.1 규산염 광물의 풍화에 의한 점토 광물의 형성과정
(H. Blatt, 1982. Sedimentary Petrology, W.H. Freeman & company, p. 43)

포개진 층상격자 구조이다. 즉 $Si_4O_{10}$판이 서로 연결된 사면체 판과 2개의 수산기 -산소 사이에 알루미늄 이온이 연결된 정팔면체 판이 겹쳐있다. 따라서 점토 광물 은 구조적으로 2 단위들의 개수와 Si(Al)의 다른 원소로 치환 여부에 따라 다르 다. 점토 광물의 평균 입자 크기는 0.002 mm 이하로 콜로이드 크기이며, 입자의 크기가 작아질수록 결정체의 완성도는 감소한다(그림 24.2).

고령석(kaolinite)는 사면체 판과 팔면체 판이 하나씩 연결된 2층 구조이며, 다 형으로 dickite, nacrite, halloysite가 있다. 몬모릴로나이트는 2개의 사면체판 안에 1개의 팔면체판이 끼어있는 3층 구조로, 벤토나이트의 주 구성 광물이다. 이 광물 은 구조적으로 상당량의 원자치환이 가능하여 조성이 다양하다. 예를 들어 Al은 제2철, Mg과 Zn, 그리고 소량의 Li, Cr, Mn, Ni에 의해 치환되며, Si은 Al에 의해 부분적으로 치환된다. 또한 3층의 단위 구조 전체가 (-) 전하를 나타내므로 주위

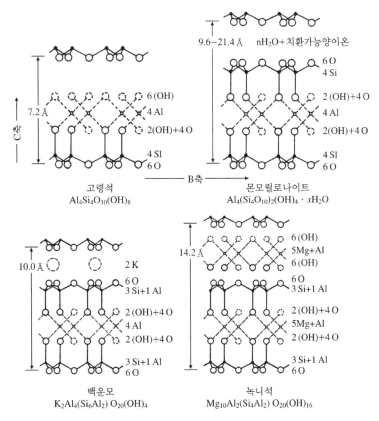

그림 24.2  점토 광물의 결정구조 모식도(Grim, 1942, Journal of Geology, 50, p. 225)

에서 Ca나 Na의 흡착하여 중화하는 성질을 갖는다. 일라이트는 특정한 점토 광물의 이름이 아니라 점토 크기의 백운모로서 많은 점토와 셰일의 중요한 구성성분이다. 녹니석은 구조적으로 몬모릴로나이트 층상구조 내에 (Mg,Al)(OH)층이 삽입된 형태이다.

사암 내의 점토 광물의 기원으로는 기존 암석에서 유래한 쇄설성인 것과 속성과정에서 자생한 것이 있다. 점토 광물의 종류는 현미경으로는 거의 구분할 수가 없는데 고령토, 일라이트, 스멕타이트, 혼합층 점토 광물과 같은 중요한 점토 광물들이 모두 사암 내에서 나타난다. 쇄설성 점토는 공급지의 지질, 기후 그리고 풍화과정을 보통 반영하는데 퇴적 후 속성과정 동안에 점토 광물은 다른 점토 광물로 변질되기도 하고 또한 장석과 같은 불안정 광물 입자들의 변질을 통해 새로 만들어지기도 한다. 녹니석은 종종 풍화에 약한 암편을 대체하여 생성되는데 이러한 자생 점토 광물은 입자의 둘레부분이나 공극 내에서 주로 형성된다. 속성작용에서 고령석과 몬모릴로나이트는 소멸되고 일라이트와 녹니석의 생성되어, 셰일과 이질암은 주로 일라이트와 녹니석으로 구성된다.

### 마) 중광물

무거운 중광물 입자들은 사암 내에 보통 1% 미만의 함량으로 포함된다. 이들은 주로 규산염 광물과 산화 광물로 화학직 풍화와 기세적 마보에 매우 강하다. 흔히 나타나는 투명 중광물로 인회석, 녹염석, 석류석, 금홍석, 십자석, 전기석, 저-콘 등이다. 티탄철석과 자철석은 흔히 나타나는 불투명 쇄설성 중광물이다. 중광물의 비중은 2.9 이상으로 2.6인 석영이나 장석보다 높다. 이렇게 비중이 크고 퇴적층 속에 소량이 포함된 중광물 입자는 석영과 중광물 비중의 중간정도의 비중을 갖는 브롬이나 톨루엣 용액과 같은 중액을 이용하면 고화된 암석을 분쇄한 입자들로부터 분리해 낼 수 있다.

중광물 연구는 공급지와 그곳에서 일어났던 지질학적 사건에 대해 유용한 정보를 제공한다. 석류석, 녹염석, 십자석 등과 같은 중광물은 변성암 지역으로부터 유래되는 반면에 금홍석, 인회석, 전기석 등의 기원암은 보통 화성암이다.

퇴적물 내의 중광물 조합은 퇴적물의 근원지에 분포하는 암석군을 인지하는 데 도움을 준다. 예를 들어 지질 조건이 다른 둘 이상의 강에서 퇴적물이 공급되는 경우에 중광물 조합의 차이를 이용하면 각각의 근원지를 구분해 낼 수 있다. 중광물은 속성작용 동안에 층간수에 의해 용해될 수 있다. 따라서 오래된 사암일수록 중광물 조합이 단순해지는 경향을 보인다.

### 2) 화학적 및 유기적 퇴적물

화학적 퇴적물이란 암석 또는 암설로부터 용해되어 일단 용액으로 되었던 성분이 침전되어 고체로 된 것이다. 용해되었던 성분의 침전은 염분의 추가 및 증발로 물의 염분 농도가 커질 때, 또는 수온이 변할 때에 일어날 수 있다. 또 넓은 바다보다 폐쇄된 바다나 호수에서 침전이 빨리 일어난다.

유기적 퇴적물은 생물의 유해가 쌓여서 만들어진 퇴적물이다. 동물은 주로 그 껍질이나 뼈를 퇴적물로 공급하는데 그 성분은 물에 용해되어 있던 무기물로서 이들은 생물화학적인 퇴적물이라고 할 수 있다. 식물은 $CO_2$로부터 취한 탄소를 포함한 유해를 퇴적하여 탄소를 주성분으로 하는 퇴적암, 즉 석탄을 만드는 경우가 있다.

## 2 ｜ 퇴적물의 조직

퇴적물의 조직이란 퇴적물의 구성입자의 모양, 둥그런 정도(원마도), 표면의 특징, 입자의 크기와 배열상태 등을 말한다. 퇴적물의 조직에 대한 연구는 입도, 입도상수, 입자의 형태, 입자 표면의 상태와 퇴적물 석리의 분석에 의해 시작된다. 육성기원 쇄설암의 조직은 퇴적과정을 반영하며, 이러한 요소들을 기초로 하여 퇴적물의 조직 성숙도를 분류할 수 있다.

### 1) 퇴적물의 입도

#### 가) 입자의 크기

퇴적물의 입자는 미세한 먼지로부터 거력에 이르기까지 크기가 다양하다. 입자의 크기는 일차원적인 길이나 삼차원적인 체적으로 표시할 수 있으나 일반적으로는 직경을 나타낸다. 현재 널리 사용되고 있는 입도(입자 크기)의 등급은 Wentworth

와 Udden의 분류체계이다. 그들의 입도축척에서는 퇴적물을 점토, 실트, 모래, 왕모래, 잔자갈, 왕자갈과 거력의 7등급으로 나누고, 모래를 5등급, 실트를 4등급으로 세분하였다(표 24.2).

밀리미터 단위를 사용하는 Udden-Wentworth 단위는 기하급수적인 축척(1, 2, 4, 8, 16과 같은)이다. Krumbein은 phi 단위의 산술급수적인 축척(1, 2, 3, 4, 5와 같은)을 도입하였는데, phi는 Udden-Wentworth 축척의 로그변환으로 phi=−log₂S로 표시되며 이때 S는 밀리미터 단위의 입자 크기다. 퇴적물의 입도 표시에는 수학적 계산이 훨씬 용이한 phi 축척이 주로 사용된다. 보다 자세한 조사를 위해서 모래 영역 내의 등급간격을 1/4 phi 간격까지 세분할 수 있다.

표 24.2  퇴적물 입도(입자 크기)의 구분(Udden-Wentworth)

| mm | phi($\phi$) | 분류 |
|---|---|---|
| 2048 | −11 | |
| 1024 | −10 | 거력(boulder) |
| 512 | −9 | |
| 256 | −8 | —————— |
| 128 | −7 | 왕자갈(cobble) |
| 64 | −6 | —————— |
| 32 | −5 | |
| 16 | −4 | 잔자갈(pebble) |
| 8 | −3 | |
| 4 | −2 | —————— |
| | | 왕모래(granule) |
| 2 | −1 | |
| 1 | 0 | |
| 0.5 | 1 | 모래(sand) |
| 0.25 | 2 | |
| 0.125 | 3 | |
| 0.063 | 4 | —————— |
| 0.031 | 5 | |
| 0.016 | 6 | 실트(silt) |
| 0.008 | 7 | |
| 0.004 | 8 | —————— |
| 0.002 | 9 | 점토(clay) |

모래입자들은 가장 세립이라 해도 육안관찰이 가능하며 손가락으로 문질러서 거칠거칠한 입자의 존재를 느낄 수 있다. 실트 입자는 1/256~1/16 mm (4~8$\phi$)로 아주 세립이어서 확대경 없이는 관찰이 용이치 않은 입자를 말한다. 실트 입자는 손가락으로 문질렀을 때 입자의 느낌은 없으나 이빨로 깨물었을 때 입자가 존재한다고 느낄 수 있다. 점토는 1/256 mm(8$\phi$) 이하의 가장 세립질인 퇴적물로서 손가락은 물론 이빨로 깨물어도 입자의 느낌을 느낄 수 없을 정도이다. 이토(mud)는 실트와 점토를 통칭하는 용어이다.

야외에서 사암을 조사할 때 핸드렌즈를 이용하여 개략적으로 입도를 측정할 수 있는데, 역암과 각력암의 역의 크기는 자를 이용해 직접 측정할 수 있다. 교결이 불량한 사암이나 고화되지 않은 모래는 체에 치는 방법이 가장 일반적으로 사용된다. 중립의 실트에서 작은 자갈 사이의 크기를 갖는 입자들은 체를 이용하는데, 약 30 g의 표품을 약 15분 정도 체로 친다. 점토에서 모래 사이의 크기를 갖는 입자들은 물속에서 입자의 침전속도를 측정하여 입도를 분류할 수도 있다. 교결이 잘 된 실트암과 사암(그리고 석회암)은 박편을 제작하여 접안렌즈의 눈금과 포인트 카운터를 이용해 수백 개 입자의 크기를 현미경 하에서 측정한다.

### 나) 입도의 통계적 처리

퇴적물 입자 크기의 분포는 누적빈도곡선이나 평균값, 모드(mode), 중앙값, 분급(sorting), 왜도(비대칭도), 첨도 등의 분포형태나 모양에 대해 수치를 이용하여 표현한다. 이 변수들은 현미경 또는 체로 분석한 입도 자료를 가지고 그린 그래프로부터 추론하기도 하고, 통계적인 방법을 이용하여 직접 계산하기도 한다.

그래프로 표시할 때는 막대그래프, 빈도곡선 또는 누적빈도곡선을 사용한다. 입도는 횡축($x$축)에 표시하며 오른쪽으로 갈수록 입자크기가 감소하도록 표시한다 (그림 24.3). 막대그래프와 누적빈도곡선은 각각의 입자크기에 해당하는 입자들의 빈도를 나타내주며 입도 분포를 쉽게 알 수 있고, 특히 분포가 단일모드인지 또는 이중모드인지를 확연하게 보여준다. 누적빈도곡선에서는 특정 값보다 더 조립인 입자의 비율을 나타내는데, 누적빈도를 표시할 때는 일반적으로 분포가 정상인 경우 직선으로 그려지는 로그그래프를 사용하는 것이 가장 좋다.

입도 상수들의 계산식을 표 24.3에 나타냈다. 현재는 입자의 크기를 phi 단위로

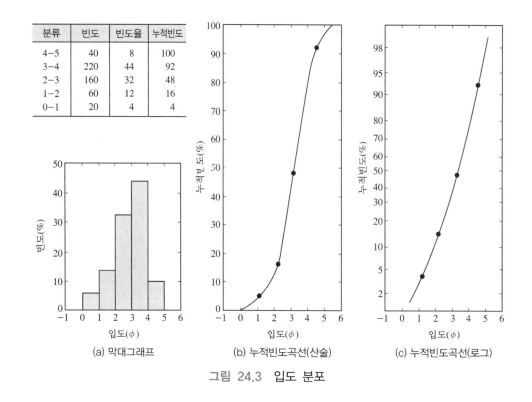

| 분류 | 빈도 | 빈도율 | 누적빈도 |
|------|------|--------|----------|
| 4–5 | 40 | 8 | 100 |
| 3–4 | 220 | 44 | 92 |
| 2–3 | 160 | 32 | 48 |
| 1–2 | 60 | 12 | 16 |
| 0–1 | 20 | 4 | 4 |

(a) 막대그래프  (b) 누적빈도곡선(산술)  (c) 누적빈도곡선(로그)

그림 24.3  입도 분포

표 24.3  퇴적물 입자의 크기 분포를 나타내는 통계값(입도상수)에 대한 계산법

| 입도상수 | Folk and Ward, 1957(입자크기 $\phi$) | Trask 공식(입자크기 mm) |
|----------|--------------------------------------|-------------------------|
| 중앙값(median) | $M_d = \phi_{50}$ | $M_d = P_{50}$ |
| 평균값(mean) | $M = (\phi_{16}+\phi_{50}+\phi_{84})/\ 3$ | $M = (P_{25}+P_{75})/2$ |
| 분급(sorting) | $\sigma\phi = [(\phi_{84}-\phi_{16})/4]+[(\phi_{95}-\phi_5)/6.6]$ | $S_0 = P_{75}\ /\ P_{25}$ |
| 왜도(skewness) | $S_k = [(\phi_{16}+\phi_{84}-2\phi_{50})/2(\phi_{84}-\phi_{16})]$ $+\ [(\phi_5+\phi_{95}-\phi_{50})/2(\phi_{95}-\phi_5)]$ | $S_k = (P_{25}\ /\ P_{75})\ /\ M_d^2$ |
| 첨도(kurtosis) | $K_G = (\phi_{95}-\phi_5)\ /\ 2.44(\phi_{75}-\phi_{25})$ | $K_G = (P_{75}-P_{25})\ /\ 2(P_{90}-P_{10})$ |

측정하는 Folk와 Ward(1957)의 상수 계산방식을 주로 사용한다. 이보다 간단한 mm 단위를 사용하는 Trask의 공식도 표시되어 있다.

퇴적물의 입자 분포는 일반적으로 **평균값**, 모드(**최빈값**)나 **중앙값** 주위에 몰려 있게 된다(그림 24.4). 모드는 가장 빈도가 높은 지점의 phi 값(또는 mm 값)을 말한다. 대부분의 퇴적물은 하나의 등급이 우세하게 나타나는 **단일모드**이지만 **이중**

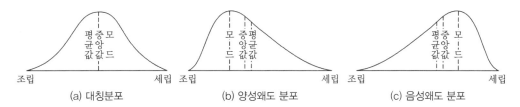

그림 24.4 퇴적물 입자 분포곡선에서의 평균값과 중앙값 및 왜도. 모두 단일 모드

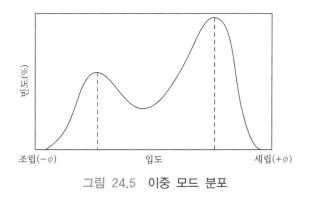

그림 24.5 이중 모드 분포

**모드**(그림 24.5)와 복합모드를 나타내는 퇴적물도 있는데 기질이 풍부한 역암이 그 예이다.

입도 분포가 완벽하게 정상·대칭 분포인 경우에는 모드, 평균값, 중앙값이 같다. 넓은 지역에서 조사된 입도의 경향을 추적하면 퇴적물이 공급된 방향을 추측할 수 있는데, 공급지로부터 멀어질수록 입도는 감소한다. 유수의 하류 방향으로 갈수록 입도가 감소하는 이러한 경향은 하성층, 삼각주 그리고 해저 선상지의 저탁류 퇴적물에서 대개 나타난다. 해안에서는 수심이 증가하고 유속이 감소함에 따라, 즉 바다 쪽으로 갈수록 입도는 감소한다.

분급(sorting)은 표준편차, 즉 입도 분포의 퍼짐상태를 나타내는 척도인데, 그림 24.6에서 C보다 A의 분급이 양호하다. 분급은 퇴적매체가 얼마나 효과적으로 입자들을 크기에 따라 분리해 내는가를 나타내는 유용한 상수이다. 입도 분포의 양 끝은 대체로 퇴적환경을 민감하게 나타내는 것으로 알려져 있다. 즉 고 에너지 환경에 쌓인 퇴적물은 양끝 부분이 거의 나타나지 않는 분포를 보인다.

Folk와 Ward의 공식으로부터 얻은 분급정도를 나타내는 데 사용되는 용어는 다음과 같다.

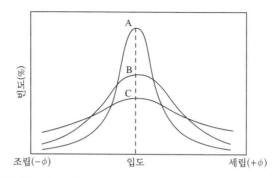

그림 24.6 동일한 평균값을 갖는 입도 분포. C에서 A로 갈수록 분급이 양호

$\sigma_1$이    0.35 이하    매우 분급이 좋음

0.35 ~ 0.5    분급이 좋음

0.5 ~ 0.71    비교적 좋음

0.71 ~ 1.0    보통임

1.0 ~ 2.0    분급이 나쁨

2.0    분급이 매우 나쁨

사암(또는 석회암) 박편에서는 표준분급도(그림 24.7)를 이용하여 눈으로 분급 정도를 판별할 수 있다. 이러한 그림을 참고하면 야외에서도 핸드렌즈를 사용하여 사암의 분급 정도를 대략적으로 알 수 있다.

퇴적물의 분급은 여러 가지 요소에 의하여 결정된다. 첫 번째 요소는 퇴적물을 공급하는 기원암의 종류이다. 화강암으로부터 공급되는 퇴적물 입자는 사암에서 공급되는 입자들과는 입자 크기가 판이하게 다를 것이다. 두 번째 요소는 입도 그 자체이다. 분급은 입도에 의존하는데, 자갈이나 역암과 같은 조립질 퇴적물이나 실트나 점토와 같은 세립질 퇴적물은 바람 또는 물에 의해 쉽게 운반되며 분급이 잘되는 모래 크기의 중립질 퇴적물보다는 분급이 대개 불량하다. 세 번째 요소는 퇴적과정이다. 폭풍에 의해 빠르게 퇴적된다든지 이류와 같은 점성류로부터 퇴적되는 퇴적물은 일반적으로 분급이 불량하다. 사막, 해안, 대륙붕의 모래 퇴적층과 같이 바람 또는 물에 의해 재운반 퇴적과정을 거치는 퇴적물들은 분급이 매우 양호하다.

**왜도(歪度, skewness)**는 퇴적물 입자 크기 분포의 비대칭 특성과 정도를 나타

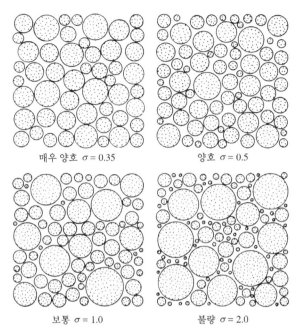

매우 양호 $\sigma = 0.35$　　　　양호 $\sigma = 0.5$

보통 $\sigma = 1.0$　　　　불량 $\sigma = 2.0$

그림 24.7 분급의 정도를 평가하는 데 사용되는 표준분급도

낸다(그림 24.4 참고). 비대칭 분포곡선의 한쪽 끝에서 나타나는 꼬리가 조립질 쪽(왼쪽)에 있으면 음의 왜도(negative skewness), 세립질 쪽(오른쪽)에 있으면 양의 왜도(positive skewness)라고 한다. 대칭 분포인 경우 왜도는 0이다.

　왜도는 퇴적물의 기본 특성을 나타낼 뿐만 아니라, 퇴적과정과 환경을 해석할 때 사용될 수 있다. 예를 들어 해빈 퇴적환경의 모래는 세립질 성분이 지속적인 파도의 작용(체질 효과)으로 제거되는 반면, 조립질 입자는 상대적으로 제거되기 어렵기 때문에 음의 왜도를 보이는 경우가 많다. 하천 환경에 퇴적된 모래는 기원지로부터 실트와 점토가 부유 상태로 더해지기 쉬운 반면, 이러한 세립질 입자가 제거되는 작용이 없으므로 양의 왜도가 나타나기 쉽다.

　한편 퇴적과정과 환경의 해석은 다양한 퇴적 정보를 종합적으로 검토하여 판단하기 때문에 왜도만을 근거로 퇴적과정과 환경을 해석하는 것은 적절하지 않다.

　**첨도(尖度, kurtosis)**는 퇴적물의 입도 분포곡선이 얼마만큼의 높이를 이루며 나타나는가를 표시하는 척도로 퇴적물의 분포곡선이 정규분포곡선(그림 24.6의 곡선 B)보다 더 평평하게 나타나면 편평형(그림 24.6C)이라 하고, 더 뾰족하면 뾰족형이라 한다. 그러나 첨도의 지질학적 의미는 아직 잘 알지 못한다.

### 다) 입도 분석과 퇴적환경

입도 분석은 퇴적물이 생성, 운반 또는 퇴적된 서로 다른 환경과 퇴적물의 퇴적상을 구별하는 데 이용되며 퇴적과정과 운반매체에 대해서도 정보를 제공한다. 입도 분포를 이용하여 현생 퇴적물들의 퇴적환경을 구분하는 연구가 많이 이루어졌다. 왜도와 분급을 이용한 분포 도표들이 만들어졌으며 이를 바탕으로 해안, 사구와 강의 모래를 구별할 수 있게 되었다. 사암의 입도 분석만으로는 환경을 해석할 수 없지만 퇴적구조와 함께 연구하면 퇴적상을 기술하고 분석하는 데 매우 유용하다. 주의해야 할 점은 현재의 퇴적환경과는 다른 특성들이 부근 또는 과거의 환경으로부터 재 이동된 퇴적물로부터 유래할 수도 있다는 점이다. 또한 퇴적물 내의 점토질 물질의 기원은 쇄설성으로 퇴적된 것일 수도 있고, 불안정한 광물들이 속성과정에서 변질되어 침전된 물질이 이차적으로 침투한 것일 수도 있다. 한 환경에서 몇 가지의 서로 다른 과정이, 또는 서로 다른 환경에서도 비슷한 과정이 동시에 일어날 수 있기 때문에 퇴적과정의 관점에서 입도분석을 해석할 때는 많은 주의를 기울여야 한다.

## 2) 퇴적물 입자의 형태

퇴적물의 입자형태에는 그 퇴적물의 모암과 운반에 대한 역사가 간직되어 있다. 그러나 입자의 형태는 매우 복잡한 성질이기 때문에 정밀하게 기술하기가 쉽지 않다. 일반적으로 퇴적물 입자의 형태는 표면조직, 원마도, 구형도, 입자의 형태의 4가지로 분류하고 있다.

### 가) 표면조직

퇴적물 입자표면을 현미경 또는 주사전자현미경을 통하여 관찰하면 입자가 어떻게 부서져서 생겼으며 어떻게 운반되었는지를 알 수 있다. 특히 화산쇄설성 입자의 표면조직은 마그마의 성분, 화산작용의 성격 등에 관한 정보를 갖고 있다. 그 밖에도 다른 입자와의 충돌 또는 속성작용에 의한 표면의 변화를 유추할 수 있다.

일반적으로 표면에 기복이 크고 각이 진 판상균열과 패각상 단구(conchoidal fracture)를 보이는 입자는 빙하 기원, V자 홈이 있는 입자는 고 에너지의 수중환경(예를 들어 해빈), 판상균열을 보이며 용해 및 재침전에 의해 변형된 둥근 입자는 풍성 환경(예를 들어 사막)을 지시하는 것으로 알려져 있다(그림 24.8).

### 나) 원마도(roundness)

원마도란 입자의 모서리가 마모된 정도를 말하는 것으로 기원암의 종류, 기원지의 기복, 운반작용 및 운반거리, 입자의 광물 성분, 풍화정도에 따라 다르게 나타나므로 이로부터 많은 퇴적학적 정보를 얻어낼 수 있다. 현재 일반적인 원마도 측정법은 표준입자의 모양과 실제의 입자를 비교하는 것이다(그림 24.9). 퇴적물의 입자는 상류에서 하류로 이동되어 감에 따라 마모작용을 받아 일반적으로 입자의 크기가 감소하고 원마도가 증가한다. 또한 운반매체나 수리 역학적 조건에 따라 다르다. 예를 들면 같은 크기의 석영입자라 하더라도 바람에 의해 운반된 입자가 유수에 의해 운반된 입자보다 원마도가 좋다.

 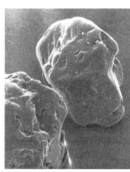 

(a) 빙하환경　　　　(b) 고 에너지 해빈환경　　　　(c) 사막환경

그림 24.8　**퇴적환경이 다른 석영입자의 전자현미경사진**

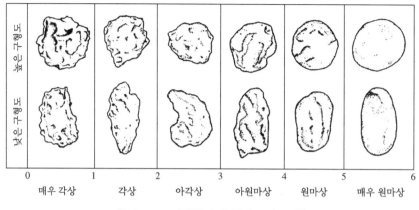

**그림 24.9**  퇴적입자의 원마도와 구형도

## 다) 구형도(sphericity)

구형도란 입자의 모양이 얼마나 구(sphere)의 모양과 가까운가를 말하는 것으로 입자의 장축($d_L$), 중간축($d_I$), 단축($d_S$)의 길이 비로 나타낸다(그림 24.10). 따라서 완전한 구라면 구형도가 1이 된다. 스니드와 포크(Sneed and Fold, 1958)는 유체 속에서 입자의 역학적 행동을 가장 잘 표현하는 것으로 최대 구형도(maximum projection

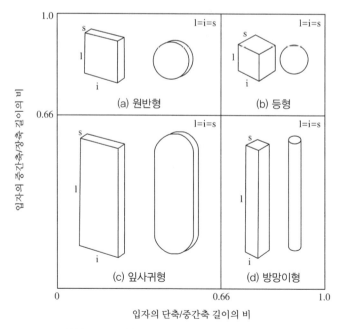

**그림 24.10**  장축(l), 중간축(i), 단축(s)의 비율에 따른 입자의 4가지 형태

sphericity)를 제안하고 어떤 입자와 똑같은 체적을 가진 구체의 투영면적과 그 입자의 최대 투영면적의 비로 정의하였다. 즉 수식 $\Psi=(d_S^2/d_L d_I)^{1/3}$로 표시될 수 있다.

### 라) 입자의 형태

입자의 형태는 각축의 길이의 비를 이용하여 원반형(oblate or disk shaped), 등형(equant), 잎사귀형(bladed), 방망이형(rod shaped)의 4가지로 나눌 수 있다(그림 24.10). 이들 입자의 형태는 수력학적 거동(hydraulic behavior)을 달리하므로 퇴적물이나 퇴적암의 운반 및 형성작용을 해석할 때 중요성이 크다.

## 3) 입자 석리

퇴적암에서 석리라는 용어는 입자의 방위와 배열 그리고 입자 사이 경계면의 특성을 말한다. 대부분의 사암과 역암에서 모래와 자갈 입자들은 장축이 한 방향으로 배열되어 있다. 이러한 방향성은 퇴적물이 쌓일 때 형성된 일차적인 석리이며(암석이 구조적으로 변형되지 않았다면) 움직이는 퇴적매체(바람, 빙하, 물)와 퇴적물과의 상호작용에 의해서 형성된 것이다.

하성층과 그 외의 물에 의해 퇴적된 막대 모양의 자갈은 유수의 방향과 직각 또는 평행하게 배열될 수 있다. 유수에 직각으로 배열되는 경우는 자갈이 구르면서 배열된 것이고, 유수에 평행하게 배열된 자갈들은 미끄러지며 움직여 쌓인 것들이다. 빙하 퇴적층을 구성하는 역들의 방향성은 보통 빙하의 이동 방향과 평행하다. 물에 의해 퇴적된 자갈에서는 물고기 비늘 모양의 인편구조가 흔히 나타나는데, 이는 자갈들이 상류 쪽 방향으로 차곡차곡 겹쳐져 있는 형태이다. 사암 내에 포함되어 있는 길쭉한 모래 입자들도 유류에 평행하거나 수직인 방향성을 가질 수 있는데, 대부분의 경우 유향에 평행하게 배열되는 경우가 우세하게 나타난다. 입자의 방향성은 특히 퇴적구조가 거의 발달하지 못한 경우에 고 수류의 지시자로 이용될 수 있다. 쇄설성 입자와 자갈 이외에도 식물파편과 화석도 일정한 방향성을 보이기도 한다.

퇴적물 입자의 배열은 공극률과 투수율에 영향을 주기 때문에 중요하다. 입자의 배열은 주로 입도, 입자의 모양과 분급정도에 의해 좌우된다. 분급이 좋고 둥근 입자로 구성된 현생 해안과 사구의 모래는 25~65 % 정도의 공극률을 나타낸다. 공극률이 큰 경우 배열은 성기고 등방배열(그림 24.11)에 가까운 반면, 공극률이 낮으면 배열은 치밀하며 능면체 모양의 배열을 보인다. 분급이 불량한 경우에는 불규칙적인 배열을 보이고 큰 입자들 사이의 공극에 미세한 입자들이 채워지기 때문에 공극률은 낮아진다.

일반적인 입자 접촉의 형태는 입자들이 좁은 부분에서만 닿아있는 점접촉(입자에 의해 지지되는 조직)과 한 입자가 다른 입자를 뚫고 들어간 요철접촉, 입자들 상호간의 스타일로리틱한 침투에 의한 봉합접촉이 있다. 기질이 매우 많은 경우에는 입자들이 서로 접촉하지 못하고 기질에 의해 둘러싸여 있는데, 이때 입자는 기질 내에 떠있는 것처럼 보인다(그림 24.12).

퇴적물의 석리는 퇴적과정에 대한 유용한 정보를 제공하는 퇴적물의 주요 특성

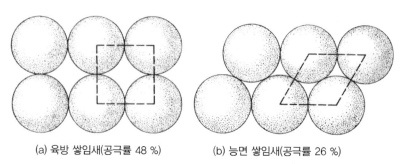

(a) 육방 쌓임새(공극률 48 %)　　　(b) 능면 쌓임새(공극률 26 %)

그림 24.11　**퇴적물 입자의 쌓임 새(packing)와 공극률**

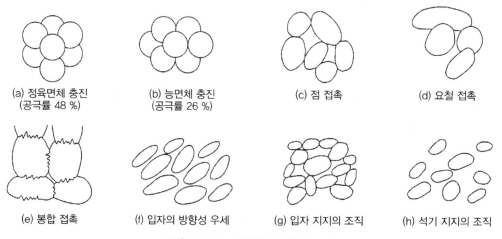

(a) 정육면체 충진　　(b) 능면체 충진　　(c) 점 접촉　　(d) 요철 접촉
(공극률 48 %)　　　(공극률 26 %)

(e) 봉합 접촉　　(f) 입자의 방향성 우세　　(g) 입자 지지의 조직　　(h) 석기 지지의 조직

그림 24.12　**퇴적물의 입자 조직**

중 하나이다. 예를 들어 역암 내에서 자갈이 기질 내에 떠있는 경우 이류, 빙하 퇴적층이거나 쇄설류가 선상지나 심해 선상지에 퇴적된 암석으로 추정할 수 있다. 이는 자갈들이 서로 접해있고(역들이 서로 마주 닿아있음) 기질이 거의 없는 하도나 범람원의 역암과는 현저히 다르다. 다른 퇴적물의 조직과 마찬가지로 석리 연구도 퇴적구조와 관련하여 수행되어야만 한다.

### 4) 조직 성숙도

조직적으로 미성숙한 퇴적물은 기질이 비교적 많고 분급이 불량하며 각진 입자를 다수 포함한 퇴적물을 말한다. 성숙한 퇴적물은 기질이 거의 없고 비교적 분급이 좋으며 아원상에서 원상의 입자를 주로 포함하는 경우이며, 과성숙 사암은 기질이 없고 분급과 원마도가 매우 좋은 입자로만 구성되어 있는 암석을 말한다. 일차적인 공극률과 투수율은 조직 성숙도가 증가함에 따라 커지는데 이는 퇴적물의 성숙도가 증가할수록 기질의 양이 감소하고 공극이 많아지기 때문이다.

사암의 조직 성숙도는 속성과정에 의해 변화될 수도 있지만 주로 퇴적물의 운반·퇴적과정을 반영한다. 유수의 작용이 미약한 곳에서는 일반적으로 퇴적물이 조직적으로 미성숙하며, 조류 또는 바람에 장기간 노출되어 있던 퇴적물은 보다 성숙해진다. 조직적으로 미성숙한 퇴적물은 하성 및 빙하퇴적층을 들 수 있으며, 전형적인 과성숙층은 사막, 해안 및 천해의 사암을 들 수 있다.

# 25장
# 퇴적구조

퇴적구조는 퇴적암 내에 포함된 큰 규모의 특성으로 사층리, 연흔, 플루트캐스트와 하중돌기(load cast), 공룡의 발 자국과 벌레가 판 구멍 등이 포함된다. 대부분의 퇴적구조는 퇴적되기 전과 퇴적되는 동안 그리고 퇴적된 후의 물리적인 작용에 의해 형성되는데, 일부 구조들은 생물학적 및 화학적 작용에 의하여 생성되기도 한다. 퇴적되는 동안에 형성된 구조는 퇴적과정, 수심과 풍속 등의 퇴적환경을 해석할 수 있는 정보를 제공하고, 복잡하게 습곡된 지층의 상하를 판단할 때나 고수류의 방향과 고지리를 유추하는 데 매우 유용하다. 대부분의 구조들은 10 cm에서 수십 m 규모로 야외에서 관찰하여 기록하고 측정되어야 한다. 퇴적구조는 침식구조, 퇴적 동시구조, 후 퇴적구조, 생물기원 퇴적구조로 나눌 수 있다.

## 1 침식구조

침식구조는 상위 층이 퇴적되기 전 이미 퇴적된 퇴적층의 표면을 따라 유수와 퇴적류 또는 물과 함께 운반되는 물체에 의해 긁히거나 침식을 받아 형성된 구조이다. 가장 흔한 구조는 저면구조(sole mark)로 저탁류에 의해 퇴적된 층의 저면에 나타나는 플루트캐스트(flute cast)와 그루브캐스트(groove cast)가 있으며, 그 외에 침삭구조(scour)와 하도구조(channel)도 이에 해당된다.

### 1) 플루트캐스트(flute cast, 종열홈)

플루트캐스트는 상류 쪽으로 둥글게 불거져 볼록한 모양을 보이고 하류 쪽으로 가면서 편평하게 벌어져 점차 층면과 같아지는 독특한 외형을 갖는다(그림 25.1). 따라서 단면에서 볼 때 비대칭으로 상류 쪽이 깊게 파여 있다. 보통 여러 개가 함께 나타나는데 각각 폭이 5~10 cm, 길이는 10~20 cm이고, 전반적으로 일정한 방향성을 갖고 크기도 서로 비슷하다. 플루트는 고화되지 않은 이질퇴적층 표면에

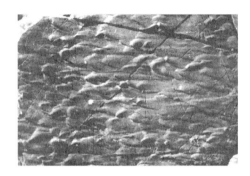

그림 25.1  플루트캐스팅(좌측이 상류 G. Kelling, 1982)

모래를 함유한 유수가 지나가면서 국부적으로 침식을 일으켜 형성되는 구조이다. 유수가 매우 빠르게 움직이는 경우 소용돌이가 생겨 플루트 안의 퇴적물이 밖으로 밀려나가지만 유속이 감소하면 오목한 공간에 퇴적물이 쌓이면서 플루트를 채운다. 플루트 자국은 저탁암에 특징적으로 나타나며 퇴적 당시 유수 방향에 대한 신뢰할 만한 정보를 제공한다.

## 2) 물체자국(tool mark)

물체자국은 흐름 자체에 의한 것이라기보다 운반되는 물체에 의해 형성되는 점이 플루트캐스트와 다르다. 따라서 이 구조들은 모양과 자국이 선명하게 관찰된다. 물체자국을 분류해 보면 다음과 같다(그림 25.2).

연속적 ┌ 날카롭고 불규칙한 형태 : 그루브캐스트(또는 홈 자국, groove cast)
       └ 부드러운 물결 모양 : 셰브론 자국(chevron)

불연속적 ┌ 단독 : 막대자국(prod mark), 튐 자국(bounce mark)
         └ 반복 : 튐 자국(skip mark)

**그루브캐스트(홈 자국)**는 사암의 저면에서 발달하며, 선상으로 볼록하게 나온 구조로 하부에 퇴적된 이암이 선형으로 긁힌 곳에 퇴적물이 채워져 만들어진다(그림 25.3). 홈 자국은 모두 평행한 방향성을 가지거나 약간 어긋난 방향으로 배열된다. 홈 자국은 유수와 함께 이동되던 화석이나 암편과 같은 물체가 하부의 이질퇴적층을 긁어 만들어진다고 생각되는데, 드물게 홈 자국의 하류 쪽 끝 부분에 이러한 물체가 보존되어 있기도 한다. 홈 자국은 저탁류에 의해 형성된 퇴

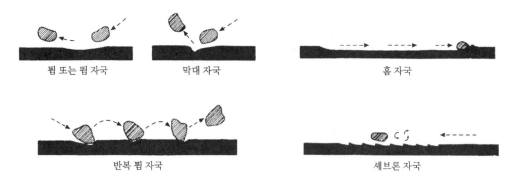

뜀 또는 뜀 자국    막대 자국    홈 자국

반복 뜀 자국    셰브론 자국

그림 25.2   여러 종류의 물체자국(tool mark)이 형성되는 모식도

그림 25.3   사암층 기저부에서 관찰되는 글루브캐스팅(홈자국), (Collinson & Thompson, 1982)

적층의 저면에서 흔히 나타나지만 기타 환경에서도 형성될 수 있다. 예를 들어 강물이 제방위로 넘쳐흐를 때 형성된 범람원 퇴적층에서 나타날 수도 있고, 폭풍우에 의해 천해의 대륙붕에 형성된 퇴적층에도 나타날 수 있다.

**셰브론 자국**은 V자 물결 모양이 한 방향으로 배열된 형상이며, 각각의 자국은 폭이 2~3 cm, 깊이는 일반적으로 5 mm 이하다. V자 융기부로 고 수류의 상하방향까지 알 수 있다(그림 25.4).

**막대자국**(prod mark)과 **뜀자국**(bounce mark)은 사암층 기저부에서 선명하고 길쭉하며 일정한 방향성을 갖는 불연속적인 자국들이다. 이들 중 한 쪽은 깊이 파여 급경사를 이루고, 다른 한 쪽은 완만한 경사를 갖는 것이 막대자국이다. 막대자국의 크기는 보통 넓이가 수 cm, 길이는 수 10 cm정도이다. 반면 뜀자국은 양쪽의 경사가 완만하고 대칭적이다. 뜀자국의 넓이는 1~2 mm, 길이는 1 cm정도이다. 이 자국들이 형성되기 위해서는 퇴적물 표면에 큰 물체가 충돌해야 하며, 특히 막대자국을 형성하려면 큰 각도로 충돌해야 한다. 코 모양의 돌출부가 하류를

(a) 셰브론 자국

(b) 막대자국

(c) 튐자국

(d) 뜀자국

그림 25.4   사암층 기저부에서 관찰된 조직(Collinson & Thompson, 1982)

지시한다.

**뜀자국**(skip mark)은 튐자국이 연속적으로 생긴 현상이다. 각각의 뜀자국은 자세히 인지할 수 없지만 같은 물체가 반복적으로 충돌하여 만들어진 것임은 알 수 있다. 이 자국들은 간격이 조밀해지면서 차츰 홈자국으로 변한다.

### 3) 퇴적층 표면의 침식구조

하도와 침삭구조는 모든 환경에서 나타난다. 하도구조는 보통 수 m 정도의 크기이나 아주 큰 것은 길이가 수 km에 이르는 것도 있다. 침삭구조는 층의 기저 또는 층리면 내에 작은 규모로 나타난다. 이들 구조는 모두 하부의 퇴적층이 침식당한 형태에 의해 구분된다. 수류에 의한 침식은 방해물침식, 종축침식, 표면류자국(rill mark) 등이 있다.

그림 25.5  조간대에 발달한 표면류 자국 (rill mark), (조성권 외, 1995)

그림 25.6  강풍에 침식된 후에 생긴 잔류물(바람은 좌상에서 우하)

방해물침식은 사질이나 이질 퇴적물 표면에서 조개껍질의 파편, 자갈 주변에 말발굽형태로 생기며, 크기는 방해물의 크기에 비례한다. 종축침식은 평탄한 이질 퇴적물 위에(특히 조간대 지역) 완만한 경사를 갖는 여러 크기의 고랑이 주된 흐름의 방향과 평행하게 생긴다. 표면류자국은 넓이가 수 cm이며, 크기가 작은 수지상 하도이다. 주로 썰물 때 조간대의 경사진 부분에서 잘 발견된다(그림 25.5).

한편 바람에 의한 침식은 플루트캐스트와는 반대 기복을 만드는 침식이 일어난다. 즉 코 모양의 돌출부가 바람이 불어오는 방향이고, 꼬리 부분이 불어가는 방향이다(그림 25.6).

침삭구조는 수직 단면에서는 오목하게 보이며 평면적으로는 보통 달걀 모양에서부터 길쭉한 띠 모양을 갖는다. 약간 조립의 모래 또는 자갈들이 침삭구조 내에 채워져 있기도 하는데 침삭구조는 짧은 시간 동안의 침식을 의미한다. 하도는 침삭구조보다 더 정연한 구조로 상당기간 동안 퇴적물과 유수의 통로로써 이용되었던 장소이다. 규모가 큰 하도는 광역적으로 나타나며 이는 고지리 해석에 매우 유용한 정보를 제공한다. 하도는 보통 하부나 좌우에 인접한 층들보다는 더 조립질의 퇴적물로 채워져 있으며 기저부에 자갈이나 기존 층의 쇄설물 조각과 같은 얇은 잔류 퇴적물을 포함한다.

## 2 퇴적 동시 구조

대부분의 퇴적물은 강, 조류나 폭풍류 같은 물의 흐름에 의해 운반된다. 물의 흐름과 퇴적물의 상호작용에 의하여 다양한 퇴적구조들이 형성되는데, 파도와 바람에 의해서도 특징적인 퇴적구조가 만들어질 수 있다. 또한 퇴적물은 중력에 의해 사면을 따라 이동하여 중력류를 형성하는데, 가장 중요한 형태로 퇴적물과 유체의 혼합된 퇴적중력류가 있으며 그중에서도 특히 저탁류와 쇄설류가 형성된다.

## 1) 층리(stratification, 또는 bedding)

해저는 거의 수평인 면(퇴적 면)이며 이 면 위에 퇴적물이 거의 고르게 한 겹한 겹 쌓여서 점점 두꺼운 지층이 형성된다. 층 사이의 면은 퇴적물이 굳어진 후에도 잘 쪼개지는 면을 형성하며 이 면을 성층면(bedding plane)이라고 한다. 성층면과 직각으로 퇴적암을 잘라보면 얇게 쌓인 엽층(lamina, 두께는 1 cm 이하)들이 입도와 색을 달리 하므로 평행선 모양 또는 대상의 평행구조가 나타나게 되며 이 구조를 층리라고 한다(그림 25.7). 퇴적암 중 층리를 나타내지 않는 것을 괴상(massive)의 퇴적암이라고 부른다.

층리의 성인은 시간을 달리하여 순차로 쌓이는 퇴적물 입자의 대소, 퇴적물의 종류와 색, 운반 매질·기타의 변화에 있다. 이런 변화를 일으켜 주는 원인을 보면 다음과 같다.

**일기, 계절 및 기후의 변화:** 일기와 계절은 짧은 시일 내에 강수량과 풍향의 변화를 일으키고, 기후는 장기간에 어떤 지역에 건습의 차를 나타내며 풍화 속도에도 변화를 일으킨다.

**해저의 심도 변화:** 해수의 증감 또는 조륙운동에 인한 육지의 상승 및 침강으로 해저의 깊이가 변하면 이에 따르는 퇴적물의 입도와 그 구성성분이 달라진다.

**해류의 변화:** 해저지형이 변하면 해류에 의하여 운반되는 물질(생물을 포함)의 퇴적 장소가 달라진다.

**해수와 호수 농도 및 수온의 변화:** 증발이 심해지거나 수온이 높아지면 용액으로 되어 있던 염분이 과포화 상태에 달하여 침전을 일으킨다. 수온이 높아지면 중탄산석회[$Ca(HCO_3)_2$] 중에서 $CO_2$가 나가므로 $CaCO_3$가 침전한다.

**생물의 성쇠:** 식물 또는 동물이 상기한 환경 변화와 진화에 의한 변화로 번성 또는 쇠퇴할 때 그 유해의 공급이 가감되어 층리가 생성된다.

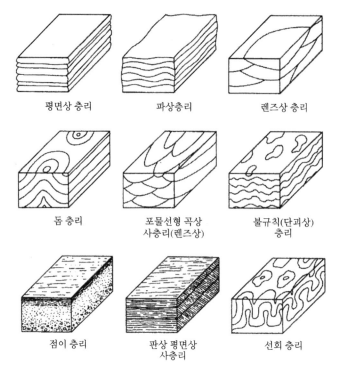

|  |  |  |
|---|---|---|
| 평면상 층리 | 파상층리 | 렌즈상 층리 |
| 돔 층리 | 포물선형 곡상 사층리(렌즈상) | 불규칙(단괴상) 층리 |
| 점이 층리 | 판상 평면상 사층리 | 선회 층리 |

그림 25.7   내부구조를 구성하는 단위층의 단면

## 2) 유수연흔, 모래파, 사구, 역사구

유수연흔, 모래파와 사구는 한 방향으로 흐르는 유수에 의해 생성되어, 하류로 서서히 이동해 가는 퇴적구조이다. 이러한 퇴적구조의 형성은 유수의 세기와 퇴적물의 입도에 따라 달라진다. 이러한 구조는 강과 삼각주 그리고 천해 대륙붕에서 흔히 나타나며, 유수연흔은 지질기록에서 흔하지만 모래파나 사구는 잘 나타나지 않는다.

유수연흔(current ripples)은 파장(또는 간격)이 수십 cm 이하이며 파고는 수 cm 이하인 작은 규모의 구조이다. 단면은 비대칭으로 하류로 경사가 급하고 상류로 경사가 완만하다(그림 25.8). 유수연흔은 파장 대 높이의 비율, 즉 연흔 지수로 기재되는데 유수연흔은 지수가 8~20의 값을 갖는다.

사구(dune, 큰 연흔이라고도 함)는 파장이 1 m 이상이며 높이가 수십 cm에 달한다. 사구의 단면은 연흔과 유사한 삼각형이며 연흔 지수도 비슷하다. 연흔이나 사구의 정부가 직선일 때는 그 형태를 이차원적으로 묘사하지만, 정부가 구불구

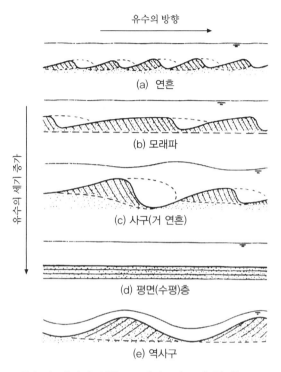

그림 25.8 유수의 세기와 연흔, 모래파, 사구의 형성(Simon 외, 1965)

불하거나 사슬 모양, 초승달 모양 또는 혀 모양인 경우에는 삼차원적으로 묘사해야 한다. 연흔과 사구의 형태는 유수의 세기와 관련이 있어서 유속이 증가함에 따라 연흔은 정부가 직선 모양으로부터 시작해서 구불구불한 모양과 혀 모양으로 변해가는 반면, 사구는 직선의 정부로부터 차례로 구불구불한 모양, 쇠사슬 모양, 초승달 모양으로 변해간다.

모래파(Sand wave)는 정부가 보통 직선이거나 구불구불하고 층의 표면은 연흔으로 덮혀 있거나 편평하며, 비교적 경사가 급한 면(하류 쪽)과 완만한 면(상류 쪽)을 갖는다. 모래파는 파장이 100 m에 달하며 연흔지수는 연흔이나 사구보다 훨씬 크다. 강에서의 모래파는 종종 사구의 한 종류로 간주되기도 한다. 연흔이나 모래파 및 사구는 하류로 이동하면 급경사면에서는 침식이 일어나고 완경사면에서는 퇴적이 계속되어 사층리를 형성한다. 이때 흐름은 유수연흔의 정상부 부근에서 분리되어 오목한 부분에서 소용돌이를 발생시킨다. 이로 인해 하류의 안쪽 퇴적물이 재이동하여 연흔이 상류방향으로 이동되기도 한다.

역사구(backflow ripples)는 유수의 속도가 매우 빠른 곳에서 발달하는 낮은 파상의 층형이다. 이러한 상류로 향한 저각도 사층리는 하류사면에서 침식이 일어나 침식된 퇴적물이 상류 쪽의 층면에서 형성하지만 보존되는 경우는 매우 드물다.

### 3) 사층리(斜層理 cross-bedding)

모래나 가는 모래로 된 지층에는 그림 25.8과 같이 평행하지 않은 구조가 자주 발견된다. 이런 복잡한 층리를 사층리라고 한다. 이는 바람이나 물이 한 방향으로 유동하는 곳에 쌓인 지층임을 지시한다. 사층리는 수심이 대단히 얕은 수저 또는 사막의 사구에서 발달하는데, 유속이 증가함에 따라 연흔에서 역사구까지 형성된다. 사층리의 2가지 기본형태는 (a) 이차원적으로 편평하게 형성된 판상사층리와 (b) 삼차원적으로 둥글게 형성된 곡형사층리이다(그림 25.9).

판상사층리는 보통 30도 이상의 경사각을 가지고 기저면과 접하는 편평한 짝(set)들로 구성되며, 대개 모래파가 이동하면서 퇴적된 짝들은 하도에서 사주가 하류 쪽으로 이동하면서 형성될 수도 있고 소규모의 삼각주가 성장하면서 형성될 수도 있다. 곡형사층리 내에 국자 모양의 층들로 이루어져 있으며, 기저면과 말굽 모양으로 접하며 경사각이 25~30도에 달한다. 곡형사층리는 주로 정부가 구불구불한 사구의 계속적인 축적과 성장에 의해서 형성된다.

### 4) 파랑에 의해 형성된 연흔

파랑에 의해 형성된 연흔은 천해에서 조간대 지역까지의 해양 퇴적층, 삼각주, 호성기원의 사암, 석회암에서 모두 발견된다. 이러한 연흔은 좌우 대칭이고 정부

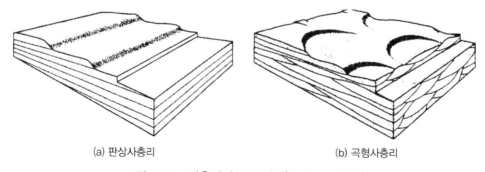

(a) 판상사층리                    (b) 곡형사층리

그림 25.9  사층리의 구조단면(Tucker, 1981)

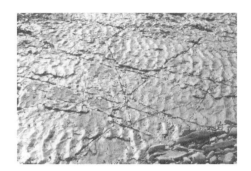

그림 25.10  파랑에 의한 대칭 연흔(목포시 허사도, KIGAM 자료)

가 긴 직선인 것이 특징이다(그림 25.10). 간혹 단면이 비대칭인 것도 있지만 이러한 연흔도 조류에 의해 형성된 연흔보다는 정부를 연결한 선이 훨씬 길다. 흔히 파랑연흔은 둥그스름한 골짜기와 뾰족한 정부로 구성되어 있다. 정부는 보통 두 갈래로 갈라져 있으며 이것이 유수연흔과 파랑연흔을 구분하는 특징이 된다. 파랑연흔의 파장은 퇴적물 입자의 크기, 파랑에서 물분자 운동 궤적의 지름, 그리고 수심에 좌우된다. 파랑은 파장의 길이에 절반이 되는 깊이보다 더 얕은 곳에 위치하는 퇴적물만을 이동시킬 수 있다.

## 5) 풍성연흔, 사구, 사층리

풍성연흔은 일반적으로 정부가 직선이며 단면은 비대칭이다. 연흔의 파장과 높이는 입자의 크기와 바람의 세기, 특히 운반되는 모래입자의 이동거리에 따라 좌우되는데 대개는 파장이 길고 높이는 낮다. 가장 중요한 풍성층의 형태로 사구를 들 수 있는데, 이는 파장이 수십 m에서 수백 m이며, 높이는 수 m에 달한다. 가장

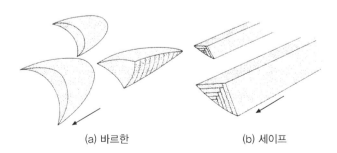

(a) 바르한                    (b) 세이프

그림 25.11  바람에 의해 생성된 사구의 형태(화살표는 주된 바람의 방향). (Tucker, 1981)

그림 25.12 건열구조

그림 25.13 빗방울 자국(경북 의성, KIGAM 자료)

흔한 2가지 형태는 초승달 모양인 바르한(barchan)과 길게 연장된 모래 언덕인 세이프(seif)가 있다(그림 25.11).

### 6) 건열과 빗방울 자국

건열(mud crack)은 세립질 퇴적층에 흔히 나타나는데, 건조에 의해 만들어졌다면 퇴적층이 대기에 노출되었음을 의미한다. 건열은 전형적으로 다각형 모양의 매우 뚜렷한 균열을 가진다. 균열은 수중에서 퇴적물이 물을 잃으면서 수축하여 만들어질 수도 있다. 이러한 과정은 물의 화학성분상의 미세한 변화가 원인이라고 생각된다. 수중건열은 호성 퇴적층에서 흔히 나타난다(그림 25.12).

빗방울 자국(rain drop mark)은 육성환경과 해안환경의 이암의 층리면이 곰보자국처럼 나타난다. 이들은 흔히 건열과 수반하여 형성되며, 원형 혹은 드물게 타원형이며 직경은 1 cm에 달하고 깊이는 수 mm이다. 굵은 빗방울이나 우박은 퇴적물 표면에 작은 분화구 모양을 만든다(그림 25.13).

### 7) 점이층리(graded bedding)

점이층리란 한 층 내에서 입자의 크기가 상부로 갈수록 작아지는 층리를 말한다. 점이층리는 퇴적물을 이동시키는 유수의 속도가 점차 감소하면서 퇴적작용이 일어나 형성되는데, 그 두께는 1 cm에서 수 m에 이르기까지 매우 다양하다. 이때 크기의 변화를 나타내는 입자는 역, 모래, 실트들이다. 일반적으로 입자의 크기가 클수록 점이층리의 두께도 두꺼워지는 경향이 있다. 정상 점이층리 중에 전퇴적

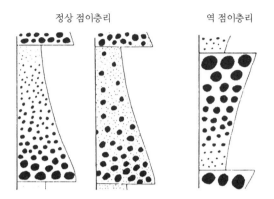

그림 25.14 여러 종류의 점이층리(이용일, 1994)

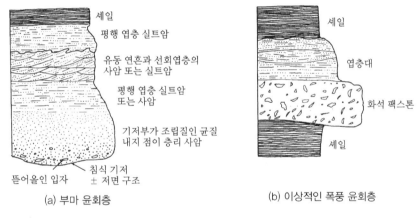

(a) 부마 윤회층                    (b) 이상적인 폭풍 윤회층

그림 25.15 퇴적암에서 나타나는 두 가지의 윤회층

물 점이층리(distribution grading)는 지층전반에 걸쳐 입자 크기가 감소하는 것이며, 조립질 입자 점이층리(coarse-tail grading)는 상부로 갈수록 조립질 입자수 적어지는 것을 말한다. 역 점이층리(inverse grading)는 퇴적작용이 일어나는 동안에 유수의 운반능력이 점차 증가할 때 생긴다(그림 25.14).

점이층리를 비롯하여 괴상, 연흔, 평행엽리가 순차적으로 나타나는 퇴적구조를 저탁암(turbidites) 또는 부마층서(Bouma sequence)라 한다(그림 25.15). 이 층서는 해저에서 지진, 화산폭발 또는 대량의 퇴적물이 급격하게 밀려오면, 물을 포함하는 퇴적물이 경사면을 따라 빠르게 이동하는 저탁류에 의해 형성된다. 이렇게 일련의 퇴적구조가 반복되어 나타나는 퇴적층을 윤회층이라 하는데, 생성원인은 저탁류(a)와 폭풍(b)이다.

3 **후퇴적구조**

퇴적이 완료되고 고화되기 전에 형성되는 후퇴적구조에는 함몰사태(slump), 층 내의 교란, 하중돌기(load cast)와 탈수구조(dewatering structure)가 포함된다.

## 1) 함몰사태

함몰사태로 간주되는 습곡된 퇴적물은 다량의 세립퇴적물을 포함하는 퇴적층에서 흔히 관찰된다. 함몰사태 구성물은 퇴적 당시 경사면의 바닥에서 관찰되며, 1m 이하에서 수백 m에 이르기까지 그 두께가 다양하다. 이들의 상하부에는 대개 변형되지 않는 층이 놓여있다. 함몰사태로 발달하는 습곡은 특정한 방향성을 가지며, 이는 과거의 경사 방향을 추적하는데 도움이 된다.

경사면 위에 놓인 미고결 퇴적물이 증가된 공극수압 등에 의해 불안정해지면, 이들은 중력에 의해 사면을 따라 하나의 덩어리로 움직이게 된다. 퇴적물 전체가 떨어져서 움직이는 경우도 있지만, 사면 아래쪽은 고정되어 있고 사면 위 부분만 움직이는 경우도 있다. 두 경우 모두 사면 아래 부분과 위 부분에서 진행되는 과정은 상당히 차이가 있다. 사면 위 부분은 주로 장력을 받는 반면 아래쪽은 압축력을 받게 된다.

## 2) 층 내에서의 변형

층 내부의 변형은 미사층리와 평면 엽층리에서 발달하며 규칙적이거나 불규칙한 모양의 습곡, 또는 뒤틀린 모양 등의 여러 형태를 포함한다.

그림 25.16  층 내에서 교란된 말린층리(convolute bedding) (전남 해남)

말린층리(convolute bedding, 그림 25.16)와 엽층리는 크기에 따라 구별하는 용어이지만 분명한 구별의 기준은 없다. 이 구조는 흔히 층리 습곡을 수반하는데, 습곡은 대개 현수선 모양이며 배사가 비교적 뾰족한 반면 향사는 둥글다. 뒤집어진 층도 종종 관찰되며 흔히 방향성을 갖는다. 말림은 층의 상부로 갈수록 그 정도가 증가하는데, 변형된 최상부 층의 일부가 침식되어 평탄하게 되는 경우도 있는데 이것은 퇴적 동시성임을 보여주는 특성이다. 층 내 변형의 기원은 완전하게 규명되지는 않았으나 퇴적물 내 물의 함량의 차이에 따른 퇴적층의 불안정성과 유수에 의한 퇴적물 표면의 전단변형에 의한 것이라고 생각된다. 층 내 변형은 저탁암층에서 흔히 나타나지만 하성 퇴적층과 조간대 그리고 그 외의 다른 퇴적층에서도 발견된다.

층 내 변형과 관련된 것으로 역전된 사층리가 있는데, 이는 전면층(foreset)의 상부가 하류 쪽을 향하여 뒤집혀져 있는 것이다. 이는 미고화 된 사층리 사암층의 상부로 강한 퇴적류가 지나갈 때 발생하는 마찰에 의해 형성된 것으로 판단된다.

### 3) 하중돌기와 불꽃구조

하중돌기(load cast)는 흔히 나타나는 저면구조로서 사암층이 하부의 이암층으로 돌출하여 내려간 돌기구조를 말한다. 하중돌기는 모양과 크기가 매우 다양하며, 흔히 나타나는 것은 이암이 상부의 사암층 안으로 솟아 올라가서 만들어지는 **불꽃구조**(flame structure)이다. 이들의 돌출부가 사암층으로부터 분리되어 **하중구**(load ball)를 형성하기도 한다(그림 25.17). 이러한 구조는 비중이 높지 않은 점토층과 그 위에 좀더 높은 비중을 가진 모래층 사이의 수직적인 밀도 차이에 의해

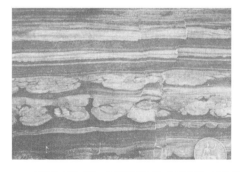

그림 25.17  불꽃구조와 고립된 사암의 하중구(Collinson & Thompson, 1982)

(a) 사암맥                    (b) 모래화산

(c) 접시구조

그림 25.18  탈수구조(Collinson & Thompson, 1982)

모래가 점토 내로 함몰되어 만들어진다.

하중돌기와 관련된 것으로 공과 베개구조(ball and pillow structure)가 있는데, 이는 이암층 사이에 있는 사암층이 베개 모양으로 끊겨져 있거나 연결되어 있고 일부는 이암 내에 부유하고 있는 것처럼 보이기도 한다. 이러한 구조는 비중이 다른 퇴적층이 수직적으로 배열되어 있을때, 상부의 비중이 높은 퇴적층의 일부가 하부의 비중이 낮은 층 내부로 가라앉아 형성된다. 퇴적속도가 매우 빠른 경우에는 이러한 구조와 함께 다른 변형구조도 만들어질 수 있다.

### 4) 탈수구조(dewatering structure)

사암층에 나타나는 많은 퇴적구조들이 탈수작용에 의해 만들어질 수 있는데 보통 공극수의 갑작스런 감소는 퇴적물의 강도를 감소시킨다. 이러한 탈수작용의 중요한 2가지 과정은 상부로 이동하는 물이 입자들을 끌어올리는 유동화과정과 지진과 같은 외부 압력작용에 의하여 입자 간의 마찰이 느슨해지는 액화과정이 있다. 사암층에서 탈수작용에 의해 물이 빠져나가면서 여러 구조들이 만들어지는데, 이러한 구조에는 층의 붕괴와 뒤틀림이 포함되며 일차 퇴적구조를 끊고 들어온 **사암 맥**[그림 25.18(a)]과 이것이 표면까지 도달한 **모래화산**[그림 25.18(b)]과 **진흙화산** 그리고 오목한 면이 상부로 향한 얇은 엽층으로 구성되고 가끔 기둥구조에 의해 분리되기도 하는 **접시구조**[[그림 25.18(c)] 등이 있다. 물이 빠져나가면서 형성되는 구조는 거의 모든 환경에서 퇴적된 지층에서 발견된다.

## 4 생물기원 및 화학적 퇴적구조

### 1) 생물기원의 구조

생물체 의해 퇴적층 내에 형성된 퇴적구조를 **흔적화석**(trace fossil) 또는 생흔화석(ichno fossil)이라 한다. 흔적화석은 매우 다양하며 특정의 유기체 또는 유기체의 활동에 의해 만들어지며, 잘 구분되고 매우 조직적인 구조에서부터 엽층이나 층리구조와 같은 일차 퇴적구조를 교란하거나 파괴시키는 생란구조까지 포함한다. 대부분의 흔적화석은 어떤 종류의 유기체에 의하여 만들어진 것인지 알려져 있지 않으나 동물의 행동에 관해서는 추론이 가능하다. 서로 다른 동물이라도 생활방식이 유사하다면 유사한 흔적화석이 만들어질 수 있다.

흔적화석은 생물의 행동 양식에 따라 다음과 같이 7종류로 나누지만, 어떤 흔적화석은 여러 가지 활동의 조합으로 만들어지기도 하며, 중간적인 형태를 갖는 것도 있다.

**휴식마크**(resting mark: Cubichnia): 이동성의 생물이 휴식을 취할 때 생성되는 자국으로 생물의 형태가 퇴적물 표면에 그대로 찍혀서 나타나는 경우이다.

**기어간 자국**(crawling trail: Repichnia): 이동성의 저서 생물이 퇴적물 표면을 기어가면서 만든 자국이나 퇴적물 내에 굴을 판 자국이다. 더불어 공룡이나 새 발자국 같은 흔적화석도 여기에 포함된다.

**먹이 섭취구조**(grazing trails: Pascichnia): 머드를 먹는 이동성 생물에 의해 만들어진 구불구불한 자국이나 굴이며, 퇴적물 표면이나 아래에 형성된다.

**문양구조**(agrichnia): 이 구조를 형성시키는 생물의 행동양식은 불확실하나 매우 정교한 모양을 이루고 패턴화 된 굴진구조이다.

**섭취 굴진구조(feeding burrow: Fodichnia)**: 준 정착성의 퇴적물 섭취 동물이 먹이를 구하기 위하여 퇴적물을 파고들면서 만드는 굴이며, 이 구조는 대체로 출발 장소로부터 방사상으로 발달된다.

**거주구조(dwelling burrows: Domichnia)**: 이동성 동물이나 준 고착성 동물이 오랜 동안의 거주지나 피신처로 이용하면서 만드는 굴이다.

**피난구조(escape structure: Fugichnia)**: 이동성 동물이 퇴적작용이나 침식작용이 일어날 경우, 이를 피하기 위해 퇴적물의 상하로 이동하면서 만드는 구조를 말한다. 위와 같은 7가지 흔적화석은 고화되지 않은 퇴적물에서 생기는 생물기원의 구조들이다. 이들에 대한 몇 가지 예를 그림 25.19에 나타냈다. 이외에도 고화된 퇴적물이나 단단한 물질을 생물체가 파고들어 만들어진 보링구조들도 있다.

흔적화석은 퇴적환경에 대한 정보를 제공하며 또한 층서 대비에도 이용된다. 어떤 흔적화석 또는 흔적화석의 군집은 특정 환경에서 형성되며 일정한 수심을 반영한다. 퇴적층 내에 화석의 몸체가 보존되어 있지 않은 경우, 흔적화석은 그 퇴적층 내에 생명이 존재하고 있었다는 유일한 증거가 된다. 퇴적층은 그 안에 포함되어 있는 흔적화석에 따라 **흔적화석상**로 세분되어 연구할 수 있다.

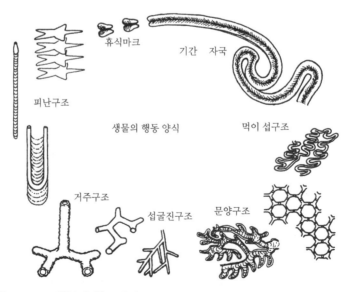

**그림 25.19** 생물의 행동양식에 따른 흔적화석의 분류(Ekdale 외, 1984)

해양환경에서 퇴적환경을 구분하는 가장 중요한 기준은 수심이다. 수심에 따른 흔적화석의 집합체인 흔적화석상은 천해에서 심해로 감에 따라 Skolithos 흔적화석상, Cruziana 흔적화석상, Zoophycos 흔적화석상, Nereites 흔적화석상으로 구분된다(그림 25.20). 이 중에서 Zoophycos 흔적화석상은 원래 대륙사면에서 대양저에 이르는 퇴적환경을 나타내는 반심해성으로 간주되어 왔으나, 이 상의 대표적인 화석인 Zoophycos가 삼각주 환경, 폭풍의 영향을 받은 대륙붕 환경에서도 산출되어 논란의 불씨가 되고 있다. 육상환경에서 나타나는 흔적화석은 Scoyenia 흔적화석상으로 구분한다.

동물뿐만 아니라 식물의 흔적과 뿌리는 퇴적환경이 해양환경이 아니라 담수환경을 지시해 준다. 이들의 존재를 지층의 색, 적색퇴적물 그리고 그와 수반되는 식물의 뿌리 등과 결부시키면 고기의 퇴적환경에 대한 해석에 도움이 된다.

## 2) 화학적 구조

퇴적물에는 용해작용과 침전작용에 의해 이차적인 퇴적구조가 생성된다. 퇴적

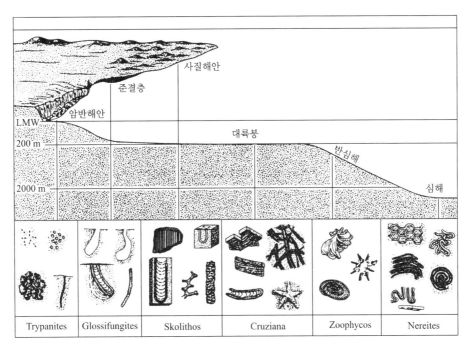

그림 25.20  퇴적환경과 흔적화석상(육상에서는 Scoyenia 흔적화석상)
(Frey and Pemberton, 1984)

물이 매몰되어 고화되는 동안 압력의 증가로 용해작용이 일어나는데, 대표적인 것이 스타일로나이트이다. 화학적 구조를 형성하는 데 가장 중요한 침전물은 탄산염 광물이며 황철석, 규소, 증발암, 적철석 등도 자주 관찰된다. 특정한 침전물이 생성되기 위해서는 공극수 내에 구성 이온이 포함되어 있어야 하며, 수소이온농도(pH), 산화-환원전위(Eh) 등의 화학적 조건들이 충족되어야 한다. 이러한 광물들이 교질물로 침전하여 결핵체(concretion) 또는 단괴(nodule)를 형성한다.

결핵체의 형태와 위치를 보면 대략 5가지 정도이다. 층리를 따라 분포하는 결핵체는 많은 세립질 퇴적물과 석회암에서 층리와 평행한 띠 모양으로 분포한다. 생교란 흔적을 따라 분포하는 결핵체는 길쭉하고 불규칙적이며 가지를 치거나 층리면을 자르는 결핵체는 대개 생교란 흔적을 따라 형성된다. 뿌리 흔적을 따라 분포하는 결핵체는 대개 능철석(siderite)으로 이루어져 있으며, 작은 뿌리 흔적은 탄산염질의 얇은 막으로 보존되는 것도 있다. 화석에 집중된 결핵체의 형성조건은 화석 자체가 다른 물질로 치환됨에 따라 결핵체가 되거나 화석이 침전의 핵이 되어 결핵체가 형성된다. 탄산염질 결핵체를 잘라보면 그 내부에 화석이 있는 경우가 많다. 또한 특징적인 수직단면을 가지는 결핵체가 있는데, 특히 탄산염으로 이루어진 결핵체의 경우, 적색 이암이나 사암에서 뚜렷한 수직단면을 보여주며 두께는 수십 cm에서 수 m에 이른다. 결핵체의 모양은 불규칙하지만 대개 수직방향으로 길쭉하다. 결핵체의 성장방식은 내부 구조를 관찰하여 알아내는데, 그 양식은 4가지 정도 있다. 즉 일차 공극 채우기, 밀어내기 성장, 치환성장, 공동(cavity) 채우기이다.

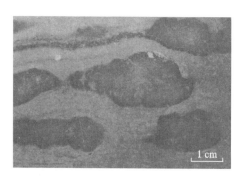

그림 25.21 이회암 내에 발달한 석회단괴
(강원도 태백 두무골층, 이용일).

# 26장
# 쇄설성 퇴적암

　지표에 분포하는 암석이 풍화를 받아 보다 작은 암괴나 입자로 분리된 것을 쇄설물이라 한다. 쇄설물을 입자의 크기에 따라 자갈, 모래, 실트 등으로 구분하는 것은 앞에서 설명한 바 있다. 자갈(礫), 모래(砂), 진흙(泥)이 암석화된 것을 각각 역암, 사암, 이암이라 하며, 이암은 실트암과 점토암으로 세분하여 부르는 경우도 있다. 또한 천연의 쇄설물은 많은 경우 다양한 크기의 쇄설물이 혼합된 경우가 많으며, 구성 입도에 따라 역질사암, 이질역암, 사질이암 등으로 부른다. 점토, 모래 그리고 자갈의 함량으로 쇄설성 퇴적암을 분류하면 그림 26.1과 같다.

　여기에서 암석으로부터 유래된 쇄설암을 육성기원의 쇄설암으로 취급하지만, 입자가 암석화작용을 받아 퇴적암이 된다는 점에서 기원물질이 화산쇄설물이든 생물의 뼈나 껍질이든 화학적침전물이든 모두 입자로 볼 수 있다. 입자의 구성비에 따라 이들은 화산쇄설암이나 유기적 퇴적암으로 바뀌는 것도 있다. 예를 들면 화산쇄설물을 포함하는 사암은 응회질사암이라 부르며, 방산충유골을 포함하는

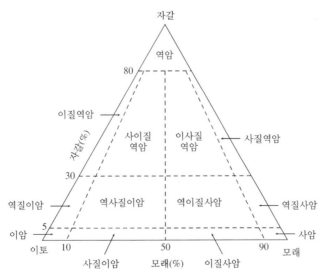

그림 26.1 입자크기에 의한 쇄설성 퇴적암의 분류
(Udden-Wentworth and Blair, Mcpherson, 1999)

셰일을 함방산충규질셰일이라 부르는 경우이다.

## 1     역암 및 각력암

각력암은 조립의 각진 돌조각이 교결작용에 의하여 형성된 조립질 퇴적암이다. 암석에서 떨어져 나온 퇴적물 입자들은 운반되면서 빠르게 마모되므로 각력암 내의 각진 입자들이 원래의 기원지로부터 멀리 이동되었을 것으로 생각되지 않는다. 예를 들면 이러한 각력들은 물리적 풍화를 많이 받는 암체의 경사가 가파른 기저부에 집적되어서 만들어진 것일 수 있다. 또한 사태퇴적물이 각력암(사태각력암, slump breccia)으로 고화될 가능성도 있다. 그러나 이러한 종류의 암석들은 흔하게 발견되지는 않는다. 이외에 증발암의 용해에 의해 상부 층이 붕괴되어 형성된 용해각력암(solution breccia), 화산분출에 의해 생긴 화산각력암이 있다.

역암은 비교적 원마도가 좋은 역들의 교결작용에 의하여 형성된 조립질 퇴적암으로 역들의 좋은 원마도에 의해서 각력암과 구분이 된다(그림 26.2). 역암은 조립질이기 때문에 입자들이 그렇게 멀리 이동된 것은 아니지만 입자들의 모서리가 마모되기에 필요한 정도는 운반되었다고 판단할 수 있다. 절벽에서 떨어져 나와서 강이나 파도에 의해서 수 km를 이동한 각진 입자들은 빨리 마모되어 좋은 원마도를 보이는 것이 일반적이다. 경사진 해저협곡으로 운반되었거나 빙하퇴적물처럼 빙하에 의하여 운반되는 역들은 퇴적되기 전에 수십 또는 수백 km를 이동하기도 한다.

그림 26.2  역암(장흥군 유치면)

역암(각력암)은 구성된 역의 성분을 기준으로 역의 성분이 다양한 복성역암과 특정 성분의 역으로만 구성된 단성역암으로 나눌 수 있다. 또한 역이 퇴적분지 안에서 기원하였는지 분지 밖에서 기원하였는지에 따라 각각 층 내성 또는 층 외성 역암으로 구분된다. 입자배열에 따라 역암은 역을 주로 하는 정 역암과 기질을 주로 하는 준 역암으로 구분될 수 있다.

## 2 사암

사암은 모래입자들의 교결작용에 의하여 형성된 중립질 퇴적암이다. 강은 모래를 수로 내에 퇴적시키고 바람은 모래를 쌓아올려 사구를 만들며, 파도는 모래를 해빈이나 천해역에 쌓아 놓고, 심해류는 모래를 해저 면에 펼쳐 놓기도 한다. 사암은 전 퇴적암의 약 25 %를 차지하며 풍화에 대한 저항력이 크므로 돌출한 지형을 이루고 험준한 산악을 만든다. 사암은 5~20 %의 공극률을 가진다.

### 1) 사암의 분류

실제로 사암은 아주 다양한 성분, 분급도, 원마도를 보이는데, 구성입자는 주로 모래이나 자갈 또는 점토가 소량들어 있을 수 있다. 모래의 주 구성 광물은 석영, 장석, 암편이다. 사암은 기질(matrix)의 함량이 15 % 이하인 정사암(arenite)과 15 % 이상인 이질사암(wacke)으로 나눠진다(표 26.1). 이들은 다시 주성분 광물의 함량비에 따라 석영사암, 장석사암, 암편사암, 이질석영사암(quartz wacke), 장석잡사암(feldspathic graywacke), 암편잡사암(lithic graywacke)으로 구분된다(그림 26.3).

이 중에서 흔히 나타나는 4가지 유형의 사암은 석영사암, 장석사암, 암편사암 그리고 잡사암이다. 이들 사암은 특정 퇴적환경에서 전형적으로 형성되기도 하지만 사암의 성분은 공급지에 따라 달라지기 때문에 특정의 퇴적환경에 국한되어 나타나는 것은 아니다.

### 2) 석영사암(quartz arenite)

석영사암은 적어도 95 % 이상이 석영입자로 구성되는 사암으로 전체 사암 중 성

표 26.1 사암의 분류

| 주성분 | 기질 < 15% | 기질 > 15% |
|---|---|---|
| 석영 | 석영사암(quartz arenite) | 이질석영사암(quartz wacke) |
| 장석 | 장석사암(feldspathic arenite 또는 arkose) | 장석잡사암(feldspathic graywacke 또는 arkosic wacke) |
| 암편 | 암편사암(lithic arenite) | 암편잡사암(lithic graywacke) |

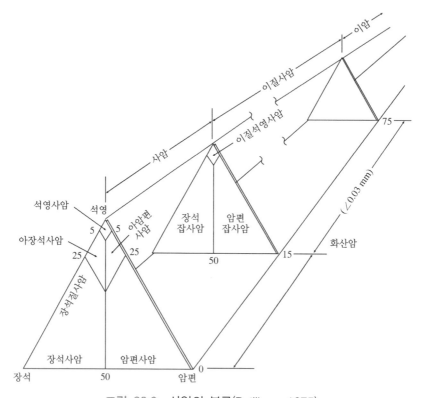

그림 26.3 사암의 분류(Petijhon, 1975)

분상 가장 성숙된 것이다. 또한 원마도가 높고 분급도 잘된 입자들로 구성되어 있으므로 조직 성숙도도 매우 높다. 교결물은 석영입자 주위에서 입자의 결정방향에 따라 성장한 석영질이 대표적이나 방해석도 흔하다. 석영은 단결정질 입자가 우세하며 중광물로 전기석, 저어콘, 티탄철석 등이 흔히 나타난다.

석영사암은 대부분 퇴적물이 장기간 재동작용을 받아 만들어진 것으로 석영 이외의 입자들은 모두 분해, 소멸되었을 것이다. 석영입자들 대부분은 기존의 퇴적

그림 26.4  분급과 원마도가 양호한 석영사암(이창진 외, 2000)    그림 26.5  장석질 사암(강원도 태백 평안누층군 동고층, 이창진 외, 2000)

층으로부터 이차적으로 유래되며 이러한 석영사암은 보통 천해 대륙붕에서 형성되는데, 우리나라에서는 강원도 태백시 부근에서 산출되는 조선누층군 내 캄브리아기 하부의 장산 규암층과 하부 오도비스기의 동점 규암층의 석영사암이 대표적이다(그림 26.4).

### 3) 장석사암(arkose, feldspathic arenite)

보통 장석사암으로 통용되고 있는 암석은 25 % 이상의 장석과 다량의 석영, 소량의 암편(그림 26.5)을 포함하는 사암이다. 쇄설성 운모와 세립의 기질도 일부 포함하는데 장석은 주로 정장석이고 이 중 많은 부분은 미사장석으로 구성되어 있다. 장석은 대부분 신선하나 일부는 고령토와 견운모로 변질되어 있기도 하다. 복결정질 석영과 장석암편도 흔히 나타난다. 장석사암은 흔히 붉거나 분홍색을 띠는데, 이는 장석 자체의 색뿐만 아니라 많은 장석사암이 적색층에서 산출되므로 미립의 적철석의 영향 때문이기도 하다. 장석사암은 대개 화강암과 편마암으로부터 유래되는데 현지에서 풍화되어 제자리에 퇴적된 암석으로부터 퇴적물이 상당한 거리까지 운반되어 층리를 이루거나 사층리를 형성하는 장석사암에 이르기까지 매우 다양하다. 장석사암의 조직은 분급이 매우 나쁜 전형적인 것에서부터 좋은 것까지, 원마도는 매우 각진 것으로부터 아원상의 입자에 이르기까지 매우 다양하고 이는 운반거리에 의해 결정된다. 입자로 지지된 장석사암은 방해석이나 석영으로 교결되어 있으나 어떤 것은 다량의 고령토를 포함하는 기질에 의해 교결되어 있기도 하다. 장석사암의 화학성분은 대체로 일정한데, $Al_2O_3$과 $K_2O$

가 매우 풍부하며 FeO보다 $Fe_2O_3$ 함량이 훨씬 높다.

장석사암은 장석이 풍부한 암석으로부터 유래되지만 근원지의 지질 이외에도 기후와 근원지의 지형 또한 매우 중요한 요소로 작용한다. 습윤한 기후에서는 장석이 쉽게 풍화되어 점토 광물로 변질되므로, 아건조기후와 빙하기후가 장석사암을 형성하는 좋은 조건이 된다. 그러나 근원지가 지형적으로 매우 높은 기복을 이뤄 침식이 매우 빠르게 진행되는 경우에는 기후가 습윤하더라도 장석사암이 형성될 수 있다. 대부분의 장석사암층은 하성 환경에서 퇴적된다.

### 4) 암편사암(lithic arenite)

암편사암은 암편이 장석보다 훨씬 많이 포함된 것이 특징이다. 암편사암은 광물 성분과 화학성분 모두 넓은 범위를 보이는데 이는 암편의 종류에 따라 좌우되기 때문이다. 암편은 주로 이암의 쇄설편과 이들이 초기의 낮은 변성을 받은 것, 운모 조각, 소량의 장석, 그리고 다량의 석영으로 구성되어 있다. 암편사암에는 퇴적 기원의 기질은 거의 포함되어있지 않으나 기질을 많이 포함하면 성분상 잡사암과 매우 유사하게 되어 암편사암을 아잡사암(subgreywackes)이라고도 부른다. 교결물은 보통 방해석 또는 석영이다. 화학 성분이 매우 다양하기는 하지만 암편사암은 점토 광물 및 운모가 풍부한 암편을 많이 포함하기 때문에 보통 $Al_2O_3$ 함량이 높고 $Na_2O$와 MgO 함량이 낮다.

암편사암은 전체 사암의 20~25 % 정도를 차지한다. 암편사암이 미성숙한 것은 경사가 큰 근원지로부터 퇴적물이 단시간 동안에 짧은 거리를 이동하여 생성되었음을 암시한다. 많은 하성사암과 삼각주 사암들이 암편사암에 속한다.

### 5) 잡사암(greywacke)

잡사암은 특징적으로 세립의 기질을 많이 포함하는데, 기질의 구성물질은 녹니석, 견운모, 실트 크기의 석영과 장석 입자들의 결합물로 되어 있다(그림 26.6). 모래 크기의 입자로는 석영이 암편이나 장석보다 우세하다. 암편은 여러 가지 종류가 있으며, 장석은 주로 조장석이며 보통 신선한 상태를 보인다. 잡사암은 암회색 또는 검은색으로 외형상 조립현무암과 유사하게 보인다.

잡사암 내 기질의 기원에 관하여는 아직 많은 논의가 진행 중인데 대체로 두

가지 가능성이 많이 받아들여지고 있다. 첫째는 세립의 퇴적물이 모래 입자와 함께 일차적으로 퇴적되었을 가능성과 둘째는 불안정한 암편이 속성작용을 받으면서 변질되어 형성되었을 가능성이다. 그러나 일차적인 기원에 반대되는 증거로 현생의 심해저 저탁사암이 다량의 점토를 포함하고 있지 않다는 사실과 저탁류에 의해 운반, 퇴적되는 과정에서 보통 모래와 점토가 보다 선별적으로 분리될 것이라는 가정이다.

기질의 기원이 속성작용 동안 약한 입자가 변질 교대된 것이라는 증거는 기질의 형성이 제한을 받는 곳에서 초기 방해석 교결물이 부분적으로 존재하고, 또한 같은 사암 내에 암편 자체가 재결정된 경계부를 가지며 보존상태가 매우 양호한 것들로부터 기질과 겨우 구분할 수 있는 암편에 이르기까지 다양한 보존상태의 암편이 함께 존재한다는 사실이다. 따라서 현재까지의 논의를 종합해보면, 대부분의 기질은 속성작용에 의해 이차적으로 생성된 것들이나 부분적으로는 세립의 일차적인 쇄설성 기원도 포함하고 있을 것이라고 여겨진다.

대체로 잡사암은 장석사암과는 대조적으로 일정한 화학성분을 나타낸다. 잡사암은 $Al_2O_3$, $Fe(FeO+Fe_2O_3)$, MgO, $Na_2O$ 등의 함량이 높다. MgO과 FeO의 높은 함량은 녹니석질의 기질을 반영하며, $Na_2O$의 함량이 높은 것은 다량의 사장석을 포함하기 때문이다. 잡사암은 $Fe_2O_3$ 보다 FeO가, CaO보다 MgO가, $K_2O$보다 $Na_2O$가 양적으로 우세하다는 점에서 장석사암과 다르다.

대부분의 잡사암은 여러 형태의 퇴적분지에서 저탁류에 의해 퇴적되는데, 보통 대륙연변부에서 멀리 떨어진 곳에서 화산 활동과 관련되어 형성된다. 이러한 잡사암은 전형적인 저탁암 층의 특징을 모두 보여준다. 비록 많은 잡사암이 대체로

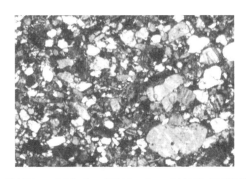

그림 26.6 석영과 장석을 포함하며, 기질이 15 % 이상인 잡사암(A.E. Adams, 1991)

일정한 조성을 보인다 할지라도 실제 조성은 매우 다양한 기원을 가지며, 특히 암편의 성질에 따라 서로 다른 암석상이 인지될 수 있다. 대부분의 잡사암은 조산운동과 동시에 퇴적되므로 암석의 광물 조성 차이를 분석하면 퇴적 당시의 판구조적인 위치에 대해 매우 중요한 단서를 얻을 수 있다. 대부분은 지각을 구성하는 판이 활발하게 수직 및 수평운동을 하는 기간에 퇴적된 암석들이며 호상열도의 화산활동과 연관되어 퇴적되기도 한다.

### 6) 사암조성과 판구조적 환경

사암의 광물 조성을 이용해 퇴적물을 공급한 근원지의 판구조적 환경을 밝히려는 노력은 Dickinson(1985)과 Yerino와 Maynard(1984) 등에 의해 활발히 진행되어 왔다. 사암의 조성은 모래 입자를 공급한 기원지의 지질을 반영하고 있으므로, QFL(석영-장석-암편) 삼각도뿐 아니라 여러 가지 조성요소를 이용해 퇴적된 장소를 추정할 수 있다. Yerino와 Maynard(1984)는 현생 모래에 대한 QFL 삼각도를 이용하여 5가지의 주요한 지구조환경을 구분하였다(그림 26.7).

이러한 목적을 위해 석영(Q)-정장석(K)-사장석(P) 삼각도 역시 자주 이용된다. 또한 입자 조성을 자세히 검토하기 위해 석영을 단결정 석영과 복결정 석영으로 분할 또는 통합하기도 하며, 석영편을 퇴적암편, 변성암편, 화성암편으로 나눈다.

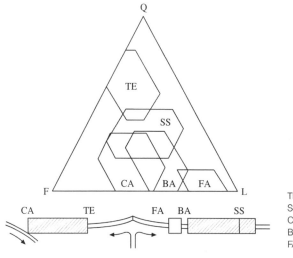

TE: 대륙주변부
SS: 주향이동 단층대
CA: 대륙주변부 열도
BA: 배호 지역
FA : 전호지역

그림 26.7  비활성대륙 주변부의 심해저 모래조성(Dickinson, 1985)

그리고 화성암편을 염기성암, 산성암, 심성암, 화산암·화산쇄설암으로 나누어 검토하기도 한다.

그러나 사암 조성을 사암 입자의 구성비로부터 판단하는 입장과는 별개로, 원암 또는 공급지의 지질 그 자체가 반영될 수 있도록 구성물을 계측하려는 시도가 진행되고 있다. 이는 가찌-디킨슨(Gazzi-Dickinson)법이라 하는데, 화강암편과 같은 완정질암석에 대해서는 석영이나 장석 등과 같은 광물을 구성물로 계측한다. 따라서 석영이나 장석과 화강암(또는 화강암질 편마암)과 같이 본래 유사한 판구조론적 구조장(tectonic setting)에 있었던 것을 통합하여 취급할 수 있게 된다. 이렇게 처리한 결과 만들어진 QFL 도표는 지구상의 다양한 판구조론적 구조장에서 사암의 특성을 명시할 수 있고, 나아가 구조장의 지구사적 변화를 해석할 수 있다(그림 26.8).

구조장을 판구조론과 관련시켜 다음과 같이 구분할 수 있다. 고도가 낮은 안정지괴로부터는 화강암-변성암의 기반이나 재순환된 오래된 지층의 석영입자가 유래되며, 이는 안정지괴 상부나 비활성대륙주변부에 퇴적된다. 상승기반환경은 높

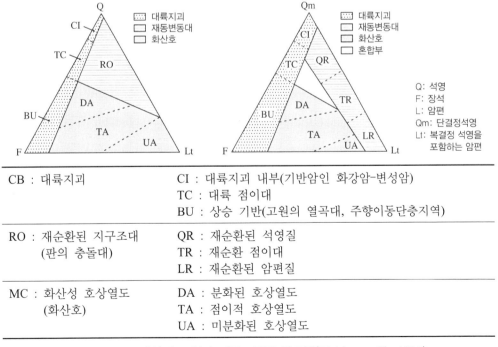

| CB : 대륙지괴 | CI : 대륙지괴 내부(기반암인 화강암-변성암) |
| | TC : 대륙 점이대 |
| | BU : 상승 기반(고원의 열곡대, 주향이동단층지역) |
| RO : 재순환된 지구조대 (판의 충돌대) | QR : 재순환된 석영질 |
| | TR : 재순환 점이대 |
| | LR : 재순환된 암편질 |
| MC : 화산성 호상열도 (화산호) | DA : 분화된 호상열도 |
| | TA : 점이적 호상열도 |
| | UA : 미분화된 호상열도 |

그림 26.8 사암의 조성과 판구조론적 구조장(Dickinson 외, 1983)

은 고원지대를 이루는 대륙의 열곡대나 주향이동단층 지역 등이며, 주로 석영과 장석이 풍부하고 암편이 적은 모래가 확장분지에 퇴적된다.

화산호에서는 화산암편의 함량이 높은 모래가 생성되지만, 오랜 침식으로 심부의 심성암이 노출되면 석영-장석질 쇄설물이 공급된다. 그 결과 초기에는 화산암 성분이 우세하나 후기로 가면 심성암 성분이 우세한 경향을 나타낸다. 대부분 전호지역이나 호상열도 사이의 분지에 퇴적된다. 화산입자는 일반적으로 안산암 성분이 대부분이지만 속성작용을 통해 잡사암류가 형성되기도 한다.

조산대가 재순환되어 생성된 쇄설물은 조산대의 형성, 즉 대륙과 대륙의 충돌, 대륙과 해양의 충돌 등으로 그 조성이 매우 다양하다. 재순환된 조산대의 사암은 암편이 우세하다. 알프스나 히말라야처럼 대륙충돌에 의한 산맥으로부터 기원한 입자에는 석영과 퇴적암편이 우세하다. 대륙과 해양의 충돌에 의해 형성된 섭입암복합체에서 유래된 쇄설물은 처트 같은 세립 퇴적암편 및 화성암편의 함량이 매우 높다. 또한 장석도 풍부하게 포함된다.

## 3 세립질 퇴적암

### 1) 세립질 퇴적암의 분류

이암(泥岩, mudrock)은 퇴적암 중에서 가장 풍부하며, 45~55 %를 차지한다. 그러나 쉽게 풍화되기 때문에 노출상태가 불량하며, 더욱이 식생에 의해 덮여있는 경우가 많다. 이외에도 구성입자의 크기가 대단히 작아서 X선회절법으로 광물 조성을 연구한다. 이암은 대부분의 퇴적환경에서 퇴적된다. 주요한 환경으로는 하천의 범람원, 호소, 큰 삼각주, 대륙붕, 대륙사면, 심해저평원 등이 있다. 이암의 주요 구성성분으로는 점토 광물과 실트 크기의 석영이 있으며, 이들의 광물 조성은 기원지의 기후나 지질에 의해 결정된다.

입자 크기로 볼 때, 점토는 직경이 4 $\mu$m보다 작은 입자를, 실트는 4~62.5 $\mu$m의 직경을 갖는 입자를 말한다. 광물로서의 점토는 판상구조를 가지며 크기는 4 $\mu$m 미만인 함수 알루미늄규산염이다. 점토 광물은 그 크기가 보통 2 $\mu$m보다 작으나 최대 10 $\mu$m에 달한다. 진흙(mud 또는 lutite)은 점토와 실트 크기 물질의 혼합체를 의미하며, 이암은 고화되어 쪼개지는 성질이 없고, 덩어리로 부서지는 암석을 의미한다.

**셰일**은 층리가 있고 판상으로 쪼개지는 성질(판열성, fissility)을 갖는 세립질 퇴적암이다. 이러한 쪼개짐(fissility)은 셰일의 미세층리(엽층)면을 따라서 나타난다. 대부분의 셰일은 실트와 점토를 모두 함유하고 있으며 너무 세립이어서 암석 표면이 매우 부드럽게 느껴진다. 굳어서 셰일이 되는 실트나 점토 퇴적물은 호수의 바닥, 삼각주의 말단부, 홍수 때 범람원 그리고 심해저와 같은 아주 조용한 곳에 쌓인다.

셰일처럼 세립질 퇴적암은 암석화하면서 상당한 양의 다져짐 작용을 받는다. 다져짐 전에는 이토의 전체 부피 중에서 80 % 정도가 공극으로서 물로 채워져 있고 얇은 판상의 점토 광물들이 무질서하게 이토 속에 배열되어 있는 상태이다. 계속 퇴적되는 입자들에 의한 상부압력이 다시 입자들을 서로 눌러주게 되어 공극수가 밀려나가게 됨에 따라서 전체 부피는 감소하게 된다. 점토 광물들은 압력에 수직으로 다시 배열하게 되어 입자들 사이는 마치 평면 위에 엽서를 쌓아놓은 듯 서로 평행하게 배열하게 된다. 셰일의 쪼개짐은 이러한 판상의 점토 광물 입자가 평행으로 배열되는데 기인한다.

다져짐 작용 자체는 퇴적물을 퇴적암으로 고화시키는 것이 아니고 단지 미세한 광물들을 서로 눌러줌에 따라 밀착시켜 원자사이의 인력에 의해 입자들을 묶어줄 수 있도록 도와주는 역할을 하는 것이다. 실제로 셰일에서도 암석화의 가장 중요한 기구는 교결작용이다.

**규질점토암**(argillite)은 매우 단단한 이암을, **점판암**(slate)은 벽개를 보이는 이암을 뜻한다. 점토 크기의 입자로만 구성된 퇴적암은 특별히 점토암이라 하며, 대부분 실트로 구성된 암석을 실트암이라 한다. 탄산염이 우세한 이암을 이회암이라 한다. 그림 26.9는 모래-실트-점토의 함량에 따른 퇴적물 및 퇴적암의 구분 체계로 일반적으로 유용하게 사용된다.

야외에서 이암을 기술하는 데에는 암석의 색깔, 쪼개지는 정도, 퇴적구조, 광물·유기물 및 화석의 함량 등에 따라 이암(mudstone), 셰일(shale), 점토암(claystone), 실트암(siltstone) 등으로 명명된다. 일반적으로 50 % 이상이 실트로 구성되어 있는 암석을 실트암이라 한다. 대부분의 실트암보다 다소 조립인 셰일에서 관찰되

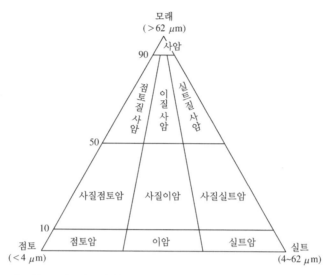

**그림 26.9** 모래, 실트 및 점토입자의 성분비에 따른 퇴적암의 분류(Folk, 1974 조성권)

는 쪼개짐이나 엽층이 잘 나타나지 않는다. 이암은 실트와 점토를 모두 포함하고 있는 암석을 통칭하는 것으로 셰일과 같은 입자크기를 가지며 표면의 부드러운 느낌 역시 같으나 엽층과 쪼개짐이 잘 관찰되지 않는 암석이다. 실제로 이암은 괴상(massive)으로 쪼개짐이 없는 세립질 퇴적암이며, 셰일은 엽층이 발달하고 쪼개짐이 있는 세립질 퇴적암을 지칭한다.

### 2) 이암의 점토 광물

지표의 풍화에 의해 고령석이나 스멕타이트 등의 점토 광물이 생성된다. 이외에 풍화된 운모, 일라이트, 녹니석, 버미큘라이트 등이 포함된다. 심하게 풍화된 화강암지대의 호성층에서는 장석이 풍화되어 만들어진 고령석이 집적되어 양질의 고령토가 채굴된다. 해양에서는 해양저에 고령석, 일라이트, 녹니석, 스멕타이트 등이 분포한다. 이 중에서 스멕타이트는 해양의 중앙부, 고령석이나 녹니석은 대륙주변부에 분포한다.

흑색 셰일에는 점토 광물로 일라이트와 녹니석이 있으며, 그 외의 점토 광물은 극히 드물다. 고령석이나 스멕타이트는 속성작용의 과정에서 일라이트, 녹니석으로 변하게 된다. 또한 적색 셰일에서는 녹니석이 적으며, 속성과정에서 산화조건인 경우 녹니석이 생성되기 어려울지도 모른다. 박리가 발달한 셰일에서는 견운모나 녹니석이 박리면을 따라 배열한다.

그러나 **흑색셰일**은 수렴대의 이암층으로 흔히 존재하며, 이 흑색의 원인은 유기물이 분해된 무정형탄소이다. 박리가 발달한 것에는 흑연에 가까운 결정이 형성된 것도 있다. 퇴적속도가 빠른 심해의 진흙은 플랑크톤의 유골이나 박테리아, 그들의 분해물이 함께 퇴적된다. 유기물은 속성작용의 결과 탄소가 되어 남는다. 이러한 유기물은 조건이 맞으면 원유(석유)로 변할 가능성이 있었지만 지온증가율이 높고, 전단응력이 작용하는 수렴대에서는 불가능할 것으로 생각된다. 대서양의 백악기 원양성 퇴적물에 흑색 탄질층이 회색의 점토층으로 둘러싸여 있어서, 대서양의 무탄소사변으로 주목받고 있으나 흑색 셰일의 경우와는 달리 퇴적속도가 느린 곳에서는 유기물의 대부분 분해되기 때문에 유기물이 남겨질 조건이 더 특수한 것으로 해석된다.

### 3) 이암의 색

이암의 색은 광물 조성과 지화학적 특성에 의해 결정된다. 야외에서 여러 이암층을 구분할 때 색깔은 상당히 유용하다. 색을 결정하는 주된 요인으로는 유기물의 함량, 황철석의 함량, 철의 산화 정도 등을 들 수 있다. 유기물과 황철석의 함량이 높을수록 점차 짙은 회색을 띠며, 결국은 검은색으로 변한다. 해양이나 삼각주를 이루는 많은 이암은 미세 유기물이나 황철석 입자들로 인해 회색이나 검은색을 띤다.

붉은색 또는 보라색은 3가 철산화물인 적철석(hematite)이 입자 표면을 덮거나 점토 입자를 포함하는 연정으로 존재할 때의 색이다. 일반적으로 붉은색은 퇴적 후에 철산화물이 형성됨에 따라 나타나게 된다. 그러나 철산화물의 기원에 대해서는 염기성 입자가 용해되어 생성되든가 또는 쇄설작용에 의해 생성되든가 등의 이론이 있으며, 상황에 따라서는 2가지가 모두 적용된다. 투수성이 좋지 않은 붉은색을 띠는 이암의 경우는 쇄설 기원임을 지시한다. 철산화물이 입자 표면의 일부 또는 드문드문 덮을 경우에는 갈색을 띠게 된다. 녹색은 일라이트 또는 녹니석과 같은 점토 광물의 격자 내에 2가 철 이온이 존재할 때 나타나게 된다. 원래 붉은색을 띠었던 이암이 공극수에 의해 적철석이 환원된다면 녹색으로 변하는 경우도 많이 보고되었다. 따라서 녹색은 공극이 많은 사암이나 실트 층 내에 잘 나타나며, 단층이나 절리 부근에서도 흔하게 나타난다. 붉은색 이암 내에 녹색의 반점이 나타나는 것은 유기물이 국부적으로 존재하여 철이 환원되었기 때문이다. 건조 지역의 증발호소(蒸發湖沼, playa)나 범람원에서 퇴적된 이암은 퇴적 당시 또는 초기 속성작용 동안에 산화작용이 우세하여 붉은색을 띠는 경우가 많다.

기타 이암이 띠는 색은 색을 결정하는 여러 요인이 복합적으로 작용한 결과이다. 예를 들면 올리브색 또는 노란색은 녹색 광물과 유기물의 복합작용에 기인한다. 생물교란의 정도에 따라 다양한 회색이 만들어지며, 토양 내에서의 물의 작용으로 황색, 적색, 갈색 등의 여러 색이 만들어진다.

# 27장

# 비 쇄설성 퇴적암

비 쇄설성 퇴적암에는 화학적 퇴적암과 유기적 퇴적암이 있다. 화학적 퇴적암은 용액으로부터 광물질이 침전하여 형성된 암석이다. 무기적 침전의 쉬운 예로는 바닷물이 증발할 때 형성되는 암염 등을 들 수 있다. 화학적 침전은 유기물에 의해서도 만들어질 수 있는데, 산호초 내에 서식하는 산호나 해조류의 생화학적 작용으로 방해석이 침전하여 형성되는 석회암을 들 수 있다. 이와 같은 암석을 화학적 석회암이라 하고, 그 외의 것들은 유기적 석회암이라 한다.

암석 속의 공간에서 용액으로부터 결정화되는 광물 또는 동굴 속의 종유석과 같은 것들도 화학적인 침전에 의해 생성된다. 유기적 퇴적암은 유기체의 잔해가 집적되어 형성된 암석을 말한다. 석탄은 이끼, 잎, 가지, 뿌리, 줄기 등의 식물 조각이 쌓인 후 압력을 받아 형성된 유기적 암석이라 할 수 있다. 해저면에서 조개껍질이 집적되어 형성된 석회암도 역시 유기적 퇴적암이다. 그 밖의 유기적 퇴적암으로는 처트 및 규조토가 있다.

## 1 탄산염암

### 1) 탄산염 퇴적물의 형성

탄산염 퇴적물은 쇄설성 퇴적물과는 달리 생물학적·생화학적 작용에 의해 형성된다. 무기적인 탄산염 퇴적물은 주로 열대 지방의 얕은 바다에 퇴적되는데, 이는 얕은 바다의 수온이 높아져서 $CO_2$의 탈출이 쉽게 일어나 $CaCO_3$로 침전하기 때문이다. 탄산염 퇴적물은 쌓인 후 곧바로 속성작용을 받아 물리적·화학적 변화를 겪게 된다.

일반적으로 탄산염 퇴적물이 두껍게 쌓이는 시기는 전 세계적으로 해수면이 높을 때와 일치한다. 현재는 낮은 해수면의 영향으로 많은 퇴적물이 형성되고 있지 않으나 과거의 지질시대에는 얕은 천해에서 주기적으로 두꺼운 석회암층이 형성되었다.

탄산염 껍질을 갖는 생물은 전 세계의 모든 바다에 분포하므로 탄산염 퇴적물은 어느 곳에서나 생성될 수 있다. 그러나 탄산염 퇴적물의 생성은 온도, 염분, 수심 그리고 쇄설성 퇴적물의 유입 등에 큰 영향을 받는다. 현재 대부분의 탄산염 껍질을 갖는 생물은 따뜻한 물에서만 번성하기 때문에 저위도 지방에서 생성된다.

해양 탄산염 퇴적물의 분포는 다음과 같이 셋으로 나눌 수 있다.

- 원양성 생물기원의 해양 탄산염: 중앙해령이나 용승작용이 활발한 해양(북태평양과 극 대양은 제외)에서 광범위하게 분포한다. 최대 3.5~5 km의 수심에서 석회질연니가 느린 속도로 퇴적된다.
- 열대-아열대 지역의 대륙붕 탄산염: 생물기원의 탄산염이 우세하나 무기적으로 침전된 탄산염이 지역에 따라 우세한 경우도 있다.
- 온대지역의 대륙붕 탄산염: 비교적 광범위하게 나타나며 거의 모두 생물기원이다.

## 2) 탄산염의 주요성분

탄산염 입자는 물리적으로 이동되어 형성된 조립질 입자(30 $\mu$m 이상)를 알로켐(allochem)이라고 하며, 생골격편(화석), 어란석 입자, 펠로이드, 석회암편의 4가지가 있다(그림 27.1).

**생 골격편**(bioclasts): 과거에 살았던 생물의 골격(화석)으로서 대부분의 경우 파편으로 산출된다. 생물골격은 생물학적으로 특유한 형태로 산출된다.

**어란석 입자**(ooids): 동심원이나 방사상의 내부 엽층과 핵으로 구성된 모래 크기(2mm 이내) 정도의 구형이나 타원체의 탄산염 입자이다. 어란석 입자는 침상의 아라고나이트가 핵 주위에 침전됨으로써 얇은 층이 생성된다.

**펠로이드**(peloids): 내부에 구조가 없는 미정질의 탄산염 집합체로서 타원체나 구형의 입자이다. 많은 경우 펠로이드는 동물의 배설 입자로서 유기물의 함량이 높고, 이 경우 펠로이드는 조립질 실트나 세립질 모래 크기이다. 펠로이드는 여러 종류의 탄산염 입자가 천공 조류(boring algae)에 의해 미정화(micritized)되어 내부 구조가 파괴되어 형성되기도 한다.

**석회암편**(intraclasts): 이전에 형성된 석회암이나 부분적으로 암석화 된 탄산염

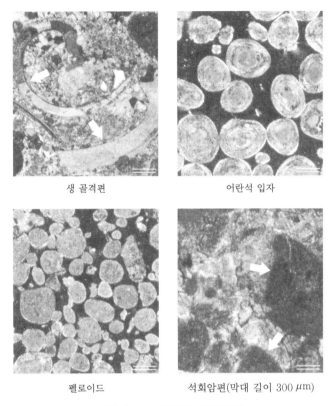

생 골격편                     어란석 입자

펠로이드            석회암편(막대 길이 300 $\mu$m)

그림 27.1  탄산염 구성입자

퇴적물의 파편이다. 석회암편은 반 정도 고화된 해저 탄산염 이토와 펠로이드 퇴적물이 폭풍에 의해 생성되거나 조간대 탄산염 이토가 건조되고 갈라져서 생성된다.

**기질 및 교결물:** 탄산염암 입자 사이의 물질에는 기질(matrix)과 교결물이 있다. 기질로서의 탄산염 입자는 미정이나 석회 이토라고 한다. 미정의 크기는 대개 1~5 $\mu$m로 현생의 경우 녹조류가 부서져서 생성된다. 교결물은 화학적 침전물로서 결정의 크기에 따라 미정(1~5 $\mu$m)과 결정(5 $\mu$m 이상)으로 구분되며, 결정 중 그 크기가 5~15 $\mu$m인 것을 미결정이라고 한다. 미결정은 흔히 미정이 재결정작용으로 점점 커져서 형성된다.

## 3) 탄산염 광물

탄산염암은 탄산기($CO_3$)를 포함한 탄산염 광물로 구성된 암석이다.

**방해석(calcite)**: 탄산염 광물로 순수한 것의 화학 성분은 $CaCO_3$이다. 탄산염 광물 중에서 가장 중요하고 양적으로 많은 방해석은 Mg 함량에 따라 고 마그네슘 방해석과 저 마그네슘 방해석으로 구분된다. 오래된 석회암층을 구성하는 방해석에는 저 마그네슘 방해석이 많다.

**아라고나이트(aragonite)**: 화학 성분은 방해석과 같으나 결정계가 다르며, 불안정하여 지질학적 시간이 지나는 동안에는 방해석으로 변한다. 석회조(石灰藻) 분비물, 유공충의 껍질(석회질연니의 주성분), 연체동물, 산호의 굳은 부분을 구성하며 방해석과 함께 침적되어 있다. 오래된 석회암 중에서는 거의 발견되지 않는다.

**돌로마이트(苦灰石 : dolomite)**: 화학 성분이 $CaMg(CO_3)_2$이며 방해석 다음으로 중요한 탄산염 광물이다. 방해석과 아라고나이트와는 달리 대체로 1차적 광물이 아닌 2차적 광물로서 방해석의 Ca 일부가 Mg으로 치환되어 생성된다. 현재 퇴적 중인 석회질 퇴적물에 돌로마이트가 1차적으로 퇴적된 듯이 보이는 것이 있으나 이것도 방해석이 침전한 직후 Mg이 Ca의 일부를 치환하여 만들어진 것이다.

### 4) 석회암의 분류

석회암의 분류에는 크게 3가지 방법이 있다. 이들 방법은 모두 석회암의 조직에 따라 분류하고 있으나 석회암의 분류가 각기 서로 다른 의미를 가지고 있다.

첫 번째는 가장 간단한 분류 방법으로 쇄설성 퇴적물과 마찬가지로 구성입자의 크기에 따라 분류하는 방법이다. 입자의 크기가 2 mm 이상이면 이를 석회역암, 2 mm~62 $\mu$m 사이의 입자로 된 석회암은 석회사암, 62 $\mu$m 이하의 입자로 구성된 석회암에서 입자가 실트 크기로 구성되어 있으면 석회질 실트암으로, 그 이하의 입자 크기이면 석회이질암으로 분류한다.

두 번째는 던함(Dunham, 1962)의 분류체계인데 현재 가장 널리 사용되고 있다. 던함은 퇴적될 당시 퇴적조직의 식별 가능성을 고려하고 퇴적 당시 퇴적물 조직을 식별할 수 있는 경우, 입자의 조직 및 퇴적 당시 입자의 결속상태에 따라 석회암을 구분하였다(그림 27.2). 또한 퇴적될 당시 입자들이 결속되지 않은 암석일 경우 석회이토를 포함한 경우와 거의 포함하지 않은 경우로 구분하였다. 입자

| 퇴적 조직 식별 기능 | | | | | 퇴적 조직 식별 불능 |
|---|---|---|---|---|---|
| 퇴적 시 원래의 성분들이 묶이지 않음 | | | | 퇴적 시 원래의 성분이 묶임 | |
| 석회이토 포함 | | | 석회이토가 거의 없음 | | |
| 석회이토로 지지됨 | | 입자로 지지됨 | | | |
| 10 % 이하의 입자 함량 | 10 % 이상의 입자 함량 | | | | |
| 석회이암 | 석회입자이암 | 석회이토 입자암 | 석회 입자암 | 결속 석회암 | 결정질 석회암 |

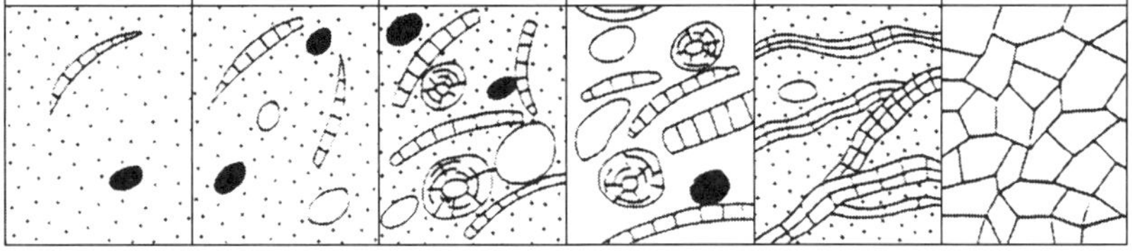

그림 27.2  던함(1962)의 석회암 분류

들이 석회이토를 포함하는 경우 이를 다시 입자들이 석회이토로 구성된 경우와 다른 입자들로 구성된 경우의 2가지로 구분하였다.

던함의 분류에 의하면 석회이암은 입자들의 함량이 10 % 미만이면서 입자들이 석회이토로 구성된 석회암이고, 석회입자이암은 입자의 함량은 10 % 이상이며, 입자들이 석회이토로 구성된 석회암이다. 석회이토입자암은 석회이토를 포함하나 다양한 입자들로 구성된 석회암이고, 석회입자암은 석회이토가 거의 없거나 전혀 없는 다양한 입자들로 구성된 석회암이다. 결속석회암은 퇴적될 당시 입자들이 묶여서 단단하게 된 석회암이다. 퇴적조직을 식별할 수 없는 석회암은 결정질 석회암으로 구분하였다.

세 번째는 포크(Folk, 1959, 1962)의 분류 방법으로 구성입자의 크기, 종류 그리고 광물 조성에 따라 석회암을 분류했다. 포크는 탄산염 입자를 석회암편, 펠로이드, 어란석 입자, 생골격편(화석)으로 구분하고 입자 사이의 물질로 교결물인 결정과 기질물인 미정으로 구분하고 크게 타화학암, 정화학암으로 크게 구분하였다(그림 27.3).

타화학암에는 입자 사이가 결정질 교결물로 채워진 암석으로 입자의 종류에 따라 생물골격인 경우에 bio-, 어란입자이면 oo-, 펠로이드이면 pel-, 암편이 많으면

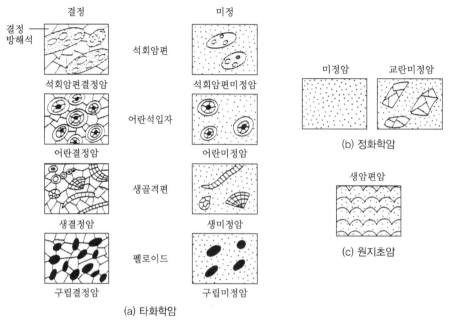

그림 27.3 포크(1959)의 탄산염암 분류

intra-의 접두어를 붙였다. 그리고 주로 결정(sparite)으로 채워져 있으면 결정을 접미어로 붙여 석회암편결정암, 어란결정암, 생결정암, 구립결정암로 나누고, 입자 사이가 미정이 기질로 채워져 있으면 미정의 접미어를 붙여 석회암편미정암, 어란미정암, 생미정암, 구립미정암으로 나누었다. 한 가지 이상 입자가 나타날 경우에는 각각의 함량에 따라 접두어를 합쳐서 사용하기도 한다.

정화학암에는 미정암(micrite)과 미정으로 이루어진 암석에 결정들이 공극을 채우고 있거나 용해된 빈공간이 있는 교란미정암 그리고 스트로마톨라이트나 암초처럼 제자리에서 형성되는 생암편암이 있다.

위 3가지 분류법은 30년 이상 이용되어 왔으나 그동안 석회암의 속성작용에 대한 연구의 진전으로 석회암의 성인에 대한 많은 이해가 이루어져 왔다. 우리가 현재 관찰하는 암석은 퇴적 당시의 조직을 나타내기도 하지만, 속성작용을 받아 조직이 변화되어 있는 경우도 많기 때문에 석회암에 대한 분류가 재고되어야 한다는 견해가 대두되었다(Wright, 1992). Wright는 석회암의 조직을 조절하는 요인을 생물학적, 퇴적학적 그리고 속성작용으로 구분했다.

### 5) 탄산염암의 속성작용

탄산염퇴적물은 속성작용이 일어나는 동안 다양한 변화를 겪는다. 속성작용은 퇴적물이 쌓이는 해양환경은 물론이고, 담수 환경에서부터 깊이 매몰된 환경에 이르기까지 광범위한 영역에 걸쳐 일어난다. 퇴적물이 퇴적된 후 약 100만 년 이 내에 일어나는 속성작용을 초기 속성작용으로, 그 이후의 속성작용을 후기 속성 작용으로 구분한다(Blatt, 1991).

크게 보아 탄산염 퇴적물은 7가지 속성작용을 거치게 된다. 이들은 교질작용, 미생물의 미결정화작용, 신형태화작용, 용해작용, 다짐작용, 규질화작용, 백운석화 작용이다. 탄산염 퇴적물의 속성작용에는 아라고나이트, 방해석과 백운석과 같은 탄산염 광물뿐만 아니라 석영, 장석, 점토 광물, 철산화 광물, 증발 광물 등도 관 여된다.

### 6) 규질화작용

규질화작용은 화석이 선택적으로 규산 광물로의 교대작용이 일어나거나 처트의 단괴와 층이 발달하는 것을 말한다. 규질화작용은 속성작용의 초기나 후기에 보 통 일어난다. 석회암에서 속성작용에 의해 생성되는 규산 광물은 자형의 석영결 정, 미정질 석영, 거정질 석영, 옥수 석영(chalcedony)이 있다. 규산의 주 공급원은 석회암 내에 함유되어 있는 동물의 침골이며, 그 외에 규조류와 방산충으로부터 도 공급된다.

### 7) 백운석화작용

백운석[$CaMg(CO_3)_2$]은 마름모형의 탄산염 광물로 삼방정계에 속하며, 대부분 방해석을 치환해서 형성된다. 그 반응식은 $2CaCO_3 + Mg^{2+} = CaMg(CO_3)_2 + Ca^{2+}$이 다. 이상적인 백운석은 같은 양의 $Ca^{2+}$와 $Mg^{2+}$ 이온이 별개의 층을 이루고, 이들 층 사이에 CO의 음이온층이 존재한다. 그러나 대부분의 백운석은 $Ca^{2+}$양이 $Mg^{2+}$ 양보다 조금 더 많은 상태로 나타나는데, Ca : Mg의 비율이 58 : 42에 이르는 경우 도 있다. $Ca^{2+}$의 이온반경이 $Mg^{2+}$의 이온반경보다 크기 때문에 $Ca^{2+}$이 많이 들어 있는 백운석은 결정격자의 간격이 넓어지게 된다. 또한 백운석 내에는 철 이온이 다른 양이온을 치환하는 경우가 많은데, 백운석 내에 $FeCO_3$이 2 몰% 이상 들어 있으면 이를 함철 백운석이라 부른다.

백운석으로 이루어진 암석을 백운암(dolostone 또는 dolomite)이라고 한다. 탄산염암은 백운석의 함량에 따라 백운석이 10 % 미만이면 석회암, 10~50 %이면 백운석질 석회암, 50~90 %이면 방해석질 백운암 그리고 90 % 이상이면 백운암이라 부른다. 야외에서 백운석 층은 석회암의 층리면을 자르면서 분포할 수 있고, 어떤 경우 선택적으로 기질물만 백운석으로 치환된 경우나 입자만 치환된 경우도 있다.

백운석이 층리면에 평행하게 분포하기도 한다. 또한 얼룩진 형태로 백운석이 산출되는데, 이는 반점이 선택적으로 백운석화 되어 나타난 결과이다. 반점의 기원으로는 석회암내에서 공극률이나 투수율이 큰 부분이 백운석화되거나 생물이 굳지 않은 탄산염 퇴적물 속에서 거주하며 생긴 구멍 속에 퇴적물이 채워지고 굳어진 후 이들이 백운석화되어 교란된 관(tube) 형태가 된다.

실내에서 백운석과 방해석을 구분하는 방법은 착색법과 X-선 회절분석법이 있다. 가끔 백운석은 대상구조를 보이기도 한다.

## 2 화학적 퇴적암

물속에 용해되어 있던 물질이 물의 증발로 침전되어 만들어진 암석을 증발잔류암이라고 하며 그 주요한 것으로는 암염($NaCl$), 경석고($CaSO_4$), 석고($CaSO_4 \cdot 2H_2O$)와 철광이 있으며 일부 처트도 여기에 속한다.

증발암이 순차적으로 형성되는 2가지 형태가 알려져 있다. 하나는 황소눈(Bull's eye) 형으로 완전히 고립된 바다에서 발달한다. 이 형은 대략 동심원을 이루며 하부로부터 탄산염암, 석고, 암염 순으로 퇴적되며, 분지의 중심에 가장 잘 용해되는 암염이 분포한다. 또 하나는 눈물방울(tear-drop)형으로 한쪽이 바다로 열려있는 분지에서 발달하며, 바다쪽부터 탄산염암, 석고, 암염이 형성된다.

### 1) 암염

지층 중에 두꺼운 층 또는 암염 돔으로 분포하는 암염은 배수구가 없는 호수나 대양과의 연락이 불량한 좁고 긴 바다에서 물이 증발할 때에 침전된 것이다. 암

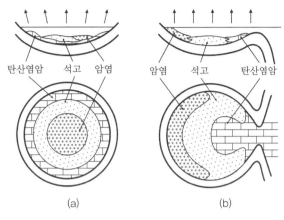

탄산염암   석고   암염          암염   석고   탄산염암

(a)                    (b)

그림 27.4  증발암상의 2가지 패턴

염 층에는 대체로 엽리가 발달되고 검은 색을 띤 암염의 얇은 층이 담색의 암염 층에 끼어있는 경우가 많다. 암염 층 내에는 석고, 칼리암염(KCl, sylvine), 셰일층이 협재된다.

각 성분이 침전하는 농도가 다르므로 수중에 용해되어 있는 여러 성분이 서로 혼합된 층을 만들지는 않고 한 층 한 층 성분이 다른 침전물의 층이 만들어진다. 예를 들면 암염은 석고보다 물에 잘 용해되므로 석고가 먼저 침전되고 증발이 상당히 진행되어 석고분이 많이 없어진 후에 비로소 암염이 침전이 시작된다. 이들이 호층을 이루는 것은 장기에 걸친 기후와 지형 변화로 물의 염분도(salinity)가 달라졌기 때문이다. 증발잔류암은 유럽과 미국에 많으며 NaCl과 K, I, Br이 광석으로 함께 채굴된다.

암염 같은 증발잔류암은 새롭게 벌어지는 대륙지각 연변부에 두껍게 퇴적되는 일이 많다. 새로 생겨나는 열곡대는 그 폭이 좁고 대단히 긴 바다가 생겨 해수의 교환이 잘 일어나지 않기 때문에 증발에 의한 염분의 침전이 일어나고 그 위에 쌓이는 지층에 들어있는 유기물은 잘 파괴되지 않아 석유의 근원 물질로 잘 보존된다. 암염 층은 후에 암염 돔을 형성하여 석유가 집중하는 유민(油罠 : trap) 또는 유포(油捕)를 만들어준다.

바다가 열리고 있는 홍해의 해저, 대서양 연안 해저에 있는 두꺼운 퇴적층 하부, 멕시코 만 해성층 하부에도 암염 층이 있는데, 이들은 대륙지각이 쪼개지면서 만들어진 좁고 긴 바다에 퇴적한 것이다.

## 2) 석고(gypsum) 및 경석고(anhydrite)

석고($CaSO_4 \cdot 2H_2O$)는 녹기 어려운 물질이므로 그 용액이 가장 먼저 침전을 일으킨다. 페르시아만의 아부다비(Abu Dhabi)에서는 해변의 저지에서 경석고($CaSO_4$)가 산출된다. 그러나 이렇게 지표 부근에서 경석고가 발견되는 것은 예외적인 경우이며 경석고는 지하 깊은 곳에 분포한다. 석고는 지표 부근에 표출된 경석고층이 물과 작용하여 석고층으로 변하는 것으로 판단된다. 석고는 $SO_4$기를 가지고 있어서 비료의 원료로 사용된다.

## 3) 철광층

화산활동으로 방출된 철분, 암석의 풍화로 암석 중에서 녹아나온 철분이 호수 중에 들어가면 철박테리아의 작용 또는 무기적으로 산화철로 침전하여 철광층을 형성한다. 이때 동시에 녹아나온 $SiO_2$의 침전이 교대로 일어나 철광층과 처트의 얇은 층이 호층을 이루는 경우도 있다(그림 27.5).

미국의 오대호지방과 캐나다, 북한의 무산 지방, 호주의 철광상은 이렇게 만들어진 것이며, 형성된 지질시대는 선 캄브리아에서 고생대 초이다.

그림 27.5  호상철광층(호주)

## 유기적 퇴적암

유기적 퇴적암을 형성하는 재료와 이로부터 만들어지는 암석을 살펴보면, 생물의 석회질 부분은 유기질석회암(석회암, 백악)을 생성하고, 생물의 규질 부분은 유기규질암(규조토, 처트)을, 식물은 탄질암(석탄, 아스팔트)을 생성시킨다.

## 1) 백악(白堊 : chalk)

유럽의 영불(英佛)해협, 미국 아칸소 주와 텍사스 주에 분포된 백색의 지층으로서 주로 코콜리스라는 단세포식물, 유공충, 성게, 조개껍질로 이루어져 있다. 생성된 시대는 중생대 말엽이다. 성분은 석회암과 같으나 다공질이어서 가볍고 연함이 특이하다.

### 2) 규조토(硅藻土 : diatomaceous earth)

해수 중에 사는 매우 작은 해조인 규조의 유해가 무수히 쌓여서 만들어진 백색의 지층이다. 화학 성분은 $SiO_2$로서, 다공질이며 좋은 단열재이다.

### 3) 석탄과 아스팔트

식물의 고화에 의해서 만들어진 석탄은 탄소가 풍부하여 색이 검고 잘 타는 성질을 갖는 암석이다. 다양한 종류의 식물이 석탄으로 변할 수 있는데 실제로 석탄에서는 잎, 뿌리, 줄기, 가지 등이 화석으로 많이 남아있다.

석탄은 보통 늪지에 쌓이는 이끼나 기타 식물 조각이 모인 갈색의 가볍고 미 고화 또는 반 고화된 토탄으로부터 형성된다. 토탄은 매장된 후에 다짐작용에 의해서 석탄으로 변하게 된다. 탄화 정도에 따른 명칭은 토탄, 갈탄, 역청탄, 무연탄이다. 아스팔트는 석유에 가까운 화학 성분을 가진 점성의 물질로서 원유에서 휘발분이 증발된 후에 남은 것이다.

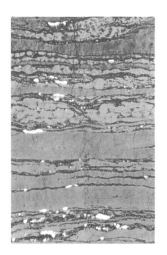

그림 27.6 석탄층

## 4 │ 처트(chert)

암석의 대부분이 규질로 구성된 퇴적암을 처트라고 하는데, $SiO_2$ 함량은 95 %에 달한다. 처트는 유리조각을 의미하는 샤아드와 어원이 같으며, 유리질로 치밀한 조직의 암석인 점에서 명명되었다. 처트는 두께가 수 cm인 층리가 명료한 층상처트와 층리가 없이 녹색암과 수반되는 괴상처트가 있다. 이외에 석회암 내에 불규칙한 형태를 가진 규질단괴가 있다.

### 1) 층상처트

전형적인 층상 처트는 2~5 cm 두께로 층을 이루며, 수 mm 두께의 이질층과 호층을 이룬다. 이질층의 두께가 얇고 처트 층이 서로 밀착되어 10 cm에 이르는 경우도 있다. 처트를 불화수소산으로 부식시키면 초생적인 구성물 일부를 관찰할 수 있다(그림 27.7). 층상 처트는 주요 구성 물질에 따라 크게 해면골침(海綿骨針), 방산충 껍질, 미립의 석영으로 나눌 수 있다.

위와 같은 유기물에서 유래된 비정질 단백석(opal)을 opal-A라 부르는데, 1단계 속성작용으로 형성된 비정질 단백석이다. 두 번째 단계에서 opal-CT라 불리는 결정질 단백석은 X선 회절분석(XRD)을 판별되며, 이는 무질서형 또는 알파-크리스토발라이트 등으로 불린다. Opal-CT는 트리디마이트와 크리스토발라이트의 호층으로 구성되며, 결정입자가 작고 격자 내의 양이온이 병합되어 무질서형 결정을 이룬다. 속성작용이 더욱 진행되면 석영이 형성되며, 속성작용과 결정화 관계는 그림 27.8과 같다.

처트는 적색, 백색, 흑색, 녹색 등 여러 가지 색깔을 나타낸다. 적색은 주로 적

그림 27.7 불화수소산으로 부식시킨 처트 표면의 SEM사진 (스케일 0.1 mm)

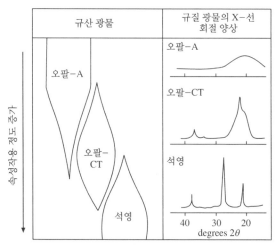

그림 27.8 속성작용의 증가에 따른 규질 광물의 상과 상대적인 함량변화(Pisciotto, 1981)

철석, 흑색은 탄질물, 녹색은 녹니석 등에 의한 것으로 여겨진다. 층 준에 따라 색조가 변하지만, 이는 퇴적장의 환경변화를 반영하는 것이다.

처트의 퇴적장은 탄산염보상심도(CCD)보다 깊은 해양저이다. 이는 처트가 미립의 이질층 이외에는 조립의 육성 조립 쇄설물을 포함하지 않으며, 탄산염 광물은 백운석이 드물게 나타날 정도이기 때문이다. 그러나 층상처트와 같이 처트 층과 이질의 얇은 층이 규칙적으로 수 백매나 반복되는 지층은, 현재의 해양저 및 심해 퇴적물에는 존재하지 않는다. 미화석의 생존기간을 이용한 퇴적속도의 계산해보면, 처트의 평균 퇴적속도는 수 m/100만 년 정도이다.

## 2) 괴상 처트

녹색암에 수반되어 괴상의 처트가 산출되는 경우가 있으며, 실리카가 풍부하여 95 %를 넘는 것도 드물지 않다. 적철석에 의한 적색의 규석에 백색의 석영 맥이 발달한 것을 적백규석이라 한다. 흑색의 규석에 백색 석영 맥이 발달한 것도 있다. 과거에 고열이 발생하는 용광로를 위한 광석으로 채굴되기도 했다. 일부 철이나 망간 산화물이 많은 호박(琥珀) 모양의 퇴적물 혹은 중정석광상을 수반하는 것이 있다. 이러한 산상으로 보아 괴상 처트는 해저화산활동에 수반되는 열수활동으로 생성되었을 가능성도 있다.

## 3) 규질단괴

석회암 중에 불규칙한 모양의 규질단괴가 수반되는 경우가 있다. 해면골침이 많은 부분이 핵이 되어 단괴가 형성되며, 초생적으로 실리카가 많은 석회암이다.

# 28장
# 화산쇄설암

화산 폭발로 분출된 파편상의 화산물질을 화산 분출물 또는 화산 쇄설물이라 부르며, 이들이 고결되거나 용결되어 만들어진 암석을 화산쇄설암이라 한다.

## 1 화산 쇄설암의 분류

화산쇄설물은 그 형태, 구조, 크기에 의해 표 28.1과 같이 분류한다. 화산쇄설암도 거의 동일한 기준에 따라 주요 구성 암편의 형태, 구조, 크기에 주목하여 여러 가지 각력암, 집괴암, 응회암으로 분류한다.

암편이 화산분출 시에 상승한 마그마로부터 직접 만들어진 것이 분명한 경우에는 **본질**(essential), 동일한 화산체의 일부를 구성하고 있는 암석의 파편은 **유질**(類質, accessory), 기반암의 파편인 경우에는 **이질**(異質, accidental)이라는 형용사를 각 화산쇄설암에 붙여준다. 본질 및 유질의 화산쇄설암은 화산암과 동일하게, 현무암질(고철질) ~ 규장질(석영안산암–유문암질)과 같은 형용사를 붙여 화학조성을 나타낸다.

**화산탄**은 본질인 화산쇄설물로 독특한 외형을 가지며, 많은 경우에 특정한 내부 구조를 갖는다. 이러한 특징은 분화구에서 방출되어 공중을 비행할 때 또는 떨어질 때 형성된다. 방추형 화산탄은 현무암질 마그마의 스트롬볼리식 분화에 의해 만들어지며, 양끝으로 가늘고 가끔 한 방향으로 비틀어져 있다. 이런 종류는 구상화산탄처럼 중심에 핵이 있는 성층구조로 보여, 스트롬볼리식 분화가 몇 번씩 반복되면서 액체의 마그마로 둘러싸이면서 형성된 것으로 보인다.

리본형 화산탄(ribbon shaped bomb)은 가장 점성이 낮은 용암이 물보라 모양으로 튀어 오른 상태에서 고결된 것으로 끈 모양이나 판상이 있다. 용암이 튀어 오른 덩어리가 땅에 떨어져 납작해진 것을 용암떡(driblet)라 부르는데, 스패터(spatter)와 거의 동일한 용어이다.

표 28.1 화산쇄설물과 화산쇄설암의 분류

| 분류의 기준 | 분출시의 상태 | 고체 또는 반고체 | 유동류 | |
|---|---|---|---|---|
| | 파편의 형태·구조 ／ 파편의 크기 | 특정한 형태·내부 구조를 갖지 않음 | 특정한 형태를 가짐 | 다공질 |
| 화산 쇄설물 | 64 mm 이상 | 화산암괴 (volcanic block) | 화산탄(volcanic bomb) | 부석(pumice) |
| | 64~2 mm | 화산력(lapilli) | 용암떡(driblet) | 스코리아(scoria) |
| | 2 mm 미만 | 화산재(volcanic ash) | 펠레의 털·눈물(Pele's hair·tear) | |
| 화산 쇄설암 | 64 mm 이상 | 화산각력암 (pyroclastic breccia) 응회각력암 (tuff breccia) | 응회집괴암(agglomerate) (화산탄+세립기질) 스코리아 집괴암 (agglutinate) | 부석응회암 (pumice tuff) |
| | 64~2 mm | 화산력응회암 (lapilli tuff) | 용암떡응회집괴암 용암떡스코리아집괴암 | 스코리아 응회암 (scoria tuff) |
| | 2 mm 미만 | 응회암(tuff) | | |

**빵 껍질 화산탄**(bread-crust bomb)은 보다 점성이 높은 마그마의 활동에서 만들어지며 안산암질, 데사이트질 화산탄이 많다. 외측은 공기에 의해 급랭되어 형성된 유리질 껍질로 둘러싸여 다면체를 이룬다. 비행 중 또는 떨어진 후에도 내부는 서서히 발포를 계속하기 때문에 껍질이 갈라지며 내부는 다공질이 된다(그림 28.1). 빵 껍질 화산탄은 직경이 최대 수 m에 달하는 것도 있다.

**부석**(pumice)은 다공질의 암괴로 하얀색을 띠는 것(규장질 조성)을 말하고 **스코리아**는 다공질이며 검은색(현무암질)을 보인다. 펠레의 털(Pele's hair)은 하와이에서 현무암질 용암이 가늘게 늘어나 생긴 유리질섬유를 지칭하는 용어이지만, 일

그림 28.1 방추형화산탄(좌)과 빵 껍질 화산탄(우)

본의 안산암질 마그마에서도 다량의 화산털이 생겨 떨어지는 예가 있다. 펠레의 눈물(Pele's tear)은 현무암질 화산에서 만들어진 유리질의 작은 구(공)이다.

**화산각력암과 응회각력암**은 둘 다 화산암괴와 세립기질로 구성되어 있으나 화산암괴의 양이 50 % 이상인 것을 화산각력암, 50 % 이하인 것을 응회각력암으로 구별한다. **응회집괴암**은 화산탄이 응회암의 기질 내에 산재된 것으로 화산탄이 스코리아질의 기질 중에 산재된 것을 **스코리아집괴암**이라 한다. 화산탄 대신 용암떡을 포함하는 것에는 그 명칭을 붙여 구별한다.

화산력, 부석, 스코리아가 교결된 암석을 각각 **화산력응회암, 부석응회암, 스코리아응회암**이라 부른다. 직경 4 mm 이하의 세립물질(화산재)로 구성된 화산쇄설암이 응회암이다. 응회암의 주요 구성 물질이 화산유리인 경우는 **유리질응회암**이라 부르며, 결정이 주체가 되면 **결정질응회암**, 기존의 암석(파편)이 주체가 되는 응회암은 **석질응회암**이라 한다.

응회암에는 화산폭발 때 생긴 부석의 미세한 파편인 샤드가 포함되는데, 현미경 하에서는 유리질의 예리한 파편으로 관찰된다. 응회암이 고온상태로 낙하하면 용암과 유사한 유상구조를 가지며 얇은 렌즈상의 검은 유리질 흑요석이 나란히 쌓이는데 이 막대 모양의 검은 흑요석 렌즈를 피아메(fiamme)라 하며 이런 용암을 용결응회암(welded tuff 또는 ignimbrite)이라 한다(그림 28.2).

화산유리와 결정이 혼합된 것은 그들의 양 비에 따라, **결정유리질응회암**(유리 50~70 %, 결정 50~25 %)과 **유리질결정응회암**(유리 50~25 %, 결정 50~70 %)으로 구별한다. 유리질응회암을 구성하는 유리는 스펀지 모양, 굽어져 깨진 모양, 또는 Y자형을 이루며(그림 28.3), 전형적인 하이알로크라스틱 조직(hyaloclastic 또는 vitroclastic, 접두어 vitro는 유리를 의미)을 나타낸다. 그림 28.4는 유리파편이 상하로 압축되고 변형되어 용결된 전형적인 하이알로크라스틱 조직을 보여준다.

화산재, 부석 등 일반적인 쇄설성퇴적물과 혼합되어 교결한 것을 혼성응회암이라 부르는데, 예를 들어 소량의 모래를 포함하는 경우는 사질응회암이라 한

그림 28.2 응결 응회암 내에 피아메

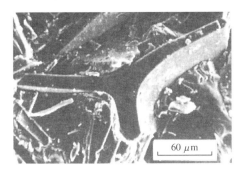

그림 28.3 화산유리 파편의 주사 현미경 사진. 특징적인 Y자형의 유리 파편이 관찰 (이용일 1994)

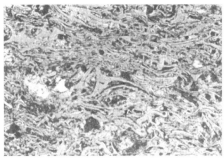

그림 28.4 하이알로클라스틱 조직을 나타내는 안산암질의 유리질용결응회암(가로 길이 1.5 mm, 일본 아소산)

다. 반대로 모래나 점토가 주체가 된다면 **응회질사암, 응회질이암(셰일)**이라 한다. 또한 물에 의해 깎여진 화산암 자갈을 다량으로 포함하는 퇴적암을 **화산원력암**이라 한다.

위와 같은 분류는 표품 크기의 화산쇄설암을 명명하기 위하여 만든 기재적인 분류로 형성과정을 고려하고 있지 않다. 또 이와 같은 분류 방법으로 화산쇄설암의 구성입자의 크기에 의한 분류가 있다(그림 28.5).

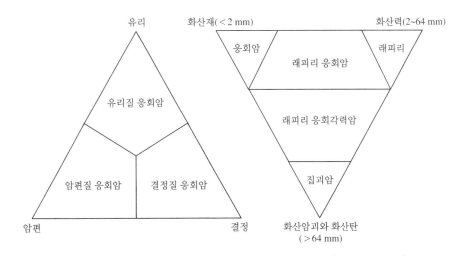

그림 28.5 화산쇄설물의 종류와 크기에 따른 분류(Fisher, 1966)

## 2 화산 쇄설암의 형성과정

화산쇄설성 퇴적물은 화산기원의 입자로 이루어진 퇴적물질을 가리킨다. 현생의 화산 쇄설성 퇴적물은 입자의 크기를 구별하여 그 종류를 알아내고 화학 성분에 따라 분류하지만, 고기의 퇴적물에 대해서는 이 방법을 그대로 적용하기가 어렵다. 왜냐하면 화산쇄설성 퇴적물이 속성작용을 받으면 화산유리와 광물들이 변질작용을 받아 퇴적 당시의 조직이 파괴되고 새로운 기질이 생성되기 때문이다. 풍화작용 역시 비교적 빠르게 일어나기 때문에 모래 크기의 화산재 물질이 점토의 크기로 쉽게 변하게 된다.

화산 쇄설성 물질이 많이 포함하는 퇴적물은 다음과 같은 3가지 방법으로 생성된다. 첫째는 육상이나 수중에서 화산이 폭발적으로 분출하여 생성되는 경우이며, 두 번째는 화산 퇴적물의 암설류인 화산이류에 의해 생성되는 경우이며, 세 번째는 이전에 생성된 분출암이나 화산이류(火山泥流) 또는 화성쇄설성 퇴적물이 침식을 받아 유래되기도 한다. 세 번째 기원에 의해 생성되는 화산쇄설성 퇴적물은 화산기원의 입자가 풍부하다는 것을 제외하고 그 밖의 특징들은 다른 쇄설성 퇴적물과 매우 유사하게 나타난다.

기존의 화산암이나 화산쇄설암 등으로부터 이차적으로 만들어진 화산쇄설암이 형성되는 과정은 앞에서 언급한 쇄설암의 경우와 거의 같다. 많은 경우, 특히 대규모의 화산쇄설암층은 화산분출물이 직접 집적되거나 재 퇴적된 것으로, 그 성질은 화산분출물의 조성, 형성과정(분출·운반·퇴적의 양식), 퇴적장의 환경(육지와 수중)에 지배된다.

화산으로부터 분출되는 모든 물질은 입자 크기에 관계없이 모두 테프라(tephra)라고 한다. 테프라는 주로 화산유리로 이루어져 있으나 분출이 일어나기 전에 마그마내에서 결정이 생성된 경우에는 광물 결정을 함유하기도 한다. 또한 테프라에는 이전의 화산활동에 의한 용암의 파편이 들어있거나, 화산 주변의 암석들이 포함되기도 한다.

### 1) 공중 강하 화산쇄설물

공중 강하 퇴적물은 화산 분출구에서 공중으로 솟구친 화산 물질이 하강하여 쌓인 퇴적물을 말한다. 이러한 퇴적물은 아주 가파른 곳을 제외하고는 넓은 지역에 걸쳐서 기존의 지형을 대체로 균일한 두께로 덮는다. 분화 시에 화산탄이나 화산암괴처럼 대형 분출물은 탄도를 그리며 화구 부근으로 낙하한다. 따라서 대부분의 응회집괴암, 스코리아집괴암 및 일부의 화산각력암 등은 화구 부근에서 형성된다.

한편 화산재 및 부석, 스코리아 등은 기둥 모양으로 하늘 높이 솟아올라 먼 곳까지 바람에 의해 운반되며, 조립 또는 비중이 큰 것부터 낙하한다. 퇴적물은 하나의 연속적인 분출기둥에 대응하여 **낙하단위**(폴유니트)로 구별되어, 화구로부터 바람 방향으로 분포의 축을 가지며, 화구로부터 멀어짐에 따라 층의 두께가 얇아지고 보다 세립이 된다. 또한 분급도 좋아진다. 화산유리와 결정 입자는 낙하속도가 다르기 때문에, **공중분화작용**이 일어나는 경우도 있다. 낙하화산쇄설물은 이렇게 하여 광범위하게 분포하므로, 동시 층을 나타내기 위한 기준층(key bed)으로 이용된다.

퇴적물이 공중에서 하강할 때 입자의 침강 속도의 차이에 따라 퇴적물에 점이층리가 관찰되는 것이 일반적이다. 경우에 따라서는 공중 강하 퇴적물은 화산쇄설성 서어지(surge: 체적의 대부분이 가스로 구성된 희박한 흐름) 퇴적물과 구별이 어려울 때가 있어서, 이들의 구별을 놓고 논란의 대상이 되기도 한다. 공중 강하 퇴적물이 수중에 쌓일 경우에 부석과 같은 저밀도의 큰 입자는 퇴적이 진행되는 동안 수주에 오랫동안 떠있게 되어 퇴적물의 상부에 나타난다.

## 2) 화산쇄설류

고온의 화산재, 부석, 스코리아 등이 화산가스와 함께 화구에서 난류가 되어 흐르는 현상을 화산쇄설류라 한다. 화산쇄설류에는 소규모의 **열운**에서 규장질 마그마에 의한 대규모의 **화산재(부석)류**에 이르기까지 여러 가지 형태가 있다. 어떤 경우라도 퇴적물은 낙하퇴적물보다도 분급이 좋지 않다. 그 유동은 지형의 굴곡에 좌우되는 경우가 많으며, 화구로부터 거리에 대한 퇴적물의 두께, 입도 등의 변화는 낙하퇴적물처럼 규칙적인 것은 아니다.

이러한 퇴적물에서는 화산유리가 용결하여 **용결응회암**(welded tuff)이 되는 경우가 많다(그림 28.6). 용결응회암은 일반적으로 주상절리가 발달된다. 또한 퇴적

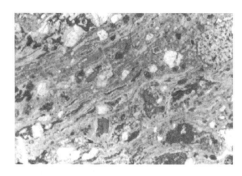 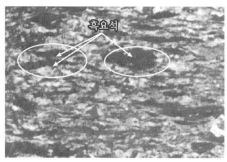

그림 28.6 용결응회암(현저히 신장된 화산
유리편이나 편평한 부석 덩어리가 배열하
여 줄무늬를 형성)

그림 28.7 유텍시틱구조를 보여주는 안산
암질용결응회암의 수직단면. 검은 부분은
흑요석

물의 중하위가 가장 강하게 용결하는데, 자체 무게에 의해 퇴적물이 압밀화 되기 때문이다. 부석은 평탄화 되어 기포를 상실하며, 치밀한 렌즈 상의 유리가 되어 수평으로 배열하여 **유택시틱**(eutaxitic)**구조**(화산암의 줄무늬 또는 렌즈 모양의 구조)를 보인다(그림 28.7).

현미경 하에서는 용결이 진행되었더라도 부석 모양 및 하얄로크라스틱 조직이 부분적으로 남아있지만, 유리의 재결정작용이 진행되면 은미정질이 되어 보통의 화산암과 구별하기 어려워진다. **이그님브라이트**(ignimbrite)는 용결응회암과 같은 의미이지만, 이 용어는 비용결 물질을 포함하여 사용하는 경우가 있다.

### 3) 화산이류(火山泥流)

이 퇴적물은 화산물질과 물의 혼합물이 흘러내리는 것으로 일반적으로 분급이 나쁘며, 크고 작은 암괴를 다수 포함한다. 화산이류는 강우나 눈 녹은 물 등에 의해 만들어지며 화산쇄설류가 하천으로 유입되거나 수중 또는 밑바닥에서 분화가 일어날 때 발생한다. 이들 퇴적물이 교결되면 대부분은 화산(응회)각력암이 된다.

### 4) 수중의 화산성퇴적물

수중(및 육상)분화에 의해 만들어진 수중의 화산성퇴적물은 지질학적으로 중요함에도 불구하고, 그 형성과정은 잘 알려지지 않고 있다. 물은 비열과 기화열 모두 크기 때문에 수중에서는 화산분출물이 급랭되어 틈새가 생기기 쉽다. 그 때문

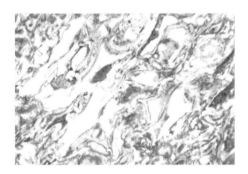

그림 28.8 녹색암 내에 관찰되는 하얄로크라스타이트, 유리편의 집합인 조직이 남아 있음(사진폭 1 mm).

그림 28.9 자파쇄용암 호수로 흘러간 석영안산암질용암이 수중에서 방사성 모양으로 스스로 파쇄(사진폭 80 cm).

에 금이 간(깨진) 두꺼운 껍질을 갖는 수냉화산탄이나, 용암 및 유리질파편으로 이루어진 **하얄로크라스타이트**가 생성된다(그림 28.8). 또한 유동하는 용암 등이 파쇄 되어 크고 작은 각력으로 이루어진 **자파쇄용암**이 되기 쉽다(그림 28.9).

심해저에서는 수압이 아주 크기 때문에 마그마의 발포가 일어나기 어려워, 침상용암이나 비 다공질의 유리편으로 이루어진 하얄로크라스타이트가 생성되는 일이 많다. 한편 얕은 물속에서는 마그마의 발포뿐만 아니라 마그마가 물과 접촉하여 순간적으로 고압의 수증기를 발생하여 현무암질 마그마라도 가끔 폭발적인 **수증기분화**를 일으켜, 다량의 화산쇄설물을 생산한다. 이들 대부분은 주변의 해저에 퇴적되지만, 수중에서는 입자의 침강속도가 느리기 때문에 퇴적물의 분급화구조가 생기기 쉽다. 또한 작은 입자나 비중이 1에 가까운 부석 등의 분출물이 화구에서 아주 먼 곳까지 운반되고 분산되어 보통의 화산쇄설퇴적물 중에 혼합된다.

수면 가까운 곳에서 분화할 때는 화산재·화산력 등을 포함하는 수증기가 급속하게 옆으로 확산되어 수면 위로 퍼져가는 일이 있다. 이러한 현상을 **베이스서-지**(base surge)라 부르는데, 이들이 육상에 퇴적되면 일반적으로 분급이 나쁜 모래파도를 나타내며, 사엽리(cross lamination: 층리와 사교하는 엽리)를 가지고 누적된다.

이외에 수중에서 직접 분출한 화산쇄설물이 일종의 난이류(亂泥流)가 되어 물의 밑바닥을 흐르는 일이 있다. 이를 수중 화산쇄설류라 부르며, 이 퇴적물은 분급이 약간 불량하지만, 하위에 비중이 큰 암괴가 집적하고 상위의 부석 등이 집적하여 분급구조를 나타낸다.

## 3 화산 쇄설암의 속성작용

화산쇄설암은 다공질이며 지표 조건에서는 화학적으로 불안정한 광물로 구성되어 있다. 그 때문에 간극수에 의한 화학반응이 활발하게 일어나 속성작용의 진행이 현저하다. 특히 화산쇄설암에 대량으로 포함된 화산유리는 간극수와 반응하여 다량의 용존 물질을 생성시키며, 화산유리가 점토 광물로 변하는 작용은 쉽게 일어난다. 화산유리를 교대하는 점토 광물은 주로 스멕타이트(smectite)인데, 화산재의 변질에 의해 형성된 스멕타이트가 풍부한 점토층을 벤토나이트(bentonite)라고 한다. 또한 고령석이 풍부한 이질암(泥質岩)인 tonstein도 역시 화산재의 변질작용에 의해 생성된 것이다. 그 외에도 여러 종의 불석이 생성되는데, 화산기원 물질은 불석 광물(zeolite)로도 쉽게 변질되는 경향이 있다. 육상에서 불석 광물은 알칼리성 호수에 쌓인 응회암 퇴적물에서 많이 관찰된다.

필립사이트는 심해 원양성 또는 반원양성 퇴적물에 많이 나타나는 불석 광물이다. 규산 성분이 많은 유리질 물질은 공극수와 용해-침전 반응을 통하여 불석 광물을 생성하는데, 불석 광물이 생성되려면 공극수의 pH가 높고, 알칼리 이온의 활성도가 높아야 한다.

해저의 현무암질 응회암은 일종의 반투명한 화산유리인 sideromelane이 변질되어 황색 또는 오렌지색을 띠는 광물인 파라고나이트로 바뀌게 된다. 이러한 변질작용은 화산유리가 수화작용을 받고 철분이 산화작용을 받아서 $Na^+$, $Mg^+$와 규산이 빠져 나가면서 일어난다. 염기성 화산유리로 구성된 응회암에서는 유리질 변질물이 생성되는 경우가 많아 파라고나이트응회암이라 불린다.

화산쇄설암의 속성과정에서 불안정 광물이 안정 광물로 변하는 것을 이용하여, 변성분대를 나누려는 연구가 진행되고 있다. 가장 대표적인 분대는 다음과 같다.

유리 미 변질대

↓

프레나이트 · 펌펠리아이트대

↓

조장석 · 석영 · 녹니석 · 녹염석대

불석대를 특징짓는 불석은 암석에 따라 또는 조건에 따라 다르며, 불석대를 더욱 자세히 분대할 수도 있다.

# 29장
# 퇴적환경

퇴적환경은 퇴적물이 이동하여 쌓일 수 있는 지표상의 특정한 공간을 의미하는 것으로 현생의 지형과 해수면을 고려하여 육성환경, 해안환경, 해양환경 등으로 분류한다. 육성환경은 선상지, 하천, 호수, 빙하, 사막 환경으로 구분되고, 해안환경은 삼각주, 조간대, 해빈과 연안사주, 강 하구, 석호환경 등으로 나눌 수 있으며, 해양환경은 대륙붕, 대륙사면, 심해환경 등으로 세분된다.

## 1  퇴적상

퇴적상은 명확한 물리적·화학적·생물학적 특성을 갖는 암체로서 퇴적학적인 관점에서는 색, 층리의 형태, 조성, 조직, 일차 퇴적구조 및 고생물의 유무 등으로 구분할 수 있다. 이러한 특성들을 파악함으로써 퇴적층으로부터 퇴적 당시의 환경과 퇴적과정을 복원할 수 있다. 또한 특정한 퇴적암체가 다른 지역 또는 다른 층준의 암체와 대비되는 특성을 가지고 있을 때 이를 구분하여 하나의 퇴적상으로 분류한다.

퇴적학적인 관점에서 미들톤(Middleton, 1978)은 하나의 퇴적상은 야외에서 암상과 퇴적구조 그리고 생물학적 관점에서 쉽게 추적이 가능한 퇴적층의 묶음이어야 한다고 주장했다. 또한 퇴적상은 궁극적으로 퇴적암들이 생성된 퇴적환경을 해석하는 데 직접적으로 도움을 줄 수 있도록 성인적으로도 관련을 가지고 있어야 한다고 보았다.

퇴적상과 퇴적상조합을 이용하여 퇴적층이 퇴적될 당시의 환경을 시간과 공간적 개념으로 정확하게 복원하기 위해서는 퇴적상의 수직적인 인접관계와 수평적인 배열에 대한 기본적인 원리를 이해하여야 한다.

퇴적층의 공간적인 배열은 '발터의 법칙(Walther's law)'에 의해 잘 설명되고 있는데, 이 법칙에서는 부정합면이 없이 수직적으로 인접하여 놓여있는 퇴적층이나 퇴적상은 퇴적 당시 수평적으로 연속하여 인접해 있던 퇴적환경에서 형성되었

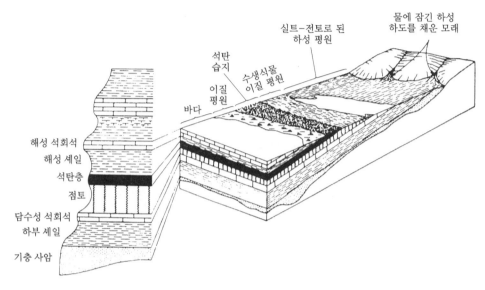

해성 석회석
해성 셰일
석탄층
점토
담수성 석회석
하부 셰일
기층 사암

바다
이질 평원
석탄 습지
수생식물 이질 평원
실트-전토로 된 하성 평원
물에 잠긴 하성 하도를 채운 모래

그림 29.1 발터(Walther)의 상법칙을 설명한 단면도(조성권 외, 1995)

다고 간주한다. 즉 현재 수직적으로 상하관계를 유지하는 퇴적층들의 퇴적 당시 환경을 복원하면 수평적으로 인접한 환경이 된다는 의미이다(그림 29.1).

다시 말해 하나의 퇴적 장소에서 축적되던 퇴적층은 시간이 경과함에 따라 퇴적이 일어나던 환경과는 달리 상류나 하류에 존재하던 환경으로 전이하여 계속 퇴적이 일어나게 되고 이러한 환경변화는 그대로 수직적으로 연속하여 퇴적 기록으로 남게 되는 것이다. 이러한 예는 선상지환경이나 하천환경, 삼각주환경과 같이 퇴적작용이 활발하게 일어나고 퇴적계의 측방이동이 비교적 빠르게 일어나는 환경에서 쉽게 관찰된다.

## 2 육성 퇴적 환경

육지 내에서 주로 쇄설성 퇴적물이 퇴적되는 퇴적환경으로는 하천환경, 호수환경, 선상지환경, 사막환경, 빙하환경이 있다.

### 1) 하천 환경

하천환경은 그 형태가 매우 다양하며(그림 29.2) 기후, 근원지의 지질, 지형, 경사, 퇴적물의 양 등에 따라 전반적인 특성이 좌우된다. 하천은 직선, 굴곡, 사행, 망상, 이합의 5가지가 일반적인 유형이다.

하천의 형태를 좌우하는 요인 중 하나는 기반의 경사도인데 경사가 완만해짐에 따라서 유로가 직선에서 망상 하천, 사행 하천으로 바꾸어지는 경향이 있다. 일반적으로 세립질이고 경사가 감소하며, 뜬짐의 양이 증가할수록 하천의 사행률이 높아지는 경향이 있다.

망상하천의 유로는 주로 밑짐이 많고 유량의 변화가 많으며 제방이 쉽게 침식될 때 나타난다. 밀집된 식생은 제방을 안정시키는 경향이 있으므로 망상하천의 발달을 어렵게 만들며 따라서 망상하천은 건조 또는 추운 기후에서 보다 잘 나타난다.

사행하천에서 평상시에는 하도 내에서 물이 흐르지만, 홍수 때는 강바닥의 모래와 자갈이 하도와 하도 주변부를 따라 이동되고 재 퇴적된다. 침식은 하도의 이동을 초래한다. 시간에 따라 하도가 이동하면 자갈과 모래가 국부적으로 퇴적되어 하도 내에 사층리가 발달한 하도 사주, 하천제방이나 주변부를 따라 발달하는 제방단구, 사행커브의 안쪽으로 굽어진 쪽의 하도 가장자리를 따라 발달하는 우각사주를 형성한다. 암석화가 진행됨에 따라 모래와 자갈은 사암과 역암으로 변한다.

물이 하도를 따라 제방 위로 흐르게 되면 범람이 일어난다. 하도제방 위로 넘

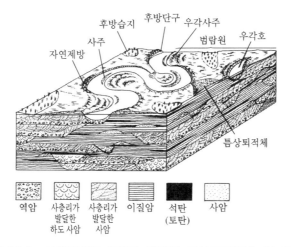

**그림 29.2** 사행환경의 하천과 단면의 모식도(정공수 외, 2000)

치는 물에 의해 유입된 모래나 실트는 직선적인 자연제방 퇴적물을 형성시킨다. 그리고 제방의 침식으로 물이 유입되어 발달된 모래와 실트로 된 퇴적물은 틈상 퇴적체(crevasse splay)를 만든다. 유기물이 많은 이토와 분해된 식물(토탄)은 습지 (또는 소택지)에 쌓인다.

## 2) 사막 환경

이 환경은 에르그(풍성환경), 플라야 그리고 충적선상지로 된 3가지 환경으로 구성되어 있다. 건조기후에 의해 형성된 사막은 식물이 분포하지 않아 수분의 증발률이 높고 간헐적으로 내리는 비에도 침식, 운반되는 퇴적물의 양이 많은 환경이다. 평상시에는 바람에 의해 주로 퇴적물의 침식, 운반이 일어나고 단층과 인접하여 위치하는 사막의 경우는 상류 쪽에 선상지환경을 형성키도 한다.

에르그는 규모가 크고 모래로 덮인 사막지대로서, 풍성 사구와 사구 사이의 판상 모래 지역을 포함한다. 바람에 의해 형성된 모래 더미인 사구는 분급이 양호하며, 단순한 것부터 복잡한 사층리를 갖는다. 에르그는 일시적인 호수를 포함하는 평평하고 식물이 없는 불모의 분지인 플라야와 인접하는 경우가 있다. 육성 사브카로 불리는 소금이 있는 플라야 평원에서는 얇은 층리나 엽리의 이암과 증발암이 퇴적된다.

## 3) 선상지 환경

선상지에서는 경사가 급한 하천이 산록의 기저부나 고지대에서 평야지대로 유입되며, 많은 양의 퇴적물이 운반·퇴적되어 부채꼴 모양의 퇴적체를 형성한다. 선상지의 표면에는 방사상으로 뻗은 망상하천이 통과하며 선상지의 퇴적상은 상부(proximal)선상지와 하부(distal) 선상지로 구분된다. 상부 선상지 퇴적상은 자갈과 굵은 모래와 같이 가장 조립질의 퇴적물들이 쌓이고, 하부 선상지 퇴적상은 세립의 자갈·모래·실트로 구성된다.

선상지의 퇴적물을 인지할 수 있는 특징적인 요소들은 근원지로부터 상대적으로 근접한 곳에서 쌓이고, 한 방향만의 고 수류 양상을 보이며 분급과 원마도가 매우 불량하고, 조직적으로 미성숙된 퇴적층으로 횡적으로나 수직적으로 연속성이 없다는 점이다. 퇴적물 입자는 역질, 사질을 주로 포함하며 선상지의 하부로 갈수록 입도가 급격히 감소한다.

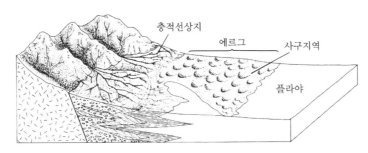

그림 29.3   충적선상지-사막환경의 모식도(에르그-풍성환경, 플라야-일시적인 호수를 포함하는 평탄하고 식물이 없는 불모지), (정공수 외, 2000)

## 4) 빙하 환경

고위도 지방이나 대륙 내 고산지역에서 장기간 누적된 눈이 중력에 의해 다져지고 재결정작용을 받아 형성된 빙하가 계곡이나 경사면을 따라 흘러내리며 퇴적물을 운반 축적한다. 빙하는 크기에 따라 대륙빙하, 곡빙하로 나뉘고, 빙하환경은 인접한 환경에 따라 빙하하천, 빙하호수, 빙하해성 환경으로 다시 세분된다.

빙하로부터 직접 퇴적된 퇴적물들은 일반적으로 분급이 불량하며 층리가 발달하지 않으나, 빙하로부터 직접 퇴적되지 않고 간접적인 영향을 받아 빙하 호수나 빙하 평원의 하천에서 퇴적된 퇴적물들은 분급이 어느 정도 이루어지며 층리가 발달하기도 한다.

빙하퇴적물은 분급 및 층리발달이 불량한 역들과 거력들이 모래, 실트, 점토 등의 기질 내에 들어있고 빙하에 의해 직접 운반되어 퇴적된다. 이들은 불량한 분급과 입자의 복모드 분포, 불량한 층리를 특징적으로 보이며, 포함된 역의 표면이 각이 지거나 광택을 띠고 또는 긁힌 자국을 포함하기도 한다.

또한 빙하퇴적물은 입자들의 장축이 한 방향을 보이고 얼음에 눌린 결과로 나타나는 치밀한 패킹(packing), 역과 중광물이 주변의 지질과 일치하지 않는 점, 빙하퇴적물 하부에 놓인 모암의 표면에 나타나는 긁힌 자국(striation) 그리고 빙하의 움직임에 따라 심하게 파쇄, 습곡구조 등이 특징적으로 포함된다.

## 5) 호수 환경

호수는 빙하부근, 사막, 범람원, 삼각주, 산간지역 그리고 열곡을 포함하는 다양한 장소에서 발달한다. 호수는 현재 지구표면의 1 % 내외를 차지하는 비교적 낮

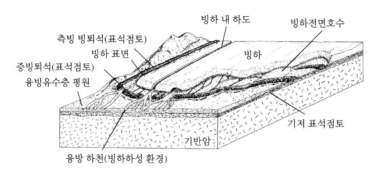

**그림 29.4** 빙하를 둘러싸고 있는 여러 가지 빙하소환경(정공수 외, 2000)

은 비중의 환경이지만 지질학적으로는 그보다 훨씬 넓고 두꺼운 퇴적층을 기록으로 남겼다.

호수 환경은 외부 수계와 연결되어 계절적인 수위변동이 작은 호수와 외부 수계로부터 단절되어 있는 폐쇄된 호수로 나누어진다. 이러한 차이는 호수 내 물의 화학성분 변화와 층상구조와 연관되며 쇄설성 퇴적작용 또는 화학적 퇴적작용에 의한 퇴적층이 선택적으로 쌓이게 된다.

작은 호수, 호수 주변부 그리고 기복이 심한 지역에서 호수퇴적물은 조립질 퇴적물과 세립질 퇴적물이 교호한다. 기복이 낮거나 호수의 중심부가 연안에서 멀리 떨어져 있으면 형성된 퇴적물은 대개 세립질이다. 부유와 화학적침전물(예를 들어 생물기원 규산, 탄산염 광물, 증발암 광물)로부터 퇴적된 이토와 유기물이 우세하다. 형성된 층들은 대개 평행하고 얇은 엽층리가 발달되어 있으며 흔히 특징적인 호상점토로 구성되어 있다.

## 3   전이 퇴적환경

전이 퇴적환경은 육성환경과 해양환경이 중첩되는 대부분 해안선 부근에 위치하며 퇴적물이 퇴적될 때 육지와 바다 양쪽으로부터 영향을 받게 된다. 삼각주와 쇄설성 해안 환경이 이에 속한다.

### 1) 삼각주 환경

삼각주는 하천이 바다나 호수로 유입되는 곳에서 발달된다. 조수, 파도 또는 강의 상대적인 영향에 따라 그 형태가 각각 다르게 나타난다.

삼각주의 크기와 형태는 강에 의한 퇴적물의 공급률, 하천수와 해수 또는 호수와의 밀도 차, 파도나 조류의 세기 및 방향, 퇴적 분지의 침강률, 퇴적사면의 경사도 그리고 기후 등에 의하여 좌우된다. 미국 미시시피 삼각주와 같이 하천의 활동이 왕성한 곳에서는 퇴적물의 공급이 우세하여 길게 신장되거나 주머니 형태의 삼각주가 형성되며 많은 양의 이질 퇴적물이 퇴적된다. 파도 및 조류의 작용이 활발한 곳에서는 삼각주는 뾰족한 형태를 보이며 파도와 조류에 의해 세립질 퇴적물은 재 이동되어 주로 사질 퇴적물이 퇴적되는 경향을 보인다.

쇄설성 해안환경은 인접 퇴적환경에 축적되어 있던 퇴적물들이 조류, 해류 및 파도에 의하여 재 분급 및 재이동하여 운반, 퇴적된다. 이러한 환경은 조류와 파도의 상대적 세기에 의하여 퇴적체의 형태가 좌우된다. 쇄설성 해안환경은 조간대, 하구와 석호, 해빈과 연안사주 환경으로 나누어진다.

## 2) 조간대 환경

조간대는 저조선과 고조선 사이의 해안 저지대인데 해수의 운동에너지가 급변하며 밀물과 썰물의 반복에 의하여 유수의 운동방향이 단기간 내에 반대가 되는 독특한 환경으로 양 방향의 사층리와 렌즈상 층리가 특징적으로 나타난다.

하부 조간대는 조석주기 중 반이상 물에 잠기는 곳으로 이곳의 퇴적물들은 조류에 의하여 계속 재 분급되어 연흔상의 모래층이 특징적이다. 중부 조간대는 약 반 정도의 기간동안 물에 잠겨 있는 곳으로 밑짐 및 부유성 퇴적물의 퇴적이 우

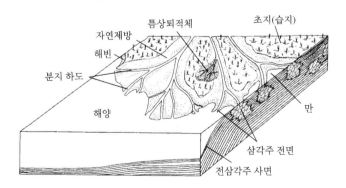

그림 29.5  단순한 삼각주 환경(정공수 외, 2000)

세하고 렌즈상 층리와 불완전 연흔구조를 보이는 사암과 이암이 교대로 쌓인다.

상부 조간대는 조석주기 중 반 이상 물 밖으로 노출되는 지역으로 주로 이질퇴적물로 구성된다. 상대적으로 해수면이 상승하는 경우에는 상부 조간대의 이질퇴적물이 하부 조간대의 모래층 위로 후퇴 퇴적하여 상향세립의 퇴적층이 형성되며, 해수면이 하강하는 경우에는 그 반대의 현상이 일어난다.

조상대 지역(supratidal zone)은 폭풍와류와 같은 높은 파도가 접근할 때만 물에 잠기는 곳이다. 조간대 내에 발달한 조간대 수로는 측방이동이 잦아 포인트바 퇴적층과 유사하게 측방으로 연속되는 판형 퇴적체를 형성할 수 있으며 상향세립하는 연속층을 남긴다.

### 3) 연안사주 환경

연안사주는 연안류, 파도의 작용 그리고 약한 조류의 영향으로 해안선에 평행하게 성장하는 사질 퇴적체이다. 연안사주는 석호와 같은 얕은 바다로 육지와 분리된 사구가 대상구조를 이루는 점과 폭에 비하여 훨씬 긴 길이, 육지 쪽으로는 복잡한 외형을 보이지만 바다 쪽으로는 일직선인 외형, 전반적으로 상향 조립화를 보이며, 사층리가 발달된 사암과 최상부에는 풍성사구를 포함하고 있는 점이 특징이다. 폭풍 등에 의하여 연안사주가 절단되면 조간대 수로와 워시오버 선상지(washover fan)가 형성된다.

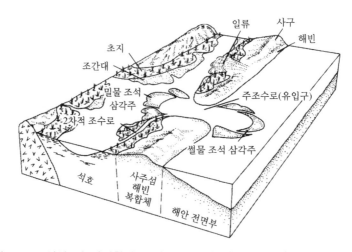

그림 29.6  연안 및 관련환경 그리고 사주섬 해빈 복합체(정공수 외, 2000)

## 4) 하구 환경

하구는 소규모의 하천을 통해 담수가 공급되나 해수가 우세하고 좁은 출구를 제외하면 육지로 둘러싸여 있어서 퇴적물이 일단 퇴적되면 잘 보존될 수 있는 환경이다. 퇴적층은 세립의 사암이나 이암으로 주로 구성되고 있고 조수의 이동이 활발한 해안에서는 사암층 내에 양방향의 사층리를 포함하기도 한다.

## 4 │ 해양 퇴적환경

해양환경은 가장 넓은 면적을 차지하는 퇴적환경으로 해안으로부터의 거리와 해저지형에 따라 대륙붕환경, 대륙사면환경, 대륙대 환경, 심해저환경으로 나뉜다 (그림 29.7).

## 1) 대륙붕 환경

대륙붕은 조석의 영향을 받지 않는 조하대로부터 대륙붕단까지의 지역으로 내 대륙붕과 외 대륙붕 지역으로 다시 나누어진다. 내 대륙붕 지역은 수심 약 50~200 m 내외까지의 근해 지역이며 주로 폭풍과 바람에 의해 생성된 파랑에 의하여 영향을 받는 곳이다. 외 대륙붕 지역은 대륙붕 퇴적층은 상향세립화의 특징을 갖는 해침 연속층(후퇴퇴적) 또는 상향조립화로 나타나는 해퇴 연속층(전진퇴적)을 보이며, 주로 석영 모래와 점토 광물로 구성된다. 생물기원의 탄산염 파편들도 나타나지만 그 양은 많지 않다. 현재 전 세계 대륙붕 퇴적물의 절반가량은 과거에 해안선 부근에서 퇴적되었으나 현재는 외해 쪽 대륙붕 환경 하에 놓여있어 주위의

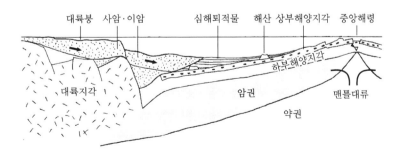

그림 29.7 수동형대륙연변에서의 퇴적작용(최신지구학, 1995)

환경과는 부조화를 보이는 잔류사질 퇴적물이다. 나머지 퇴적물은 육지로부터 이동되어 온 퇴적물이 연안에 퇴적되었다가 재이동하여 해안을 따라 현재의 대륙붕 외부 쪽으로 운반되어 퇴적된 현생 퇴적물이다.

### 2) 대륙사면 환경

대륙사면은 대륙붕단과 심해저 평원 사이에 위치하는 환경으로 파랑이나 조류에 의한 쇄설성 퇴적물의 직접적인 운반작용은 거의 일어나지 않지만 대륙붕에 불안정하게 쌓여있던 미고화 퇴적물들이 중력에 의해 미끄러져 내려가는 물질류가 빈번하게 발생하는 곳이다. 따라서 이곳에는 내부 구조가 교란된 상당히 두꺼운 퇴적층이 쌓이며 현생 퇴적층의 평균 두께는 약 2,000 m에 달한다. 원양성 부유 퇴적물과 생물기원 퇴적물은 상대적으로 극히 적은 양이다. 대륙대 퇴적층의 전반적인 형태는 쐐기 모양 또는 두꺼운 볼록렌즈상이며 층서 기록에서는 과거의 해저지형과 연속되어 신장된 모습으로 보존된다. 이 곳에는 저탁암과 해저선상지가 발달한다.

### 3) 심해 환경

심해환경은 해저선상지 환경과 대양저평원 환경으로 나뉜다. 해저선상지에서는 대륙사면의 하부로부터 운반되어 온 퇴적물들이 바다 쪽으로 전진퇴적을 하며 쌓인다. 퇴적물은 하구로부터 삼각주를 통해 직접 공급받거나 외 대륙붕이나 대륙사면 퇴적물을 해저협곡을 통해 간접적으로 공급받기도 한다. 이곳에서의 퇴적상 및 퇴적물 분포는 주로 분지의 형태, 지구조적 환경, 퇴적물 공급지의 상황 등에 좌우된다. 대양저 평원의 대부분 퇴적물은 바람에 날려 온 황사, 해저 화산분출물 및 생물기원 퇴적물로 구성되며 퇴적 속도는 매우 낮다.

## 5 부가체

중앙해령 부근에서 형성되어진 해양판 위의 지층은 현무암과 해령의 열수분출공의 침전물로 이루어지지만 중앙해령에서 멀어짐에 따라 처트나 석회질연니 등이 퇴적된다. 그 두께는 시간이 지남에 따라 증가한다. 해구에 가까워지면 육지기원의 사암이나 역암 등의 공급이 많아진다. 이들이 대륙붕 사면 붕괴에 의한 저탁류에 의해 심해로 운반된다. 해양저에서 해산이 형성되면 그 정상부에 석회질 산호초가 형성되는 경우가 있다.

일본에는 중생대에 해양판의 섭입에 의해 형성된 쥐라기 부가체라 불리는 지층이 다수 분포한다. 쥐라기 부가체를 구성하는 암석은 해양저의 현무암, 처트, 석회암, 사암이나 이암 등이 있다.

해양저에 퇴적된 지층은 판의 섭입과 함께 맨틀 내로 밀려들어가지만, 일부는 떨어져 육지쪽 판에 들러붙어 부가된다. 즉 해구에서 해양판이 섭입하면서 육지에서 기원된 모래나 흙과 해양판 위에 있는 원양 심해퇴적물이, 얇은 판 모양으로 세트가 되어 해구의 육지 쪽 아래로 한겹씩 붙어 형성된 지층을 부가체라 한다. 현재도 일본의 시코쿠[四國] 먼 바다에는 필리핀 해양판이 섭입하면서 부가체가 형성되고 있다.

일본의 나고야시 북부에 위치하는 이누야마[犬山]시의 기소가와[木曾川]의 강양쪽에는 붉은색의 처트가 분포한다[그림 29.9(a)]. 이 지역에서 처트는 사암, 이암과 반복적으로 산출되어 줄무늬를 이루는데, 얼핏 보기에는 같은 장소에서 연속적으로 퇴적된 것처럼 보인다. 그러나 처트는 중생대 트라이아스기-쥐라기 전기(2억 5천만~1억 8천만 년)이며, 사암, 이암은 중생대 중기(1억 8천~1억 4천만

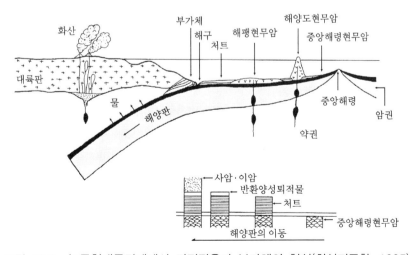

그림 29.8  능동형대륙경계에서 퇴적작용과 부가체의 형성(최신지구학, 1995)

년)에 형성된 암석이다. 또한 처트의 90 %는 직경 0.1 mm 크기의 방산충이 심해에서 매우 천천히(수 mm/1000년) 퇴적된 암석이고, 사암, 이암은 육지에서 바다로 운반되어 온 육성기원물질이 쌓인 퇴적암이다. 이 반복 층의 생성원리를 백색과 빨간색의 두 층으로 이루어진 빵을 예로 들어 설명해 보자. 이 빵을 비스듬히 썰어 놓으면 두 색깔의 빵이 직선의 줄무늬를 이루게 된다. 이 작업을 여러 차례 하면, 이 줄무늬는 반복적으로 여러 번 나타날 것이다. 빨간색이 몇 번 나타나더라도 빨간색 층(생성시기와 성분이 같은 암석)은 동일한 층이다[그림 29.9(b)].

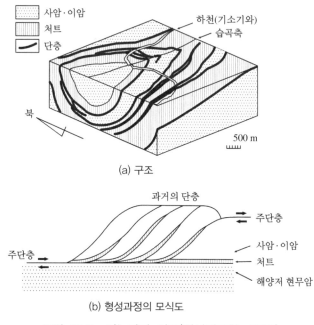

(a) 구조

(b) 형성과정의 모식도

그림 29.9 이누야마 처트(최신지구학, 1995)

# 5 부  연 습 문 제

**5.1**  그림은 퇴적암이 만들어지기까지의 주요 과정을 간략히 정리한 것이다.

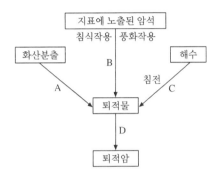

이에 대한 설명으로 옳은 것을 <보기>에서 모두 고른 것은?

─── <보 기> ───

ㄱ. A과정을 거치는 암석에는 응회암이 있다.

ㄴ. B과정을 거치는 암석에는 사암이 있다.

ㄷ. C과정을 거치는 암석에는 규암이 있다.

ㄹ. D과정에서는 속성작용이 일어난다.

① ㄱ, ㄷ      ② ㄱ, ㄹ      ③ ㄴ, ㄷ      ④ ㄱ, ㄴ, ㄹ      ⑤ ㄴ, ㄷ, ㄹ

**5.2**  그림은 어느 지층의 퇴적구조를 나타낸 것이다.

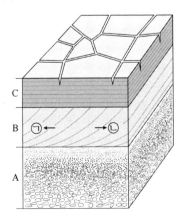

퇴적구조 A, B, C에 대한 설명으로 옳은 것을 <보기>에서 모두 고른 것은?

─────── <보 기> ───────

ㄱ. A는 입자 크기에 따른 퇴적 속도 차이에 의해 형성되었다.
ㄴ. B가 형성될 당시 물은 ⓛ 방향으로 흐르고 있었다.
ㄷ. C 상부의 층리면구조는 대기에 노출되어 형성되었다.

① ㄱ        ② ㄴ        ③ ㄱ, ㄷ        ④ ㄴ, ㄷ        ⑤ ㄱ, ㄴ, ㄷ

5.3 표는 화학적 풍화작용에 의한 여러 광물의 변화를 반응식으로 나타낸 것이다.

| | 반응식 |
|---|---|
| (가) | $4FeSiO_3 + 2H_2O + O_2 \rightarrow 4FeO(OH) + 4SiO_2$ |
| (나) | $(Mg,Fe)_2SiO_4 + 4H + \rightarrow (Mg^{2+} + Fe^{2+}) + H_4SiO_4$ |
| (다) | $2KAl_3Si_3O_{10}(OH)_2 + 2H + 3H_2O \rightarrow 3Al_2Si_2O_5(OH)_4 + 2K^+$ |
| (라) | $Al_2Si_2O_5(OH)_4 + 5H_2O \rightarrow 2Al(OH)_3 + 2H_4SiO_4$ |

이에 대한 설명으로 옳은 것을 <보기>에서 모두 고른 것은?

─────── <보 기> ───────

ㄱ. (가)~(다) 중 같은 조건에서 화학적 풍화에 가장 약한 광물은 (나)의 감람석이다.
ㄴ. (가)의 반응 후 자철석이 생성된다.
ㄷ. (라)의 반응은 열대우림 지역에서 잘 나타난다.

① ㄱ        ② ㄴ        ③ ㄱ, ㄴ        ④ ㄱ, ㄷ        ⑤ ㄴ, ㄷ

5.4 표는 규산염 광물 ①~⑤의 광학적, 물리적 특성을 나타낸 것이고, 그림은 광물 ①~⑤를 구성하는 주요 화학성분의 조성비와 화학적 풍화작용에 의한 광물의 상변화 경로(화살표)를 나타낸 것이다. 광물 A, B, C는 풍화작용의 산물이다.

| 특성\광물 | 복굴절률 | (ㄱ) | 다색성 | 결합구조 |
|---|---|---|---|---|
| ① | 0.015 ~ 0.035 | 2도의 노란색, 보라색, 청색, 녹색 | 있음 | 단쇄상 |
| ② | 0.014 ~ 0.027 | 2도의 보라색, 청색, 녹색 | 있음 | 복쇄상 |
| ③ | 0.028 ~ 0.070 | 2도~3도의 다양한 색 | 있음 | 판상 |
| ④ | 0.007 ~ 0.013 | 1도의 백색, 회색, 옅은 노란색 | 없음 | 망상 |
| ⑤ | 0.006 ~ 0.010 | 1도의 백색, 회색, 옅은 노란색 | 없음 | 망상 |

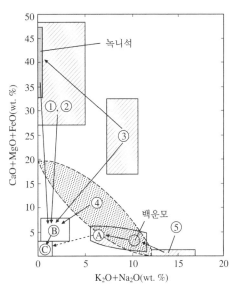

이에 대한 설명으로 옳은 것을 <보기>에서 모두 고른 것은?

<보 기>

ㄱ. 광물마다 결합구조가 다르므로 간섭색 (ㄱ)이 다르게 나타난다.
ㄴ. ①~⑤의 광물 이름은 순서대로 휘석, 각섬석, 흑운모, 사장석, 정장석이다.
ㄷ. ①~④의 광물은 풍화작용을 통해 몬모릴로나이트(B)를 거쳐 카올리나이트(C)로, ⑤의 정장석은 백운모→ 견운모→ 일라이트 (A)를 거쳐 카올리나이트(C)로 변한다.
ㄹ. 광물 A, B, C로 구성된 모래나 실트는 육성 사행하천 퇴적환경에서 틈상퇴적체 (crevasse splay)를 형성한다.

① ㄱ, ㄴ      ② ㄱ, ㄹ      ③ ㄴ, ㄷ      ④ ㄱ, ㄴ, ㄷ      ⑤ ㄴ, ㄷ, ㄹ

5.5  그림 (가)는 사암 분류표이고, (나)는 편광현미경 하에서 직교니콜로 관찰한 어느 사암의 박편 사진이다. 이 사암은 분급이 양호하고 원마도가 높은 단일 광물의 입자로 구성되어 있다.

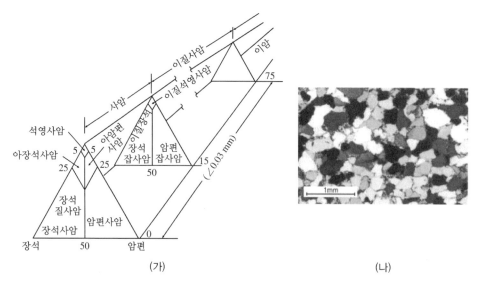

(가)                                                            (나)

이에 대한 설명으로 옳은 것을 <보기>에서 모두 고른 것은?

─────────── <보 기> ───────────

ㄱ. 이 암석은 (가)에서 석영사암에 해당한다.

ㄴ. 이 사암은 경사가 급한 계곡에서 형성된다.

ㄷ. 기질 10 %, 석영 3 %, 장석 12 %, 암편 75 %로 구성된 암석은 암편사암이다.

① ㄴ          ② ㄷ          ③ ㄱ, ㄴ          ④ ㄱ, ㄷ          ⑤ ㄱ, ㄴ, ㄷ

5.6   다음은 야외에서 부정합이 없이 연속으로 쌓인 어느 퇴적층을 관찰한 내용이다.

┌─────────────────────────────────────────────────────────┐
│ ○ 셰일층과 역암층이 상호 교호하며 수십 미터 두께로 나타난다.                    │
│ ○ 엽층리를 보이는 수 미터 두께의 암회색 셰일층은 식물줄기 파편 화석을 약간 포      │
│    함하고 있다.                                                     │
│ ○ 수 미터 두께의 역암층은 층리를 보이지 않는 괴상의 역암이 우세하고, 일부 층      │
│    리를 보이는 역암 또는 역질 사암도 부분적으로 발견된다.                      │
│ ○ 역암은 분급이 매우 불량하고, 역의 원마도는 각형(angular) 또는 아각형(subangular) │
│    이 우세하다.                                                     │
└─────────────────────────────────────────────────────────┘

이에 대한 설명으로 옳은 것을 <보기>에서 모두 고른 것은?

<보 기>

ㄱ. 이 퇴적층은 선상지-삼각주(fan-delta) 퇴적환경에서 주로 형성된다.

ㄴ. 셰일이 암회색을 나타내는 이유는 유기물 기원의 탄소를 포함하기 때문이다.

ㄷ. 경사가 급한 하천에서 유입된 자갈과 굵은 모래가 상단에, 하부에는 세립질 퇴적물이 쌓여 역암과 셰일이 함께 나타난다.

① ㄴ         ② ㄷ         ③ ㄱ, ㄴ         ④ ㄱ, ㄷ         ⑤ ㄱ, ㄴ, ㄷ

5.7 규산($SiO$)이 풍부한 규조의 유해와 같은 퇴적물이 속성작용을 받으면 처트(chert)를 형성하게 된다. 그림 (가)는 이러한 과정에서 생성된 규산 광물 A, B, C의 변화를, 그림 (나)는 이들 광물의 특징적인 X-선 회절선을 나타낸 것이다.

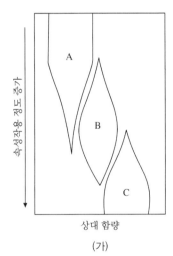
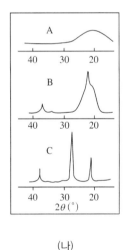

(가)                      (나)

광물 A, B, C에 대한 설명으로 옳은 것만을 <보기>에서 모두 고른 것은? (단, 단백석은 광물로 간주한다.)

<보 기>

ㄱ. A는 내부구조가 규칙적이다.

ㄴ. B는 단백석 CT(opal-CT)에 해당된다.

ㄷ. A → B → C로 갈수록 결정도가 증가한다.

① ㄱ         ② ㄷ         ③ ㄱ, ㄴ         ④ ㄴ, ㄷ         ⑤ ㄱ, ㄴ, ㄷ

5.8 강원도 태백 지역에 분포하는 어느 암석의 박편을 편광현미경으로 관찰하였다. 층리가 발달한 이 암석은 분급이 양호하고 원마도가 높은 0.5 ~ 1.5 mm 크기의 입자로 대부분 구성되어 있다. 입자들은 개방 니콜에서 무색이고, 직교 니콜에서는 재물대를 회전하면 무색에서 회색 또는 흑색으로 변하였다. 이암석의 입도분포 곡선은 그림과 같다. 그리고 이 암석과 교호하는 셰일층에서는 삼엽충과 완족류 등의 화석이 관찰되었다.

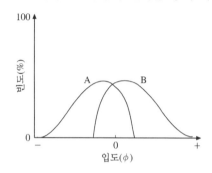

이에 대한 설명으로 옳은 것을 <보기>에서 모두 고른 것은?

─────── <보 기> ───────

ㄱ. 이 암석은 석영사암으로 대륙붕 또는 조간대 환경에서 퇴적되었다.
ㄴ. 0.5 ~ 1.5 mm 크기는 +1 ~ −0.5 $\phi$이므로 분포곡선의 대략적인 형태는 A이다.
ㄷ. 이 지층은 캄브리아기의 조선누층군 하부에 해당한다.

① ㄴ        ② ㄷ        ③ ㄱ, ㄴ        ④ ㄱ, ㄷ        ⑤ ㄱ, ㄴ, ㄷ

5.9 그림은 태평양판 서측의 어떤 수렴경계를 모식적으로 나타낸 것이다. A, B, C는 각각 호상열도 하부의 맨틀, 하부지각 그리고 해령 하부에서 생성되는 마그마이다. X와 Y는 광역 변성대이며, Z는 대륙주변부(continental margin)를 나타낸다. 이에 대한 다음 물음에 답하시오.

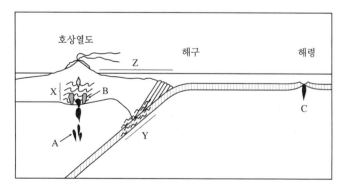

마그마 A, B, C의 생성 과정과 종류에 대한 설명으로 옳은 것을 <보기>에서 모두 고른 것은?

---

— <보 기> —

ㄱ. 마그마 A는 섭입하는 해양판에서 탈수된 물의 영향으로 맨틀의 부분용융으로 형성된 현무암질 마그마이다.
ㄴ. 마그마 B는 상승하는 마그마 A가 지각하부를 가열하여 지각 물질이 부분적으로 용융된 화강암질 마그마이다.
ㄷ. 마그마 C는 맨틀대류가 상승하여 압력이 하강한 맨틀의 부분용융으로 형성된 현무암질 마그마이다.

---

① ㄴ      ② ㄷ      ③ ㄱ, ㄴ      ④ ㄱ, ㄷ      ⑤ ㄱ, ㄴ, ㄷ

5.10 호상열도의 주된 화산암과 해령의 화산암을 형성하는 마그마의 계열 및 미량성분의 특성에 관한 설명으로 옳은 것만을 <보기>에서 있는 대로 고른 것은?

---

— <보 기> —

ㄱ. 태평양 주변의 호상열도에서는 칼크알칼리 계열의 안산암질 마그마가 주로 분출한다.
ㄴ. 해령에서는 쏠레아이트 계열의 현무암질 마그마가 자주 분출한다.
ㄷ. 섭입대 주변의 화산암에는 물에 녹기 쉬운 부적합(불호정)원소인 LIL원소의 함량이 해령의 현무암보다 많이 포함되어 있다.

---

① ㄴ      ② ㄷ      ③ ㄱ, ㄴ      ④ ㄱ, ㄷ      ⑤ ㄱ, ㄴ, ㄷ

5.11 변성대 X와 Y에 대한 설명으로 옳은 것을 <보기>에서 모두 고른 것은?

---

— <보 기> —

ㄱ. 변성대 X는 저압 고온변성작용에 의해 형성된다.
ㄴ. 변성대 Y에서는 청색편암상에서 에클로자이트상으로 변성도가 증가한다.
ㄷ. X와 Y가 쌍을 이루는 변성대는 섭입대 주변에서 형성된다.

---

① ㄴ      ② ㄷ      ③ ㄱ, ㄴ      ④ ㄱ, ㄷ      ⑤ ㄱ, ㄴ, ㄷ

5.12 대륙주변부 Z의 특징과 부가체(accretionary prism)의 형성 과정에 대한 설명으로 옳은 것을 <보기>에서 모두 고른 것은?

───── <보 기> ─────

ㄱ. Z는 능동형대륙주변부로서 단층작용, 화산활동, 구조적인 변형이 활발하다.
ㄴ. 부가체는 육지에서 기원된 모래 등과 심해 퇴적물이 얇은 판 모양으로 쌓여있다.
ㄷ. 부가체를 구성하는 처트에 포함된 방산충으로 지층의 연대를 추정할 수 있다.

① ㄴ        ② ㄷ        ③ ㄱ, ㄴ        ④ ㄱ, ㄷ        ⑤ ㄱ, ㄴ, ㄷ

5.13 그림 (가)는 조직과 구성 광물의 함량에 의한 화성암의 분류표이고, (나)는 화성암의 색 지수의 일부이다.

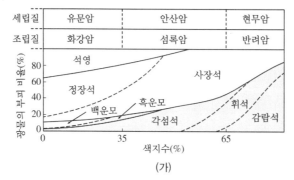

(가)

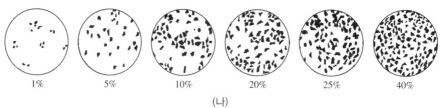

(나)

이에 대한 설명으로 옳은 것을 <보기>에서 모두 고른 것은?

───── <보 기> ─────

ㄱ. 유색 광물이 가장 많이 포함한 세립질 암석은 현무암이다.
ㄴ. 일반적으로 사장석의 함량은 안산암보다 유문암이 많다.
ㄷ. 색지수가 40%인 암석은 1%인 암석보다 유색 광물의 함량이 4배 정도 많다.

① ㄱ        ② ㄴ        ③ ㄷ        ④ ㄱ, ㄷ        ⑤ ㄱ, ㄴ, ㄷ

# 참고문헌

권순식, 2009, 풍화작용과 지형, 한국학술정보(주), 218p.

기원서, 2009~2011, 국토 중서부 천부지각의 지구조 진화 연구보고서, 한국지질자원연구원. 255p.

김규한, 2009, 행성지구학, 시그마프레스, 323p.

김용준, 1998, 화성암석학, 전남대학교 출판부, 321p.

김종선, 안성호, 조형성, 송철우, 손문, 류충렬, 김인수, 2011, 산청회장암체 내 철-티탄 광체와 고철질 백립암의 산상. 한국암석학회, 20(2), 115~135.

김진섭, 1995, 火山. 부산대학교 출판부, 245p.

박병권, 이대교, 1993, 쇄설성 퇴적암, 서울프레스, 172p.

안건상, 오창환, 2000, 변성암석학, 시그마프레스, 302p.

이용일, 1994, 퇴적암석학, 도서출판우성, 325p.

이진영, 윤현수, 홍세선, 2011, 한반도의 지질, (주)STN, 138p.

장윤득, 2009, 한국의 자연유산 독도, 문화재청, 306p.

정공수, 김정률, 2000, 퇴적암석학, 시그마프레스, 313p.

정지곤, 이종만, 2000, 화성암석학, 시그마프레스, 390p.

조성권, 이철우, 손영관, 황인걸, 1995, 퇴적학, 도서출판우성, 512p.

최범영, 최영섭, 백악기 음성분지의 열림에 대한 응력 모델, KIGAM Bulletin, 11(4), 3-16.


Barker, A.J., 1998, *Introduction to Metamorphic Texture and Microstructure*(2nd edition), Stanley Thornes Ltd. 264p.

Brian J. Skinner, Stephen C. Porter & Daniel B. Botkin, 1999, *The Blue Planet, -An introduction to Earth System Science-*, 2nd edition, Jhon Wiley & Sons. 552p.

Bruce W.D, Yardley, 1989, *An introduction to metamorphic petrology*, Longman Science & Tecnical, 248p.

Cernicoff S. & Whitey D., 2007, *Geology-An introduction to physical geology*, Prentice Hall, Inc. 679p.

Dexter Perkins, 2002, *Mineralogy*, 2nd Edition, Prentice Hall, 483p.

Edgar W. Spencer, 2003, *Earth Science -Understanding Environmental Systems-*, The Mcgraw-Hill companies, lnc. 518p.

Edward A. Keller, 2000, *Environmental Geology*, 9th Ed., Prentice Hall, Inc. 562p.

Edward J. Tarbuck & Frederic K. Lutgens, 2006, *Earth Science*, 9th, Pearson Prentice Hall. 726p.

Edward J. Tarbuck & Frederic K. Lutgens, 2008, *Earth -An introduction to physical geology*, 9th Ed., Pearson Prentice Hall. 714p.

Frederick K. Lutgens & Edward J. Turbuck, 2009, *Essentials of Geology*, 10th Ed. Pearson Education, Inc., Prentice Hall. 486p.

Gary A. Smith & Aurora Pun, 2006, *How Does Earth Work?*, Pearson Prentice Hall, 641p.

Hurlbut C.S. & Klein C., 1977, *Manual of mineralogy*, Jhon Willey & Son, 532p.

John Grotzinger, Thomas M. Jordan, Frank Press & Raymond Siever, 2007, *Understanding Earth*, W.H. Freeman and Company, 579p.

Kitamura, M. & Yamada, H., 1987, *Origin of sector trilling in cordierite in diamonji hornfels, Kyoto, Japan*, Contribution to Mineralogy and Petrology, 97, 1-6.

Mcbirney, A.R., 1993, *Igneous Petrology*, Jones and Bartlett Publishers, Inc. 508p.

Moonsup Cho, Hyeoncheol Kim, Yuyoung Lee, Kenji Horie &, Hiroshi Hidaka, 2008, *The oldest (ca. 2.51 Ga) rock in South Korea: U.Pb zircon age of a tonalitic migmatite, Daeijak Island, western Gyeonggi massif.* Geosciences Journal, 12(1), 1-6.

Moore S. and Wicander R., 2006, *The Changing Earth -Exploring Geology and Evolution -4th Ed.*, James Thoson Learning, lnc. 754p.

Nord, G.L. Jr., 1992, *Imaging transformation-induced micro-structures, in minerals and reaction at the atomic scale*: transmission electron microscopy (ed. P.R. Buseck). Mineralogical Society of America. Reviews in Mineralogy No. 27, 455-508.

O'neil J., Carson R.W., Frances D. & Stevenson R., 2008, *Neodymium-142 evidence for Hedean mafic crust, Science*, 321, pp.1828-1831.

Paul F. Hoffman, 1991, *Did the Breakout of Laurentia Turn Gondwanaland Inside-Out?*, Science, 252, pp. 1409-1412.

Plumer C. C., McGeary D. & Carlson D. H., 2003, *Physical Geology*, MaGraw Hill, 574p.

Raymond L.A. *Petrology*, 1995, Wm. C. Brown Communication, Inc. 727p.

Rollinson H. R., 1993, *Using geochemical data: evaluation, presentation, interpretation*, Longman Group, 352p.

Smith, J.V. & Brown, W.L., 1988, *Feldspar mineral*, Springer-Velag, Berlin.

Stanley, Steven M. 1999. *Earth System History.* New York: W.H. Freeman and Company.

Stein M. & Ben-Avraham Z., 2009, *Evoution of the earth.* Editor. D. Stevenson, 171-195.

Thomas Mcguire, 2000, *Reviewing Earth Science -The Physical setting-*, Amsco School Publications INC., 320p.

Tucker, M.E., 2001, *Sedimentary Petrology-An intriduction to the origin of sedimentary rocks-.* 3rd Ed. Blackwell Science Ltd., 262p.

Wicander R. & Monroe J.S. , 2007, *Historical Geology*, 5th Ed. Evolution of the earth and life through time. Thomson Brooks/Cole. 147-175.

William H. Blackburn and William H. Dennen, 1998, *Principle of Mineralogy* 2nd Ed. Wm. C. Brown Publishers, 413p.

Zhao, G., Sun, M., Wilde & Simon A.; Li, S.Z., 2004, *A Paleo-Mesoproterozoic supercontinent: assembly, growth and breakup.* Earth-Science Reviews 67: 91-123.

Zhao, G., Cawood, P.A., Wilde, S.A. & Sun, M. ,2002. *Review of global 2.1-1.8 Ga orogens: implications for a pre-Rodinia supercontinent.* Earth-Science Reviews 59: 125-162.

神奈川県博物館, 1994, 新しい地球史-46億年の謎, (株)有隣堂, 175p.

川上紳一, 東條文治, 2007, 地球史がよくわかる本. 秀和システム. 331p.

久城育夫, 1989, 日本の火成岩, 岩波出版 206p.

黒田吉益, 諏訪兼位, 1987 偏光顕微鏡と岩石鉱物, 岩波出版. 343p.

周藤賢治, 小山內康人, 2002, 岩石学, 共立出版, 340p.

地学団体研究会, 1988, 岩石と地下資源, 東海大学出版会. 172p.

中村 隆, 変成·変成作用, Field Geologyシリーズ, 日本地質学会, 65p.

都城 秋穂, 1988, 変成岩と変成帯, 岩波書店, 458p.

橋本光男, 1987, 日本の変成岩, 岩波出版 159p.

# 찾아보기

## ㄱ

가수분해 / 334
각력암 / 349, 388
각섬석 혼펠스상 / 250, 280
각섬암 / 267
각섬암상 / 276
간립조직 / 146
간섭상 / 101
간섭색 / 99
감람석 / 73
감람암 / 176
개방니콜 / 96
건열 / 378
격자면 / 92
결정계 / 85
결정도 / 143
결정분화작용 / 164, 181
결정의 3요소 / 85
결정축 / 87
결정편암 / 264
결핵체 / 331, 386
경상누층군 / 52
경옥 / 278
고령석 / 352
고상선 / 109
고압변성작용(HP) / 246
고압형 계열 / 315
고온변성작용 / 246
고용체 / 79, 108
고장력원소 / 169
곤드와나 / 42
골드슈미트 / 284

## ㄴ

남섬석 / 278
남정석대 / 311
네나 초대륙 / 41
네펠린 / 72
녹니석대 / 307, 308
녹색암대 / 35
녹색편암 / 264
녹색편암상 / 275, 309
녹염석각섬암상 / 275
놈 광물 / 160
누대구조 / 110
누적빈도곡선 / 357

공융계 / 106, 107
공융점 / 107
공존 광물 / 239
관입암 / 137
광물학적 상률 / 290
광역변성작용 / 247
교결작용 / 341
교대작용 / 252
구상구조 / 151
구조권 / 30
구형도 / 364
굴절률 / 98
규산염 사면체 / 63
규선석대 / 311
그래노파이어 / 223
그래뉼라이트 / 267
그루브캐스트(홈 자국) / 369

### ㄷ

다공상구조 / 152
다색성 / 97
다형현상 / 92
단괴 / 386
단변수반응 / 297
단사휘석 / 74
대결층 / 51
대륙성장 / 31
대륙지각 / 25
대리암 / 270
대칭면 / 85
대칭심 / 86
대칭축 / 86
데본기 / 51
데사이트 / 218
돌러라이트 / 202
돌로마이트 / 404
동아프리카 열곡대 / 194
동화작용 / 182
등방성 / 94
등변성도선 / 307
뜀자국 / 371

### ㄹ

료케[領家]변성대 / 248
료케-아부쿠마변성대 / 314
류사이트 / 72

### ㅁ

마그마 / 175
마그마 바다 / 12
마그마의 혼합 / 182
마식작용 / 332
마이로나이트 / 251
막대자국 / 370

매몰변성작용 / 247, 249
맨틀 / 15, 16
맨틀열 / 173
면류자국 / 371
모래파 / 375
모래화산 / 383
모호면 / 24
목성형 행성 / 10
몬조나이트 / 217
문상조직 / 148
물리(기계)적 풍화 / 332
뮤거라이트 / 215
미그마타이트 / 269
미르메카이트조직 / 149
미문상조직 / 149
미문상화강암 / 223
미사장석 / 70
미행성 / 12
밀러지수 / 90

### ㅂ

바로비안 전진변성지역 / 306
바이모달 / 195
박리작용 / 332
반려암 / 204
반상변정질조직 / 256
반상조직 / 145
반심성암 / 137
반응계 / 111
반응연 / 144
반응점 / 112
방해석 / 404
배호 / 197
백립암 / 267
백립암상 / 277
백악 / 410

백운모 / 78

백운석 / 407

베개상용암 / 36, 139

베케선 / 98

벽개 / 97

변성대 / 247

변성도 / 240, 246

변성반응선도 / 305, 313

변성상 / 272

변성상 계열 / 313

변성암복합체 / 247

변성요인 / 245

변성유형 / 245

변성작용 / 233

병반 / 141

보통각섬석 / 76

복굴절 / 95

복변수반응 / 297

부가체 / 432

부마층서 / 379

부분용융 / 176

부석 / 415

부유운반 / 337

부적합원소 / 168

부칸 변성대 / 314

부칸 전진변성지역 / 306

분급 / 359

분상암체 / 141

분석구 / 138

분성분대 / 306

불꽃구조 / 381

불석상 / 274

불연속반응 / 297

불호정원소 / 168

비알칼리암 계열 / 158

비종결반응 / 292

빙하 환경 / 427

**人**

사구 / 374

사막 환경 / 426

사문석 / 211

사방휘석 / 73

사암 / 350, 389

사암의 분류 / 389

사장석 / 70

사질암 / 262

사층리 / 376

사피린 / 283

사행하천 / 425

삭박작용 / 331

삼각주 환경 / 428

삼바가와[三波川]변성대 / 248

삼바가와형 / 316

상률 / 104

상평형도 / 292

새니디나이트상 / 250, 281

색지수 / 155

석류석대 / 310

석영 / 67, 350

석영사암 / 389

석영섬록암 / 217, 218

석탄 / 411

석회암 / 404

선상지 / 426

섬록암 / 217

섬장암 / 218, 222

섭입대 / 177

세브론 자국 / 370

셰일 / 397

소광 / 101

소인운반 / 337

속성작용 / 339

솔브스 곡선 / 113

송림변동 / 51

송지암 / 146, 220
수소이온농도(pH) / 334
수화작용 / 334
순상지 / 22
순상화산 / 138
슈도타킬라이트 / 251, 265
슈라이렌마커스 법칙 / 305
스멕타이트 / 422
스카른화작용 / 252
스코리아 / 415
스코틀랜드 고지 / 306
스파이랄조직 / 259
신결정작용 / 234
심성암 / 137
심플렉타이트 / 258
심플렉틱조직 / 149
십자석대 / 311
쌍변성작용 / 317
쌍정 / 93
쏠레아이트 / 201
쐐기맨틀 / 178

아이소자 / 102
안구상조직 / 259
안산암 / 213
안티퍼사이트 / 116
알칼리암 계열 / 158
알칼리 현무암 / 201
암경 / 141
암상 / 142
암설류 / 338
암염 / 408
암주 / 140
암편 / 349
암편사암 / 392
압력용해작용 / 341

압력음영대 / 259
압쇄암 / 251, 265
압쇄화작용 / 251
애플라이트 / 224
액상경계면 / 118
액상선 / 109
에스콜라 / 272, 284
에클로자이트 / 47, 269
에클로자이트상 / 279, 281
엔스타타이트 / 73
역암 / 349, 388
연속반응 / 297
연흔 / 376
열분석곡선 / 106
열수변성작용 / 251
열점 / 190
엽리조직 / 255
오피올라이트 / 189
오피틱조직 / 146
옴파사이트 / 268, 279
왜도 / 360
용결응회암 / 419
용리 / 113
용암돔 / 139
용암떡 / 414
용해운반 / 337
운석 / 7
원마도 / 363
원시지구(CHUR) / 188
유동구조 / 150
유리기류정질조직 / 147
유문암 / 218, 219
유상조직 / 147
유수연흔 / 374
육호(대륙연) / 196
응회암 / 416
이그님브라이트 / 420

이스아 지역 / 37
이암 / 396
이질암 / 262
임진강대 / 46
입도 / 355
입도 분포 / 359
입상변정조직 / 256
입상변정질조직 / 257
입자류 / 338
입자의 형태 / 365

### ㅈ

잔류조직 / 256
잡사암 / 392
장석 / 351
장석사암 / 391
재결정작용 / 233
저반 / 140
저압(LP)변성작용 / 246
저압형 계열 / 314
저온변성작용 / 245
적합원소 / 168
전진변성작용 / 240
절대연령측정 / 170
점문상조직 / 257
점이층리 / 378
점토 광물 / 352
점판암 / 263
점판조직 / 256
접촉변성대 / 250
접촉변성작용 / 250, 284
정동 / 153
정장석 / 70
정편마암 / 264
조간대 환경 / 429
조립현무암 / 202
조면안산암 / 215

조면암 / 215, 220
조면암상조직 / 147
조산대변성작용 / 247, 248
조암 광물 / 63
조장석-녹염석 혼펠스상 / 250, 280
종결반응 / 292
주상절리 / 153
준편마암 / 264
중광물 / 354
중압형 계열 / 315
중앙해령 현무암 / 187
증발암 / 408
지구형 행성 / 10
지진파 토모그래피 / 19
지질온도압력계 / 300
진주암 / 146, 220

### ㅊ

처트 / 411
천매암 / 263
천매암질조직 / 256
청색편암 / 264
청색편암상 / 278
초고압(UHP)변성작용 / 246
초고압형 변성작용 / 319
초고온변성작용 / 246, 282
초염기성암 / 207
취반상조직 / 145
층리 / 373
침삭구조 / 372

### ㅋ

칼데라 / 138
켈로겐 / 346
코로나조직 / 257
코마티아이트 / 36, 160
코에사이트 / 282

콘드라이트 / 7, 8
큐폴라 / 142
킴버라이트 / 210
킹크밴드 / 254, 255

| ㅌ |

탁상지 / 22
태양계 / 10
태양계 형성 시나리오 / 4
테프라 / 418
퇴적상 / 423
투휘석 / 75
튐자국 / 370

| ㅍ |

파랑습곡벽개 / 254
파쇄암 / 251
파쇄조직 / 256
판게아 / 40
판의 경계 / 186
패콜리스 / 141
퍼사이트 / 72, 116
페그마타이트 / 224
편광현미경 / 95
편리 / 256
편마구조 / 254
편마암 / 264
편마조직 / 256, 264
평안누층군 / 50
평형광물 조합 / 239
포이킬리틱조직 / 144
포정반응 / 112, 119
포정점 / 112
표면류자국 / 372
표식 광물 / 306
플루트캐스트 / 368
풍화작용 / 331

풍화토 / 331
프란시스칸형 / 316
프레나이트-펌펠리아이트상 / 274
플룸구조론 / 17
필로탁시틱조직 / 147

| ㅎ |

하와이아이트 / 215
하이퍼신 / 73
하중돌기 / 381
해양도현무암 / 190
해양저변성작용 / 247, 249
해양환경 / 431
행인상구조 / 152
헤리사이트조직 / 259
현무암 / 200
현수체 / 142
호상열도(화산호) / 196
호상철광상 / 36
호상편마암 / 264
호수 환경 / 428
호정원소 / 168
혼펠스 / 266
혼펠스상 / 280
홍수현무암 / 193
화강반암 / 223
화강섬록암 / 221
화강암 / 222
화산력 / 140
화산쇄설류 / 338, 419
화산암 / 137
화산전선 / 197
화산탄 / 140, 414
화성암 / 137
화학적 풍화 / 334
환상암맥 / 141
회반축 / 86

회장암 / 205, 224
후퇴변성작용 / 240
휘록암 / 202
휘석암 / 210
휘석 혼펠스상 / 250, 281
흑요암 / 146, 219
흑운모 / 77, 352
흑운모대 / 310
흔적화석 / 383
희토류원소 / 27, 169

**A**

A'KF도 / 287
ACF도 / 285, 287
AFM도 / 288

**B**

Barrow(1983) / 248

**E**

EPMA / 80
Eskola(1920, 1939) / 248

**I**

I형 화강암 / 162

**M**

MORB / 187

**N**

N-MORB / 187

**O**

OIB / 190

**P**

P-T-t 곡선 / 240
P-T경로 / 242

**S**

SHRIMP / 49
S형 화강암 / 162

**T**

TTG / 37, 49

**2**

2성분계 / 106, 111

**3**

3성분계 / 117

**6**

6정계 / 87

# 정답 및 해설

# 1부

▶ 문제 1
정답 ⑤
해설 (다)의 단계에서 온도가 하강하기 시작한다.

▶ 문제 2
정답 ③
해설 (가)는 지각, (나)는 핵, (다)는 맨틀의 구성성분이므로, 밀도가 가장 큰 것은 (나)의 핵이고, 부피가 가장 큰 것은 (다)의 맨틀이다.

▶ 문제 3
정답 ④
해설 지진파의 속도가 감소하는 요인은 암석의 부분용융으로 인한 소량의 액체상태 물질이 포함되어 있기 때문이다. 지표에서 저속도층까지가 암석권이므로 캐나다 순상지가 보다 두껍다.

▶ 문제 4
정답 ③
해설 고생대 페름기에 분리되기 시작한 판게아의 인도판이 아시아 대륙과 충돌하며 히말라야 산맥이 형성되었다.

▶ 문제 5
정답 ⑤
해설 현재 태평양해령은 플룸의 상승위치와 일치하지 않는다.

▶ 문제 6
정답 ③
해설 (가)는 고생대, (나)는 신생대, (다)는 중생층이 분포하는 지역이다.

▶ 문제 7
정답 ⑤
해설 A는 고생대 하부의 조선누층군(해성층)과 상부의 평안누층군(육성층), B는 중생대 백악기의 경상누층군, C는 신생대 제3기 지층이 분포하는 지역이다.

▶ 문제 8
정답 ⑤
해설 독도 주변의 동해는 해령이 아니라 분지형태이며 해구도 없다.

# 2부

▶ 문제 1
정답 ②
해설 상부니콜을 뺀 상태(가)에서는 광물의 자연색 또는 다색성, 모양, 크기 등을 관찰한다. 상부니콜이 들어간 상태(나, 직교니콜)에서는 빛이 들어오지 않아 암흑 상태이다. 일반적으로 금속 광물은 불투명 광물이므로 항상 검게 보인다.

▶ 문제 2
정답 ②
해설 화학성분과 대비하여 판단할 때, A는 구조적인 원인에 의한 파동소광을 보이는 석영, B는 조장석 쌍정의 사장석, C는 분홍색의 알루미늄 광물인 홍주석, D는 청색의 알루미늄 광물인 남정석, E는 직각의 벽개를 가진 휘석이다. 무색 광물의 쌍정은 직교니콜에서 관찰된다. 보기 ㄹ은 알루미늄 광물의 3중점(4 kb, 500 ℃)을 고려하여 판단할 수 있다.

▶ 문제 3
정답 ②
해설 구성 광물은 석영, 장석, 흑운모로 구성된 화성암은 화강암류이다.

▶ 문제 4
정답 ③
해설 (가)는 조장석 조직의 사장석으로 a는 Ca성분이 25%(An25)인 올리고클레이스이다. (나)는 누대구조를 보이는 사장석으로 일반적으로 중심부의 온도가 높다. (다)는 바탕(e)이 정장석이고 용출된 성분(줄무늬, f)이 사장석인 퍼사이트로서, 장석이 풍화되면 견운모나 고령토로 변질된다. (라) 격자무늬를 보이는 정장석(미사장석)이다.

▶ 문제 5
정답 ③
해설 감람석은 Mg와 Fe이 치환하는 고용체로서, Mg/Fe 비에 따라 비중은 달라지나 구조는 변함이 없다. 구조가 달라지면 별개의 다른 광물이 된다.

▶ 문제 6
정답 ⑤
해설 광물 A는 휘석, B는 각섬석, C는 흑운모이다. A와 B는 두 방향, C는 한 방향의 쪼개짐이 발달한다. 휘석은 물을 포함하지 않으며, 각섬석보다는 흑운모가 물을 더 많이 포함한다. 규소 하나에 연결된 산소의 수는 A에서 C로 갈수록 많아진다.

▶ 문제 7
정답 ①
해설 상률 F = (성분 수) - 2 + (상의 수)에서, 현재 압력이 고정되어 있으므로 변수는 온도와 압력 중에서 온도만 남는다. 성분은 2, P지점에서 사장석과 액체가 공존하므로 상의 수는 2이다. 따라서 F = 2 - 1 + 2 = 1 로 자유도는 1이다. 임의의 온도에서 그래프는 물질의 비가 아니라 성분의 비이다. 액상의 성분과 최종 결과물의 화학조성 비는 동일하다(회장석 : 조장석 = 6 : 4).

▶ 문제 8
정답 정답 ⑤
해설 최종 구성 광물의 비는 초기 마그마의 구성 성분비와 일치한다. 즉 조성 C는 휘석 쪽으로 치우쳐있어 휘석의 함량이 많다.

▶ 문제 9
정답 ④
해설 꼭짓점 A, B, C에 해당하는 광물은 각각 회장석, 투휘석, 감람석이다. 가장 먼저 정출되는 광물은 감람석이며, 정출이 진행되면 FeO의 함량이 많아져 비는 증가한다.

▶ 문제 10
정답 ①

해설 (가)는 화산암에서 관찰되는 전형적인 반상 조직이고, (나)는 반려암이나 화강암과 같은 심성암에서 나타나는 입상 조직이다.

▶ 문제 11
정답 ⑤
해설 주어진 결정면(111)은 중심에서 세 축 방향으로 모두 같은 거리에 있으며, a와 c가 4회 대칭축이라면 같은 크기의 삼각면이 4번 반복된다는 의미이다. 따라서 결정형은 다이아몬드나 형석과 같은 정팔면체이고, 이들은 등축정계이다.

▶ 문제 12
정답 ①
해설 면지수(a, b, c)에서 우선 c=0이다. A는 a 방향으로만 (100), D는 b 방향으로만 (010) 반복된다. B는 a 방향으로 1일 때 b 방향으로 2, C는 a 방향으로 1일 때 b 방향으로 1이 반복된다.

3부

▶ 문제 1
정답 ③
해설 지도에 표시된 화산은 환태평양화산대에 속하며, 여기에서는 주로 안산암질 마그마가 분출하여 성층화산을 형성한다.

▶ 문제 2
정답 ③
해설 염기성암에서 CaO 함량은 $SiO_2$가 증가함에 따라 감소하는 경향을 나타낸다.

▶ 문제 3
정답 ⑤
해설 A는 염기성암으로 $SiO_2$ 함량이 상대적으로 적고 Fe-Mg 함량이 많아 밀도도 크고 색은 어둡다. 여기에 해당하는 화성암은 화산암인 현무암과 심성암인 반려암이다.

▶ 문제 4
정답 ③
해설 이 초염기성암은 조립질의 감람석과 휘석으로 구성된 페리도타이트로서 밝은 녹색 내지 황색이며, 현무암질 마그마가 상승하는 과정에서 포획한 맨틀 물질로 알려져 있다. 현무암의 세립질이며 공기가 빠져 나간 많은 기공이 관찰된다.

▶ 문제 5
정답 ④
해설 해당되는 세 광물만의 비를 구하면 감람석 각섬석 휘석암에 속한다.

▶ 문제 6
정답 ⑤
해설 B에서는 주로 알칼리암 계열의 마그마가 분출한다.

▶ 문제 7
정답 ③
해설 시간이 지남에 따라 루비듐($^{87}$Rb)이 줄어드는 만큼 스트론튬($^{87}$Sr)이 증가하기 때문에, 등시선 B에 포함된 $^{87}$Rb의 양은 C보다 작고, 가장 오래된 등시선은 A이다.

## 4부

▶ 문제 1

정답 ③

해설 화성암 a는 현무암질 화산암이므로 B보다 $SiO_2$ 함량은 적고, 입자의 크기도 작다. 사암(C)과 석회암(D)이 변성되면 각각 규암과 대리암이 생성된다. 셰일(E)이 접촉변성작용을 받으면 혼펠스가 만들어진다.

▶ 문제 2

정답 ⑤

해설 줄무늬는 변성 과정에서 광물의 분리에 의해 생긴 편마암 조직이다.

▶ 문제 3

정답 ③

해설 그림 (가)에서 석류석과 규선석은 물을 포함하지 않는 광물이며, 그림(나)의 전진변성작용(Ⅰ)이 진행될수록 탈수작용이 일어나 물을 포함하는 광물이 소멸된다. 후퇴변성작용(Ⅱ)은 흡수반응이지만 주변에서 물의 공급이 없으면 반응은 진행되지 않아 고변성도의 암석이 지표에서 관찰된다.

▶ 문제 4

정답 ⑤

해설 저온고압환경에서 일어나는 변성작용을 지시하는 대표적인 반응식이 경옥+석영=조장석이다. 이러한 변성작용은 보통 섭입대(B)에서 발생한다.

▶ 문제 5

정답 ④

해설 그림(가)의 D 지역이 퇴적암기원의 변성암이라면 이들이 용융된 마그마의 $^{87}Sr/^{86}Sr$ 동위원소 초기값은 0.710 이상일 것이다.

▶ 문제 6

정답 ⑤

해설 해양판이 대륙판 하부로 섭입하는 수렴대에서는 불석상-프레나이트/펌펠리아이트상-청색편암상-에클로자이트상에 이르는 저온고압형(A)의 변성작용이 일어난다. 이 유형의 변성작용도 해양판이 섭입하는 형태에 따라 삼바가와 변성대와 프란시스칸 변성대로 나뉜다.

▶ 문제 7

정답 ②

해설 저온부에서 광물 조합(파이로필라이트＋녹니석)은 350℃ / 2kb에서 (파이로필라이트＋녹니석＋경녹니석)로 바뀌고, ⓐ에서(약 450℃, 7 kbar)는 파이로필라이트가 남정석으로 바뀌어 (남정석＋녹니석＋경녹니석 = ㄱ)의 조합이 형성된다. ⓑ에서는 경녹니석이 분해되어 (녹니석＋석류석＋십자석)의 조합이 형성되고, ⓒ에서는 녹니석이 석류석과 반응하여 십자석을 만들고, 남은 녹니석이 십자석과 반응하여 규선석을 만들어 (십자석＋흑운모＋규선석 = ㄷ)의 조합을 형성시킨다. ⓓ의 (녹니석＋십자석＋홍주석)조합은 ⓔ에서 온도가 증가하면, 십자석＋녹니석 = 홍주석＋흑운모 또는 녹니석 = 근청석＋홍주석(규선석)＋흑운모의 반응으로 (홍주석＋흑운모＋근청석 = ㄴ)의 조합을 형성한다.

▶ 문제 8
　정답 ①
　해설 AFM도의 위치와 화학식으로 판단
　　　할 때, 광물 a, b c는 각각 석류석,
　　　흑운모, 녹니석이며, 광물 d는 알
　　　루미늄 규산염 광물 중에서 침상
　　　또는 섬유상으로 산출되는 규선석
　　　이다. 그림 (가)는 십자석 + 석류석
　　　+ 흑운모 조합의 중부 각섬암상인
　　　십자석이며, (나)는 석류석 + 녹니석
　　　+ 흑운모 조합의 하부 각섬암상인
　　　석류석대, (다)는 석류석 + 규선석
　　　+ 흑운모 조합인 상부 각섬암상의
　　　규선석대에 해당하여, 변성도는 (나)
　　　→ (가) → (다) 순이다. 광물의 Fe/
　　　(Fe + Mg) 비는 AFM도의 치환의
　　　범위(선의 길이)로 판단할 수 있는
　　　데, (나) → (가)로 바뀌면서 두 광
　　　물 모두 Mg쪽으로 이동하여 비는
　　　감소했다.

▶ 문제 9
　정답 ③
　해설 A 지역은 저온고압, B는 고온저압
　　　변성지역이다.

**5부**

▶ 문제 1
　정답 ④
　해설 A는 화산쇄설암, B는 쇄설성 퇴적
　　　물(점토, 모래, 자갈), C는 화학적
　　　침전으로 암염, 석회암을 포함한
　　　다.

▶ 문제 2
　정답 ③
　해설 퇴적구조 중에서 A는 입자의 무게

에 따른 점이층리, B는 사층리(물
의 방향은 ㉠), C는 건조한 지역에
서 표층이 갈라지는 건열이다.

▶ 문제 3
　정답 ④
　해설 (가)는 휘석의 풍화 과정으로 최종
　　　적으로 침철석이 형성되며, (나)는
　　　감람석의 분해작용, (다)는 백운모
　　　가 고령석이 되는 과정, (라)는 고
　　　령석이 보오크 사이트가 되는 과정
　　　이다. 적철석과 자철석의 화학식은
　　　각각 $Fe_2O_3$, $Fe_3O_4$이다.

▶ 문제 4
　정답 ⑤
　해설 간섭색은 굴절률에 따라 달라진다.

▶ 문제 5
　정답 ④
　해설 급한 계곡의 퇴적물은 분급과 원마
　　　도가 불량하다.

▶ 문제 6
　정답 ⑤
　해설 모두 선상지-삼각주 퇴적환경에 관
　　　한 해설이다.

▶ 문제 7
　정답 ④
　해설 A는 opal-A로 비정질 단백석이고,
　　　B는 opal-CT로 결정질 단백석, C
　　　는 석영이다.

▶ 문제 8
　정답 ④
　해설 이 암석은 석영으로 이루어진 사암
　　　이다. 입도 크기로 볼 때, 물의 흐
　　　름이 비교적 느리고 에너지가 적은

대륙붕 같은 비교적 얕은 바다환경에서 퇴적된 것으로 해석된다. 또한 삼엽충과 완족류 등의 화석 파편을 포함하는 것으로 미루어 대륙붕이나 조간대와 같은 환경에서 퇴적되었다. 이러한 지층은 태백 지역에서는 조선누층군 하부의 묘봉층에 해당한다.

▶ 문제 9
정답 ⑤

▶ 문제 10
정답 ⑤

▶ 문제 11
정답 ⑤

▶ 문제 12
정답 ⑤

▶ 문제 13
정답 ①
해설 판구조론과 관련된 암석 설명이다.

# 암석학 개론

초판 발행 | 2012년 09월 01일
수정판 발행 | 2013년 03월 15일
수정판 4쇄 발행 | 2022년 08월 20일

지은이 | 안 건 상
펴낸이 | 조 승 식
펴낸곳 | (주)도서출판 북스힐

등 록 | 1998년 7월 28일 제22-457호
주 소 | 서울시 강북구 한천로 153길 17
전 화 | (02) 994-0071
팩 스 | (02) 994-0073

홈페이지 | www.bookshill.com
이메일 | bookshill@bookshill.com

정가 25,000원

ISBN 978-89-5526-402-9

Published by bookshill, Inc. Printed in Korea.
Copyright ⓒ bookshill, Inc. All rights reserved.
* 저작권법에 의해 보호를 받는 저작물이므로 무단 복제 및 무단 전재를 금합니다.
* 잘못된 책은 구입하신 서점에서 교환해 드립니다.